现代数学基础丛书·典藏版 22

模型论基础

王世强 著

科学出版社

北 京

内 容 简 介

本书介绍模型论的基础知识. 主要内容有: 紧致性定理, 省略型定理, 内插定理, 完全理论与模型完全理论, 初等链, 超积, 模型论力迫法, 饱和模型等. 并附有模型论方法对经典数学应用的一些例于.

本书可供大学数学专业高年级学生及研究生、数学教师及数学工作者阅读. 也可供其他专业有关数理逻辑及理论计算机科学方面的师生及科学工作者参考.

图书在版编目(CIP)数据

模型论基础/王世强著. —北京: 科学出版社, 1987. 8
(现代数学基础丛书·典藏版; 22)
ISBN 978-7-03-005995-6

I. ①模… II. ①王… III. ①模型论-基本知识 IV. ①O141. 4

中国版本图书馆 CIP 数据核字(2007) 第 002881 号

责任编辑: 张 扬 / 责任校对: 林青梅
责任印制: 徐晓晨 / 封面设计: 王 浩

科学出版社 出版
北京东黄城根北街 16 号
邮政编码: 100717
http://www.sciencep.com
北京厚诚则铭印刷科技有限公司印刷
科学出版社发行 各地新华书店经销
*
1987 年 8 月第 一 版 开本: B5(720×1000)
2016 年 6 月印 刷 印张: 16
字数: 202 000
定价: 118.00 元
(如有印装质量问题, 我社负责调换)

序　　言

模型论是数理逻辑的一个分支,是研究形式语言及其解释(模型)之间的关系的理论. 它是一个年轻的分支，近年来发展较快，并开始在一些经典数学学科中得到独特的应用.

早在本世纪二十年代,Th. Skolem 等人在数理逻辑研究中就已得到模型论性质的重要结果. 但作为较系统的理论，模型论的奠基人应推 A. Tarski. 后来，A. Robinson 也对模型论作过很多贡献. 在这方面贡献较多的数学家，主要还有 R. Vaught, A. И. Мальцев,C. C. Chang, H. J. Keisler, M. Morley, S. Shelah, A. Macintyre 等人.

一个形式语言 $\mathscr{L}$ 的解释 $\mathfrak{A}$ 称为此语言的一个模型（或称结构). $\mathfrak{A}$ 是一个具有若干运算、关系及特指元素的非空集合，也称为泛代数. 所以,模型论又被形容为“泛代数加逻辑”.由于所涉及的逻辑系统不同,模型论可分为: 一阶模型论,高阶模型论，无穷长语言模型论,具有广义量词的模型论，模态模型论,多值模型论等. 由于在数理逻辑中以一阶逻辑发展最成熟,所以,模型论也是以一阶模型论内容最为丰富,应用也最多.

模型论与数理逻辑的其他分支(逻辑演算,证明论,递归论,公理集合论等)有着密切的联系: 首先,各种逻辑演算是模型论的基础. 此外,例如: 在证明论中，有关判定问题的研究,广泛使用着模型论方法. 在公理集合论中,除了各种集合论模型之外,还有布尔值模型被应用于各种独立性问题的研究;有关大基数的研究,也与模型论有密切关系;又如,公理集合论中的力迫方法，也被移植于模型论中. 在递归论方面，很多重要的递归论概念被应用于研究各种代数结构,近年来并出现了递归模型论,等等.

模型论中的概念与方法,除了主要来源于数理逻辑之外,也有不少来源于代数，它与抽象代数的联系很密切．另外，由 A. Robinson 创始的非标准分析，则是模型论与分析数学相结合的产物．模型论与其他数学学科(例如，数论，拓扑学，概率论等)也有联系．在不少场合，模型论的成果不但是作为数学性的结论起作用，而且是作为逻辑性的结论而起推理工具的作用．

本书是一本模型论的入门书，主要介绍一阶模型论的基础性内容．本书是作者在几年来对数学系数理逻辑方向研究生讲授一学期的专业基础课程的讲稿基础上整理而成的．作者在讲课时，主要参照了 C. C. Chang 和 H. J. Keisler 合写的“Model Theory”一书(见文献[1]，此书，以下简称 MT)．这是目前在国外为数不多的模型论教材中最重要的一本，内容相当丰富．它不但可作为教材，而且是专业研究工作者的重要参考书．

本书的基础理论部分，主要取材于 MT．但在内容取舍及讲述详略上，作者根据我国读者情况及个人意向作了较大的变动：目前，公理集合论在我国还不够普及，所以，本书略去了 MT 中与公理集合论有关的内容．另外，模型论对经典数学的一些应用具有很大的方法论特点，不同于经典数学中传统的逻辑思维．作者认为这一点很值得强调，以引起更多人们的关注．所以，根据所讲题材的可能性在本书中加入了较多的数学例子，特别是一些代数方面的联系及应用．

本书所用术语及符号基本依照 MT．这样，可便于读者兼读两书，也可使本书成为读者学习 MT 中有关部分的一种引导和补充．在写法上，本书假定读者已学过一阶谓词演算，并且有朴素集合论的基础知识及抽象代数方面的一定素养．

本书除了第一章的基本概念外，第二、三、四章是最基础的部分：紧致性定理及 LST 定理是模型论中关于模型存在性最基本的定理．完全理论及模型完全理论对不少数学问题有应用．模型的初等链是构作模型的常用方法．模型族的超积在代数中应用较多．这些内容的应用，在这几章所举的例子及后面的章节中都有所体现．

此外,饱和模型、模型论力迫法、以及 Skolem 函数、不可辨元等,在模型论的进一步研究及应用中,也都是重要的工具和方法,本书只作了初步介绍. 本书的其余几章,是选择介绍模型论中一些专题性的内容,读者可以选学.

考虑到本书的入门性质,对模型论中一些进一步的重要内容如形式理论的范畴性、稳定性、模型完全化及其应用等未作介绍.

判定问题是数学中一类重要问题.在判定问题的研究成果中,除了直接给出判定方法或直接应用递归论证明不可判定性的之外,在很多形式理论不可判定性的证明中,应用着语义性的化约方法. 实质上,后者是一些模型论性质的构作方法. 作者认为,学习一些这方面的内容,对于熟悉形式语言的运用及观摩一些特殊模型的构作技巧都有助益,对于学习模型论是一种很好的能力上的补充训练. 所以,在本书中作为附录选编了这方面一些初步的内容.

最后,作为模型论对数学问题进一步应用的例子,在书末又补充了附录 II 及附录 III. 附录 II 是对于近年来发展的非标准分析的方法大意作一初步介绍. 附录 III 则是用模型论方法讨论一个较专门的代数问题,从而,具体显示模型论方法在数学论证中的一些独特作用.

在本书编写及讲稿试用的过程中,胡静婉同志及罗里波、卢景波、沈复兴、程翰生、孙晓岚、饶炬、岳其静等同志提出了不少有益的意见. 黄且圆同志参加过备课讨论并承担了书稿的审查工作,也提出了不少有益的意见. 在此一并志谢.

因限于作者水平及编写时间仓促,本书难免有不少不妥之处,希望广大读者批评指正.

王世强

1985 年 10 月于北京师范大学

目　　录

第一章　形式语言及其模型……………………………………… 1
第二章　紧致性定理与 LST 定理 …………………………… 10
第三章　初等子模型与模型完全理论………………………… 21
第四章　超积基本定理………………………………………… 37
第五章　模型论力迫法………………………………………… 50
第六章　省略型定理…………………………………………… 61
第七章　初等链的一些应用…………………………………… 72
第八章　内插定理……………………………………………… 87
第九章　可数语言中的完全理论……………………………… 101
第十章　ω-范畴的可数完全理论 …………………………… 113
第十一章　Skolem 函数与不可辨元 ……………………… 131
第十二章　饱和模型………………………………………… 145
第十三章　Keisler-Shelah 同构定理……………………… 155
附录 I　一些判定问题……………………………………… 173
附录 II　模型论应用举例(1)——非标准分析简介 ……… 218
附录 III　模型论应用举例(2)——CD 代数的零点定理 … 229
参考文献……………………………………………………… 240

第一章　形式语言及其模型

一个(形式)语言 $\mathscr{L}$ 是一个由一些符号构成的集合. 这些符号分为三组(可以是空组,分别称为关系符号, 函数符号及(个体)常量符号. 每一关系符号 P 有一个确定的元数 $n \geqslant 1$, 称 P 为 n 元关系符号. 每一函数符号 F 有一个确定的元数 $m \geqslant 1$, 称 F 为 m 元关系符号.

设 $\mathscr{L}$ 为一语言. 为了定义 $\mathscr{L}$ 中的(一阶的)合式公式,我们引入下列逻辑符号:

括号　(,);

(个体)变量　$v_0, v_1, \cdots, v_n, \cdots\cdots$ (n 为自然数);

连接词　$\wedge$(与),$\neg$(非);

量词　$\forall$(对一切);

以及一个 2 元关系符号 $\equiv$(等号). (我们约定, $\mathscr{L}$ 中不包含这些符号.)

$\mathscr{L}$ 中的**项**定义如下: (i) 变量是项. (ii) 常量符号是项. (iii)若 $t_1,\cdots,t_m$ 是项,而 F 是一个 m 元函数符号,则 $F(t_1\cdots t_m)$ 是项.

$\mathscr{L}$ 中的**原子公式**定义如下: (i) 若 t_1,t_2 是项,则 $t_1 \equiv t_2$ 是原子公式. (iii) 若 $t_1,\cdots,t_n$ 是项,而 P 是一个 n 元关系符号,则 $P(t_1\cdots t_n)$ 是原子公式.

$\mathscr{L}$ 中的**合式公式**(或称**公式**, **表达式**)定义如下: (i) 原子公式是合式公式. (ii) 若 φ 和 ψ 是合式公式,则 $(\varphi\wedge\psi)$ 和 $(\neg\varphi)$ 是合式公式. (iii) 若 φ 是合式公式而 x 是变量, 则 $(\forall x)\varphi$ 是合式公式.

以上是 $\mathscr{L}$ 中合式公式的正式定义 (它是形式语言中的精确概念),但在对 $\mathscr{L}$ 中合式公式进行数学讨论时, 为了方便,可以引入一些简记法．例如可以省略一些括号． 又如可以用 $(\varphi\vee\psi)$，$(\varphi\to\psi)$，$(\varphi\leftrightarrow\psi)$，$(\exists x)\varphi$ 分别代表 $\neg(\neg\varphi\wedge\neg\psi)$，$(\neg\varphi)\vee\psi$，$(\varphi\to\psi)\wedge(\psi\to\varphi)$，$\neg(\forall x)\neg\varphi$.

对于 $\mathscr{L}$ 中的公式 φ，可以按照通常方式定义其中变量的自由出现及约束出现，以及 φ 中的自由变量，约束变量．不含自由变量的公式特称为 $\mathscr{L}$ 中的**语句**.

如果一个项 t 中出现的自由变量都属于集合 $\{x_0,\cdots,x_n\}$（但 $x_0,\cdots,x_n$ 未必都在 t 中出现），则 t 也可记作 $t(x_0\cdots x_n)$．如果一个公式 φ 中的自由变量都属于集合 $\{x_0,\cdots,x_n\}$，则 φ 也可记作 $\varphi(x_0,\cdots,x_n)$.

语言 $\mathscr{L}$ 的**幂**或**基数** $\|\mathscr{L}\|$ 定义为 $|\mathscr{L}|+\omega$．其中，$|\mathscr{L}|$ 为集合 $\mathscr{L}$ 的基数，ω 为自然数集的基数．（容易看出，$\|\mathscr{L}\|$ 就是 $\mathscr{L}$ 中合式公式的个数，也是 $\mathscr{L}$ 中语句的个数．）

设 $\mathscr{L}$ 为一语言．我们来考虑 $\mathscr{L}$ 在数学中的解释．

设 A 是一个非空集合．如果对于 $\mathscr{L}$ 中每一个关系符号 P（设为 n 元的）都有 A 上一个指定的关系 R（也是 n 元的）来解释它；对于 $\mathscr{L}$ 中每一个函数符号 F （设为 m 元的）都有 A 上一个指定的（全）函数 G（也是 m 元的）来解释它；对于 $\mathscr{L}$ 中每一个常量符号 c，都有 A 中一个指定的元素 a 来解释它；这样就构成了在 A 中对于 $\mathscr{L}$ 的一个解释 $\mathscr{I}$．（$\mathscr{I}$ 可以看作是由 $\mathscr{L}$ 中符号到 A 上的一些关系、函数及 A 中一些元素的映射.）（注意：不同的符号可以有相同的解释.）

$\mathfrak{A}=(A,\mathscr{I})$ 可以看作一种数学体系，称为语言 $\mathscr{L}$ 的一个**模型**（或称**结构**）．A 称为 $\mathfrak{A}$ 的论域．A 的基数 $|A|$ 称为 $\mathfrak{A}$ 的基数或幂．（一般，我们把模型 $\mathfrak{A},\mathfrak{B},\mathfrak{C},\cdots,\mathfrak{A}_1,\mathfrak{A}_2,\cdots\cdots$ 的论域分别记为 $A,B,C,\cdots,A_1,A_2,\cdots\cdots$.）

设 $\mathfrak{A}$ 和 $\mathfrak{A}'$ 是同一语言 $\mathscr{L}$ 的两个模型． 如果存在一个由 $\mathfrak{A}$ 的论域 A 到 $\mathfrak{A}'$ 的论域 A' 上的 1-1 映射 f 适合下列条件 (i)，(ii)，(iii)，则称 $\mathfrak{A}$ 和 $\mathfrak{A}'$ 是**同构**的，记作 $\mathfrak{A}\cong\mathfrak{A}'$．条件是：

(i) 对 $\mathscr{L}$ 中每一 n 元关系符号 P，设它在 $\mathfrak{A}$ 及 $\mathfrak{A}'$ 中的解释

各为 R 及 R'，则对 A 中每一 n 元组（指 n 元序列，序列中可以有重复的元）$a_1,\cdots,a_n$ 都有：$R(a_1\cdots a_n)$ 真当且只当 $R'(f(a_1)\cdots f(a_n))$ 真.

(ii) 对 $\mathscr{L}$ 中每一 m 元函数符号 F，设它在 $\mathfrak{A}$ 及 $\mathfrak{A}'$ 中的解释各为 G 及 G'，则对 A 中每一 m 元组 $a_1,\cdots,a_m$ 都有：$f(G(a_1\cdots a_m))=G'(f(a_1)\cdots f(a_m))$.

(iii) 对 $\mathscr{L}$ 中每一常量符号 c，设它在 $\mathfrak{A}$ 及 $\mathfrak{A}'$ 中的解释各为 a 及 a'，则有：$f(a)=a'$.

如上的 f，称为由 $\mathfrak{A}$ 到 $\mathfrak{A}'$ 上的一个**同构对应**，记作 $f:\mathfrak{A}\cong\mathfrak{A}'$.

如果在上述的 f 中去掉"1-1"的条件，则称 f 为由 $\mathfrak{A}$ 到 $\mathfrak{A}'$ 上的一个**同态对应**. 这时 $\mathfrak{A}'$ 称为 $\mathfrak{A}$ 的一个同态象.

设 $\mathfrak{A}$ 和 $\mathfrak{A}'$ 是同一语言 $\mathscr{L}$ 的两个模型. 如果 $A'\subseteq A$ 并且适合下列条件 (i), (ii), (iii)，则称 $\mathfrak{A}'$ 为 $\mathfrak{A}$ 的**子模型**，也称 $\mathfrak{A}$ 为 $\mathfrak{A}'$ 的**扩张(模型)**记作 $\mathfrak{A}'\subseteq\mathfrak{A}$. 条件是:

(i) 对 $\mathscr{L}$ 中每一 n 元关系符号 P，设它在 $\mathfrak{A}$ 及 $\mathfrak{A}'$ 中的解释各为 R 及 R'，则对 A' 中每一 n 元组 $a_1,\cdots,a_n$ 都有：$R'(a_1\cdots a_n)$ 真当且只当 $R(a_1\cdots a_n)$ 真.

(ii) 对 $\mathscr{L}$ 中每一 m 元函数符号 F，设它在 $\mathfrak{A}$ 及 $\mathfrak{A}'$ 中的解释各为 G 及 G'，则对 A' 中每一 m 元组 $a_1,\cdots,a_m$ 都有：$G'(a_1\cdots a_m)=G(a_1\cdots a_m)$.

(iii) 对 $\mathscr{L}$ 中每一常量符号 c，设它在 $\mathfrak{A}$ 及 $\mathfrak{A}'$ 中的解释各为 a 及 a'，则有：$a=a'$.

设语言 $\mathscr{L}\subseteq\mathscr{L}_1$. 我们称 $\mathscr{L}_1$ 为 $\mathscr{L}$ 的膨胀，称 $\mathscr{L}$ 为 $\mathscr{L}_1$ 的归约. 如果 $\mathfrak{A}_1=(A,\mathscr{I}_1)$ 是 $\mathscr{L}_1$ 的模型，则当由 $\mathscr{I}_1$ 中略去对 $\mathscr{L}_1\backslash\mathscr{L}$ ($\backslash$表示集合差)中符号的解释后，可得一个对于 $\mathscr{L}$ 的解释 $\mathscr{I}$. 我们称 $\mathscr{L}$ 的模型 $\mathfrak{A}=(A,\mathscr{I})$ 为 $\mathfrak{A}_1$ 在 $\mathscr{L}$ 中的**归约**，也称 $\mathfrak{A}_1$ 为 $\mathfrak{A}$ 在 $\mathscr{L}_1$ 中的**膨胀**.（注意区分模型的膨胀与模型的扩张这两个不同的概念.）

设 $\mathfrak{A}$ 是语言 $\mathscr{L}$ 的模型，$\varphi(x_0\cdots x_n)$ 是 $\mathscr{L}$ 中的公式，其自由变量都在 $x_0,\cdots,x_n$ 中. 对于 A 中的任一 $n+1$ 元组 $a_0,\cdots,a_n$,

下面将定义 $a_0,\cdots,a_n$ 在 $\mathfrak{A}$ 中是否"适合 φ"的概念. 由于技术性的原因，我们将暂时把记号 $\varphi(x_0\cdots x_n)$ 理解为：φ 中的自由变量及约束变量都在 $x_0,\cdots,x_n$ 中. 这主要是为了在命题 1·0 的证明中比较方便. 在给出了该命题之后，我们再回到对 $\varphi(x_0\cdots x_n)$ 的通常理解.（即：只要求 φ 的自由变量都在 $x_0,\cdots,x_n$ 中.）

设 $\mathfrak{A}$ 是语言 $\mathscr{L}$ 的模型. 对于 $\mathscr{L}$ 中的项 $t(x_0\cdots x_n)$ 及 A 中的 $n+1$ 元组 $a_0,\cdots,a_n$，我们归纳地定义 t 在 $a_0,\cdots,a_n$ 处的值 $t[a_0\cdots a_n]$ 如下：

(i) 若 $t=v_i$，则 $t[a_0\cdots a_n]=a_i$.

(ii) 若 t 是一常量符号 c，则 $t[a_0\cdots a_n]$ 为 c 在 $\mathfrak{A}$ 中的解释 a。

(iii) 若 $t=F(t_1\cdots t_m)$，而 F 在 $\mathfrak{A}$ 中的解释为 G，则 $t[a_0\cdots a_n]=G(t_1[a_0\cdots a_n]\cdots t_m[a_0\cdots a_n])$.

设 $\mathfrak{A}$ 是语言 $\mathscr{L}$ 的模型，$\varphi(x_0\cdots x_n)$ 是 $\mathscr{L}$ 中的公式，其自由变量及约束变量都在 $x_0,\cdots,x_n$ 中. 对于 A 中的任一 $n+1$ 元组 $a_0,\cdots,a_n$，我们归纳地定义"$a_0,\cdots,a_n$ 在 $\mathfrak{A}$ 中适合 $\varphi(x_0\cdots x_n)$"（记作 $\mathfrak{A}\models\varphi[a_0\cdots a_n]$）这一概念如下：

(i) 若 φ 为 $t_1(x_0\cdots x_n)\equiv t_2(x_0\cdots x_n)$，则：$\mathfrak{A}\models\varphi[a_0\cdots a_n]$ 当且只当 $t_1[a_0\cdots a_n]=t_2[a_0\cdots a_n]$.

(ii) 若 φ 为 $P(t_1(x_0\cdots x_n)\cdots t_m(x_0\cdots x_n))$，则：$\mathfrak{A}\models\varphi[a_0\cdots a_n]$ 当且只当 $R(t_1[a_0\cdots a_n]\cdots t_m[a_0\cdots a_n])$ 真.（其中 R 为 P 在 $\mathfrak{A}$ 中的解释.）

(iii) 若 φ 为 $\theta_1(x_0\cdots x_n)\wedge\theta_2(x_0\cdots x_n)$，则：$\mathfrak{A}\models\varphi[a_0\cdots a_n]$ 当且只当"$\mathfrak{A}\models\theta_1[a_0\cdots a_n]$ 并且 $\mathfrak{A}\models\theta_2[a_0\cdots a_n]$".

(iv) 若 φ 为 $\neg\theta(x_0\cdots x_n)$，则：$\mathfrak{A}\models\varphi[a_0\cdots a_n]$ 当且只当 $\mathfrak{A}\models\theta[a_0\cdots a_n]$ 不成立.

(v) 若 φ 为 $(\forall x_i)\phi(x_0\cdots x_n)$，$(i\leqslant n)$，则：$\mathfrak{A}\models\varphi[a_0\cdots a_n]$ 当且只当对每一 $a\in A$ 都有 $\mathfrak{A}\models\phi[a_0\cdots a_{i-1}aa_{i+1}\cdots a_n]$.

命题 1.0 设 $\mathfrak{A}$ 是语言 $\mathscr{L}$ 的模型.

(i) 设 $t(x_0\cdots x_n)$ 是 $\mathscr{L}$ 中的项，$a_0,\cdots,a_r(r\geqslant n)$ 及 $b_0,\cdots,b_s(s\geqslant n)$ 是 A 中的元素序列，适合：若 x_i 在 t 中出现，则 $a_i=b_i$. 在此条件下，有：

$$t[a_0\cdots a_r]=t[b_0\cdots b_s].$$

(ii) 设 $\mathscr{L}$ 中公式 φ 的自由变量及约束变量都在 $x_0,\cdots,x_n$ 中，又设 $a_0,\cdots,a_r(r\geqslant n)$ 及 $b_0,\cdots,b_s(s\geqslant n)$ 是 A 中的元素序列，适合：若 x_i 是 φ 中的自由变量，则 $a_i=b_i$. 在此条件下，有：

$$\mathfrak{A}\models\varphi[a_0\cdots a_r]\ 当且只当\ \mathfrak{A}\models\varphi[b_0\cdots b_s].$$

证明 对于 (i) 及 (ii)，可以分别按项或公式的定义步骤进行归纳证明. 繁而不难，略去.

设 $\mathfrak{A}$ 是语言 $\mathscr{L}$ 的模型，$\varphi(x_0\cdots x_n)$ 是 $\mathscr{L}$ 中的公式，其自由变量都在 $x_0,\cdots,x_n$ 中，其约束变量都在 $x_0,\cdots,x_r$ $(r\geqslant n)$ 中. 对于 A 中的元素序列 $a_0,\cdots,a_n$，如果存在 A 中的元素序列 $a_{n+1},\cdots,a_r$，能使 $\mathfrak{A}\models\varphi[a_0\cdots a_r]$ 成立，则称 $a_0,\cdots,a_n$ 在 $\mathfrak{A}$ 中适合 $\varphi(x_0\cdots x_n)$，记作 $\mathfrak{A}\models\varphi[a_0\cdots a_n]$.（由命题 1.0 可知，这一定义与 $a_{n+1},\cdots,a_r$ 的取法无关.）特别地，当 φ 是 $\mathscr{L}$ 中的语句时，若存在 A 中的元素序列 $a_0,\cdots,a_r$，能使 $\mathfrak{A}\models\varphi[a_0\cdots a_r]$ 成立，则称 $\mathfrak{A}$ 适合 φ，记作 $\mathfrak{A}\models\varphi$.

设 $\varphi(x_0\cdots x_n)$是 $\mathscr{L}$ 中一个公式. 如果对于 $\mathscr{L}$ 的每一模型 $\mathfrak{A}$ 及 A 中每一个 $n+1$ 元组 $a_0,\cdots,a_n$，都有 $\mathfrak{A}\models\varphi[a_0\cdots a_n]$，则称 $\varphi(x_0\cdots x_n)$ 是 $\mathscr{L}$ 中一个恒真公式（或永真公式）. 当恒真公式 φ 为语句时，称为 $\mathscr{L}$ 中的恒真语句(或永真语句).

设 Σ 是 $\mathscr{L}$ 中一个语句集，$\mathfrak{A}$ 是 $\mathscr{L}$ 的一个模型. 如果对每一 $\sigma\in\Sigma$ 都有 $\mathfrak{A}\models\sigma$，则记作 $\mathfrak{A}\models\Sigma$. 并称 $\mathfrak{A}$ 是 Σ 的一个**模型**.

设 Σ 是 $\mathscr{L}$ 中一个语句集，σ 是 $\mathscr{L}$ 中一个语句. 如果对于 Σ 的每一模型 $\mathfrak{A}$ 都有 $\mathfrak{A}\models\sigma$，则称 σ 是 Σ 的一个属性，记作 $\Sigma\models\sigma$.（特别地，若 Σ 为空集，则把 $\Sigma\models\sigma$ 简记作 $\models\sigma$. 这样的 σ 也就是上面所说的恒真语句.）

设 $\mathfrak{A}$, $\mathfrak{B}$ 是 $\mathscr{L}$ 的两个模型. 如果对于 $\mathscr{L}$ 中每一语句 σ 都

有：$\mathfrak{A}\models\sigma$ 当且只当 $\mathfrak{B}\models\sigma$. 则称 $\mathfrak{A}$ 和 $\mathfrak{B}$ 是**初等等价**的，记作 $\mathfrak{A}\equiv\mathfrak{B}$.

命题 1.1 设 $\mathfrak{A},\mathfrak{B}$ 是语言 $\mathscr{L}$ 的模型.

(i) 如果 $\mathfrak{A}\cong\mathfrak{B}$，则 $\mathfrak{A}\equiv\mathfrak{B}$.

(ii) 如果 $\mathfrak{A}$ 是有限模型（指：A 是有限集），并且 $\mathfrak{A}\equiv\mathfrak{B}$，则 $\mathfrak{A}\cong\mathfrak{B}$.

证明 1. (i) 的证明思路很直接.（详述时，可按 $\mathscr{L}$ 中公式的结构作归纳论证.）

2. 现在概述 (ii) 的证明思路.

2.1. 当 $\mathscr{L}$ 有限时. $\mathfrak{A},\mathfrak{B}$ 各只有有限多个关系、函数及解释常量符号的元素(以下称特指元素). 这时可以用 $\mathscr{L}$ 中一个语句完整地表达 $\mathfrak{A}$ 的元素个数，诸关系表，运算表及特指元素，从而，由 $\mathfrak{A}\equiv\mathfrak{B}$ 易见，有 $\mathfrak{A}\cong\mathfrak{B}$.

2.2. 当 $\mathscr{L}$ 无限时，由 $\mathfrak{A}$ 有限及 $\mathfrak{A}\equiv\mathfrak{B}$ 易知，$\mathfrak{B}$ 有限且二者的论域 A,B 元数相同. 从而，由 A 到 B 上只有有限多个不同的 1-1 对应，设为 $\tau_0,\tau_1,\cdots,\tau_r$.

假若 $\mathfrak{A}\not\cong\mathfrak{B}$，则对于每个 $\tau_i(0\leqslant i\leqslant r)$，有 $\mathscr{L}$ 中(至少)一个符号 s_i(不论为何种符号)使 $\mathfrak{A},\mathfrak{B}$ 中对于 s_i 的相应解释在 τ_i 下不保持. 令 $\mathscr{L}_1=\{s_0,\cdots,s_r\}(\subseteq\mathscr{L})$，并令 $\mathfrak{A},\mathfrak{B}$ 在 $\mathscr{L}_1$ 中的归约各为 $\mathfrak{A}_1,\mathfrak{B}_1$. 由 $\mathfrak{A}\equiv\mathfrak{B}$ 易见，有 $\mathfrak{A}_1\equiv\mathfrak{B}_1$，从而由 2.1. 知，存在由 $\mathfrak{A}_1$ 到 $\mathfrak{B}_1$ 的同构对应 ρ. ρ 为由 A 到 B 上的 1-1 对应并且保持 $s_0,\cdots,s_r$. 所以 $\rho\neq\tau_0,\tau_1,\cdots,\tau_r$. 此为矛盾. 故必 $\mathfrak{A}\cong\mathfrak{B}$.（证毕）

设 $\mathscr{L}$ 为一语言. 现在，给出关于 $\mathscr{L}$ 中某些公式的一个形式推演系统 Π. 可以证明，Π 是关于 $\mathscr{L}$ 中恒真公式的形式推演系统，也就是 $\mathscr{L}$ 中的一阶谓词演算.

Π 的公理分为三组：

命题公理 如果 $\mathscr{L}$ 中的公式 φ 能看作是由命题演算中一个恒真公式经过把命题变元代换为 $\mathscr{L}$ 中公式而得到的，则 φ 是 Π 的一个命题公理.

量词公理

(i) 若φ和ψ是 ($\mathscr{L}$ 中的) 公式，而变量x不在φ中自由出现,则 $(\forall x)(\varphi \to \psi) \to (\varphi \to (\forall x)\psi)$ 是Π的公理.

(ii) 若φ和ψ是 ($\mathscr{L}$ 中的) 公式，而ψ是经过用项t自由地代换变量x在φ中的每一自由出现而得到的.（“自由地”代换是指：对每一个这样引入ψ中的t而言，t中每一变量y在ψ中都是自由出现的.）则 $(\forall x)\varphi \to \psi$ 是Π的公理.

等词公理 设x, y是变元,$t(x_0\cdots x_n)$ 是项,$\varphi(x_0\cdots x_n)$是原子公式. 则:

$$x \equiv x;$$

$$x \equiv y \to t(x_0\cdots x_{i-1}xx_{i+1}\cdots x_n) \equiv t(x_0\cdots x_{i-1}yx_{i+1}\cdots x_n);$$

$$x \equiv y \to (\varphi(x_0\cdots x_{i-1}xx_{i+1}\cdots x_n) \to \varphi(x_0\cdots x_{i-1}yx_{i+1}\cdots x_n))$$

是Π的公理.

Π的推演规则有两条:

分离规则: 由φ和$\varphi \to \psi$推出 ψ.

推广规则: 由φ推出$(\forall x)\varphi$.

以上给出了Π的公理及推演规则. 然后就可按照通常方式引入Π中的(形式)定理,(形式)证明等概念.

设φ是 $\mathscr{L}$ 中的公式,以$\vdash\varphi$ 表示: φ是Π中的定理（也称为 $\mathscr{L}$ 中的定理).

设Σ是由 $\mathscr{L}$ 中语句构成的任一集合,φ是 $\mathscr{L}$ 中的公式，以$\Sigma\vdash\varphi$表示: 由Σ及Π的公理，用Π的推演规则，可以推出 φ.（简称: 由Σ可推出φ.）

由 $\mathscr{L}$ 中语句构成的任一集合Σ也称为 $\mathscr{L}$ 中的一个**理论**.如果 $\mathscr{L}$ 中每一公式都能由Σ推出,则称理论Σ是不和谐的，否则称Σ是**和谐**的. 如果理论Σ是和谐的，而 $\mathscr{L}$ 中任何真包括Σ的理论都不再是和谐的,则称Σ是**极大和谐**的.

命题 1.2 设Σ是 $\mathscr{L}$ 中的理论.

(i) Σ是和谐的当且只当Σ的每一有限子集都是和谐的.

(ii) (演绎定理)设σ为 $\mathscr{L}$ 中的语句，τ为 $\mathscr{L}$ 中的公式,则: $\Sigma\cup\{\sigma\}\vdash\tau$ 当且只当 $\Sigma\vdash\sigma\to\tau$.

(iii) 设σ为$\mathscr{L}$中的语句，则：$\Sigma\cup\{\sigma\}$不和谐当且只当$\Sigma\vdash\neg\sigma$.

(iv) 若Σ是极大和谐的，则对$\mathscr{L}$中任何语句σ，τ都有：$\Sigma\vdash\sigma$当且只当$\sigma\in\Sigma$；$\sigma\wedge\tau\in\Sigma$当且只当"$\sigma\in\Sigma$且$\tau\in\Sigma$"；$\neg\sigma\in\Sigma$当且只当$\sigma\notin\Sigma$.

证明 甚易，略去.

命题 1.3 (Lindenbaum 定理) $\mathscr{L}$中每一个和谐的理论Σ都能扩张为一个极大和谐的理论.

证明 把$\mathscr{L}$中全部语句任依一方式排为良序集（由选择公理知此可能），设其序型为α：

$$\varphi_0,\varphi_1,\varphi_2,\cdots,\varphi_\beta,\cdots\cdots \qquad (\beta<\alpha).$$

我们由Σ开始，作一系列递增的和谐理论：

$$\Sigma=\Sigma_0\subseteq\Sigma_1\subseteq\Sigma_2\subseteq\cdots\subseteq\Sigma_\beta\subseteq\cdots\cdots(\beta<\alpha).$$

作法如下：

1. 令$\Sigma_0=\Sigma$.

2. 对任何$\beta<\alpha$，设对一切序数$\delta<\beta$，Σ_δ都已有定义且和谐．现在据此定义Σ_β.

2.1. 当β为后继序数$\gamma+1$时．若$\Sigma_\gamma\cup\{\varphi_\gamma\}$和谐，令$\Sigma_\beta=\Sigma_\gamma\cup\{\varphi_\gamma\}$；否则令$\Sigma_\beta=\Sigma_\gamma$.

2.2. 当β为极限序数时，令$\Sigma_\beta=\bigcup\limits_{\delta<\beta}\Sigma_\delta$.（由诸$\Sigma_\delta$和谐及其随$\delta$递增易知，$\Sigma_\beta$和谐.）

理论系列$\Sigma_\beta(\beta<\alpha)$的归纳定义至此完成.

令$\Gamma=\bigcup\limits_{\beta<\alpha}\Sigma_\beta$．现在证明，$\Gamma$为极大和谐理论.

假若Γ不和谐，则由命题 1.2 知，存在Γ的有限子集Γ_1不和谐．由$\Gamma_1\subseteq\bigcup\limits_{\beta<\alpha}\Sigma_\beta$及$\Gamma_1$有限及诸$\Sigma_\beta$递增可知，存在$\beta_1<\alpha$使$\Gamma_1\subseteq\Sigma_{\beta_1}$，从而$\Sigma_{\beta_1}$不和谐，与$\Sigma_{\beta_1}$的定义矛盾．所以$\Gamma$和谐.

假若存在$\mathscr{L}$中的和谐理论Δ适合$\Gamma\subseteq\Delta$且$\Gamma\neq\Delta$，则存在$\mathscr{L}$中语句$\varphi\in\Delta$而$\varphi\notin\Gamma$．设φ在上述良序中为$\varphi_\xi(\xi<\alpha)$．则

$\Sigma_\xi \cup \{\varphi_\xi\}$为$\triangle$的子集，故为和谐．从而由 2 知，$\Sigma_{\xi+1}=\Sigma_\xi \cup \{\varphi_\xi\}$，从而 $\varphi_\xi \in \Gamma$，与上述的 $\varphi \notin \Gamma$ 矛盾．所以，上述的Δ不存在．再由上段即知，Γ 是 $\mathscr{L}$ 中的极大和谐理论．（证毕）

第二章　紧致性定理与 LST 定理

设T是语言$\mathscr{L}$中的一个理论，C是$\mathscr{L}$中的一集常量符号．如果C适合下列条件，则称C为T在$\mathscr{L}$中的一集**见证**．条件是：对于$\mathscr{L}$中每个只含 1 个自由变量x的公式$\varphi(x)$，都存在$c\in C$（c与$\varphi(x)$有关）能使$T\vdash(\exists x)\varphi(x)\to\varphi(c)$．（其中$\varphi(c)$为在$\varphi(x)$中将每个自由出现的$x$都换为$c$所得的语句．）

引理 2.1　设T是语言$\mathscr{L}$中的和谐理论，C是$\mathscr{L}$之外的一集新常量，其基数$|C|=\|\mathscr{L}\|$．令$\bar{\mathscr{L}}=\mathscr{L}\cup C$，则$T$能扩张为$\bar{\mathscr{L}}$中的和谐理论$\bar{T}$，并且$\bar{T}$以$C$为$\bar{\mathscr{L}}$中的一组见证．

证明　设$|C|=\|\mathscr{L}\|=\alpha$，则$C$中的符号可以按序型$\alpha$排列如下：$C=\{c_0,c_1,\cdots,c_\xi,\cdots\cdots\}=\{c_\xi:\xi<\alpha\}$．又有$|\bar{\mathscr{L}}|=\alpha$，由此易知，$\bar{\mathscr{L}}$中只含 1 个自由变量的公式个数也是$\alpha$，所以，这些公式也可按序型$\alpha$排列如下：

$$\varphi_0(x_0),\varphi_1(x_1),\cdots,\varphi_\xi(x_\xi),\cdots\cdots;(\xi<\alpha). \tag{1}$$

现在用超限归纳法定义$\bar{\mathscr{L}}$中一序列理论

$$T=T_0\subseteq T_1\subseteq\cdots\subseteq T_\xi\subseteq\cdots\cdots;(\xi<\alpha). \tag{2}$$

使适合下列二条件：(i) 每一T_ξ是和谐的．(ii) 在T_ξ的诸语句中，所出现的C中符号总个数或为有限或不超过ξ的基数$|\xi|$．

1. 首先，在C中任取一个不在$\varphi_0(x_0)$中出现的符号记为d_0，令$T_1=T_0\cup\{(\exists x_0)\varphi_0(x_0)\to\varphi_0(d_0)\}$．

现在证T_1和谐：假若T_1不和谐，则由命题 1.2，有$T_0\vdash\neg((\exists x_0)\varphi_0(x_0)\to\varphi_0(d_0))$，从而，由命题逻辑可得$T_0\vdash(\exists x_0)\varphi_0(x_0)$及$T_0\vdash\neg\varphi_0(d_0)$．任取一个由$T_0$推出$\neg\varphi_0(d_0)$的证明$\Pi$及一个未在此证明中出现过的变量$y$．把$\Pi$中一切$d_0$都换为$y$，易见即得到一个由$T_0$推出$\neg\varphi_0(y)$的证明（注意$d_0$不在$T_0$中出现）．所以，有$T_0\vdash\neg\varphi_0(y)$，从而，有$T_0\vdash(\forall y)(\neg\varphi_0(y))$．又有$\vdash(\forall y)$

$(\neg\varphi_0(y))\to\neg\varphi_0(x_0)$，(量词公理，注意条件适合)，从而，有 $T\vdash\neg\varphi_0(x_0)$ 及 $T\vdash(\forall x_0)(\neg\varphi_0(x_0))$. 由后者易得 $T_0\vdash\neg(\exists x_0)\varphi_0(x_0)$. 由此及上面的 $T_0\vdash(\exists x_0)\varphi_0(x_0)$ 知，T_0 不和谐，这与题设矛盾.

在 T_1 中，显见 C 中的符号个数有限，所以，此时 (ii) 也成立.

2. 设对于 $\xi(\xi<\alpha)$ 以前的诸 $\eta(\eta<\xi)$ 已定义了诸 T_η 能使 (i)，(ii) 成立. 现在定义 T_ξ 如下：

2.1. 若 ξ 为后继序数 $\zeta+1$. 由归纳假设，在 T_ζ 的诸语句中，所出现的 C 中符号总个数或为有限或不超过 $|\zeta|<\alpha$ (注意 $\zeta<\alpha$ 而 α 为基数). 所以，在 C 中还有无限个未在 T_ζ 中出现过的符号，任取其中一个也不在 $\varphi_\zeta(x_\zeta)$ 中出现的符号记为 d_ζ，令 $T_\xi(=T_{\zeta+1})=T_\zeta\cup\{(\exists x_\zeta)\varphi_\zeta(x_\zeta)\to\varphi_\zeta(d_\zeta)\}$. 仿 1. 可证 T_ξ 和谐. 又易见，此时 (ii) 也成立.

2.2. 若 $\xi\neq 0$ 为一极限序数. 此时，令 $T_\xi=\bigcup_{\eta<\xi}T_\eta$. 由归纳假设易证，$T_\xi$ 和谐. 又易见，此时 (ii) 也成立.

序列(2)的超限归纳定义至此完成. 最后，令 $\bar{T}=\bigcup_{\xi<\alpha}T_\xi$. 则 $\bar{T}$ 是 T 的扩张理论，并且易证 $\bar{T}$ 和谐.

设 φ 是 $\mathscr{L}$ 中一个只含 1 个自由变量的公式，则 φ 在序列(1)中出现，设为 $\varphi_\zeta(x_\zeta)$ $(\zeta<\alpha$，从而 $\zeta+1<\alpha)$，则由 2.1 知，$((\exists x_\zeta)\varphi_\zeta(x_\zeta)\to\varphi_\zeta(d_\zeta))\in T_{\zeta+1}\subseteq\bar{T}(d_\zeta\in C)$. 从而显然，有 $\bar{T}\vdash(\exists x_\zeta)\varphi_\zeta(x_\zeta)\to\varphi_\zeta(d_\zeta)$. 所以，$C$ 是 $\bar{T}$ 在 $\mathscr{L}$ 中的一集见证.(证毕)

引理 2.2 设 T 是语言 $\mathscr{L}$ 中的和谐理论，C 是 T 在 $\mathscr{L}$ 中的一集见证. 则 T 有模型，并且有这样的模型 $\mathfrak{A}$：$\mathfrak{A}$ 的每个元素都是对 C 中一个常量符号的解释.

证明 首先，由命题 1.3，我们可以把 T 扩张为 $\mathscr{L}$ 中的一个极大和谐理论 T_1. 显见，C 也是 T_1 在 $\mathscr{L}$ 中的一集见证. 如果我们能证明 T_1 具有如引理中所说的模型 $\mathfrak{A}$，那么 $\mathfrak{A}$ 显然也是 T 的模型. 所以，我们只须对于 $\mathscr{L}$ 中以 C 为见证的极大和谐理论 T_1 来作出合于引理要求的模型 $\mathfrak{A}$ 就行了. 由于这一点，以下不妨设 T 自身已经是极大和谐的.

我们由极大和谐理论 T 的见证集 C 出发，利用 T 在 C 的元素间定义一个等价关系"$\sim$"，并据此把 C 的元素分为等价类. 这些等价类组成一个集合 A，我们将在 A 的基础上定义所需的模型 $\mathfrak{A}$. 具体作法如下:

1. 对于 C 中任二符号 c,d. 令

$$c \sim d \text{ 当且只当 } (c \equiv d) \in T.$$

利用 T 的极大和谐性可以证明，对任何 $c,d,e \in C$: (i) $c \sim c$. (ii) 若 $c \sim d$，则 $d \sim c$. (iii) 若 $c \sim d$ 且 $d \sim e$，则 $c \sim e$.

(i) 可以如下证明: 设 x 为任一变量，则有: $\vdash x \equiv x$(公理), $\vdash (\forall x)(x \equiv x)$(推广), $\vdash (\forall x)(x \equiv x) \to c \equiv c$(公理), $\vdash c \equiv c$ (分离). 从而有 $T \vdash c \equiv c$，再由 T 的极大和谐性，有(见命题 1·2) $c \equiv c \in T$，所以 $c \sim c$.

(ii) 可以如下证明: 设 x, y, z 为任意 3 个不同的变量，则有: $\vdash x \equiv y \to (x \equiv x \to y \equiv x)$ (公理), $\vdash x \equiv x \to (x \equiv y \to y \equiv x)$(由命题逻辑), $\vdash x \equiv x$(公理), $\vdash x \equiv y \to y \equiv x$(分离), $\vdash (\forall x)(x \equiv y \to y \equiv x)$(推广), $\vdash (\forall x)(x \equiv y \to y \equiv x) \to (c \equiv y \to y \equiv c)$(公理), $\vdash c \equiv y \to y \equiv c$(分离); 再由此仿上可得 $\vdash c \equiv d \to d \equiv c$, 从而有 $T \vdash c \equiv d \to d \equiv c$. 又由(ii)的题设知, $c \equiv d \in T$，所以 $T \vdash c \equiv d$. 由此二式，有 $T \vdash d \equiv c$，再由 T 的极大和谐性，有 $d \equiv c \in T$，即 $d \sim c$.

(iii) 的证明仿上.

由 (i),(ii),(iii) 知，$\sim$ 是 C 上的等价关系. 对每一 $c \in C$，以 $\tilde{c}$ 记 c 所属的等价类. 并令 $A = \{\tilde{c} : c \in C\}$.

2. 现在在 A 上定义与 $\mathscr{L}$ 中符号相应的关系、常量及函数，使 A 成为 $\mathscr{L}$ 的一个模型 $\mathfrak{A}$.

2.1. 对于 $\mathscr{L}$ 中任一 n 元关系符号 P, 在 A 上定义一个 n 元关系 R 如下: 对任何 $\tilde{c}_1, \cdots, \tilde{c}_n \in A$，令

$$R(\tilde{c}_1 \cdots \tilde{c}_n) \text{ (成立)当且只当 } P(c_1 \cdots c_n) \in T.$$

在这一定义中，通过诸等价类 $\tilde{c}_1,\cdots,\tilde{c}_n$ 的代表元 $c_1,\cdots,c_n$ 给出 $R(\tilde{c}_1\cdots\tilde{c}_n)$ 是否成立的条件. 为了保证这一定义的合理性，需要证明，所用的条件"$P(c_1\cdots c_n)\in T$"事实上与代表元 $c_1,\cdots,c_n$ 的取法无关. 也就是说，如果 $d_1,\cdots,d_n$ 也是 $\tilde{c}_1,\cdots,\tilde{c}_n$ 的一组代表元，那么

$$P(c_1\cdots c_n)\in T \text{ 当且只当 } P(d_1\cdots d_n)\in T.$$

这可以如下证明：由于 c_i,d_i 都是 $\tilde{c}_i$ 的代表元，可知 $c_i\sim d_i$，从而 $c_i\equiv d_i\in T,(i=1,\cdots,n)$. 如果 $P(c_1\cdots c_n)\in T$，由此及诸 $c_i\equiv d_i\in T$，利用谓词逻辑及 T 的极大和谐性，不难证明 $P(d_1\cdots d_n)\in T$. 反之，也可类似证明.

A 上的关系 R 就用来作为 $\mathscr{L}$ 中符号 P 的解释.

2.2. 对于 $\mathscr{L}$ 中任一常量符号 d(d 未必在 C 中)，如下找一个 A 中的元素来解释它.

仿 1. 可证 $\vdash d\equiv d$，再由谓词逻辑易得 $\vdash(\exists v_0)(d\equiv v_0)$. 又因 C 是 T 的见证集，所以，存在 $c\in C$，使 $T\vdash(\exists v_0)(d\equiv v_0)\to d\equiv c$. 从而，有 $T\vdash d\equiv c$ 及 $d\equiv c\in T$. C 中适合此式的 c 未必唯一，但易证它们所属的等价类 $\tilde{c}$ 是唯一的，就用 $\tilde{c}(\in A)$ 作为 d 的解释.

特别当 $d\in C$ 时，显见如上给出的解释是 $\tilde{d}$. 由此即知，A 中每一元素 $\tilde{c}$ 都是 C 中一个常量 c 的解释，所以，引理的后一个结论已成立.

2.3. 对于 $\mathscr{L}$ 中任一 m 元函数符号 F，在 A 上定义一个 m 元函数如下.

对任何 $\tilde{c}_1,\cdots,\tilde{c}_m\in A$，先取它们的代表元 $c_1,\cdots,c_m$ 来考虑. 仿 2.2 可知，存在 $c\in C$，使 $F(c_1\cdots c_m)\equiv c\in T$. C 中适合此式的 c 未必唯一，但易证，它们所属的等价类 $\tilde{c}$ 是唯一的. 此外也易证，如果 $d_1,\cdots,d_m$ 是 $\tilde{c}_1,\cdots,\tilde{c}_m$ 的另一组代表元，那么也有 $F(d_1\cdots d_m)\equiv c\in T$. 所以，可以合理地定义 A 上的函数 G 如下：

$$G(\tilde{c}_1\cdots\tilde{c}_m)=\tilde{c} \text{ 当且只当 } F(c_1\cdots c_m)\equiv c\in T.$$

A 上的函数 G 就用来作为 F 的解释。

由 2.1，2.2，2.3 就得到一个 $\mathscr{L}$ 的模型 $\mathfrak{A}$.

3. 现在证明 $\mathfrak{A}$ 是 T 的模型. 步骤是对于 $\mathscr{L}$ 中语句 φ 的结构的复杂性(指 φ 中 $\neg, \wedge, \exists$ 的总个数)归纳证明:

$$\mathfrak{A} \models \varphi \text{ 当且只当 } \varphi \in T. \tag{1}$$

先证明一个特殊情况:

3.1. 对于 $\mathscr{L}$ 中每一个不含变数的项 t 及 C 中每一常量 c，都有

$$\mathfrak{A} \models t \equiv c \text{ 当且只当 } t \equiv c \in T. \tag{2}$$

现在对于 t 的结构进行归纳.

3.1.1. 当 t 为常量符号 d 时 (d 未必在 C 中).

若 $\mathfrak{A} \models d \equiv c$. 由 2.2 知，存在 $c_1 \in C$，使 $d \equiv c_1 \in T$，并且 d 在 $\mathfrak{A}$ 中的解释是 $\tilde{c}_1$. 又 c 在 $\mathfrak{A}$ 中的解释是 $\tilde{c}$. 故由 $\mathfrak{A} \models d \equiv c$ 知，$\tilde{c}_1 = \tilde{c}$，从而，$c_1 \sim c$，$c_1 \equiv c \in T$. 由此及 $d \equiv c_1 \in T$ 易得 $d \equiv c \in T$. 反之，若 $d \equiv c \in T$，则由 2.2 知，d 在 $\mathfrak{A}$ 中的解释是 $\tilde{c}$，又 c 在 $\mathfrak{A}$ 中的解释也是 $\tilde{c}$，故有 $\mathfrak{A} \models d \equiv c$.

3.1.2. 设对于不含变数的项 $t_1, \cdots, t_m$，(2) 已证明. 当 t 为 $F(t_1, \cdots, t_m)$ 时.

设 F 在 $\mathfrak{A}$ 中的解释为 G；$t_1, \cdots, t_m$ 在 $\mathfrak{A}$ 中的解释 (以 2.2，2.3 为基础得出的) 各为 $\tilde{c}_1, \cdots, \tilde{c}_m$. 由于后者又各为 $c_1, \cdots, c_m$ 的解释，故有 $\mathfrak{A} \models t_1 \equiv c_1, \cdots, t_m \equiv c_m$，再由归纳假设，有

$$t_1 \equiv c_1, \cdots, t_m \equiv c_m \in T. \tag{3}$$

若 $\mathfrak{A} \models F(t_1, \cdots, t_m) \equiv c$，则有 $G(\tilde{c}_1, \cdots, \tilde{c}_m) = \tilde{c}$，由 2.3，有 $F(c_1, \cdots, c_m) \equiv c \in T$. 由此及(3)易得，$F(t_1, \cdots, t_m) \equiv c \in T$. 反之，若 $F(t_1, \cdots, t_m) \equiv c \in T$，则由(3)易得，$F(c_1, \cdots, c_m) \equiv c \in T$，再由 2.3，有 $G(\tilde{c}_1, \cdots, \tilde{c}_m) = \tilde{c}$，从而，有 $\mathfrak{A} \models F(t_1, \cdots, t_m) \equiv c$.

3.2. 当 φ 为 $t_1 \equiv t_2$ 形状的原子语句时. (其中 t_1, t_2 都是不含变数的项).

设 t_1, t_2 在 $\mathfrak{A}$ 中的解释各为 $\tilde{c}_1, \tilde{c}_2$. 仿 3.1.2，有 $\mathfrak{A} \models t_1 \equiv c_1$,

$t_2 \equiv c_2$. 从而，由 3.1 有 $t_1 \equiv c_1$, $t_2 \equiv c_2 \in T$.

若 $\mathfrak{A} \models t_1 \equiv t_2$，则 $\tilde{c}_1 = \tilde{c}_2$，从而 $c_1 \equiv c_2 \in T$. 由此及上段，易得$t_1 \equiv t_2 \in T$. 反之，若 $t_1 \equiv t_2 \in T$，由此及上段易得 $c_1 \equiv c_2 \in T$，从而，$\tilde{c}_1 = \tilde{c}_2$，因此，有 $\mathfrak{A} \models t_1 \equiv t_2$.

3.3. 当 φ 为 $P(t_1, \cdots, t_n)$ 形状的原子语句时.

设 P 在 $\mathfrak{A}$ 中的解释为R；$t_1, \cdots, t_n$ 在 $\mathfrak{A}$ 中的解释各为 $\tilde{c}_1, \cdots, \tilde{c}_n$. 仿 3.2，有 $t_1 \equiv c_1, \cdots, t_n \equiv c_n \in T$.

若 $\mathfrak{A} \models P(t_1, \cdots, t_n)$，则在 $\mathfrak{A}$ 中有 $R(\tilde{c}_1, \cdots, \tilde{c}_n)$ 成立，再由 2.1，有 $P(c_1, \cdots, c_n) \in T$，由此及上段，易得 $P(t_1, \cdots, t_n) \in T$. 反之，若 $P(t_1, \cdots, t_n) \in T$，则由上段，易得 $P(c_1, \cdots, c_n) \in T$，再由 2.1，有 $R(\tilde{c}_1, \cdots, \tilde{c}_n)$ 成立，从而，$\mathfrak{A} \models P(t_1, \cdots, t_n)$.

3.4. 设对于 $\mathscr{L}$ 中语句 φ_1 及 φ_2 已有(1)成立，当 φ 为$\neg \varphi_1$ 或 $\varphi_1 \wedge \varphi_2$ 形状时.

由归纳假设及 T 的极大和谐性易证，(1)对于 φ 也成立.

3.5. 设对于 $\mathscr{L}$ 中一切形状为 $\phi(c)$($\phi(x)$ 固定，c 通过 C)的语句都已有(1)成立，当 φ 为 $(\exists x)\phi(x)$时.

若 $\mathfrak{A} \models \varphi$. 则存在 $\tilde{c} \in A$ 能使 $\mathfrak{A} \models \phi(x)[\tilde{c}]$，由此易见，也有 $\mathfrak{A} \models \phi(c)$，再由归纳假设，有 $\phi(c) \in T$. 由此易得，$T \vdash (\exists x)\phi(x)$，从而 $\varphi \in T$.

反之，若 $\varphi \in T$. 由于C是T的见证集，故存在 $c \in C$，使 $T \vdash (\exists x)\phi(x) \to \phi(c)$，从而，有 $T \vdash \phi(c)$及$\phi(c) \in T$. 再由归纳假设，有 $\mathfrak{A} \models \phi(c)$，由此即有 $\mathfrak{A} \models \phi(x)[\tilde{c}]$及 $\mathfrak{A} \models \varphi$.

由 3.2 至 3.5 即知，对于 $\mathscr{L}$ 中每一语句 φ 都有(1)成立，从而即知，$\mathfrak{A}$ 是理论 T 的模型.（证毕）

定理 2.3（广义完全性定理） 设T是语言 $\mathscr{L}$ 中的理论，则T为和谐的充分必要条件是T有模型.

证明 充分性：若T有模型 $\mathfrak{A}$，则由一阶逻辑中形式推演规则的保真性（即：由 $\mathfrak{A}$ 上的真语句只能推出 $\mathfrak{A}$ 上的真语句）易知，T是和谐的.

必要性：若T和谐，则由引理 2.1 可知，存在语言 $\bar{\mathscr{L}} \supseteq \mathscr{L}$ 及

$\bar{\mathscr{L}}$ 中的理论 $\bar{T}\supseteq T$，能使 $\bar{T}$ 在 $\bar{\mathscr{L}}$ 中有一集见证. (并且可使 $\|\bar{\mathscr{L}}\| = \|\mathscr{L}\|$.)再由引理 2.2 可知，$\bar{T}$ 有模型 $\mathfrak{B}$. 令 $\mathfrak{A}$ 为 $\mathfrak{B}$ 在 $\mathscr{L}$ 中的归约模型，则易见，$\mathfrak{A}$ 是 T 的模型. (证毕)

引理 2.4 $\mathscr{L}$ 中每一个和谐理论 T 都有基数不超过 $\|\mathscr{L}\|$ 的模型.

证明 在上定理的证明中，当利用引理 2.2 取 $\bar{T}$ 的模型 $\mathfrak{B}$ 时，可设 $\mathfrak{B}$ 的每一元素都是 $\bar{\mathscr{L}}$ 中一个常量的解释. 从而，T 的模型 $\mathfrak{A}$ 适合 $|A| = |B| \leqslant \|\bar{\mathscr{L}}\| = \|\mathscr{L}\|$. (证毕)

定理 2.5 (紧致性定理) $\mathscr{L}$ 中理论 T 有模型的充分必要条件是 T 的每一有限子集都有模型.

证明 条件的必要性显然. 现在证明充分性：设 T 的每一有限子集都有模型，则由定理 2.3 可知，T 的每一有限子集都是和谐的. 由此易知，T 自身是和谐的. (注意：对于每个能由 T 形式地推出的语句 φ，在由 T 出发推出 φ 的任一过程中都只用到 T 中有限个语句.)再由定理 2.3 即知，T 有模型. (证毕)

推论 2.6 设 T 为语言 $\mathscr{L}$ 中的理论. 如果对任何自然数 n，T 都有元数大于 n 的有限模型，则 T 有无限模型.

证明 令 $\Sigma = T\cup\{\varphi_m: m\in\omega\}$，其中，$\varphi_m$ 是 $\mathscr{L}$ 中表达下列含意的一个语句："存在 m 个不同的元素".则由题设可知，Σ 的每一有限子集都有模型，从而由紧致性定理知，Σ 自身有模型 $\mathfrak{A}$. 显见 $\mathfrak{A}$ 是 T 的无限模型. (本推论也可用对 $\mathscr{L}$ 增加常量的方法证明，参看推论 2.7 的证法.)(证毕)

例 1 由推论 2.6 易知，对任何语言 $\mathscr{L}$，不存在 $\mathscr{L}$ 中的理论 T_1，它恰以一切有限群为模型；不存在 $\mathscr{L}$ 中的理论 T_2，它恰以一切有限环为模型；也不存在 $\mathscr{L}$ 中的理论 T_3，它恰以一切有限域为模型；等等.

推论 2.7 (Löwenheim-Skolem-Tarski 定理，简称 LST 定理) 设 T 为语言 $\mathscr{L}$ 中的理论. 如果 T 有无限模型 $\mathfrak{A}$，则对于任何基数 $\alpha \geqslant \|\mathscr{L}\|$，$T$ 都有基数为 α 的模型.

证明 取一集不在 $\mathscr{L}$ 中的新常量 $\{c_\xi: \xi < \alpha\}$，令 $\bar{\mathscr{L}} = \mathscr{L}$

$\cup\{c_\xi:\xi<\alpha\}$, $\Sigma=T\cup\{\neg(c_\xi\equiv c_\eta):\xi<\eta<\alpha\}$. 任取$\Sigma$的有限子集 Σ',则其中只出现有限多个新常量 c_ξ, 从而易见, 可以把$\mathfrak{A}$膨胀为 Σ' 的模型. 所以,由紧致性定理可知,Σ有模型$\mathfrak{B}$, 并且由引理 2.4 知, 可设 $\mathfrak{B}$ 的基数 $\beta\leqslant\|\mathscr{L}\|=\alpha$ (注意 $\alpha\geqslant\|\mathscr{L}\|$). 另一方面,$\mathfrak{B}$ 中对于诸常量 c_ξ 的解释,已经是α个不同的元素, 所以 $\beta=\alpha$. (证毕)

例 2 由推论 2.7 易知, 对任何语言 $\mathscr{L}$, 不存在 $\mathscr{L}$ 中的理论 T,它恰以一切循环群为模型.

紧致性定理及 LST 定理是模型论中的基础性定理, 有着十分广泛的应用.

例 3 周期群(指: 每一元素的周期都有限的群)的概念不能用语言 $\mathscr{L}=\{+,0\}$ 中的理论刻划. (即: 不存在 $\mathscr{L}$ 中的理论 T,它恰以一切周期群为模型. 此处, 设 $\mathscr{L}$ 中的$+$被解释为群中的基本运算, 0 被解释为单位元.)

证明 假若存在 $\mathscr{L}$ 上的理论 T, 它恰以一切周期群为模型.

令 $C_2, C_3, C_4, \cdots\cdots$各代表元数为 2, 3, 4,……的有限循环群. 作它们的直和 $G=C_2\oplus C_3\oplus C_4\oplus\cdots\cdots$. ($G$ 的每个元素中只有有限多个分量不是单位元.) 则易见, G 是周期群, 所以$G\models T$. 并且对每个正整数 n, G中都有周期为 n 的元素.

令 $\mathscr{L}_1=\mathscr{L}\cup\{c\}$($c$ 是一个个体常量), 并令 $T_1=T\cup\{c\neq 0, 2c\neq 0, 3c\neq 0,\cdots\cdots\}$. ($2c, 3c,\cdots\cdots$各代表 $(c+c)$, $(2c+c)$, $\cdots\cdots$)

易见, T_1的每一有限子集 T_0 都能被G的一个适当的膨胀(G,α) 所适合 (α 与 T_0 有关). 故由紧致性定理可知,T_1有模型(H,β). 显见 $H\models T$,所以,H是周期群. 但又易见, β是H中一个周期无限的元素,这与周期群的定义矛盾. (证毕)

例 4 令 $\mathscr{L}=\{+, 0\}$, $T=\{\gamma\}\cup\{(\forall x)(\exists y)(ny\equiv x):n=2,3,4,\cdots\cdots\}$.其中$\gamma$是 $\mathscr{L}$中一个表达“对于运算$+$构成以 0 为零元的可换群”的语句. (T 恰以一切“可除可换群”为模型.) 则T不能有限公理化. (即: 不存在 $\mathscr{L}$ 中的有限语句集 T_0,它与

T 的模型完全相同.)

证明 假若存在 $\mathscr{L}$ 中的有限语句集 T_0，它与 T 的模型完全相同，则显然存在 $\mathscr{L}$ 中一个语句 σ，它与 T 的模型完全相同. 由此可知，$T_1 = T\cup\{\neg\sigma\}$ 没有模型. 从而，由紧致性定理知，存在 T_1 的有限子集 $T_1' = T'\cup\{\neg\sigma\}$，它没有模型.（$T'$ 是 T 的有限子集.）

设在 T' 中出现的形状为 $(\forall x)(\exists y)(ny\equiv x)$ 的语句中最大的 n 是 m. 任取素数 $p>m$，以 C_p 记 p 元循环群. 由 p 为素数易知：对任何 $x\in C_p$ 及任何小于 p 的正整数 n，都存在 $y\in C_p$ 能使 $ny=x$. 所以，由 $p>m$ 可知，$C_p\models T'$. 再由 $T'\cup\{\neg\sigma\}$ 没有模型可知，$C_p\models\sigma$. 但 C_p 显然不是可除群.（例如，任取 C_p 中非 0 元 x，则 C_p 中不存在 y 能使 $py=x$.）这与 σ 的取法矛盾.（证毕）

例 5 令 $\mathscr{L}=\{+,0\}$，$T=\{\gamma\}\cup\{(\forall x)(x\equiv 0\vee nx\not\equiv 0):n=2,3,4,\cdots\cdots\}$，其中的 γ 同上例.（T 恰以一切"无扭可换群"为模型.）则 T 不能有限公理化.

证明 仿上例.（仍可用 C_p 论证.）

设 $\mathfrak{A}$ 是语言 $\mathscr{L}$ 的模型. 对每一 $a\in A$（A 为 $\mathfrak{A}$ 的论域），取一个不在 $\mathscr{L}$ 中的新常量符号 c_a，并令 $\mathscr{L}_A=\mathscr{L}\cup\{c_a:a\in A\}$. 现在，把每个新符号 c_a 就用 a 去解释，则可以把 $\mathfrak{A}$ 膨胀为 $\mathscr{L}_A$ 的模型，记作 $\mathfrak{A}_A$ 或 $(\mathfrak{A},a)_{a\in A}$. 令 $P_{\mathfrak{A}}$ 为 $\mathscr{L}_A$ 中一切在 $\mathfrak{A}_A$ 中成立的原子语句所成的集合，$N_{\mathfrak{A}}$ 为 $\mathscr{L}_A$ 中一切在 $\mathfrak{A}_A$ 中成立的"$\neg$(原子语句)"形状的语句所成的集合. 称 $P_{\mathfrak{A}}$ 为（$\mathscr{L}$ 的）模型 $\mathfrak{A}$ 的**正图象**. 称 $\Delta_{\mathfrak{A}}=P_{\mathfrak{A}}\cup N_{\mathfrak{A}}$ 为 $\mathfrak{A}$ 的**图象**.

模型的正图象是代数结构的运算表、关系表在形式语言中的反映和推广，起着类似的作用. 而图象则是进一步从反面补充列出那些不成立的等式或关系，因而能更清楚地刻划一个模型. 由下面两个命题可以看出这种作用.

命题 2.8 设 $\mathfrak{A}$，$\mathfrak{B}$ 是 $\mathscr{L}$ 的模型. 则 $\mathfrak{A}$ 能同构地嵌入 $\mathfrak{B}$（即：$\mathfrak{A}$ 同构于 $\mathfrak{B}$ 的一个子模型）的充分必要条件是：$\mathfrak{B}$ 能被膨胀

为 $\Delta_{\mathfrak{A}}$ 的模型.

证明 如果 $\mathfrak{A}$ 能经过映射 f 同构地嵌入 $\mathfrak{B}$ 中，则易见 $(\mathfrak{B}, fa)_{a\in A}$(在此模型中,对每个 $a\in A$,以 fa 解释 c_a)是 $\Delta_{\mathfrak{A}}$ 的模型. 反之,如果 $\mathfrak{B}$ 的某一膨胀 $(\mathfrak{B}, ga)_{a\in A}$ (对每个 $a\in A$, ga 是 $\mathfrak{B}$ 的论域 B 中用以解释 c_a 的元素)是 $\Delta_{\mathfrak{A}}$ 的模型,则易见映射 $g: A\ni a\to ga\in B$ 是由 $\mathfrak{A}$ 到 $\mathfrak{B}$ 内的同构嵌入. (证毕)

命题 2.9 设 $\mathfrak{A}, \mathfrak{B}$ 是 $\mathscr{L}$ 的模型,则 $\mathfrak{A}$ 能同态地映入 $\mathfrak{B}$(即: $\mathfrak{A}$ 同态于 $\mathfrak{B}$ 的一个子模型)的充分必要条件是: $\mathfrak{B}$ 能被膨胀为 $P_{\mathfrak{A}}$ 的模型.

证明 仿上一命题.

例 6 任一非空集 A 上的任一偏序 $\leqslant_1$ 都可以被扩展为 A 上的一个全序$\leqslant_2$. ("扩展"是指: 对任何 $u, v\in A$, 若 $u\leqslant_1 v$, 则 $u\leqslant_2 v$.)

证明 令 $\mathscr{L}=\{\leqslant\}, \mathfrak{A}=\langle A, \leqslant_1\rangle$,则 $\mathfrak{A}$ 是 $\mathscr{L}$ 的模型. 再令 $\mathscr{L}_A=\mathscr{L}\cup\{c_a: a\in A\}$, $\Sigma=\{\sigma\}\cup P_{\mathfrak{A}}\cup\{c_a\neq c_b: a, b\in A, a\neq b\}$. 其中, σ 是一个表达"$\leqslant$为全序"的语句, $P_{\mathfrak{A}}$ 是 $\mathfrak{A}$ 的正图象.

现在证明Σ和谐. 为此,先证明下列事实:

(F) 任一 n 元集 $Y=\{y_1, \cdots, y_n\}$(n 有限)上任一偏序$\leqslant_3$都能扩展为Y上的一个全序 $\leqslant_4$.

当 $n=1$ 时,显然 (F) 成立. 设当 $n=k$ 时 (F) 已成立,由此证明,当 $n=k+1$ 时,(F) 也成立: 设在 $k+1$ 元集 $Y=\{y_1, \cdots, y_{k+1}\}$ 上给出了一个偏序 $\leqslant_3$. 在$\leqslant_3$ 下, 易见Y中至少有一个极大元 y_u,使对任何 $y_v(v\neq u)$ 都没有 $y_u\leqslant_3 y_v$ 成立. (此事也可事先按有限集Y的元数归纳证明.)不妨设 y_{k+1} 为一极大元. 考虑Y的k元子集 $Y'=\{y_1, \cdots, y_k\}$ 以及由 $\leqslant_3$ 在 Y' 上导出的偏序$\leqslant'_3$. 由归纳假设,可以把 $\leqslant'_3$ 扩展为 Y' 上的全序$\leqslant'_4$. 现在根据$\leqslant'_4$定义Y上的2元关系 $\leqslant_4$ 如下: 在 Y' 上,令 $\leqslant_4$ 与 $\leqslant'_4$ 全同;此外, 令每 $y_i\leqslant_4 y_{k+1}$ $(i=1, \cdots, k+1)$. 易见 $\leqslant_4$ 是Y上的全序,并且 $\leqslant_4$ 扩展了 $\leqslant_3$.

任取 Σ 的一个有限子集 Σ'，由 (F) 易知，Σ' 和谐，从而，由紧致性定理知 Σ 和谐.

任取 Σ 的一个模型 $\mathfrak{B}=(B,\leqslant')$，则 $\mathfrak{B}$ 是全序集，而 $\mathfrak{B}$ 中用以解释诸 $c_a(a\in A)$ 的那些元素组成 $\mathfrak{B}$ 的子全序集 $\mathfrak{A}'=(A',\leqslant')$. 易见，可以依自然方式建立一个由 A 到 A' 上并且保持 $\leqslant_1$ 的 1-1 对应. 根据这个 1-1 对应及 $\mathfrak{A}'$ 的全序 $\leqslant'$，就可在 $\mathfrak{A}$ 中导出一个全序 $\leqslant_2$，它扩展了 $\leqslant_1$.

例 7 如果一个群 G 的每个有限生成的子群 H 都是可序的.(即：可以在 H 上定义一个全序 $\leqslant$ 使 H 成为有序群.)则 G 自身是可序的.

证明 令 $\mathscr{L}=\{\cdot\}$，$\mathscr{L}_1=\{\cdot,\leqslant\}$，$\overline{\mathscr{L}}=\mathscr{L}\cup\{c_x:x\in G\}$，$\overline{\mathscr{L}}_1=\overline{\mathscr{L}}\cup\{\leqslant\}$.

令 $T=\{\gamma\}\cup\Delta$，其中 γ 是 $\mathscr{L}_1$ 中一个表达“有序群”的语句，Δ 是(无序)群 G 的图象. 则 T 是 $\overline{\mathscr{L}}_1$ 中的理论.

任取 T 的有限子集 T'，由题设易知，T' 是和谐的. 故由紧致性定理可知，T 有模型 $\overline{K}_1$.

令 K_1 为 $\overline{K}_1$ 在 $\mathscr{L}_1$ 中的归约，则 K_1 是有序群. 并且由命题 2·8 可知，K_1 在 $\mathscr{L}$ 中的归约 K(无序群)含有与 G 同构的子群 G'. 设 ρ 是一个由 G' 到 G 上的同构映射.

由 G' 是 K 的子群可知，在有序群 K_1 中，G' 也构成 K_1 的有序子群. 再利用(无序的)群同构映射 ρ 及 G' 上的全序，即可在 G 上定义一个全序，使 G 成为有序群.(证毕)

第三章　初等子模型与模型完全理论

设 $\mathfrak{A},\mathfrak{B}$ 是语言 $\mathscr{L}$ 的模型并且 $\mathfrak{A}\subseteq\mathfrak{B}$. 当下列条件成立时，称 $\mathfrak{A}$ 为 $\mathfrak{B}$ 的**初等子模型**($\mathfrak{B}$ 称为 $\mathfrak{A}$ 的**初等扩张**)，记作 $\mathfrak{A}\prec\mathfrak{B}$ (或 $\mathfrak{B}\succ\mathfrak{A}$)：对 $\mathscr{L}$ 中每一公式 $\varphi(x_1\cdots x_n)$ (其自由变量都在 $x_1,\cdots,x_n$ 中)及 A 中每一 n 元组 $a_1,\cdots,a_n$，都有

$$\mathfrak{A}\models\varphi[a_1\cdots a_n] \text{ 当且只当 } \mathfrak{B}\models\varphi[a_1\cdots a_n].$$

例 1　令 $\mathscr{L}=\{\leqslant\}$，$\mathfrak{A}$ 为正整数有序集，$\mathfrak{B}$ 为自然数有序集. 则 $\mathfrak{A}\subseteq\mathfrak{B}$，但 $\mathfrak{A}$ 不是 $\mathfrak{B}$ 的初等子模型. 因：令 $\varphi(x)$ 为 $(\forall y)(x\leqslant y)$，则对于 $1\in A$ 有 $\mathfrak{A}\models\varphi[1]$，但 $\mathfrak{B}\not\models\varphi[1]$.

例 2　令 $\mathscr{L}=\{\leqslant\}$，$\mathfrak{A}$ 为正有理数有序集，$\mathfrak{B}$ 为有理数有序集，则 $\mathfrak{A}\subseteq\mathfrak{B}$，并且 $\mathfrak{A}$ 是 $\mathfrak{B}$ 的初等子模型. 因：对任何正整数 n 及任何 $a_1,\cdots,a_n\in A$ (诸 a_i 不论同异)，易见都存在由 $\mathfrak{A}$ 到 $\mathfrak{B}$ 上的同构对应 λ，能使 $\lambda(a_i)=a_i(i=1,\cdots,n)$. 从而易见，对 $\mathscr{L}$ 中每一公式 $\varphi(x_1\cdots x_n)$都有：$\mathfrak{A}\models\varphi[a_1\cdots a_n]$当且只当 $\mathfrak{B}\models\varphi[a_1,\cdots,a_n]$.

例 3　把例 2 中"有理数"字样均换为"实数"，仍有同样结论及证法.

命题 3.1　(i) 若 $\mathfrak{A}\prec\mathfrak{B}$，则 $\mathfrak{A}\equiv\mathfrak{B}$. (ii) $\mathfrak{A}\prec\mathfrak{A}$. (iii) 若 $\mathfrak{A}\prec\mathfrak{B}$ 且 $\mathfrak{B}\prec\mathfrak{C}$，则 $\mathfrak{A}\prec\mathfrak{C}$. (iv) 若 $\mathfrak{A}\prec\mathfrak{C}$，$\mathfrak{B}\prec\mathfrak{C}$ 且 $\mathfrak{A}\subseteq\mathfrak{B}$，则 $\mathfrak{A}\prec\mathfrak{B}$.

证明　甚易，略去.

命题 3.2　设 $\mathfrak{A},\mathfrak{B}$ 是语言 $\mathscr{L}$ 的模型，并且 $\mathfrak{A}\subseteq\mathfrak{B}$，则 $\mathfrak{A}\prec\mathfrak{B}$ 的充分必要条件是：对 $\mathscr{L}$ 中每一形状为 $(\exists x)\phi(xx_1\cdots x_n)$ 的公式及 A 中每一 n 元组 $a_1,\cdots,a_n$，如果 $\mathfrak{B}\models(\exists x)\phi[a_1\cdots a_n]$，则存在 $a\in A$ 使 $\mathfrak{B}\models\phi[aa_1\cdots a_n]$.

证明　1. 必要性：设 $\mathfrak{A}\prec\mathfrak{B}$，并且 $a_1,\cdots,a_n\in A$. 如果 $\mathfrak{B}\models$

$(\exists x)\psi[a_1\cdots a_n]$,则由 $\mathfrak{A}\prec\mathfrak{B}$ 知,$\mathfrak{A}\models(\exists x)\psi[a_1\cdots a_n]$, 从而存在 $a\in A$,使 $\mathfrak{A}\models\psi[aa_1\cdots a_n]$,再由 $\mathfrak{A}\prec\mathfrak{B}$, 即有 $\mathfrak{B}\models\psi[aa_1\cdots a_n]$.

2. 充分性: 以下按 $\mathscr{L}$ 中公式 $\varphi(x_1\cdots x_n)$ 的结构证明,对任何 $a_1,\cdots,a_n\in A$,

$$\mathfrak{A}\models\varphi[a_1\cdots a_n] \text{ 当且只当 } \mathfrak{B}\models\varphi[a_1\cdots a_n]. \tag{1}$$

当 $\varphi(x_1\cdots x_n)$ 为原子公式时,由 $\mathfrak{A}\subseteq\mathfrak{B}$ 知,(1)成立.

当 φ 为 $\psi\vee\rho$ 或 $\neg\psi$ 形状时,由归纳假设知,(1)对于 ψ, ρ 都成立,从而易知,(1)对于 φ 也成立.

当 φ 为 $(\exists x)\psi(xx_1\cdots x_n)$ 形状时. (i) 若 $\mathfrak{A}\models\varphi[a_1\cdots a_n]$,则存在 $a\in A$,使 $\mathfrak{A}\models\psi[aa_1\cdots a_n]$. 由归纳假设知,(1) 对于 ψ 成立,所以 $\mathfrak{B}\models\psi[aa_1\cdots a_n]$, 从而 $\mathfrak{B}\models\varphi[a_1\cdots a_n]$. (ii) 反之, 若 $\mathfrak{B}\models\varphi[a_1\cdots a_n]$, 则由题设条件知, 存在 $a\in A$ 使 $\mathfrak{B}\models\psi[aa_1\cdots a_n]$,再由归纳假设知, $\mathfrak{A}\models\psi[aa_1\cdots a_n]$,从而有 $\mathfrak{A}\models\varphi[a_1\cdots a_n]$.

所以,对于 $\mathscr{L}$ 中每一公式 $\varphi(x_1\cdots x_n)$ 都有 (1) 成立. 从而 $\mathfrak{A}\prec\mathfrak{B}$. (证毕)

设 $\mathfrak{A}$ 是语言 $\mathscr{L}$ 的模型. 令 $\mathscr{L}_A=\mathscr{L}\cup\{c_a:a\in A\}$, $\mathfrak{A}_A=(\mathfrak{A},a)_{a\in A}$. 令 $\mathrm{Th}(\mathfrak{A}_A)$ 为 $\mathscr{L}_A$ 中一切在 $\mathfrak{A}_A$ 中成立的语句所成的集合. 称 $\mathrm{Th}(\mathfrak{A}_A)$为($\mathscr{L}$ 的)模型 $\mathfrak{A}$ 的初等图象.

命题 3.3 设 $\mathfrak{A}$, $\mathfrak{B}$ 是语言 $\mathscr{L}$ 的模型, Γ_A 是 $\mathfrak{A}$ 的初等图象. (i) $\mathfrak{A}$ 同构于 $\mathfrak{B}$ 的一个初等子模型的充分必要条件是: $\mathfrak{B}$ 能膨胀为 Γ_A 的模型. (ii) 如果 $\mathfrak{A}\subseteq\mathfrak{B}$,则: $\mathfrak{A}\prec\mathfrak{B}$ 当且只当(在 $\mathscr{L}_A$ 中) $(\mathfrak{B},a)_{a\in A}\models\Gamma_A$ 当且只当(在 $\mathscr{L}_A$ 中)$(\mathfrak{A},a)_{a\in A}\equiv(\mathfrak{B},a)_{a\in A}$.

证明 甚易,略去.

定理 3·4 (加强的上升 LST 定理) 设 $\mathfrak{A}$ 是语言 $\mathscr{L}$ 的无限模型,其基数 $\alpha\geqslant\|\mathscr{L}\|$. 则对于任何基数 $\beta\geqslant\alpha$, 都存在基数为 β 的模型 $\mathfrak{B}$,使 $\mathfrak{A}\prec\mathfrak{B}$.

证明 令 Γ_A 为 $\mathfrak{A}$ 的初等图象,则 $\mathfrak{A}_A$ 是 Γ_A 的无限模型. Γ_A 是 $\mathscr{L}_A$ 中的理论,并且由 $\alpha\geqslant\|\mathscr{L}\|$易见$\|\mathscr{L}_A\|=\alpha$, 再由 $\beta\geqslant\alpha$ 及 LST 定理即知,Γ_A 有基数为 β 的模型 $\mathfrak{B}'=(\mathfrak{B}_1,fa)_{a\in A}$. 由命题 3.3 (i) 知, $\mathfrak{A}$ 同构于 $\mathfrak{B}_1$ 的一个初等子模型. 由此即知, 存

在 $\mathfrak{B}\cong\mathfrak{B}_1$ 能使 $\mathfrak{A}\prec\mathfrak{B}$. 显然 $|B|=\beta$. (证毕)

定理 3.5 (加强的下降 LST 定理) 设 $\mathfrak{A}$ 是语言 $\mathscr{L}$ 的无限模型，其基数 α 适合 $\alpha\geqslant\beta\geqslant\|\mathscr{L}\|$. 则 $\mathfrak{A}$ 具有基数为 β 的初等子模型. 并且，对于 A 的任何基数不超过 β 的子集 X, $\mathfrak{A}$ 都具有基数为 β 的初等子模型 $\mathfrak{B}$ 使 $X\subseteq B$.

证明 不妨设 X 的基数等于 β. (因: 否则可任取 X' 使 $X\subseteq X'\subseteq A$ 且 $|X'|=\beta$, 以 X' 作为新的 X 来讨论即可.) 对于 $\mathscr{L}$ 中每一公式 $\varphi(xx_1\cdots x_n)$ 及 X 中每一 n 元组 $a_1,\cdots,a_n$ 之适合 $\mathfrak{A}\models(\exists x)\varphi[a_1\cdots a_n]$ 者, 任意取定一个元 $b\in A$, 使适合 $\mathfrak{A}\models\varphi[ba_1\cdots a_n]$. 把这些 b 都加入 X 中, 得 A 的子集 X_1. 由 $|X|=\beta$ 及 $\|\mathscr{L}\|\leqslant\beta$ 易知, $|X_1|=\beta$. 再由 X_1 出发仿上进行, 得 X_2, 仍有 $|X_2|=\beta$. 如此继续, 可得 A 的子集链

$$X\subseteq X_1\subseteq X_2\subseteq\cdots\subseteq X_n\subseteq\cdots\cdots\qquad(n<\omega).$$

令 $B=\bigcup\limits_{n<\omega}X_n$, 则易知 $|B|=\beta$.

现在证明, B 对于 $\mathfrak{A}$ 中的函数及常量封闭.

设 F 是 $\mathscr{L}$ 中任一 n 元函数符号, G 是 $\mathfrak{A}$ 中解释 F 的 n 元函数. 任取 $a_1,\cdots,a_n\in B$, 则由 B 的定义知, 存在 $m<\omega$ 使 $a_1,\cdots,a_n\in X_m$. 令 $b=G(a_1\cdots a_n)$. 现在取 $\mathscr{L}$ 中公式 $(\exists x)(x\equiv F(x_1\cdots x_n))$(记作 $(\exists x)\varphi(xx_1\cdots x_n)$), 则显见, 有 $\mathfrak{A}\models(\exists x)\varphi[a_1\cdots a_n]$, 并且由 $\mathfrak{A}$ 中函数值的唯一性可知, b 是 A 中唯一适合 $\mathfrak{A}\models\varphi[ba_1\cdots a_n]$ 的元. 所以, 由 X_{m+1} 定义可知, $b\in X_{m+1}\subseteq B$.

仿上可证, $\mathfrak{A}$ 中对常量符号的解释也都在 B 中.

所以, B 构成 $\mathfrak{A}$ 的子模型 $\mathfrak{B}$. 再由 B 及诸 X_i 的定义及命题 3·2 可知, $\mathfrak{B}\prec\mathfrak{A}$. (证毕)

设 $\mathfrak{A},\mathfrak{B}$ 是语言 $\mathscr{L}$ 的模型. 如果对 $\mathscr{L}$ 中每一语句 φ 都有: $\mathfrak{A}\models\varphi$ 当且只当 $\mathfrak{B}\models\varphi$. 则称 $\mathfrak{A},\mathfrak{B}$ 为**初等等价**的, 记作 $\mathfrak{A}\equiv\mathfrak{B}$.

设 T 是 $\mathscr{L}$ 中的理论. 如果对于 T 的任何模型 $\mathfrak{A}$, $\mathfrak{B}$ 都有 $\mathfrak{A}\equiv\mathfrak{B}$, 则称 T 为**完全理论**.

例 4 设 $\mathfrak{A}$ 是 $\mathscr{L}$ 的模型. 令 $T=\{\varphi:\varphi$ 为 $\mathscr{L}$ 中语句并且

$\mathfrak{A}\models\varphi\}$. 则易见 T 是完全理论,称为 **$\mathfrak{A}$ 的完全理论**,记作 $\mathrm{Th}(\mathfrak{A})$.

设 T 是 $\mathscr{L}$ 中的理论. 当 T 适合下列条件时, 称为**模型完全**的: 对 T 的任何模型 $\mathfrak{A},\mathfrak{B}$. 若 $\mathfrak{A}\subseteq\mathfrak{B}$,则 $\mathfrak{A}\prec\mathfrak{B}$.

命题 3.6 对于 $\mathscr{L}$ 中任一理论 T,下列诸条件等价:

(i) T 是模型完全的.

(ii) 对 T 的每一模型 $\mathfrak{A}$, $\mathscr{L}_A$ 中的理论 $T\cup\Delta_{\mathfrak{A}}$ 是完全的. 其中 $\Delta_{\mathfrak{A}}$ 是 $\mathfrak{A}$ 的图象.

(iii) 若 $\mathfrak{A},\mathfrak{B}$ 都是 T 的模型, 并且 $\mathfrak{A}\subseteq\mathfrak{B}$, 则 $\mathscr{L}_A$ 中每个在 $\mathfrak{B}_A$ 中成立的存在语句都在 $\mathfrak{A}_A$ 中成立.

(iv) 对 $\mathscr{L}$ 中每个存在公式 φ,都存在一个 $\mathscr{L}$ 中的全称公式 ψ (与 φ 具有相同的自由变量)适合 $T\models\varphi\longleftrightarrow\psi$.

证明 1. 由 (i) 证 (ii). 任取 T 的一个模型 $\mathfrak{A}$. 先证明:

$$T\cup\Delta_{\mathfrak{A}} \text{ 与 } \mathrm{Th}(\mathfrak{A}_A) \text{ 的模型完全相同.} \tag{1}$$

任取 $T\cup\Delta_{\mathfrak{A}}$ 的模型 $\mathfrak{B}_1=(\mathfrak{B},a')_{a\in A}$. 由 $\mathfrak{B}_1\models\Delta_{\mathfrak{A}}$ 可知, $A'=\{a':a\in A\}$构成 $\mathfrak{B}$ 的一个与 $\mathfrak{A}$ 同构的子模型 $\mathfrak{A}'$, 并且 $A\ni a\to a'\in A'$ 是一同构对应. 由此可知,$(\mathfrak{A}',a')_{a\in A}\cong(\mathfrak{A},a)_{a\in A}$,从而

$$(\mathfrak{A}',a')_{a\in A}\models\mathrm{Th}(\mathfrak{A}_A). \tag{2}$$

又有 $\mathfrak{A}'$, $\mathfrak{B}\models T$, 再由 (i) 可知, $\mathfrak{A}'\prec\mathfrak{B}$, 从而, 有$(\mathfrak{A}',a')_{a\in A}\equiv(\mathfrak{B},a')_{a\in A}=\mathfrak{B}_1$,再由(2)即有 $\mathfrak{B}_1\models\mathrm{Th}(\mathfrak{A}_A)$. 所以,$T\cup\Delta_{\mathfrak{A}}$ 的模型都是 $\mathrm{Th}(\mathfrak{A}_A)$ 的模型.

反之,$\mathrm{Th}(\mathfrak{A}_A)$ 的模型显然都是 $T\cup\Delta_{\mathfrak{A}}(\subseteq\mathrm{Th}(\mathfrak{A}_A))$ 的模型. 所以(1)成立.

设 φ 为 $\mathscr{L}_A$ 中任一语句. 由(1)易知, $T\cup\Delta_{\mathfrak{A}}\models\varphi$ 当且只当 $\mathrm{Th}(\mathfrak{A}_A)\models\varphi$. 从而易得 $T\cup\Delta_{\mathfrak{A}}$ 的完全性.

2. 由 (ii) 证 (iii). 设 $\mathfrak{A}$, $\mathfrak{B}\models T$ 并且 $\mathfrak{A}\subseteq\mathfrak{B}$. 则 $\mathfrak{A}_A,\mathfrak{B}_A$ 都是 $T\cup\Delta_{\mathfrak{A}}$ 的模型. 再由 (ii) 可知,$\mathfrak{A}_A\equiv\mathfrak{B}_A$,从而显见(iii)成立.

3. 由(iii)证(iv). 任取 $\mathscr{L}$ 中一个存在公式 $\varphi(y_1\cdots y_n)$. 不妨设 φ 与 T 和谐. (否则, 易见有 $T\models(\forall y_1\cdots y_n)\neg\varphi(y_1\cdots y_n)$, 这时,任取 $\mathscr{L}$ 中一个恒假的全称公式 $\psi(y_1\cdots y_n)$,即有 $T\models\varphi\longleftrightarrow\psi$.)令 $\mathscr{L}'=\mathscr{L}\cup\{c_1,\cdots,c_n\}$,则易知

$$T\cup\{\varphi(c_1\cdots c_n)\}\text{ 和谐.}\tag{3}$$

令Γ为$\mathscr{L}'$中一切适合$T\models\varphi(c_1\cdots c_n)\rightarrow\gamma(c_1\cdots c_n)$的全称语句$\gamma(c_1\cdots c_n)$所成的集合．则由(3)可知，$T\cup\Gamma$和谐．下面将证明

$$T\cup\Gamma\models\varphi(c_1\cdots c_n).\tag{4}$$

任取$T\cup\Gamma$的一个模型$\mathfrak{A}'=(\mathfrak{A},b_1,\cdots,b_n)$，并令$\Delta_{\mathfrak{A}'}$为$\mathfrak{A}'$的图象．现在先证明

$$T\cup\{\varphi(c_1\cdots c_n)\}\cup\Delta_{\mathfrak{A}'}\text{ 和谐.}\tag{5}$$

任取$\Delta_{\mathfrak{A}'}$中有限个语句，作它们的合取语句$\theta(c_{a_1}\cdots c_{a_m}c_1\cdots c_n)$，则有$\mathfrak{A}'\models\theta(x_1\cdots x_m c_1\cdots c_n)[a_1\cdots a_m]$．从而，全称语句$\delta=(\forall x_1\cdots x_m)\neg\theta(x_1\cdots x_m c_1\cdots c_n)$在$\mathfrak{A}'$中假，所以$\delta\notin\Gamma$．再由$\Gamma$的定义可知，存在$T\cup\{\varphi(c_1\cdots c_n)\}$的模型$\mathfrak{D}'$，在其中$\delta$假．因而，存在$d_1,\cdots,d_m\in D'$，使$\mathfrak{D}'\models\theta(x_1\cdots x_m c_1\cdots c_n)[d_1\cdots d_m]$，由此可知，$\mathfrak{D}'$能膨胀为$\theta(c_{a_1}\cdots c_{a_m}c_1\cdots c_n)$的模型，从而，$T\cup\{\varphi(c_1\cdots c_n)\}\cup\{\theta(c_{a_1}\cdots c_{a_m}c_1\cdots c_n)\}$和谐．故由紧致性定理可知，(5)成立．

任取$T\cup\{\varphi(c_1\cdots c_n)\}\cup\Delta_{\mathfrak{A}'}$的一个模型$\mathfrak{B}'_A=(\mathfrak{B}',a^*)_{a\in A}$．由$\mathfrak{B}'_A\models\Delta_{\mathfrak{A}'}$可知，$\{a^*:a\in A\}$构成$\mathfrak{B}'$的一个与$\mathfrak{A}'$同构的子模型，不妨就把它等同于$\mathfrak{A}'$，于是有$\mathfrak{A}'\subseteq\mathfrak{B}'$．又因$\mathfrak{A}'$，$\mathfrak{B}'$都是$T$的模型，故由(iii)可知，$\mathfrak{B}'_A$所适合的($\mathscr{L}'_A$中的)存在语句$\varphi(c_1\cdots c_n)$也被$\mathfrak{A}'_A$适合，从而，有$\mathfrak{A}'\models\varphi(c_1\cdots c_n)$．

故由$\mathfrak{A}'$的任意性，即得(4)．

由(4)可知，Γ中存在有限个语句$\gamma_1(c_1\cdots c_n),\cdots,\gamma_k(c_1\cdots c_n)$，能使$T\models(\gamma_1(c_1\cdots c_n)\wedge\cdots\wedge\gamma_k(c_1\cdots c_n))\rightarrow\varphi(c_1\cdots c_n)$．再由$\Gamma$的定义，可得

$$T\models(\gamma_1(c_1\cdots c_n)\wedge\cdots\wedge\gamma_k(c_1\cdots c_n))\longleftrightarrow\varphi(c_1\cdots c_n).\tag{6}$$

把诸$\gamma_i(c_1\cdots c_n)$中的全称量词都等价地移到合取式的前面，并把$c_1,\cdots,c_n$分别换为自由变量$y_1,\cdots,y_n$(必要时先改变诸γ_i中的约束变量)，就可得到一个$\mathscr{L}$中的全称公式$\psi(y_1\cdots y_n)$，并且由(6)可知，它与$\varphi(y_1\cdots y_n)$在T之下等价．

4. 由(iv)证(i). 利用(iv)不难归纳证明: $\mathscr{L}$ 中每一公式都与一个全称公式在 T 下等价. (证略)

设 $\mathfrak{A},\mathfrak{B}\models T$,并且 $\mathfrak{A}\subseteq\mathfrak{B}$,现在证明 $\mathfrak{A}\prec\mathfrak{B}$.

任取 $\mathscr{L}$ 中一公式 $\varphi(x_1\cdots x_n)$ 及 $a_1,\cdots,a_n\in A$. 由上知,存在 $\mathscr{L}$ 中全称公式 $\phi(x_1\cdots x_n),\rho(x_1\cdots x_n)$, 分别与 $\varphi,\neg\varphi$ 在 T 下等价.

4.1. 若 $\mathfrak{B}\models\varphi[a_1\cdots a_n]$, 则 $\mathfrak{B}\models\phi[a_1\cdots a_n]$,再由 ϕ 为全称公式及 $\mathfrak{A}\subseteq\mathfrak{B}$,有 $\mathfrak{A}\models\phi[a_1\cdots a_n]$,从而,有 $\mathfrak{A}\models\varphi[a_1\cdots a_n]$.

4.2. 若 $\mathfrak{B}\not\models\varphi[a_1\cdots a_n]$, 则 $\mathfrak{B}\models\neg\varphi[a_1\cdots a_n]$, 仿上有 $\mathfrak{A}\models\neg\varphi[a_1\cdots a_n]$,从而 $\mathfrak{A}\not\models\varphi[a_1\cdots a_n]$.

由 4.1,4.2 即知, $\mathfrak{A}\prec\mathfrak{B}$. (证毕)

推论 3·7 若 T 的模型均为无限,并且 $\alpha\geqslant\|\mathscr{L}\|$, 则下列诸条件等价:

(i) T 是模型完全的.

(ii$_\alpha$) 对 T 的每一基数为 α 的模型,$T\cup\Delta_{\mathfrak{A}}$ 是完全的.

(iii$_\alpha$) 若 $\mathfrak{A},\mathfrak{B}$ 都是 T 的基数为 α 的模型,并且 $\mathfrak{A}\subseteq\mathfrak{B}$, 则 $\mathscr{L}_A$ 中每个在 $\mathfrak{B}_A$ 中成立的存在语句都在 $\mathfrak{A}_A$ 中成立.

证明 1. 设(i)成立, 则由命题 3.6 知,(ii)成立, 从而(ii$_\alpha$)成立.

2. 设(ii$_\alpha$)成立, 仿照命题 3.6 中由(ii)推(iii)的证法可知,(iii$_\alpha$)成立.

3. 设(iii$_\alpha$)成立. 现在由此证明命题 3.6 中的(iv)成立, 从而(i)成立. 为此,只须把命题 3.6 中由(iii)推(iv)的证明作如下改动即可:

把"任取 $T\cup\Gamma$ 的一个模型 $\mathfrak{A}'$"改为: "任取 $T\cup\Gamma$ 的一个基数为 α 的模型". (此为可能,因已知 $T\cup\Gamma$ 和谐, 故由本推论题设知, $T\cup\Gamma$ 有无限模型. 又由 $\alpha\geqslant\|\mathscr{L}\|$知, 对此时的语言 $\mathscr{L}'=\mathscr{L}\cup\{c_1,\cdots,c_n\}$也有 $\alpha\geqslant\|\mathscr{L}'\|$,再由 LST 定理即知, $T\cup\Gamma$ 有基数为 α 的模型.)

把"任取 $T\cup\{\varphi(c_1\cdots c_n)\}\cup\Delta_{\mathfrak{A}'}$ 的一个模型 $\mathfrak{B}'_A$"改为: "任

取 $T\cup\{\varphi(c_1\cdots c_n)\}\cup\Delta_{\mathfrak{A}'}$ 的一个基数为 α 的模型 $\mathfrak{B}'_A$”. (由于 $\mathfrak{A}'$ 基数为 α,所以, 对此时的语言 $\mathscr{L}'_A=\mathscr{L}'\cup\{c_a:a\in A\}$, 也有 $\alpha\geqslant\|\mathscr{L}'_A\|$,故仿上可知,$\mathfrak{B}'_A$ 存在.)

把“故由 $\mathfrak{A}'$ 的任意性即得 (4)”改为: “假若 (4) 不成立, 则 $T\cup\Gamma\cup\{\neg\varphi(c_1\cdots c_n)\}$ 和谐, 故仿上知它应有基数为 α 的模型. 但 $\mathfrak{A}'$ 为 $T\cup\Gamma$ 的任一个基数为 α 的模型且上面已证明 $\mathfrak{A}'\models\varphi(c_1\cdots c_n)$. 此为矛盾”. (证毕)

命题 3.8 设 T 是一个模型完全的理论.

(i) 若 T 的任何两个模型都能共同(同构地)嵌入 T 的一个模型中,则 T 是完全的.

(ii) 若 T 有一个模型 $\mathfrak{A}$,它能(同构地)嵌入 T 的每一模型中,则 T 是完全的.

证明 1. 证(i): 任取 T 的两个模型 $\mathfrak{B},\mathfrak{C}$. 下面证明 $\mathfrak{B}\equiv\mathfrak{C}$,从而即知, T 是完全的.

由(i)的题设知, 存在 T 的模型 $\mathfrak{D}$ 及 $\mathfrak{D}$ 的子模型 $\mathfrak{B}_1$, $\mathfrak{C}_1$, 使 $\mathfrak{B}\cong\mathfrak{B}_1\subseteq\mathfrak{D}$, $\mathfrak{C}\cong\mathfrak{C}_1\subseteq\mathfrak{D}$. 从而, $\mathfrak{B}_1$, $\mathfrak{C}_1$ 也是 T 的模型. 又因 T 是模型完全的,所以 $\mathfrak{B}_1\prec\mathfrak{D}$, $\mathfrak{C}_1\prec\mathfrak{D}$,从而,有 $\mathfrak{B}\equiv\mathfrak{B}_1\equiv\mathfrak{D}\equiv\mathfrak{C}_1\equiv\mathfrak{C}$.

2. 证(ii): 任取 T 的两个模型 $\mathfrak{B},\mathfrak{C}$. 由(ii)的题设知,存在 $\mathfrak{B}$ 的子模型 $\mathfrak{A}_1$ 及 $\mathfrak{C}$ 的子模型 $\mathfrak{A}_2$,使 $\mathfrak{A}_1\cong\mathfrak{A}\cong\mathfrak{A}_2$. 从而, $\mathfrak{A}_1,\mathfrak{A}_2$ 也是 T 的模型. 再由 T 的模型完全性可知, $\mathfrak{A}_1\prec\mathfrak{B}$, $\mathfrak{A}_2\prec\mathfrak{C}$, 从而, 有 $\mathfrak{B}\equiv\mathfrak{A}_1\equiv\mathfrak{A}_2\equiv\mathfrak{C}$. (证毕)

命题 3.9 (Łoś-Vaught 判断法) 如果 $\mathscr{L}$ 中的和谐理论 T 只有无限模型, 并且 T 对于某一无限基数 $\alpha\geqslant\|\mathscr{L}\|$ 是 α-范畴的(即: T 的任何两个基数为 α 的模型都是同构的), 则 T 是完全理论.

证明 假若 T 不完全, 则存在 $\mathscr{L}$ 中语句 φ, 使 $T\nvdash\varphi$ 且 $T\nvdash\neg\varphi$,从而, $T_1=T\cup\{\neg\varphi\}$ 及 $T_2=T\cup\{\varphi\}$都和谐. 并且由题设可知, T_1,T_2 都有无限模型. 又因 $\alpha\geqslant\|\mathscr{L}\|$, 故由 LST 定理知, T_1,T_2 各有基数为 α 的模型 $\mathfrak{A}_1,\mathfrak{A}_2$. 从而, $\mathfrak{A}_1\models\neg\varphi$, $\mathfrak{A}_2\models\varphi$, 所以 $\mathfrak{A}_1\not\equiv\mathfrak{A}_2$. 但 $\mathfrak{A}_1$, $\mathfrak{A}_2$ 都是 T 的模型, 这与 T 的 α-范畴性矛

盾.（证毕）

定理 3.10 (Lindström) 设 T 是可数语言 $\mathscr{L}$ 中的和谐理论，具有下列诸性质：

(i) T 的模型都是无限的.

(ii) T 的任何(上升的)模型链的并仍是 T 的模型.

(iii) T 对某一无限基数 α_1 是 α_1-范畴的.

则 T 是模型完全的.

证明 为了叙述方便，引进两个术语：若 $\mathfrak{A}$, $\mathfrak{B}$ 都是 T 的模型，并且 $\mathfrak{A}\subseteq\mathfrak{B}$，称 $\mathfrak{B}$ 为 $\mathfrak{A}$ 的一个 T-扩张．设 $\mathfrak{A}$ 是 T 的模型，如果对于 $\mathfrak{A}$ 的每一个 T-扩张 $\mathfrak{B}$，一切在 $\mathfrak{B}_A$ 中成立的存在语句也都在 $\mathfrak{A}_A$ 中成立，则称 $\mathfrak{A}$ 为代数闭的.

现在用(i),(ii)证明：对于每一无限基数 α，T 都具有基数为 α 的代数闭模型.

为此，先任取 T 的一个基数为 α 的模型 $\mathfrak{A}$．(由 $\mathscr{L}$ 可数及(i)及 LST 定理知，$\mathfrak{A}$ 存在.）此时 $\|\mathscr{L}_A\|=\alpha$，故易见，可将 $\mathscr{L}_A$ 中一切存在语句排列为一良序集 $\{\varphi_\beta:\beta<\alpha\}$.

现在构作 T 的一系列基数为 α 的模型

$$\mathfrak{A}_0\subseteq\mathfrak{A}_1\subseteq\cdots\subseteq\mathfrak{A}_\beta\subseteq\cdots\cdots \qquad (\beta<\alpha). \tag{1}$$

令 $\mathfrak{A}_0=\mathfrak{A}$．设对一切 $\xi<\beta<\alpha$，$\mathfrak{A}_\xi$都已有定义.

1．当 β 为后继序数 $\gamma+1$ 时． 若不存在 $\mathfrak{A}_\gamma$ 的 T-扩张 $\mathfrak{B}$ 使 φ_γ 在 $\mathfrak{B}_A$ 中成立，则令 $\mathfrak{A}_\beta=\mathfrak{A}_\gamma$． 若存在 $\mathfrak{A}_\gamma$ 的 T-扩张 $\mathfrak{B}$，使 φ_γ 在 $\mathfrak{B}_A$ 中成立，则由 LST 定理易知，也存在基数为 α 的这样的$\mathfrak{B}_1$．（因：在 $\mathscr{L}_{A_\gamma}$ 中，令 $T'=T\cup\Delta_{\mathfrak{A}_\gamma}\cup\{\varphi_\gamma\}$，则 $\mathfrak{B}_{A_\gamma}\models T'$（注意 $A\subseteq A_\gamma$)，所以，由 LST 定理可知，T' 有基数为 $\|\mathscr{L}_{A_\gamma}\|=\alpha$ 的模型 $\mathfrak{B}_1'$，设 $\mathfrak{B}_1'$ 在 $\mathscr{L}$ 中的归约为 $\mathfrak{B}_1$，则 $\mathfrak{B}_1\models T$ 并且 $\mathfrak{A}_\gamma$ 可同构嵌入 $\mathfrak{B}_1$ 中，不妨即视为 $\mathfrak{A}_\gamma\subseteq\mathfrak{B}_1$．所以 $\mathfrak{B}_1$ 是 $\mathfrak{A}_\gamma$ 的 T-扩张，并且易见，φ_γ 在 $\mathfrak{B}_{1A}$ 中成立.）这时，任意取定一个基数为 α 的这样的 $\mathfrak{B}_1$，令 $\mathfrak{A}_\beta=\mathfrak{B}_1$.

2．当 β 为极限序数时．令 $\mathfrak{A}_\beta=\bigcup\limits_{\xi<\beta}\mathfrak{A}_\xi$．（由 $\beta<\alpha$ 及诸 $\mathfrak{A}_\xi$ 基

数为 α 可知，$\mathfrak{A}_\beta$ 基数为 α. 并且由(ii)知，$\mathfrak{A}_\beta \models T$.)

这样，我们得到 T 的模型链(1)，显见它适合：对每个 $\beta < \alpha$，若存在 $\mathfrak{A}_\beta$ 的 T-扩张 $\mathfrak{C}$，使 φ_β 在 $\mathfrak{C}_A$ 中成立，则 φ_β 在 $\mathfrak{A}_{\beta+1A}$ 中成立.

再令 $\mathfrak{A}^1 = \bigcup_{\beta<\alpha} \mathfrak{A}_\beta$，则 $\mathfrak{A} \subseteq \mathfrak{A}^1$，并且 $\mathfrak{A}^1$ 是 T 的基数为 α 的模型. 易见它适合：对 $\mathscr{L}_A$ 中每一存在语句 φ，如果存在 $\mathfrak{A}^1$ 的 T-扩张 $\mathfrak{D}$，使 φ 在 $\mathfrak{D}_A$ 中成立，则 φ 在 $\mathfrak{A}^1_A$ 中成立.（但由于 $\mathfrak{A}^1$ 的论域 A^1 一般要比 A 扩大了，所以 $\mathfrak{A}^1$ 还不一定是代数闭的.）

再重复以上由 $\mathfrak{A}$ 作 $\mathfrak{A}^1$ 的过程，由 $\mathfrak{A}^1$ 作 $\mathfrak{A}^2$，由 $\mathfrak{A}^2$ 作 $\mathfrak{A}^3$，$\cdots\cdots$，可得 T 的模型链(每个模型基数均为 α)

$$\mathfrak{A} = \mathfrak{A}^0 \subseteq \mathfrak{A}^1 \subseteq \cdots \subseteq \mathfrak{A}^m \subseteq \cdots\cdots \qquad (m < \omega).$$

它适合：对 $\mathscr{L}_{A^m}$ 中每一存在语句 φ，如果存在 $\mathfrak{A}^{m+1}$ 的 T-扩张 $\mathfrak{D}$，使 φ 在 $\mathfrak{D}_{A^m}$ 中成立，则 φ 在 $\mathfrak{A}^{m+1}_{A^m}$ 中成立.

再令 $\mathfrak{A}^\omega = \bigcup_{m<\omega} \mathfrak{A}^m$，则易知，$\mathfrak{A}^\omega$ 是 T 的基数为 α 的代数闭模型.

由以上及(iii)可知，对于无限基数 α_1 而言，T 的每一基数为 α_1 的模型都是代数闭的. 由此易见，推论 3.7 中的(iii_{α_1})成立，从而 T 是模型完全的.（证毕）

下面是完全理论的例.

例 5 令 $\mathscr{L} = \{\leqslant\}$，令 T 为无端点稠密有序集的理论，则 T 只有无限模型，并且易证，T 是 ω-范畴的. 故由命题 3.9 知，T 是完全的.

例 6 令 $\mathscr{L} = \{\cap, \cup, ', 0, 1\}$，令 T 为无原子布尔代数的理论，则 T 只有无限模型，并且由代数可知，T 是 ω-范畴的. 故由命题 3.9 知，T 是完全的.

例 7 令 $\mathscr{L} = \{+, \cdot, 0, 1\}$，令 T 为特征数 0（或特征数 p）的代数闭域理论. 则 T 只有无限模型，并且由代数可知，T 是 ω_1-范畴的. 故由命题 3.9 知，T 是完全的.

例 8(上例的一个应用) A. Sudbery 用函数论方法证明了:“在复数域C中,若 $p(z)$为一n次多项式且至少有两个不同的根,则乘积 $P(z)=p(z).\ p'(z)\cdots p^{(n)}(z)$ 至少有$n+1$个不同的根.”(见文献[2].)他猜想这一定理对每个特征数 0 或特征数$p>n$的代数闭域都成立.(M. Marden 在文献[3]中也引述了这一猜想.)利用特征数 0 的代数闭域理论的完全性,易知,此定理对每一特征数 0 的代数闭域都成立.(因:对每一 n,相应的命题可用一个 1 阶语句 φ_n 描述.)由此并易知,对每一 n,相应的命题 φ_n 对特征数 p 相当大的代数闭域也成立.

模型完全理论的例及其应用:

定理 3·11 令 $\mathscr{L}=\{+,\cdot,0,1\}$,令$T$为代数闭域的理论,则$T$是模型完全的.

证明 设 $\mathfrak{A}\subseteq\mathfrak{B}$ 都是T的模型,φ是$\mathscr{L}_A$中一个存在语句$(\exists x_1\cdots x_n)\phi(x_1\cdots x_n c_{a_1}\cdots c_{a_m})$($\phi$ 中无量词,$a_1,\cdots,a_m\in A$).现在证明:若有 $\mathfrak{B}_A\models\varphi$,则也有 $\mathfrak{A}_A\models\varphi$.(由此及命题 3·6 即知,$T$是模型完全的.)

1.设$\mathfrak{B}$在$\mathfrak{A}$上的超越度为 1,并且 $\mathfrak{B}_A\models\varphi$.

此时,在B中存在一个$\mathfrak{A}$上的超越元 β,使$\mathfrak{B}$是$\mathfrak{A}$的扩域$\mathfrak{A}(\beta)$的代数闭包.

令 $\mathscr{L}'=\mathscr{L}_A\cup\{c\}$,令 $T'=T\cup\Delta_{\mathfrak{A}}\cup\{c+c_{b_1}\neq 0,\ c^2+c_{b_1}c+c_{b_2}\neq 0, c^3+c_{b_1}c^2+c_{b_2}c+c_{b_3}\neq 0,\cdots\cdots\}$,(其中 $\Delta_{\mathfrak{A}}$是$\mathfrak{A}$的图象,每个 b_i 通过 A).

任取 T' 的模型 $\mathfrak{C}'=(\mathfrak{C},fa,\gamma)$($a$ 通过 A).则由 $\mathfrak{C}'\models\Delta_{\mathfrak{A}}$ 知$\mathfrak{C}$的子集$\{fa:a\in A\}$组成与$\mathfrak{A}$同构的子域,不妨设即等同于$\mathfrak{A}$(把每个fa等同于 a).此时,易见γ成为$\mathfrak{A}$上的超越元,所以代数闭域$\mathfrak{C}$包含$\mathfrak{A}$的扩域 $\mathfrak{A}(\gamma)$的代数闭包$\mathfrak{D}$.并且易见,存在由$\mathfrak{B}$到$\mathfrak{D}$上的同构映射 ρ,使 $\rho(\beta)=\gamma$,而使A中每个元在ρ下不变.

由 $\mathfrak{B}_A\models\varphi$ 及上述的ρ易见,有 $\mathfrak{D}_A\models\varphi$.又由于$\phi$中无量词,故有 $\mathfrak{C}_A\models\varphi$.又因$\mathfrak{C}_A$是$\mathfrak{C}'$在$\mathscr{L}_A$中的归约,所以也有 $\mathfrak{C}'\models\varphi$.

由于$\mathfrak{C}'$是T'的任一模型,故由上有 $T'\models\varphi$.再由紧致性定

理可知,存在 T' 的有限子集 S' 使 $S'\models\varphi$。

由于 $\mathfrak{A}_A\models T\cup\Delta_{\mathfrak{A}}$,并且 A 是无限集,易见 $\mathfrak{A}_A$ 可以膨胀为 S' 的模型 $(\mathfrak{A}_A,\alpha)$,从而有 $(\mathfrak{A}_A,\alpha)\models\varphi$. 又因 φ 为 $\mathscr{L}_A$ 中语句,故知 $\mathfrak{A}_A\models\varphi$.

2. 一般情况. 设 $\mathfrak{B}_A\models\varphi$,则存在 $d_1,\cdots,d_n\in\mathfrak{B}$,使

$$\mathfrak{B}_A\models\phi(x_1\cdots x_n c_{a_1}\cdots c_{a_m})[d_1\cdots d_n]. \tag{1}$$

2.1. 若 $d_1,\cdots,d_n\in A$,则由 ϕ 中无量词及(1)可知,$\mathfrak{A}_A\models\phi(x_1\cdots x_n c_{a_1}\cdots c_{a_m})[d_1\cdots d_n]$,从而有 $\mathfrak{A}_A\models\varphi$.

2.2. 若 $d_1,\cdots,d_n$ 不全在 A 中. 令 $\mathfrak{D}$ 为 $\mathfrak{A}$ 的扩域 $\mathfrak{A}(d_1,\cdots,d_n)$ 在 $\mathfrak{B}$ 中的代数闭包. 由域论知,$\mathfrak{D}$ 在 $\mathfrak{A}$ 上的超越度 $l\leqslant n$,故存在一系列代数闭域 $\mathfrak{A}=\mathfrak{A}^0\subseteq\mathfrak{A}^1\subseteq\cdots\subseteq\mathfrak{A}^l=\mathfrak{D}$,使每个 $\mathfrak{A}^{i+1}$ 在 $\mathfrak{A}^i$ 上超越度为 $1(i=0,\cdots,l-1)$.

由 $d_1,\cdots,d_n\in A^l=D$ 及(1)可知(因 ϕ 中无量词),$\mathfrak{A}^l_A\models\phi(x_1\cdots x_n c_{a_1}\cdots c_{a_m})[d_1\cdots d_n]$,从而有

$$\mathfrak{A}^l_A\models\varphi. \tag{2}$$

φ 可看作 $\mathscr{L}_{A^{l-1}}$ 上的公式,故由(2)有 $\mathfrak{A}^l_{A^{l-1}}\models\varphi$,再由 1. 可知,有 $\mathfrak{A}^{l-1}_{A^{l-1}}\models\varphi$. 由此及 φ 实为 $\mathscr{L}_A$ 上公式,即易见有

$$\mathfrak{A}^{l-1}_A\models\varphi. \tag{3}$$

仿照由(2)到(3)的论证,又陆续可得 $\mathfrak{A}^{l-2}_A\models\varphi,\cdots\cdots$,最后即得 $\mathfrak{A}_A\models\varphi$. (证毕)

推论 3.12 特征数 0(或 p) 的代数闭域理论是模型完全的.

证明 仿上.

定理 3.13 (Hilbert 零点定理) 设 C 为复数域,$P=C[x_1,\cdots,x_n]$ 为 C 上 n 个不相关不定元 $x_1,\cdots,x_n$ 的多项式环,$p_1,\cdots,p_k\in P$. 则下列三条件等价:

(i) $p_1,\cdots,p_k$ 在 C 中无公共解.

(ii) 存在 $g_1,\cdots,g_k\in P$ 使 $g_1p_1+\cdots+g_kp_k=1$.

(iii) $p_1,\cdots,p_k$ 在 C 的每一扩域中无公共解.

证明 1. 若(ii)成立,显然(i)成立.

2. 设(i)成立,证(iii)成立: 假若 $p_1,\cdots,p_k$ 在 C 的某一扩域

K中有公共解，则它们也在K的代数闭包K_1中有公共解．所以

$$K_1 \models (\exists y_1 \cdots y_n)(p_1(y_1 \cdots y_n) = 0 \wedge \cdots \wedge p_k(y_1 \cdots y_n) = 0),$$

（简记右端为 φ）．但 $C \subseteq K_1$ 均为代数闭域，故由 $K_1 \models \varphi$ 及代数闭域理论的模型完全性可知，$C \models \varphi$．（这是因为：诸 $p_i(x_1 \cdots x_n)$ 系数都在C中，所以φ可以记为$\varphi(c_{\alpha_1} \cdots c_{\alpha_l})$，其中$\alpha_1, \cdots, \alpha_l \in C$，而 $\varphi(u_1 \cdots u_l)$ 为 $\mathscr{L} = \{+, \cdot, 0, 1\}$ 中含自由变元 $u_1, \cdots, u_l$ 的公式，从而，$K_1 \models \varphi$ 可以改记为 $K_1 \models \varphi(u_1 \cdots u_l)[\alpha_1 \cdots \alpha_l]$，再由 $C \prec K_1$ 得 $C \models \varphi(u_1 \cdots u_l)[\alpha_1 \cdots \alpha_l]$，也即 $C \models \varphi$.）这与(i)矛盾．

3. 设(iii)成立，证(ii)成立：以I记 $p_1, \cdots, p_k$ 在P中生成的理想．（$I = \{f_1p_1 + \cdots + f_kp_k : f_1, \cdots, f_k \in P\}$.）假若(ii)不成立，则 $1 \notin I$．所以I是P的真理想，从而，I被包含在P的一个极大真理想M中．令K为剩余类环 P/M，则K为一域，且易见 $C \subseteq K$．考虑K中的元素 $a_i = [x_i]$（指x_i所在的剩余类）$(i = 1, \cdots, n)$．易见有 $p_j(a_1, \cdots, a_n) = [p_j(x_1, \cdots, x_n)]$，$(j = 1, \cdots, k)$．但由 $p_j(x_1, \cdots, x_n) \in I \subseteq M$ 知，$[p_j(x_1, \cdots, x_n)] = [0]$（$K$ 的零元）．所以，$(a_1, \cdots, a_n)$是 $p_1, \cdots, p_k$ 在K中的一组公共解．此与(iii)矛盾．（证毕）

注 若把复数域C换为任一代数闭域F（特征数任意），仍有相应的零点定理成立，证法同上．

定理 3.14 令 $\mathscr{L} = \{+, \cdot, <, 0, 1\}$，令$R$为实闭有序域的理论．则$R$是模型完全的．

为证明本定理，先证明一个引理．

引理 3.15 设F为一实闭有序域，$F(\beta)$ 是F的超越有序扩域．则 $F(\beta)$中的顺序可以由F的子集 $S_1 = \{a : a \in F$ 且在 $F(\beta)$ 中 $a < \beta\}$（或由子集 $S_2 = \{a : a \in F$ 且在 $F(\beta)$中 $\beta < a\}$）唯一决定．

证明 任取 γ，$\delta \in F(\beta)$，令$\tau = \gamma - \delta$，则$\gamma \leqslant \delta$当且只当$\tau \leqslant 0$．所以只需证明，任一 $\tau \in F(\beta)$的正、负情况能由 S_1 唯一决定．τ 可以表示为

$$a\cdot\frac{\beta^k+a_{k-1}\beta^{k-1}+\cdots+a_1\beta+a_0}{\beta^l+a'_{l-1}\beta^{l-1}+\cdots+a'_1\beta+a'_0}=a\,\frac{f(\beta)}{g(\beta)}$$

形状,其中 $k,l\geqslant 0$;a 及诸 $a_i,a'_j\in F$.

由于F是实闭域,而β是F上的超越元,故知β的多项式$f(\beta)$,$g(\beta)$都可表示为F上首系数为1的1次因子及不可约2次因子的乘积.但F上每一个首系数为1的不可约2次多项式,易见可表示为$(\beta-c)^2+d^2$形状($c,d\in F$),显见它在$F(\beta)$中取正值(注意$\beta\neq c$).所以,τ的正负情况实际由a的正负情况以及$f(\beta)$,$g(\beta)$中诸1次因子的正负情况所决定,而后者显然由S_1(或由S_2)唯一决定.(证毕)

定理3.14的**证明** 设$\mathfrak{A}\subseteq\mathfrak{B}$都是$R$的模型,$\varphi$是$\mathscr{L}_A$中一个存在语句$(\exists x_1\cdots x_n)\phi(x_1\cdots x_n c_{a_1}\cdots c_{a_m})$,($\phi$中无量词;$a_1,\cdots,a_m\in A$).现在证明:若有$\mathfrak{B}_A\models\varphi$,则也有$\mathfrak{A}_A\models\varphi$.(由此及命题3.6即知,$T$是模型完全的.)

1. 设$\mathfrak{B}$在$\mathfrak{A}$上的超越度为1,并且$\mathfrak{B}_A\models\varphi$.

此时,在B中存在一个$\mathfrak{A}$上的超越元β,使$\mathfrak{B}$是$\mathfrak{A}$的有序扩域$\mathfrak{A}(\beta)$的实闭包.

令$\mathscr{L}'=\mathscr{L}_A\cup\{c\}$,令$R'$为$\mathscr{L}'$中如下的理论:$R'=R\cup\Delta_{\mathfrak{A}}\cup\Sigma_1\cup\Sigma_2\cup\Sigma_3$,其中$\Sigma_1=\{c\neq c_a:a\in A\}$,$\Sigma_2=\{c_a<c:a\in A$ 且在$\mathfrak{B}$中 $a<\beta\}$,$\Sigma_3=\{c<c_a:a\in A$ 且在$\mathfrak{B}$中$\beta<a\}$.

任取R'的模型$\mathfrak{C}'=(\mathfrak{C},fa,\gamma)$($a$通过$A$).则$\mathfrak{C}$是实闭有序域,并且由$\mathfrak{C}'\models\Delta_{\mathfrak{A}}$知,不妨设$\mathfrak{A}\subseteq\mathfrak{C}$(把每个$fa$等同于$a$).此时,易见$\gamma$是$\mathfrak{A}$上的超越元.(因:若$\gamma$为实闭域$\mathfrak{A}$上的代数元且$\gamma\notin\mathfrak{A}$,则由代数知$\mathfrak{A}(\gamma)$为代数闭域,从而不能构成有序域.此与$\mathfrak{A}(\gamma)\subseteq\mathfrak{C}$(有序域)矛盾.)所以$\mathfrak{C}$包含$\mathfrak{A}$的有序扩域$\mathfrak{A}(\gamma)$的实闭包$\mathfrak{D}$.并且由$R'$的子集$\Sigma_2\cup\Sigma_3$及引理易见,存在由$\mathfrak{B}$到$\mathfrak{D}$上的保序同构映射$\rho$,使$\rho(\beta)=\gamma$而使$A$中每个元在$\rho$下不变.

由$\mathfrak{B}_A\models\varphi$及上述的$\rho$易见有$\mathfrak{D}_A\models\varphi$.又由于$\phi$中无量词,故有$\mathfrak{C}_A\models\varphi$.又因$\mathfrak{C}_A$是$\mathfrak{C}'$在$\mathscr{L}_A$中的归约,所以也有$\mathfrak{C}'\models\varphi$.

由于 $\mathfrak{C}'$ 是 R' 的任一模型，故由上有 $R' \models \varphi$，再由紧致性定理可知，存在 R' 的有限子集 S' 使 $S' \models \varphi$.

由于 $\mathfrak{A}_A \models R \cup \Delta_{\mathfrak{A}}$，并且，由于 $\mathfrak{A}$ 对于<是一个无端点的稠密有序集，故易见对于 $\Sigma_1 \cup \Sigma_2 \cup \Sigma_3$ 的任何有限子集，都能在 $\mathfrak{A}$ 中找到适当元素 a 来解释 c 使之成立.（注意，由 $\mathfrak{B}$ 为有序集可知，对于 Σ_2 中的每一语句 $c_a < c$ 及 Σ_3 中的每一语句 $c < c_{a'}$，都有 $a < a'$.）所以，$\mathfrak{A}_A$ 可以膨胀为 S' 的模型. 由此易见 $\mathfrak{A}_A \models \varphi$.

2. 一般情况. 设 $\mathfrak{B}_A \models \varphi$，则存在 $d_1, \cdots, d_n \in \mathfrak{B}$，使

$$\mathfrak{B}_A \models \phi(x_1 \cdots x_n c_{a_1} \cdots c_{a_m})[d_1 \cdots d_n]. \tag{1}$$

2.1. 若 $d_1, \cdots, d_n \in A$，则由(1)易知 $\mathfrak{A}_A \models \varphi$.

2.2. 若 $d_1, \cdots, d_n$ 不全在 A 中. 令 $\mathfrak{D}$ 为 $\mathfrak{A}$ 的有序扩域 $\mathfrak{A}(d_1, \cdots, d_n)$ 在 $\mathfrak{B}$ 中的实闭包. 由域论知，$\mathfrak{D}$ 在 $\mathfrak{A}$ 上的超越度 $l \leqslant n$，故存在一系列实闭有序域 $\mathfrak{A} = \mathfrak{A}^0 \subseteq \mathfrak{A}^1 \subseteq \cdots \subseteq \mathfrak{A}^l = \mathfrak{D}$，使每个 $\mathfrak{A}^{i+1}$ 在 $\mathfrak{A}^i$ 上超越度为 $1 (i = 0, \cdots, l-1)$.

由 $d_1, \cdots, d_n \in A^l = D$ 及(1)可得 $\mathfrak{A}_A^l \models \varphi$，再利用 1. 陆续可得 $\mathfrak{A}_A^{l-1} \models \varphi, \mathfrak{A}_A^{l-2} \models \varphi, \cdots\cdots$，最后即得 $\mathfrak{A}_A \models \varphi$.（证毕）

定理 3.16 (Hilbert 第 17 问题的解答) 设 R 为实数域，$Q = R(x_1, \cdots, x_n)$ 为 R 上 n 个不相关不定元 $x_1, \cdots, x_n$ 的有理分式域，$q \in Q$. 则下列三性质等价:

(i) q 在 R 上是非负的.（即：$q(x_1, \cdots, x_n) < 0$ 在 R 中无解.）

(ii) 存在有限个 $q_1, \cdots, q_k \in Q$ 使 $q = q_1^2 + \cdots + q_k^2$.

(iii) q 在 R 的每一有序扩域 F 上都是非负的.

证明 在下证中，为简便起见，在符号用法上比较随便. 但含意明确，不致误解.

1. 若(ii)成立，显然(i)成立.

2. 设(i)成立，证(iii) 成立. 设 $q(x_1, \cdots, x_n) = \dfrac{f(x_1, \cdots, x_n)}{g(x_1, \cdots, x_n)}$ (f, g 为多项式). 假若在 R 的某一有序扩域 F 中 $q < 0$ 有解，则 $f \cdot g < 0$ 有解. 从而在 F 的实闭包 F_1 中 $f \cdot g < 0$ 有解. 所以

$F_1 \models (\exists x_1 \cdots x_n)(f(x_1\cdots x_n)\cdot g(x_1\cdots x_n) < 0)$(简记右端为 φ)．但 $R \subseteq F_1$ 均为实闭有序域，故由 $F_1 \models \varphi$ 及实闭有序域理论的模型完全性可知，$R \models \varphi$（注意 f, g 的系数都在 R 中），从而 $q < 0$ 在 R 中有解．此与(i)矛盾．

3. 设(iii)成立，证(ii)成立．假若 q 在 Q 中不是平方和．以下证明，可以在 Q 中定义一种顺序，使 Q 成为 R 的有序扩域，并且 $q < 0$，从而，q 在 Q 上不是非负的．

先构作 Q 的一个子集 P，使它适合下列诸性质：(p_1)对一切 $a \in Q$，都有 $a^2 \in P$．(p_2)P 对＋，· 封闭．(p_3)$-q \in P$．(p_4)$-1 \notin P$．(p_5)对每一 $a \in Q$，$a \in P$ 或 $-a \in P$．

P 的作法如下：令 $P_0 = \{\sigma_1 + \sigma_2(-q)：\sigma_1, \sigma_2$ 为 Q 中平方和$\}$．易见 P_0 适合(p_1)至(p_3)．现在证明 P_0 适合(p_4)．假若 $-1 \in P_0$，则 $-1 = \sigma_3 + \sigma_4(-q)$($\sigma_3, \sigma_4$ 为 Q 中平方和)．若 $\sigma_4 = 0$，则 $-1 = \sigma_3 = r_1^2(x_1, \cdots, x_n) + \cdots + r_k^2(x_1, \cdots, x_n)$，对 $x_1, \cdots, x_n$ 代入实数值，即得矛盾．故必 $\sigma_4 \neq 0$，从而 $q = \dfrac{1+\sigma_3}{\sigma_4} = (1+\sigma_3)\cdot\sigma_4\cdot(\sigma_4^{-1})^2$，易见，此式右端为 Q 中平方和，与以上关于 q 的假设矛盾．

所以 P_0 适合(p_1)至(p_4)，再利用 Zorn 引理，可以把 P_0 扩张为 Q 的一个适合(p_1)至(p_4)的极大子集 P．现在证明 P 适合(p_5)．假若对某个 $a \in Q$ 有 $a \notin P$ 且 $-a \notin P$．令 $P_1 = \{\pi_1 + \pi_2 a：\pi_1, \pi_2 \in P\}$．易见 $P \subseteq P_1$ 且 $P \neq P_1$．并且，由 P 适合(p_1)至(p_3)易见，P_1 适合(p_1)至(p_3)．故由 P 的极大性知，P_1 不合(p_4)，从而 $-1 \in P_1$，$-1 = \pi_3 + \pi_4 a$($\pi_3, \pi_4 \in P$)．若 $\pi_4 = 0$，则 $-1 = \pi_3 \in P$，与 P 适合(p_4)矛盾．故必 $\pi_4 \neq 0$，从而 $a = -\dfrac{1+\pi_3}{\pi_4}$，$-a = (1+\pi_3)\cdot\pi_4\cdot(\pi_4^{-1})^2$．易见此式右端在 P 中，此与 $-a \notin P$ 矛盾．

所以，P 适合(p_1)至(p_5)．最后，利用 P 在 Q 中定义一种顺序如下：

对任何 $u, v \in Q$，当且只当 $v - u \in P$ 时，令 $u \leqslant v$．

易见Q对于$\leqslant$构成R的有序扩域，并且 $q<0$. 此与(iii)矛盾.(证毕)

注 1 若把实数域R换为任一实闭有序域 R_1,仍有相应的定理成立. 证法同上.

注 2 若以一般的有序域K代替上定理中的R，则相应定理能成立的充分必要条件是：在域K上只有一种顺序关系能使K成为有序域,并且K在其实闭包$\bar{K}$中是稠密的.（证明见文献[4].）

第四章　超积基本定理

设 I 为一非空集合，$S(I)$为 I 的一切子集所成的集合．如果 $D\subseteq S(I)$适合下列诸条件：

(i) $I\in D$;

(ii) 若 $X,Y\in D$,则 $X\cap Y\in D$;

(iii) 若$X\in D$且 $X\subseteq Z\subseteq I$,则 $Z\in D$.

则称D为I上的一个**滤子**．如果D除适合 (i),(ii), (iii) 之外又适合：

(iv) 对任何 $X\in S(I)$, $X\in D$ 当且只当 $(I\backslash X)\notin D$.

则称D为I上的一个**超滤子**.

如果I上的滤子 $D\neq S(I)$,则称D为I上的一个**真滤子**.

命题 4.1　下列二条件等价：

(i) D为I上的超滤子.

(ii) D为I上的极大真滤子．(即，D为I上的真滤子，并且在I上不存在真滤子 $F\neq D$,能使 $D\subseteq F$.)

证明　1.由(i)证(ii)．设D为I上的超滤子．则由超滤子定义知 $I\in D$,从而空集 $\varnothing=(I\backslash I)\notin D$．所以$D$是$I$上的真滤子.

设F是I上的真滤子,并且 $D\subseteq F$．现在证明 $F=D$．假若 $F\neq D$,则存在$X\in F$使 $X\notin D$,从而 $(I\backslash X)\in D\subseteq F$, 从而 $\varnothing=X\cap(I\backslash X)\in F$．由此及滤子定义可知，$I$的每一子集 $Z\in F$,所以 $F=S(I)$不是I上的真滤子,与上矛盾.

由以上两段即得 (ii).

2.由 (ii) 证(i)．设D为I上的极大真滤子．考虑任一 $X\in S(I)$:

若 $X\in D$,则由D为真滤子易知，$(I\backslash X)\notin D$.

反之,设 $(I\backslash X)\notin D$,现在证明 $X\in D$．令 $E=D\cup\{X\}$, 并

令 $F=\{Y:Y\subseteq I$ 并且存在有限个 $Z_1,\cdots,Z_n\in E$ 使 $(Z_1\cap\cdots\cap Z_n)\subseteq Y\}$. 易见$F$为$I$上的滤子并且 $D\subseteq F, X\in F$. 假若 $X\notin D$,则 $D\subsetneqq F$,从而由D的极大性有 $F=S(I)$. 特知空集$\varnothing\in F$,故由F定义可知,存在有限个 $Z_1,\cdots,Z_n\in E$,使 $Z_1\cap\cdots\cap Z_n=\varnothing$. 如果 $Z_1,\cdots,Z_n\in D$,则 $\varnothing\in D$,与D为真滤子矛盾. 故必有某 $Z_i=X$,不妨设 $Z_1=X$ 而 $Z_2,\cdots,Z_n\in D$,(注意,由 $(I\backslash X)\notin D$ 知, $X\neq\varnothing$, 故必 $n\geqslant 2$.) 从而 $Z_2\cap\cdots\cap Z_n\in D$. 但由 $X\cap(Z_2\cap\cdots\cap Z_n)=Z_1\cap\cdots\cap Z_n=\varnothing$, 又有 $Z_2\cap\cdots\cap Z_n\subseteq(I\backslash X)$,从而又应 $(I\backslash X)\in D$,也与题设矛盾.

由以上两段即得 (i). (证毕)

命题4.2 I上任一个真滤子E都能扩张为I上的一个超滤子D.

证明 令 $\mathscr{F}=\{F:F$ 为I上真滤子且 $E\subseteq F\}$. 则$\mathscr{F}$为一非空的偏序集. 并且,对$\mathscr{F}$中滤子的任一上升链 $F_0\subseteq F_1\subseteq\cdots\subseteq F_\xi\subseteq\cdots,(\xi<\alpha)$,易见其并集 $\bigcup\limits_{\xi<\alpha}F_\xi$ 也在$\mathscr{F}$中. 故由 Zorn 引理知,$\mathscr{F}$中存在极大元,任取其一记为 D, 则$E\subseteq D$且易见D为I上的极大真滤子, 故由命题 4.1 知, D为I上的超滤子. (证毕)

设I为一非空集合,D为I上的一个超滤子. $\mathfrak{A}_i(i\in I)$ 为语言$\mathscr{L}$的一族模型. 以下将定义模型族 $\mathfrak{A}_i(i\in I)$以D为模的超积$\prod_D\mathfrak{A}_i$,它也是$\mathscr{L}$的模型.

令 $C=\{f:f$ 为I上的函数并且对每 $i\in I$ 有 $f(i)\in A_i\}$ 为诸A_i的卡氏积,记作 $C=\prod\limits_{i\in I}A_i$. ($A_i$ 为$\mathfrak{A}_i$的论域 $(i\in I)$.)

在C上定义一2元关系"$=_D$"如下: 对任何 $f,g\in C$,

当且只当 $\{i\in I:f(i)=g(i)\}\in D$ 时,令 $f=_D g$.

由超滤子性质易知, $=_D$为C上的等价关系,故可依之将C中元素分为诸等价类. 对任何 $f\in C$, 以 f_D 记 f 所在的等价类. 并以 $\prod\limits_D A_i$ 记这些等价类所组成的集合:

$$\prod_D A_i = \left\{ f_D : f \in \prod_{i \in I} A_i \right\}.$$

现在以 $\prod_D A_i$ 为论域,定义与 $\mathscr{L}$ 中符号相应的关系,函数及常量,使 $\prod_D A_i$ 成为 $\mathscr{L}$ 的模型.

设 P 为 $\mathscr{L}$ 中一个 n 元关系符号. 在 $\prod_D A_i$ 上如下定义一个 n 元关系 S 作为对 P 的解释:

$S(f_D^1 \cdots f_D^n)$ 当且只当 $\{i \in I: R_i(f^1(i) \cdots f^n(i))\} \in D$. (其中, R_i 为 $\mathfrak{A}_i$ 中对 P 的解释.) 利用超滤子的性质, 易证, 此定义与 $f_D^1, \cdots, f_D^n$ 中代表元 $f^1, \cdots, f^n$ 的取法无关. 即: 如果 $f_D^1 = g_D^1, \cdots, f_D^n = g_D^n$, 则 $\{i \in I: R_i(f^1(i) \cdots f^n(i))\} \in D$ 当且只当 $\{i \in I: R_i(g^1(i) \cdots g^n(i))\} \in D$.

设 F 为 $\mathscr{L}$ 中一个 n 元函数符号. 在 $\prod_D A_i$ 上如下定义一个 n 元函数 H 作为对 F 的解释:

$H(f_D^1 \cdots f_D^n) = g_D$, 其中 $g(i) = G_i(f^1(i) \cdots f^n(i)), (i \in I)$. ($G_i$ 为 $\mathfrak{A}_i$ 中对 F 的解释.)利用超滤子的性质, 易证, 此定义与 $f_D^1, \cdots, f_D^n$ 中代表元 $f^1, \cdots, f^n$ 的取法无关.

设 c 为 $\mathscr{L}$ 中一个常量符号. 在 $\prod_D A_i$ 中取下列元素作为对 c 的解释:

$$g_D, \text{其中 } g(i) = a_i.$$

(a_i 为 $\mathfrak{A}_i$ 中对 c 的解释.)

这样, $\prod_D A_i$ 就成为 $\mathscr{L}$ 的模型,记作 $\prod_D \mathfrak{A}_i$, 称为模型族 $\mathfrak{A}_i$ $(i \in I)$的(以 D 为模的)**超积**.

定理 4.3 (超积基本定理) 设 $\mathfrak{B}$ 是 $\mathscr{L}$ 的模型族 $\mathfrak{A}_i (i \in I)$ 的超积 $\prod_D \mathfrak{A}_i$. 则对 $\mathscr{L}$ 中任何公式 $\varphi(x_1 \cdots x_n)$ 及 B 中任何元素 $f_D^1, \cdots, f_D^n$ 都有:

$\mathfrak{B} \models \varphi[f_D^1 \cdots f_D^n]$ 当且只当 $\{i \in I: \mathfrak{A}_i \models \varphi[f^1(i) \cdots f^n(i)]\} \in D$.

（特知，对 $\mathscr{L}$ 中任何语句 φ 都有：$\mathfrak{B}\models\varphi$ 当且只当 $\{i\in I:\mathfrak{A}_i\models\varphi\}\in D$.）

证明 对 $\varphi(x_1\cdots x_n)$ 按其复杂性（指其中 $\neg,\wedge,\exists$ 的总个数）进行归纳论证.

1. 当 $\varphi(x_1\cdots x_n)$ 为原子公式时. 可以再对 φ 中所出现的项的复杂性进行归纳论证，不难，略去.（参看 MT, pp. 170—171.）

2. 当 $\varphi=\neg\phi(x_1\cdots x_n)$ 时.

2.1. 若 $\mathfrak{B}\models\varphi[f^1_D\cdots f^n_D]$，则 $\mathfrak{B}\not\models\phi[f^1_D\cdots f^n_D]$，故由归纳假设知，$\{i\in I:\mathfrak{A}_i\models\phi[f^1(i)\cdots f^n(i)]\}\notin D$，再由超滤子性质知，其余集 $\{i\in I:\mathfrak{A}_i\not\models\phi[f^1(i)\cdots f^n(i)]\}\in D$，也即 $\{i\in I:\mathfrak{A}_i\models\varphi[f^1(i)\cdots f^n(i)]\}\in D$.

2.2. 若 $\mathfrak{B}\not\models\varphi[f^1_D\cdots f^n_D]$，仿上可证 $\{i\in I:\mathfrak{A}_i\models\varphi[f^1(i)\cdots f^n(i)]\}\notin D$.

3. 当 $\varphi=\phi(x_1\cdots x_n)\wedge\theta(x_1\cdots x_n)$ 时.

3.1. 若 $\mathfrak{B}\models\varphi[f^1_D\cdots f^n_D]$，则 $\mathfrak{B}\models\phi[f^1_D\cdots f^n_D]$ 且 $\mathfrak{B}\models\theta[f^1_D\cdots f^n_D]$，故由归纳假设知，$\{i\in I:\mathfrak{A}_i\models\phi[f^1(i)\cdots f^n(i)]\}\in D$，且 $\{i\in I:\mathfrak{A}_i\models\theta[f^1(i)\cdots f^n(i)]\}\in D$，从而，此二者的交集（易见即为 $\{i\in I:\mathfrak{A}_i\models\varphi[f^1(i)\cdots f^n(i)]\}$）也在 D 中.

3.2. 反之，若 $\{i\in I:\mathfrak{A}_i\models\varphi[f^1(i)\cdots f^n(i)]\}\in D$，则由 $\{i\in I:\mathfrak{A}_i\models\varphi[f^1(i)\cdots f^n(i)]\}\subseteq\{i\in I:\mathfrak{A}_i\models\phi[f^1(i)\cdots f^n(i)]\}$ 可知，后一集合也在 D 中，从而，由归纳假设，有 $\mathfrak{B}\models\phi[f^1_D\cdots f^n_D]$；同理，有 $\mathfrak{B}\models\theta[f^1_D\cdots f^n_D]$；故有 $\mathfrak{B}\models\varphi[f^1_D\cdots f^n_D]$.

4. 当 $\varphi=(\exists x_0)\phi(x_0x_1\cdots x_n)$ 时.

4.1. 若 $\mathfrak{B}\models\varphi[f^1_D\cdots f^n_D]$，则存在 $f^0_D\in B$，使 $\mathfrak{B}\models\phi[f^0_Df^1_D\cdots f^n_D]$，故由归纳假设知，$\{i\in I:\mathfrak{A}_i\models\phi[f^0(i)f^1(i)\cdots f^n(i)]\}\in D$. 但易见，此集合是 $\{i\in I:\mathfrak{A}_i\models\varphi[f^1(i)\cdots f^n(i)]\}$ 的子集，所以，后者也在 D 中.

4.2. 若 $\{i\in I:\mathfrak{A}_i\models\varphi[f^1(i)\cdots f^n(i)]\}\in D$. 记此集合为 S. 对每一 $i\in S$，任意取定一 $f^0(i)\in A_i$ 使 $\mathfrak{A}_i\models\phi[f^0(i)f^1(i)\cdots f^n(i)]$（这样的 $f^0(i)$ 显然存在）；对每一 $i\in I\backslash S$，则任意取定一 $f^0(i)\in$

A_i;这些 $f^0(i)(i\in I)$构成 $\prod_{i\in I} A_i$ 中一个函数 f^0 的值. 显见 $S\subseteq\{i\in I: \mathfrak{A}_i\models\phi[f^0(i)f^1(i)\cdots f^n(i)]\}$,所以, 后一集合也在$D$中. 再由归纳假设,即有 $\mathfrak{B}\models\phi[f^0_Df^1_D\cdots f^n_D]$,从而, 有 $\mathfrak{B}\models\varphi[f^1_D\cdots f^n_D]$. (证毕)

若超积 $\prod_D\mathfrak{A}_i$ 中诸 $\mathfrak{A}_i$ 都等于同一模型 $\mathfrak{A}$, 则记为 $\prod_D\mathfrak{A}$, 称为 $\mathfrak{A}$ 的一个**超幂**.

推论 4.4 设 $\mathfrak{B}$ 是 $\mathfrak{A}$ 的一个超幂 $\prod_D\mathfrak{A}$, 则 $\mathfrak{B}\equiv\mathfrak{A}$.

证明 由超积基本定理易见.

推论 4.5 (紧致性定理的超积形式) 设T 为 $\mathscr{L}$ 中的语句集(理论). 令 I 为T的一切有限子集所成的集合. 如果对每一 $i\in I$ 都存在 i 的模型 $\mathfrak{A}_i$, 则存在 I 上的超滤子 D, 能使 $\prod_D\mathfrak{A}_i$ 是 T 的模型.

证明 对每一语句 $\varphi\in T$, 令 $\hat{\varphi}=\{i\in I:\varphi\in i\}$. 再令 $E=\{e\subseteq I$: 存在有限个 $\varphi_1,\cdots,\varphi_n\in T$ 使 $(\hat{\varphi}_1\cap\cdots\cap\hat{\varphi}_n)\subseteq e\}$. 易见 E 为 I 上的滤子. 又由于对任何 $\varphi_1,\cdots,\varphi_n\in T(n\geqslant 1)$ 都有 $\{\varphi_1,\cdots,\varphi_n\}\in(\hat{\varphi}_1\cap\cdots\cap\hat{\varphi}_n)$, 故知空集 $\varnothing\notin E$. 所以 E 是 I 上的真滤子, 从而由命题 4.2 知, E 可以扩张为 I 上的一个超滤子 D.

对任何 $\varphi\in T$, 有 $\{i\in I:\mathfrak{A}_i\models\varphi\}\supseteq\hat{\varphi}$. (因: 若 $i\in\hat{\varphi}$, 则 $\varphi\in i$, 从而由 $\mathfrak{A}_i\models i$ 有 $\mathfrak{A}_i\models\varphi$.) 但显见 $\hat{\varphi}\in E\subseteq D$, 从而有 $\{i\in I:\mathfrak{A}_i\models\varphi\}\in D$. 再由超积基本定理可知. $\prod_D\mathfrak{A}_i\models\varphi$.

所以 $\prod_D\mathfrak{A}_i\models T$. (证毕)

考虑 $\mathscr{L}$ 的任一模型 $\mathfrak{A}$ 的任一超幂 $\prod_D\mathfrak{A}$. 对每一 $a\in A$, 令 f_a 代表 $\prod_{i\in I} A$ 中的常值函数: $f_a(i)=a(i\in I)$. 再令 d 为由 A 到 $\prod_D A$ 中的下列映射: $d(a)=f_{aD}(a\in A)$.

推论 4.6 d 是由 $\mathfrak{A}$ 到 $\prod_D\mathfrak{A}$ 中的初等嵌入映射.

证明 设 $\varphi(x_1\cdots x_n)$为 $\mathscr{L}$ 中任一公式, $a_1,\cdots,a_n$ 为 A 中任一 n 元组.

1. 若 $\mathfrak{A}\models\varphi[a_1\cdots a_n]$, 则$\{i\in I:\mathfrak{A}\models\varphi[a_1\cdots a_n]\}=I\in D$, 也

即 $\{i\in I:\mathfrak{A}\models\varphi[f_{a_1}(i)\cdots f_{a_n}(i)]\}\in D$. 故由超积基本定理，有 $\prod_D\mathfrak{A}\models\varphi[f_{a_1 D}\cdots f_{a_n D}]$，也即 $\prod_D\mathfrak{A}\models\varphi[d(a_1)\cdots d(a_n)]$.

2.若 $\mathfrak{A}\not\models\varphi[a_1\cdots a_n]$，则仿上可得 $\prod_D\mathfrak{A}\not\models\varphi[d(a_1)\cdots d(a_n)]$.（证毕）

设K是语言 $\mathscr{L}$ 的一族模型.（同构的模型只算作一个.）如果存在 $\mathscr{L}$ 中的一个理论 T，使K恰由T的一切模型组成，则称K为一个初等类. 如果存在 $\mathscr{L}$ 中的一个语句 φ，使K恰由φ的一切模型组成，则称K为一个基本初等类.

定理 4.7 设K为 $\mathscr{L}$ 的一族模型，则:

(i) K 为初等类的充分必要条件是: K对于超积及初等等价封闭.（即: K中任意一些模型的任一超积仍在K中，与K中模型初等等价的模型也仍在K中.）

(ii) K为基本初等类的充分必要条件是: K对于超积及初等等价封闭，并且K的余族K'（即一切不在K中的 $\mathscr{L}$ 的模型所成的族）也对于超积及初等等价封闭.

证明 1.设K为一初等类，则存在 $\mathscr{L}$ 中的理论 T，使K恰由T的一切模型组成. 显见，K对初等等价封闭. 另外，由超积基本定理也易见，K对于超积封闭.

2.设K对于超积及初等等价封闭. 令 $T=\{\varphi:\varphi$ 为 $\mathscr{L}$ 中语句并且φ在K的每一模型$\mathfrak{A}$中成立.$\}$显见，每一 $\mathfrak{A}\in K$都是T的模型. 反之，设$\mathfrak{B}$是T的任一模型，现在证明 $\mathfrak{B}\in K$.

令 $\Sigma=\{\sigma:\sigma$ 为 $\mathscr{L}$ 中语句并且 $\mathfrak{B}\models\sigma\}$. 令$I$为$\Sigma$的一切有限子集所成的集合. 对每一 $i=\{\sigma_1,\ \cdots,\ \sigma_n\}\in I$，存在一模型 $\mathfrak{A}_i\in K$ 使 $\mathfrak{A}_i\models i$.（因:否则应有$\neg(\sigma_1\wedge\cdots\wedge\sigma_n)\in T$，从而$\mathfrak{B}\models\neg(\sigma_1\wedge\cdots\wedge\sigma_n)$，这与 $i\subseteq\Sigma$ 矛盾.）再由推论 4.5 可知，存在一个超积 $\prod_D\mathfrak{A}_i\models\Sigma$，从而易见 $\prod_D\mathfrak{A}_i\equiv\mathfrak{B}$. 再由$K$对于超积及初等等价的封闭性即知，$\mathfrak{B}\in K$.

由以上可知，K恰由T的一切模型组成，所以K是一个初等类.

3.设K为一基本初等类，则存在 $\mathscr{L}$ 中一个语句 φ，使K恰由

φ的一切模型组成；从而K的余族恰由$\neg\varphi$的一切模型组成．所以K及K'都是初等类，再由1．即知，K及K'都对于超积及初等等价封闭．

4．设K及K'都对于超积及初等等价封闭，则由2．可知，存在$\mathscr{L}$中的理论T及T'，使：K恰由T的一切模型组成，K'恰由T'的一切模型组成．

现在证明，T及T'都是可有限公理化的．从而可知，T及T'各自逻辑等价于$\mathscr{L}$中的单一语句，所以K及K'都是基本初等类．

显见 $T\cup T'$ 不和谐．（因：若$\mathscr{L}$的模型$\mathfrak{A}\models T$，则$\mathfrak{A}\in K$，从而$\mathfrak{A}\notin K'$，$\mathfrak{A}\not\models T'$．）故由紧致性定理知，存在 $T\cup T'$ 的有限子集Δ不和谐．设 $\Delta=\{\varphi_1,\cdots,\varphi_r,\varphi'_1,\cdots,\varphi'_s\}$，其中 $\varphi_1,\cdots,\varphi_r\in T$，$\varphi'_1,\cdots,\varphi'_s\in T'$．（不妨设$r\geqslant 1$且$s\geqslant 1$．否则，可将$\Delta$扩大使如此．）

对$\mathscr{L}$的任一模型$\mathfrak{A}$，若$\mathfrak{A}\models\varphi_1\wedge\cdots\wedge\varphi_r$，则$\mathfrak{A}\not\models\varphi'_1\wedge\cdots\wedge\varphi'_s$，从而$\mathfrak{A}\not\models T'$，$\mathfrak{A}\notin K'$，从而$\mathfrak{A}\in K$，$\mathfrak{A}\models T$．由此即易知，$T$的有限子集$\{\varphi_1,\cdots,\varphi_r\}$可充当$T$的一组公理．同理，$T'$也是可有限公理化的．（证毕）

以下介绍关于超积及其基本定理在代数中应用的一些例子．

设$\mathfrak{A}$是$\mathscr{L}$的模型，$\{\mathfrak{A}_i:i\in I\}$是$\mathfrak{A}$的一组子模型．如果有 $A=\bigcup_{i\in I}A_i$，并且对任何$i,j\in I$都存在$k\in I$能使$A_i\cup A_j\subseteq A_k$，则称$\{\mathfrak{A}_i:i\in I\}$为$\mathfrak{A}$的一个**局部系统**．

例如，$\mathfrak{A}$的一切有限生成的子模型构成$\mathfrak{A}$的一个局部系统．

理定 4.8 设$\mathfrak{A}$是$\mathscr{L}$的模型，$\{\mathfrak{A}_i:i\in I\}$是$\mathfrak{A}$的一个局部系统．如果存在$\mathscr{L}$的一组模型$\{\mathfrak{B}_i:i\in I\}$使对每一$i\in I$，$\mathfrak{A}_i$能同构嵌入$\mathfrak{B}_i$中．则存在$I$上的超滤子$D$使$\mathfrak{A}$能同构嵌入$\prod_D\mathfrak{B}_i$中．

证明 对每一$i\in I$，取定一个由$\mathfrak{A}_i$到$\mathfrak{B}_i$内的同构映射σ_i．

对每个$j\in I$，令$S_j=\{i\in I:A_j\subseteq A_i\}$．则$S=\{S_j:j\in I\}$具有"有限交性质"，即：$S$中任何有限多个$S_j$的交集不空．（因：任取有限个$S_{j_1}$，$\cdots$，$S_{j_n}\in S$，由$\{\mathfrak{A}_i:i\in I\}$为局部系统易知存在

$k\in I$ 使 $A_{i_1}\cup\cdots\cup A_{i_n}\subseteq A_k$,从而 $k\in S_{i_1}\cap\cdots\cap S_{i_n}$.)

令 $E=\{X\subseteq I$: 存在有限个 $j_1,\cdots,j_n\in I$,使 $S_{j_1}\cap\cdots\cap S_{j_n}\subseteq X\}$,则 $S\subseteq E$,并且由 S 的有限交性质易见,E 是 I 上的真滤子,从而由命题 4.2 知,E 可以扩张为 I 上一个超滤子 D.

对此 D 作超积 $\prod_D\mathfrak{B}_i$.

以下将定义一个由 $\mathfrak{A}$ 到 $\prod_D\mathfrak{B}_i$ 内的同构映射 σ. 为使记号简便,不妨设 I 为一序数: $I=\{0,1,2,\cdots,i,\cdots\}(i<I)$.

对每一 $a\in A$,作卡氏积 $\prod_I B_i$ 中的元素 $\tilde{a}=(a_0,a_1,a_2,\cdots,a_i,\cdots)$. 其中诸 $a_i(i<I)$如下规定:

当 $a\in A_i$ 时,令 $a_i=\sigma_i(a)$;

当 $a\notin A_i$ 时,令 a_i 任意取定.

然后,令 $\sigma(a)=\tilde{a}_D\in\prod_D\mathfrak{B}_i$.

现在证明: σ 是由 $\mathfrak{A}$ 到 $\prod_D\mathfrak{B}_i$ 内的同构映射.

1.先证明,若 A 中二元 $a\neq a'$,则 $\sigma(a)\neq\sigma(a')$.

由局部系统 $\{\mathfrak{A}_i:i\in I\}$ 的定义易见,存在 $j\in I$ 使 $a,a'\in A_j$. 从而对 S_j 中每一元 k,都有 a, $a'\in A_k$. 因而 $\sigma_k(a)\neq\sigma_k(a')$(因 σ_k 是 1-1 的). 所以 $S_j\subseteq\{i\in I:a_i\neq a'_i\}$, 从而由 $S_j\in S\subseteq D$ 知, $\{i\in I:a_i\neq a'_i\}\in D$, 故由超积性质知,在 $\prod_D\mathfrak{B}_i$ 中 $\tilde{a}_D\neq\tilde{a}'_D$, 即 $\sigma(a)\neq\sigma(a')$.

2.利用诸 $\sigma_k(k\in I)$ 的同构映射性质, 仿 1.可证 σ 是同构映射. (证毕)

引理 4.9 设 n 为任一取定的正整数. $\mathscr{A}$ 为一切同构于域上 n 阶全线性群 $GL(n,F)$(F 通过一切域) 的群所成的类. 则 $\mathscr{A}$ 对超积封闭.

证明 为叙述简便,以 $n=2$ 为例来说明.

令 $\mathscr{L}=\{\circ,e\}$ 为群的语言. ($\circ$解释为群的乘法, e 解释为单位元.)则$\mathscr{A}$为 $\mathscr{L}$ 的一类模型.

把 $\mathscr{L}$ 膨胀为 $\mathscr{L}'=\{\circ,e,+,\times,0,1,\pi_{11},\pi_{12},\pi_{21},\pi_{22}\}$. 其中 $+$, $\times$为 2 元函数符号;0,1 为常量;诸 π_{ij} 为 1 元函数符号.

易见可以写出 $\mathscr{L}'$ 中一集语句 T' 表达下列诸含意. (以下

把≡简记为=.)

(i) 对任二元素 x、y:($x = y$) 当且只当 ($\pi_{11}(x) = \pi_{11}(y)$且 $\pi_{12}(x) = \pi_{12}(y)$且 $\pi_{21}(x) = \pi_{21}(y)$ 且 $\pi_{22}(x) = \pi_{22}(y)$).

(ii) 诸 π_{ij} 的值域都相同；且此值域对+，×、0，1 构成一个域.

(iii) $\circ$ 为 2 阶方阵的乘法. 即，对任何 x, y: $\pi_{11}(x\circ y) = (\pi_{11}(x) \times \pi_{11}(y)) + (\pi_{12}(x) \times \pi_{21}(y))$且 $\pi_{12}(x\circ y) = (\pi_{11}(x) \times \pi_{12}(y)) + (\pi_{12}(x) \times \pi_{22}(y))$ 且 $\pi_{21}(x\circ y) = (\pi_{21}(x) \times \pi_{11}(y)) + (\pi_{22}(x) \times \pi_{21}(y))$ 且 $\pi_{22}(x\circ y) = (\pi_{21}(x) \times \pi_{12}(y)) + (\pi_{22}(x) \times \pi_{22}(y))$.

(iv) 对任何 x: $e\circ x = x$ 且 $x\circ e = x$.

(v) 对任何 x: $\pi_{11}(x) \times \pi_{22}(x) \neq \pi_{12}(x) \times \pi_{21}(x)$.

(vi) 对 π_{11} 值域中任何 y_1, y_2, y_3, y_4: 若 $y_1 \times y_4 \neq y_2 \times y_3$, 则存在元素 x(x 不限于在值域中),使($\pi_{11}(x) = y_1$ 且 $\pi_{12}(x) = y_2$ 且 $\pi_{21}(x) = y_3$ 且 $\pi_{22}(x) = y_4$)

以 $\mathscr{A}'$ 表示 T' 的一切模型所成的类. 则由超积基本定理易知，$\mathscr{A}'$ 对超积封闭.

不难看出，$\mathscr{A}$ 恰为由 $\mathscr{A}'$ 中一切模型在 $\mathscr{L}$ 中的归约所成的类.

另外,对于 $\mathscr{L}'$ 的任一组模型 $\{\mathfrak{A}_i':i\in I\}$, 其任一超积 $\prod_D\mathfrak{A}_i'$ 在 $\mathscr{L}$ 中的归约,易见也可看作先把每一 $\mathfrak{A}_i'$ 在 $\mathscr{L}$ 中归约为 $\mathfrak{A}_i$,再对模型组 $\{\mathfrak{A}_i:i\in I\}$ 按同一D所作的超积 $\prod_D\mathfrak{A}_i$.

由以上三段即知 $\mathscr{A}$ 对超积封闭. (证毕)

一个群 G,如果同构于一个域 F 上 n 阶全线性群 $GL(n, F)$ 的一个子群,则称 G 为 **n 阶线性群**.

定理 4.10 (Malcev) 设 n 为一正整数. 如果一个群 G 的每个有限生成的子群都是 n 阶线性群,则 G 自身也是 n 阶线性群.

证明 令 $\mathscr{L} = \{\circ, e\}$为群的语言. 则 G 是 $\mathscr{L}$ 的模型,而 G 的一切有限生成的子群的类 $\{H_i:i\in I\}$ 构成 G 的一个局部系统.

由题设,每一 H_i 能同构嵌入一个域上的 n 阶全线性群 $G_i =$

$GL(n,F_i)$中. 故由定理 4.8 知, G 能同构嵌入 $\{G_i:i\in I\}$ 的一个超积 $\prod_D G_i$ 中. 又由引理 4.9 知, $\prod_D G_i$ 也是一个域上的 n 阶全线性群, 所以, G 是一个 n 阶线性群. (证毕)

设 R 为一个环, 如果对 R 中任何非零元 α、β, 都存在 $u\in R$, 使 $\alpha u\beta\neq 0$, 则称 R 为**素环**.

定理 4.11 设 $\mathscr{A}$ 是一个环类, 对超积封闭. 若 R 是一个素环且 R 能同构嵌入 $\mathscr{A}$ 中一组环 $\{A_i:i\in I\}$ 的直积中, 则 R 能同构嵌入 $\mathscr{A}$ 的一个环 A 中. (A 未必在 $\{A_i:i\in I\}$ 中.)

证明 设 R 能同构嵌入直积 $\prod_I A_i$ 中, 不妨设 $R\subseteq\prod_I A_i$.

对 R 中每一非零元 α, 令 $S_\alpha=\{i\in I:\alpha(i)\neq 0\}$ ($\alpha(i)$ 为 α 在 A_i 中的分量). 并令 $S=\{S_\alpha:\alpha\in R,\alpha\neq 0\}$.

由 R 为素环可知, S 具有有限交性质. (因: 对任何 S_α, $S_\beta\in S$, 由 R 为素环知, 存在 $u\in R$ 使 $\alpha u\beta=\gamma\neq 0$. 故存在 $i\in I$ 使 $\gamma(i)\neq 0$, 也即 $\alpha(i)\cdot u(i)\cdot\beta(i)\neq 0$, 从而显见 $i\in S_\alpha\cap S_\beta$. 所以 $S_\alpha\cap S_\beta$ 不空.) 因而, 仿定理 4.8 的证明可知, S 能扩张为 I 上一个超滤子 D.

令 $A=\prod_D A_i$, 则由题设知 $A\in\mathscr{A}$.

定义由 R 到 A 内的映射 $\eta:\alpha\to\alpha_D(\alpha\in R)$.

现在证明, η 是由 R 到 A 内的同构映射.

1. 先证明 η 是 1-1 的. 若 R 中二元 $\alpha\neq\beta$, 则 $\alpha-\beta=\delta\neq 0$. 对于 S_δ 中每一元 i, 都有 $\alpha(i)-\beta(i)=\delta(i)\neq 0$. 所以 $S_\delta\subseteq\{i\in I:\alpha(i)\neq\beta(i)\}$, 从而由 $S_\delta\in S\subseteq D$ 知, $\{i\in I:\alpha(i)\neq\beta(i)\}\in D$. 故由超积性质知, $\alpha_D\neq\beta_D$, 即 $\eta(\alpha)\neq\eta(\beta)$.

2. 若在 R 中有 $\alpha+\beta=\gamma$, 则由超积定义, 有 $\alpha_D+\beta_D=(\alpha+\beta)_D=\gamma_D$, 即 $\eta(\alpha)+\eta(\beta)=\eta(\gamma)$. 所以 η 保持环的加法.

3. 仿 2. 可知 η 保持环的的乘法. (证毕)

推论 4.12 若一个素环 R 能嵌入一些除环的直积中, 则 R 能嵌入一个除环中.

证明 由超积基本定理显见除环的类对超积封闭. 故由上定理即得本推论. (证毕)

作为超滤子概念的又一应用，我们在此证明组合论中的 Ramsey 定理. 它将在以后被用到.

命题 4.13 设 I 为一非空集，D 为 I 上的一个超滤子，如果 I 的子集 X,Y 适合 $X\cup Y\in D$,则 $X\in D$ 或 $Y\in D$.

证明 假若 $X\notin D$ 且 $Y\notin D$. 则由超滤子定义知,$(I\backslash X)\in D$ 且 $(I\backslash Y)\in D$,从而 $(I\backslash X)\cap(I\backslash Y)\in D$,即 $(I\backslash(X\cup Y))\in D$,再由超滤子定义知，$X\cup Y\notin D$,与题设矛盾. (证毕)

I 上的超滤子 D,如果适合:

对每个 $i\in I,\{i\}\notin D$.

则称为**非主超滤子**.

命题 4.14 任一无限集 I 上都存在非主超滤子.

证明 令 $F=\{X: X\subseteq I$ 且 $I\backslash X$ 有限$\}$. 则易见 F 为 I 上的一个真滤子. (F 称为 I 上的 Fréchet 滤子.)由命题 4.2, F 能扩张为 I 上的一个超滤子 D.

对每个 $i\in I$,有 $(I\backslash\{i\})\in F\subseteq D$. 故由超滤子定义知 $\{i\}\notin D$. 所以,D 是 I 上的非主超滤子. (证毕)

定理 4.15 (Ramsey 定理)设 I 为一无限集，n 为一正整数，$[I]^n$ 为 I 的一切 n 元子集所成的集. 设 A_0 是 $[I]^n$ 的任一子集，令 $A_1=[I]^n\backslash A_0$. 则存在 I 的无限子集 J 适合: $[J]^n\subseteq A_0$ 或 $[J]^n\subseteq A_1$. ($[J]^n$ 的含义仿 $[I]^n$.)

证明 1. $n=1$ 时显见定理成立. 以下设 $n>1$. 又易见,只须对于 I 为可数无限的情况证明定理成立，则对于 I 为不可数的情况定理也成立.

为讨论方便,把 I 排列为序型 ω 的有序集:

$$i_0<i_1<i_2<\cdots<i_m<\cdots\quad(m<\omega).$$

任意取定 I 上一个非主超滤子 D. (由命题 4.14 知 D 存在.)易知,对每一 $m<\omega$,都有

$$\{i\in I:i_m<i\}\in D. \tag{1}$$

把 A_0,A_1 各记为 A_0^n,A_1^n;再利用 D 定义 $[I]^{n-1}$ 的子集 A_0^{n-1}, A_1^{n-1};$[I]^{n-2}$ 的子集 A_0^{n-2},A_1^{n-2};$\cdots$;$[I]^1=I$ 的子集 A_0^1, A_1^1 如

下：

$A_0^{n-1}=\{y_1<\cdots<y_{n-1}:\{i\in I:y_{n-1}<i$

且 $\{y_1,\cdots,y_{n-1},i\}\in A_0^n\}\in D\}$，

$A_1^{n-1}=\{y_1<\cdots<y_{n-1}:\{i\in I:y_{n-1}<i$

且 $\{y_1,\cdots,y_{n-1},i\}\in A_1^n\}\in D\}$；

…………

$A_0^1=\{y_1:\{i\in I:y_1<i$ 且 $\{y_1,i\}\in A_0^2\}\in D\}$，

$A_1^1=\{y_1:\{i\in I:y_1<i$ 且 $\{y_1,i\}\in A_1^2\}\in D\}$.

2. 现在由 $[I]^n\subseteq A_0^n\cup A_1^n$ 证明 $[I]^{n-1}\subseteq A_0^{n-1}\cup A_1^{n-1}$：

任取 $\{y_1,\cdots,y_{n-1}\}\in[I]^{n-1}$，不妨设 $y_1<\cdots<y_{n-1}$. 令

$K_0=\{i\in I:y_{n-1}<i$ 且 $\{y_1,\cdots,y_{n-1},i\}\in A_0^n\}$，

$K_1=\{i\in I:y_{n-1}<i$ 且 $\{y_1,\cdots,y_{n-1},i\}\in A_1^n\}$.

现在证明： $K_0\in D$ 或 $K_1\in D$. (2)

对每一 $i\in I$ 之适合 $y_{n-1}<i$ 者，$\{y_1,\cdots,y_{n-1},i\}\in[I]^n\subseteq A_0^n\cup A_1^n$，从而 $i\in K_0$ 或 $i\in K_1$. 所以 $\{i\in I:y_{n-1}<i\}\subseteq K_0\cup K_1$，再由(1)及命题 4.13 即易见(2)成立.

由 (2) 及 A_0^{n-1}，A_1^{n-1} 的定义可知，$\{y_1,\cdots,y_{n-1}\}\in A_0^{n-1}\cup A_1^{n-1}$. 再由 $\{y_1,\cdots,y_{n-1}\}$的任意性即知，$[I]^{n-1}\subseteq A_0^{n-1}\cup A_1^{n-1}$.

3. 仿 2. 可陆续证明：$[I]^{n-2}\subseteq A_0^{n-2}\cup A_1^{n-2}$；……；最后得 $I\subseteq A_0^1\cup A_1^1$. 从而易知： $A_0^1\in D$ 或 $A_1^1\in D$. 以下分二情况讨论.

4. 设 $A_0^1\in D$. 现在归纳地定义有序集 I 的一个无限子序列

$$i_0<i_1<i_2<\cdots<i_m<\cdots\cdots\quad(m<\omega).$$

以下为使论证比较直观，以 $n=3$ 为例来说明一般方法.

4.1. 首先，任取 $i_0\in A_0^1$.

设已定义了 $i_0<\cdots<i_m$ 能使：

对每一 $y_1\in\{i_0,\cdots,i_m\}$，$y_1\in A_0^1$.

对于由$\{i_0,\cdots,i_m\}$中取出的每一组 $y_1<y_2$，集 $\{y_1,y_2\}\in A_0^2$.

对于由 $\{i_0,\cdots,i_m\}$ 中取出的每一组 $y_1<y_2<y_3$，集$\{y_1,y_2,y_3\}\in A_0^3$. (3_m)

现在定义 i_{m+1} 如下:

4.2. 令 $X=\{i\in I:\ i\in A_0^1\}$(即 A_0^1). 由本情况题设知, $X\in D$.

对每一 $y_1\in\{i_0,\cdots,i_m\}$, 令

$$X_{y_1}=\{i\in I: y_1<i\ \text{且}\ \{y_1,i\}\in A_0^2\},$$

则 $X_{y_1}\in D$. 这是因为: 由 (3_m) 知, $y_1\in A_0^1$ 再由 A_0^1 的定义知, $\{i\in I: y_1<i\ \text{且}\ \{y_1,i\}\in A_0^2\}\in D$.

对于由$\{i_0,\cdots,i_m\}$中取出的每一组 $y_1<y_2$, 令

$$X_{y_1y_2}=\{i\in I: y_2<i\ \text{且}\ \{y_1,y_2,i\}\in A_0^3\},$$

则仿上可知 $X_{y_1y_2}\in D$.

4.3. 令 Y 为 X 及诸 X_{y_1} 及诸 $X_{y_1y_2}$ 的交集, 则由以上可知, $Y\in D$. (注意 m 及 $i_0,\cdots,i_m$ 都已取定.) 再由 D 为非主超滤子可知, Y 为无限集, 故可由 Y 中取出一元 i_{m+1} 使 $i_m<i_{m+1}$.

现在证明, 对于 $i_0<\cdots<i_m<i_{m+1}$, 也有与(3_m)类似的性质(3_{m+1})成立. (从而, 可以继续由此去找 i_{m+2}.)

对每一 $y_1\in\{i_0,\cdots,i_m,i_{m+1}\}$: 若 $y_1\neq i_{m+1}$, 则 $y_1\in\{i_0,\cdots,i_m\}$, 此时由(3_m)知 $y_1\in A_0^1$; 若 $y_1=i_{m+1}$, 则 $y_1\in Y\subseteq X=A_0^1$.

对于由 $\{i_0,\cdots,i_{m+1}\}$ 中取出的每一组 $y_1<y_2$: 若 $y_2\neq i_{m+1}$, 则由(3_m)知, $\{y_1,y_2\}\in A_0^2$; 若 $y_2=i_{m+1}$, 则 $y_2\in Y\subseteq X_{y_1}$, 再由 X_{y_1} 定义可知, $\{y_1,y_2\}\in A_0^2$.

对于由$\{i_0,\cdots,i_{m+1}\}$中取出的每一组 $y_1<y_2<y_3$, 仿上可知, $\{y_1,y_2,y_3\}\in A_0^3$. (3_{m+1})

归纳步骤至此完成.

4.4. 最后, 令 $J=\{i_0,i_1,\cdots,i_m,\cdots\cdots\}$. 则由 (3_1), (3_2), (3_3), ……可知: 对于由 J 中取出的任何 $y_1<y_2<y_3$, 都有$\{y_1,y_2,y_3\}\in A_0^3=A_0$, 从而 $[J]^3\subseteq A_0$.

5. 若 $A_1^1\in D$, 可仿 4. 定义 I 的无限子集 J 使 $[J]^3\subseteq A_1$. (证毕)

第五章　模型论力迫法

设 $\mathscr{L}$ 为一可数语言，T 为 $\mathscr{L}$ 中的和谐理论．令 $\mathscr{L}_C = \mathscr{L} \cup C$，其中，$C$ 为一可数无限的新常量集．

设 S 是由 $\mathscr{L}_C$ 中有限个原子语句或原子语句的否定所成的集合．如果 $T \cup S$ 和谐，则称 S 是一个 T-条件．（注意：空集是 T-条件．）

设 p 是一个 T-条件．对于 $\mathscr{L}_C$ 中的语句 φ，按其结构如下归纳地定义概念“**p 力迫 φ**”，记作 $p \Vdash \varphi$（或必要时记作 $p \Vdash_T \varphi$）：

(i) 若 φ 为原子语句，则 $p \Vdash \varphi$ 当且只当 $\varphi \in p$．

(ii) $p \Vdash \neg\varphi$ 当且只当不存在 T-条件 $q \supseteq p$ 使 $q \Vdash \varphi$．

(iii) $p \Vdash (\varphi \vee \psi)$ 当且只当“$p \Vdash \varphi$ 或 $p \Vdash \psi$”．

(iv) $p \Vdash (\exists x)\varphi(x)$ 当且只当存在 $c \in C$ 使 $p \Vdash \varphi(c)$．

（此处，取 $\neg$，$\vee$，$\exists$ 为基本逻辑符号，无妨．）

如果 $p \Vdash \neg\neg\varphi$，称为“**p 弱力迫 φ**”，记作 $p \Vdash^{w} \varphi$．

引理 5.1　(i) 若 $p \Vdash \varphi$ 且 $q \supseteq p$，则 $q \Vdash \varphi$．

(ii) 若 $\varphi \in p$，则 $p \Vdash \varphi$．

(iii) $p \Vdash^{w} \varphi$ 当且只当：对一切 $q \supseteq p$，存在 $r \supseteq q$ 使 $r \Vdash \varphi$．

(iv) 若 $p \Vdash \varphi$，则 $p \Vdash^{w} \varphi$．

证明　1. 为证(i)，对 φ 的结构归纳：1.1. 若 φ 为原子语句，则由 $p \Vdash \varphi$ 知，$\varphi \in p \subseteq q$，从而 $q \Vdash \varphi$．1.2. 若 φ 为 $\neg\psi$ 形状，则由 $p \Vdash \neg\psi$ 知，不存在 $r \supseteq p$ 使 $r \Vdash \psi$，从而由 $q \supseteq p$ 知，也不存在 $r \supseteq q$ 使 $r \Vdash \psi$，所以 $q \Vdash \neg\psi$．1.3. 若 φ 为 $\varphi_1 \vee \varphi_2$ 形状，则由 $p \Vdash \varphi$ 知，$p \Vdash \varphi_1$ 或 $p \Vdash \varphi_2$，从而由归纳假设知，$q \Vdash \varphi_1$或 $q \Vdash \varphi_2$，所以 $q \Vdash \varphi_1 \vee \varphi_2$．1.4. 若 φ 为$(\exists x)\psi(x)$形状，则由 $p \Vdash \varphi$ 知，存在 $c \in C$ 使 $p \Vdash \psi(c)$，从而由归纳假设知，$q \Vdash \psi(c)$，所以 $q \Vdash (\exists x)\psi(x)$．

2.证(ii)：若 φ 为原子语句，显然 $p\Vdash\varphi$. 若 φ 为 $\neg\psi$ 形状(ψ 为原子语句)，任取 T-条件 $q\supseteq p$，则$(\neg\psi)\in q$，从而由 $T\cup q$ 和谐知，$\psi\notin q$，所以 $q\nVdash\psi$. 从而可知 $p\Vdash\neg\psi$.

3.证(iii)：3.1. 若 $p\Vdash^{w}\varphi$，则 $p\Vdash\neg\neg\varphi$，故不存在 $q\supseteq p$ 使 $q\Vdash\neg\varphi$，也即对一切 $q\supseteq p$ 都有 $q\nVdash\neg\varphi$，从而存在 $r\supseteq q$ 使 $r\Vdash\varphi$. 3.2. 若对一切 $q\supseteq p$，都存在 r 使 $r\Vdash\varphi$，则对一切 $q\supseteq p$ 都有 $q\nVdash\neg\varphi$，从而 $p\Vdash\neg\neg\varphi$，即 $p\Vdash^{w}\varphi$.

4.证(iv)：若 $p\Vdash\varphi$. 对一切 $q\supseteq p$，取 $r=q$，则 $r\supseteq q$ 并且由(i)知，$r\Vdash\varphi$. 从而由(iii)知，$p\Vdash^{w}\varphi$. (证毕)

设 G 是由 $\mathscr{L}_C$ 中一些原子语句或原子语句的否定组成的集合. 当 G 适合下列二条件时，称为一个 ***T*-兼纳集**(也称 ***T*-脱殊集**)：

(i) G 的每一有限子集都是一个 T-条件.

(ii) 对 $\mathscr{L}_C$ 中每一语句 φ，都存在一个 T-条件 $p\subseteq G$，使 $p\Vdash\varphi$ 或 $p\Vdash\neg\varphi$.

当存在 T-条件 $p\subseteq G$ 使 $p\Vdash\varphi$ 时，记作 $G\Vdash\varphi$.

易见，若 G 是一个 T-兼纳集，则对 $\mathscr{L}_C$ 中每一语句 φ，有 $G\Vdash\varphi$ 或 $G\Vdash\neg\varphi$，但二者不能同时成立.

引理 5.2 对每一 T-条件 p，都存在一个 T-兼纳集 $G\supseteq p$.

证明 因 $\mathscr{L}_C$ 可数，故可把 $\mathscr{L}_C$ 中全部语句列出如下：

$$\varphi_0,\varphi_1,\varphi_2,\cdots,\varphi_n,\cdots\cdots\quad(n\in\omega).$$

现在定义一系列递增的 T-条件 $p\subseteq p_0\subseteq p_1\subseteq p_2\subseteq\cdots\cdots$，使对每个自然数 n，都有

$$p_n\Vdash\varphi_n \text{ 或 } p_n\Vdash\neg\varphi_n. \tag{1_n}$$

1.若 $p\Vdash\neg\varphi_0$，令 $p_0=p$；若 $p\nVdash\neg\varphi_0$，则存在 $q\supseteq p$ 使 $q\Vdash\varphi_0$，任取一个这样的 q 作为 p_0，故有(1_0)成立.

2.设已有 $p\subseteq p_0\subseteq p_1\subseteq\cdots\subseteq p_k$ 使(1_0)，(1_1)，$\cdots$，(1_k)都成立. 若 $p_k\Vdash\neg\varphi_{k+1}$，令 $p_{k+1}=p_k$；若 $p_k\nVdash\neg\varphi_{k+1}$，则存在 $q\supseteq p_k$ 使 $q\Vdash\varphi_{k+1}$，任取一个这样的 q 作为 p_{k+1}. 故有 (1_{k+1}) 成立.

最后,令 $G=\bigcup_{i\in\omega}p_i$,则易见,$G$ 为 T-兼纳集.(证毕)

定理 5.3(兼纳模型定理) 设 G 是一个 T-兼纳集,则存在 $\mathscr{L}_C$ 的一个(并且除同构外唯一)模型 $\mathfrak{M}(G)$ 使:

(i) $\mathfrak{M}(G)$ 的论域 $M(G)$ 中每一元素 m 都是 C 中一个常量 c 的解释.

(ii) 对 $\mathscr{L}_C$ 中每一语句 φ,$\mathfrak{M}(G)\models\varphi$ 当且只当 $G\Vdash\varphi$.

证明 1. 在 C 中定义关系"～"如下:

对任何 $c,d\in C$:$c\sim d$ 当且只当 $G\Vdash c\equiv d$.

现在证明"～"是 C 上的等价关系.

1.1. 任取 $c\in C$, 证 $c\sim c$ 成立. 由 T-兼纳集定义的(ii)知,存在 T-条件 $p\subseteq G$, 使 $p\Vdash c\equiv c$ 或 $p\Vdash\neg(c\equiv c)$. 1.1.1. 若 $p\Vdash c\equiv c$,则 $G\Vdash c\equiv c$,从而 $c\sim c$. 1.1.2. 若 $p\Vdash\neg(c\equiv c)$,则不存在 T-条件 $q\supseteq p$,使 $q\Vdash c\equiv c$. 但由 p 为 T-条件知,$T\cup p$ 和谐,由此易见,$T\cup p\cup\{c\equiv c\}$ 也和谐,所以,$q_1=p\cup\{c\equiv c\}$ 也是一个 T-条件且显然 $q_1\Vdash c\equiv c$,与上矛盾. 所以本情况不出现.

1.2. 任取 $c,d\in C$,设 $c\sim d$ 成立,可证 $d\sim c$ 成立.(仿 1.3,略)

1.3. 任取 $c,d,e\in C$,设 $c\sim d$ 及 $d\sim e$ 成立,证 $c\sim e$ 成立. 由 $c\sim d,d\sim e$ 知,$G\Vdash c\equiv d$, $d\equiv e$,所以,存在 T-条件 p_1, $p_2\subseteq G$,使 $p_1\Vdash c\equiv d$, $p_2\Vdash d\equiv e$. 令 $q=p_1\cup p_2$, 由 T-兼纳集定义的(i)知,q 是 T-条件. 由 $q\supseteq p_1,p_2$ 知,$q\Vdash c\equiv d$, $d\equiv e$, 所以 $c\equiv d,d\equiv e\in q$. 又由该定义的(ii)知,存在 T-条件 $r\subseteq G$,使 $r\Vdash c\equiv e$ 或 $r\Vdash\neg(c\equiv c)$. 1.3.1. 若 $r\Vdash c\equiv e$, 则 $G\Vdash c\equiv e$,所以 $c\sim e$. 1.3.2. 若 $r\Vdash\neg(c\equiv e)$, 令 $s=r\cup q$, 则 s 是 T-条件,且 $s\Vdash\neg(c\equiv e)$,从而不存在 T-条件 $s_1\supseteq s$,使 $s_1\Vdash c\equiv e$. 但由 $T\cup s$ 和谐及 $c\equiv d$, $d\equiv e\in q\subseteq s$ 易见,$T\cup s\cup\{c\equiv e\}$ 和谐,所以,$s_2=s\cup\{c\equiv e\}$ 是 T-条件,且显见 $s_2\Vdash c\equiv e$,与上矛盾. 所以本情况不出现.

2. 在 C 对于"$\sim$"的每一等价类中任意取定一个代表元，令这些代表元组成的集为 $M(G)(\subseteq C)$. 现在在 $M(G)$中定义与 $\mathscr{L}_C$ 中符号相应的函数、关系及常量如下:

2.1. 设 F 为 $\mathscr{L}_C$ 中一个 n 元函数符号. 在 $M(G)$ 上定义一个相应的 n 元函数 Φ 如下: 对任何 $m_1,\cdots,m_n,m\in M(G)$ (不论同异),令

$$\Phi(m_1\cdots m_n)=m \text{ 当且只当 } G\Vdash F(m_1\cdots m_n)\equiv m.$$

现在证明, 对任何 $m_1,\cdots,m_n\in M(G)$, 存在唯一的$m\in M(G)$,使 $\Phi(m_1\cdots m_n)=m$ 成立.

2.1.1. 证 m 存在.

2.1.1.1. 若 $G\Vdash(\exists x)(F(m_1\cdots m_n)\equiv x)$, 则存在 $p\subseteq G$ 使 $p\Vdash(\exists x)(F(m_1\cdots m_n)\equiv x)$,再由力迫定义的(iv)可知, 存在 $c\in C$ 使 $p\Vdash F(m_1\cdots m_n)\equiv c$,从而 $G\Vdash F(m_1\cdots m_n)\equiv c$. 设 c 在 $M(G)$ 中的代表为 m^*, 则有 $G\Vdash c\equiv m^*$. 由以上二式仿 1.3 可证,$G\Vdash F(m_1\cdots m_n)\equiv m^*$,所以 $\Phi(m_1\cdots m_n)=m^*$.

2.1.1.2. 若 $G\nVdash(\exists x)(F(m_1\cdots m_n)\equiv x)$, 则由 T-兼纳集定义可知 $G\Vdash\neg(\exists x)(F(m_1\cdots m_n)\equiv x)$,从而存在 $p_1\subseteq G$ 使

$$p_1\Vdash\neg(\exists x)(F(m_1\cdots m_n)\equiv x).\tag{1}$$

在 p_1 中只出现 C 的有限个符号,任取 C 中一个不在 p_1 或 $F(m_1\cdots m_n)$ 中出现的符号 d,令 $p_2=p_1\cup\{F(m_1\cdots m_n)\equiv d\}$,则 $T\cup p_2$ 和谐. (因 $T\cup p_1$ 和谐, 故存在模型 $\mathfrak{A}\models T\cup p_1$. 在 $\mathfrak{A}$ 中,若对 $F,m_1,\cdots,m_n$ 中某些符号无解释, 则这些符号不出现于 $T\cup p_1$ 中, 此时, 可对它们补充以任意的解释. 若 $\mathfrak{A}$ 中对 d 有解释, 则略去此解释.这样得到一个模型 $\mathfrak{A}_1$, 易见仍有 $\mathfrak{A}_1\models T\cup p_1$. 设 $\mathfrak{A}_1$ 中对于 $F,m_1,\cdots,m_n$的解释各为 $\Phi_1,\alpha_1,\cdots,\alpha_n$, 且设在 $\mathfrak{A}_1$ 中 $\Phi_1(\alpha_1\cdots\alpha_n)=\beta$. 现在再以此 β 解释 d, 则易见, $(\mathfrak{A}_1,\beta)\models T\cup p_2$. 所以 $T\cup p_2$ 和谐.)由上可知, p_2 是一 T-条件. 显见 $p_2\Vdash F(m_1\cdots m_n)\equiv d$, 从而 $p_2\Vdash(\exists x)(F(m_1\cdots m_n)\equiv x)$. 但 $p_2\supseteq p_1$, 这与(1) 矛盾. 所以本情况不出现.

2.1.2. 证 m 唯一. 任取 $m_1,\cdots,m_n\in M(G)$. 若有 $\Phi(m_1\cdots$

$m_n) = m$ 及 $\Phi(m_1 \cdots m_n) = m^*$. 则由$\Phi$的定义,有 $G \Vdash F(m_1 \cdots m_n) \equiv m$ 及 $G \Vdash F(m_1 \cdots m_n) \equiv m^*$，再仿 1.3 可证，$G \Vdash m \equiv m^*$. 但 $m, m^* \in M(G)$,所以 $m = m^*$.

2.2. 设 d 为 $\mathscr{L}_C$ 中一个常量符号. 在 $M(G)$ 中定义其解释 m为: 适合 $G \Vdash d \equiv m$ 的 $m \in M(G)$.

2.2.1. 若 $d \in C$, 则由 $M(G)$的定义可知, m存在且唯一.

2.2.2. 若 $d \in \mathscr{L}$,则仿 2.1 可证, m存在且唯一.

2.3. 设R为 $\mathscr{L}_C$ 中一个n元关系符号. 在$M(G)$上定义一个相应的n元关系ρ如下: 对任何 $m_1, \cdots, m_n \in M(G)$,令

$$\rho(m_1 \cdots m_n) \text{ 真当且只当 } G \Vdash R(m_1 \cdots m_n).$$

$\mathscr{L}_C$的模型$\mathfrak{M}(G)$的定义至此完成. 且由 2.2 易知, (i)成立.

3. 以下证(ii)成立. 对 $\mathscr{L}_C$ 中语句φ按其复杂性(指φ中$\neg$，$\vee$, $\exists$ 的总个数)归纳地考虑.

3.1. 若φ为原子语句.

3.1.1. 若φ为 $t_1 \equiv t_2$ 形状 (t_1, t_2 为项). 为叙述方便,用一个有代表性的特例来说明证法.

设φ为 $F(G_1(c_1, H_1(d_1)), G_2(c_2)) \equiv K(e_1, L_2(e_2))$. 把 F, G_1, H_1, G_2, K, L_2 及 c_1, d_1, c_2, e_1, e_2 在 $\mathfrak{M}(G)$中的解释各记为 $\bar{F}$, $\bar{G}_1, \cdots, \bar{L}_2$ 及 $\bar{c}_1, \bar{d}_1, \cdots, \bar{e}_2$. 设在 $\mathfrak{M}(G)$中 $\bar{H}_1(\bar{d}_1) = m_1$, $\bar{G}_1(\bar{c}_1, m_1) = m_2$, $\bar{G}_2(\bar{c}_2) = m_3$, $\bar{F}(m_2, m_3) = m_4$, $\bar{L}_2(\bar{e}_2) = m_5$, $\bar{K}(\bar{e}_1, m_5) = m_6$. 则由 $\mathfrak{M}(G)$定义可知,有

$$G \Vdash H_1(d_1) \equiv m_1,\ G_1(c_1, m_1) \equiv m_2,\ G_2(c_2) \equiv m_3,$$
$$F(m_2, m_3) \equiv m_4,\ L_2(e_2) \equiv m_5,\ K(e_1, m_5) \equiv m_6. \quad (2)$$

3.1.1.1. 若 $\mathfrak{M}(G) \models \varphi$. 则由上易见, $\mathfrak{M}(G) \models m_4 \equiv m_6$, 从而有

$$G \Vdash m_4 \equiv m_6. \quad (3)$$

假若 $G \nVdash \varphi$,则 $G \Vdash \neg\varphi$. 由此及(2), (3)易知,存在 T-条件 $r \subseteq G$,使 $r \Vdash H_1(d_1) \equiv m_1$, $G_1(c_1, m_1) \equiv m_2, \cdots, K(e_1, m_5) \equiv m_6, m_4 \equiv m_6, \neg\varphi$. 从而,有

$$H_1(d_1) \equiv m_1, G_1(c_1, m_1) \equiv m_2, \cdots, K(e_1, m_5)$$

$$\equiv m_6, m_4 \equiv m_6 \in r. \tag{4}$$

令 $s = r\cup\{\varphi\}$，由 $T\cup r$ 和谐及(4)易知，$T\cup s$ 和谐，所以 s 是 T-条件，并且由原子语句 $\varphi\in s$ 知，$s\Vdash\varphi$. 但 $s\supseteq r$，这与 $r\Vdash\neg\varphi$ 矛盾. 故必 $G\Vdash\varphi$.

3.1.1.2. 若 $\mathfrak{M}(G)\not\models\varphi$. 则易见，$\mathfrak{M}(G)\not\models m_4\equiv m_6$，从而，$G\nVdash m_4 = m_6$，故有

$$G\Vdash\neg(m_4\equiv m_6). \tag{5}$$

假若 $G\Vdash\varphi$，由此及(2)，(5)知，存在 T-条件 $r_1\subseteq G$，使

$$H_1(d_1)\equiv m_1, G_1(c_1,m_1)\equiv m_2,\cdots,K(e_1,m_5)\equiv m_6,\varphi\in r_1. \tag{6}$$

且
$$r_1\Vdash\neg(m_4\equiv m_6). \tag{7}$$

令 $s_1 = r_1\cup\{m_4\equiv m_6\}$，由 $T\cup r_1$ 和谐及(6)易知，$T\cup s_1$ 和谐，所以 s_1 是 T 条件，并且显见，$s_1\Vdash m_4\equiv m_6$. 但 $s_1\supseteq r_1$，这与(7)矛盾. 所以 $G\nVdash\varphi$.

3.1.2. 若 φ 为 $R(t_1\cdots t_n)$ 形状（$t_1,\cdots,t_n$ 为项）. 仿 3.1.1 可知：$\mathfrak{M}(G)\models\varphi$ 当且只当 $G\Vdash\varphi$.

3.2. 若 φ 为 $\neg\phi$ 形状.（以下以 $\Longrightarrow$，$\Longleftrightarrow$ 各代表通常的(即，元语言的)蕴涵及等价，以 h 代表“由归纳假设”.）

$$\mathfrak{M}(G)\models\neg\phi\Longleftrightarrow\mathfrak{M}(G)\nVdash\phi\overset{h}{\Longleftrightarrow}G\not\models\phi\Longleftrightarrow G\Vdash\neg\phi.$$

3.3. 若 φ 为 $\phi_1\vee\phi_2$ 形状.

$\mathfrak{M}(G)\models(\phi_1\vee\phi_2)\Longleftrightarrow$“$\mathfrak{M}(G)\models\phi_1$ 或 $\mathfrak{M}(G)\models\phi_2$”$\overset{h}{\Longleftrightarrow}$“$G\Vdash\phi_1$ 或 $G\Vdash\phi_2$”$\Longleftrightarrow$“存在 $p_1\subseteq G$ 使 $p_1\Vdash\phi_1$，或存在 $p_2\subseteq G$ 使 $p_2\Vdash\phi_2$”$\Longleftrightarrow$“存在 $p\subseteq G$ 使 ($p\Vdash\phi_1$ 或 $p\Vdash\phi_2$)”$\Longleftrightarrow$“存在 $p\subseteq G$ 使 $p\Vdash(\phi_1\vee\phi_2)$”$\Longleftrightarrow G\Vdash(\phi_1\vee\phi_2)$.

3.4. 若 φ 为 $(\exists x)\phi(x)$ 形状

3.4.1. $\mathfrak{M}(G)\models(\exists x)\phi(x)\Longrightarrow$“存在 $m\in M(G)$ 使 $\mathfrak{M}(G)\models\phi(x)[m]$，从而 $\mathfrak{M}(G)\models\phi(m)$”(注意 $m\in C$ 在 $\mathfrak{M}(G)$中的解释为 m) $\overset{h}{\Longrightarrow} G\Vdash\phi(m)\Longrightarrow$“存在 $p\subseteq G$ 使 $p\Vdash\phi(m)$”$\Longrightarrow$“存在 $p\subseteq G$

使 $p \Vdash (\exists x)\phi(x)$” $\Longrightarrow G \Vdash (\exists x)\phi(x)$.

3.4.2. $G \Vdash (\exists x)\phi(x) \Longrightarrow$ “存在 $p \subseteq G$ 及 $d \in C$ 使 $p \Vdash \phi(d)$”

$$\Longrightarrow G \Vdash \phi(d) \overset{h}{\Longrightarrow} \mathfrak{M}(G) \models \phi(d) \Longrightarrow \mathfrak{M}(G) \models (\exists x)\phi(x).$$

所以(ii)成立.

4.证适合 (i) 及 (ii) 的 $\mathfrak{M}(G)$除同构外唯一. 设 $\mathfrak{M}_1(G)$, $\mathfrak{M}_2(G)$都适合(i)及 (ii). 任取 $m_1 \in M_1(G)$,由(i)知,m_1 是 C 中某些常量 c_i 的解释,任意取定一个这样的 c_{i_1},设 c_{i_1} 在 $\mathfrak{M}_2(G)$中的解释为 m_2. 令 ρ 为:

$$M_1(G) \ni m_1 \longrightarrow m_2 \in M_2(G).$$

现在证明, ρ 是由 $\mathfrak{M}_1(G)$到 $\mathfrak{M}_2(G)$上的同构对应.

4.1.证 ρ 是到 $\mathfrak{M}_2(G)$上的.

任取 $m_2' \in M_2(G)$. 由(i)知, m_2' 是 C 中某些 c_i 的解释. 对于任何两个这样的 c_{i_1}, c_{i_2},显见有 $\mathfrak{M}_2(G) \models c_{i_1} \equiv c_{i_2}$, 从而由 (ii), 有 $G \Vdash c_{i_1} \equiv c_{i_2}$,再由 (ii),有 $\mathfrak{M}_1(G) \models c_{i_1} \equiv c_{i_2}$. 从而可知, 这些 c_i 在 $\mathfrak{M}_1(G)$中的解释也相同.

同理,对于任一个这样的 c_i 及 C 中任一个其他 c_k(即其在 $\mathfrak{M}_2(G)$中解释不为 m_2' 者),有 $\mathfrak{M}_2(G) \models \neg(c_i \equiv c_k)$, 从而仿上,有 $G \Vdash \neg(c_i \equiv c_k)$及 $\mathfrak{M}_1(G) \models \neg(c_i \equiv c_k)$,所以 c_i 与 c_k 在 $\mathfrak{M}_1(G)$中的解释也不同.

设 c_{i_1} 在 $\mathfrak{M}_1(G)$中的解释为 m_1'. 现在看 $\rho(m_1')$是什么: 由 ρ 的定义知,其作法是,由 m_1' 找它所解释的那些 c_i,但由上知, 这些 c_i 中包括 c_{i_1},因而由上两段可知,这些 c_i 所成的集与上述诸 c_i 所成的集相同. 所以,当“任意取定一个 c_{i_1}”时,取定的也是一个 c_{i_2},而 $c_{i_1}(=c_{i_2})$在 $\mathfrak{M}_2(G)$中的解释 m_2 就是 m_2'. 从而 $\rho(m_1') = m_2'$.

所以, ρ 是到 $\mathfrak{M}_2(G)$上的.

4.2.证 ρ 是 1-1 的.

设 m_1, m_1' 是 $M_1(G)$中不同的元. 并设在作 $\rho(m_1), \rho(m_1')$的过程中,由 m_1, m_1' 取定的 C 中常量各为 c_{i_1}, c_{i_1}'. 则 $\rho(m_1), \rho(m_1')$分别是 c_{i_1}, c_{i_1}' 在 $\mathfrak{M}_2(G)$中的解释. 故有:

$m_1 \neq m_1' \Longrightarrow \mathfrak{M}_1(G) \models \neg(c_i \equiv c_{i_1}') \Longrightarrow G \Vdash \neg(c_{i_1} \equiv c_{i_1}')$
$\Longrightarrow \mathfrak{M}_2(G) \models \neg(c_{i_1} \equiv c_{i_1}') \Longrightarrow \rho(m_1) \neq \rho(m_1')$.

4.3. 证 ρ 保持函数.

设 F 是 $\mathscr{L}_C$ 中一个 n 元函数符号，它在 $\mathfrak{M}_1(G)$，$\mathfrak{M}_2(G)$ 中的解释各为 Φ_1, Φ_2. 任取 $m_1, \cdots, m_n, m \in \mathfrak{M}_1(G)$，并对它们各取作 $\rho(\ \ )$时所解释的 C 中常量，设为 $c_1, \cdots, c_n, c$. 则后者在 $\mathfrak{M}_2(G)$ 中的解释各为 $\rho(m_1), \cdots, \rho(m_n), \rho(m)$. 由此可知: $\Phi_1(m_1 \cdots m_n) = m \Longleftrightarrow \mathfrak{M}_1(G) \models F(c_1 \cdots c_n) \equiv c \Longleftrightarrow G \Vdash F(c_1 \cdots c_n) \equiv c \Longleftrightarrow \mathfrak{M}_2(G) \models F(c_1 \cdots c_n) \equiv c \Longleftrightarrow \Phi_2(\rho(m_1) \cdots \rho(m_n)) = \rho(m)$.

4.4. 仿 4.3 可证 ρ 保持关系.

4.5. 证 ρ 保持常量.

设 d 是 $\mathscr{L}_C$ 中一个常量(d 未必在 C 中)，它在 $\mathfrak{M}_1(G)$，$\mathfrak{M}_2(G)$中的解释各为 m_1, m_2，现在证 $\rho(m_1) = m_2$. 设作 $\rho(m_1)$ 时所用的 (m_1 所解释的) C 中常量为 c_1，则 $\rho(m_1)$是 c_1 在 $\mathfrak{M}_2(G)$中的解释. 故有: $m_1 = m_1 \Longrightarrow \mathfrak{M}_1(G) \models c_1 \equiv d \Longrightarrow G \Vdash c_1 \equiv d \Longrightarrow \mathfrak{M}_2(G) \models c_1 \equiv d \Longrightarrow \rho(m_1) = m_2$.

综上所述，可知 ρ 是由 $\mathfrak{M}_1(G)$到 $\mathfrak{M}_2(G)$上的同构对应. (证毕)

推论 5.4 设 p 为一 T-条件，φ 是 $\mathscr{L}_C$ 中一个语句，则下列二条件等价:

(i) $p \Vdash^w \varphi$.

(ii) 对每一 T-兼纳集 G 之 $p \subseteq G$ 者，有 $\mathfrak{M}(G) \models \varphi$.

证明 1. 由(i)证(ii): 若 $p \Vdash^w \varphi$，则 $p \Vdash \neg\neg\varphi$，故由 $p \subseteq G$ 有 $G \Vdash \neg\neg\varphi$，再由上定理，即得 $\mathfrak{M}(G) \models \varphi$.

2. 由(ii)证(i): 任取一 T-条件 $q \supseteq p$，由引理 5.2 知，存在 T-兼纳集 $G \supseteq q (\supseteq p)$，由(ii)有 $\mathfrak{M}(G) \models \varphi$. 再由上定理，有 $G \Vdash \varphi$，故存在 T-条件 $r \subseteq G$，使 $r \Vdash \varphi$. 令 $s = r \cup q$，则 $s \subseteq G$，由 T-兼纳集定义的(i)知，s 为一 T-条件，且有 $s \supseteq q$ 及 $s \Vdash \varphi$. 所以，由引理 5.1 (iii) 可知，$p \Vdash^w \varphi$.

设 $\mathfrak{M}$ 是 $\mathscr{L}$ 的模型. 如果存在一个 T-兼纳集 G，使 $\mathfrak{M}$ 是

$\mathfrak{M}(G)$在 $\mathscr{L}$ 中的归约，则称 $\mathfrak{M}$ 为一个 ***T*-兼纳模型**.

定理 5.5 设 T 是一个 $\forall\exists$ 理论(即：T 中每一语句都是 $\forall x_1\cdots x_n\exists y_1\cdots y_m\phi(x_1\cdots x_ny_1\cdots y_m)$形状，$\phi$ 中无量词)，则每一个 T-兼纳模型 $\mathfrak{M}$ 都是 T 的模型.

证明 任取 $\varphi=\forall x_1\cdots x_n\exists y_1\cdots y_m\phi(x_1\cdots x_ny_1\cdots y_m)\in T$.(不妨设 ϕ 为由原子公式及原子公式的否定用 $\wedge,\vee$ 构成的析取标准形.)现在证明，对每一个 T-兼纳集 G，都有 $\mathfrak{M}(G)\models\varphi$.(由此即知，本定理成立.)

假若对某个 T-兼纳集 G_1，有

$$\mathfrak{M}(G_1)\not\models\varphi. \tag{1}$$

则有 $\mathfrak{M}(G_1)\models\exists x_1\cdots x_n\neg\exists y_1\cdots y_m\phi$，故由定理 5.3 可知，存在 T-条件 $p_1\subseteq G_1$，使 $p_1\Vdash\exists x_1\cdots x_n\neg\exists y_1\cdots y_m\phi$，再连用力迫定义可知，存在 $c_1,\cdots,c_n\in C$，使

$$p_1\Vdash\neg\exists y_1\cdots y_m\phi(c_1\cdots c_ny_1\cdots y_m). \tag{2}$$

另一方面，由 p_1 为 T-条件知，$T\cup p_1$ 和谐，故存在模型 $\mathfrak{A}\models T\cup p_1$(且不妨设 $c_1,\cdots,c_n$ 在 $\mathfrak{A}$ 中都有解释，否则将 $\mathfrak{A}$ 膨胀一下即可). 由 $\varphi\in T$ 知，$\mathfrak{A}\models\varphi$，从而易知，$\mathfrak{A}\models\exists y_1\cdots y_m\phi(c_1\cdots c_ny_1\cdots y_m)$，故存在 $a_1,\cdots,a_m\in A$，使

$$\mathfrak{A}\models\phi(c_1\cdots c_ny_1\cdots y_m)[a_1\cdots a_m]. \tag{3}$$

为叙述简便，以下用析取标准形 ϕ 的一个特例，继续说明一般的思路. 例如，ϕ 为下列的 $\phi(c_1c_2y_1y_2y_3)$:

$$(R(c_1y_2)\wedge F(c_1)\equiv y_3)\vee(c_2\equiv y_1\wedge H(ey_2c_1)\not\equiv c_2).$$

(e 为 $\mathscr{L}$ 中常量.)由(3)知，或

$$\mathfrak{A}\models(R(c_1y_2)\wedge F(c_1)\equiv y_3)[a_1a_2a_3]; \tag{4}$$

或

$$\mathfrak{A}\models(c_2\equiv y_1\wedge H(ey_2c_1)\not\equiv c_2)[a_1a_2a_3] \tag{5}$$

任取 C 中 3 个不在 p_1 或 $\phi(c_1c_2y_1y_2y_3)$ 中出现的常量 d_1,d_2,d_3.

设(5)成立.((4)成立时仿此.)令 $q=\{c_2\equiv d_1,H(ed_2c_1)\not\equiv c_2\}$. 由 $\mathfrak{A}\models T\cup p_1$ (注意 T 中无有 c_i, d_j 出现)及 d_1,d_2,d_3 不在 p_1 中出现及(5)可知，$T\cup p_1\cup q$ 和谐，所以，$q_1=p_1\cup q$ 是一个

T-条件.

任取一 T-兼纳集 G_2 之适合 $q_1 \subseteq G_2$ 者.由引理 5.1 知,$q_1 \Vdash c_2 \equiv d_1$,$H(ed_2c_1) \doteqdot c_2$,从而,$G_2$ 力迫此二式,再由定理 5.3 知,$\mathfrak{M}(G_2)$ 适合此二式.由此易见,有 $\mathfrak{M}(G_2) \models \exists y_1y_2y_3(c_2 \equiv y_1 \wedge H(ey_2c_1) \doteqdot c_2)$,从而,有

$$\mathfrak{M}(G_2) \models \exists y_1y_2y_3\phi(c_1c_2y_1y_2y_3). \tag{6}$$

由(6)及 $(q_1 \subseteq)G_2$ 的任意性及推论 5.4,可得

$$q_1 \Vdash \neg\neg\exists y_1y_2y_3\phi(c_1c_2y_1y_2y_3). \tag{7}$$

但由 $q_1 \supseteq p_1$ 及(2),又得 $q_1 \Vdash \neg\exists y_1y_2y_3\phi(c_1c_2y_1y_2y_3)$,这与(7)矛盾.所以(1)不能成立.(证毕)

设 $\mathfrak{M}$ 是 T 的模型.若对 $\mathscr{L}_M$ 中每一个存在语句 φ (即 φ 为 $\exists x_1 \cdots x_n\phi(x_1 \cdots x_n)$ 形状,ϕ 中无量词)都有:"如果 φ 在 T 的一个模型 $\mathfrak{N}_M \supseteq \mathfrak{M}_M$ 中成立,则 φ 也在 $\mathfrak{M}_M$ 中成立."则称 $\mathfrak{M}$ 为**对 T 存在封闭的**.

定理 5.6 设 T 是一个 $\forall\exists$ 理论,则每一个 T-兼纳模型 $\mathfrak{M}$ 都是对 T 存在封闭的.

证明 设 $\mathfrak{M}$ 是一个 T-兼纳模型,则 $\mathfrak{M}$ 是某个 $\mathfrak{M}(G)$ 在 $\mathscr{L}$ 中的归约(G 为一 T-兼纳集).(所以,$\mathfrak{M}$ 的元素都是 C 中常量,从而 $\mathscr{L}_M \subseteq \mathscr{L}_C$.)

设 $\varphi = \exists x_1 \cdots x_n\phi(x_1 \cdots x_n)$ 是 $\mathscr{L}_M$ 中一个存在语句,并设 φ 在 $\mathfrak{M}_M$ 的某个扩张 $\mathfrak{N}_M$(且 $\mathfrak{N}_M \models T$ 者)中成立.

任取 G 的有限子集 p,则 p 是 T-条件.对 p 中每一语句 λ,由引理 5.1,有 $p \Vdash \lambda$,从而,有 $G \Vdash \lambda$ 及 $\mathfrak{M}(G) \models \lambda$.所以

$$\mathfrak{M}(G) \models p. \tag{1}$$

$\mathfrak{M}(G)$ 是 $\mathscr{L}_C(\supseteq \mathscr{L}_M)$ 的模型,所以是 $\mathfrak{M}_M$ 的膨胀,并且只是比 $\mathfrak{M}_M$ 增加了对于 $C \backslash M(G)$ 中那些常量的解释.所以,由 $\mathfrak{M}_M \subseteq \mathfrak{N}_M$ 及(1)以及 p 中只含原子语句或其否定可知,$\mathfrak{N}_M$ 也可膨胀为 $\mathscr{L}_C$ 的模型 $\mathfrak{N}_C$,而使

$$\mathfrak{N}_C \models p. \tag{2}$$

又由 $\mathfrak{N}_M \models \varphi$ 知,存在 $\nu_1, \cdots, \nu_n \in N$,使

$$\mathfrak{N}_C \models \phi(x_1 \cdots x_n)[\nu_1 \cdots \nu_n]. \tag{3}$$

再注意到 $\mathfrak{N}_C \models T$，就可仿定理 5.5 的证法((2) 及 $\mathfrak{N}_C \models T$ 相当于该处的 $\mathfrak{A} \models T \cup p_1$，(3)相当于该处的(3))，证明存在 T-条件 $q_1 \supseteq p$ 使 $q_1 \Vdash \neg\neg\varphi$.

所以，$p \nVdash \neg\neg\neg\varphi$. 又因 p 是 G 的任意有限子集，故知 $G \nVdash \neg\neg\neg\varphi$，再由定理 5.3 即知，$\mathfrak{M}(G) \models \varphi$，从而 $\mathfrak{M}_M \models \varphi$.（证毕）

令 $\mathscr{L} = \{\cdot, 1\}$. 设 $\mathscr{L}$ 的模型 $\mathfrak{M}$ 是一个群. 若对 $\mathscr{L}$ 中每一有限组原子公式或其否定 $s_i(x_1 \cdots x_n y_1 \cdots y_m)(i = 1, \cdots, k)$ 及每一组 $\mu_1, \cdots, \mu_n \in M$ 都有："如果 $\mathscr{L}_M$ 中的存在语句 $\varphi = (\exists y_1 \cdots y_m)(s_1(c_{\mu_1} \cdots c_{\mu_n} y_1 \cdots y_m) \wedge \cdots \wedge s_k(c_{\mu_1} \cdots c_{\mu_n} y_1 \cdots y_m))$ 在 $\mathfrak{M}_M$ 的一个扩张群 $\mathfrak{N}_M$ 中成立，则 φ 也在 $\mathfrak{M}_M$ 中成立."则称 $\mathfrak{M}$ 为**一代数封闭群**.

定理 5.7 每个可数群（包括有限群）$\mathfrak{A}$ 都可扩张为一个可数的代数封闭群.

证明 令 $\mathscr{L}\{\cdot, 1\}$，T 为($\mathscr{L}$ 中的)群的一般理论(是一$\forall\exists$ 理论). 设 $\mathfrak{A}$ 为一可数群. 令 $T_1 = T \cup \Delta_{\mathfrak{A}}$（$\Delta_{\mathfrak{A}}$ 为 $\mathfrak{A}$ 的图象），则 T_1 是可数语言 $\mathscr{L}_A$ 中的 $\forall\exists$ 理论，并且，T_1 的每个模型 $\mathfrak{B}$ 都含有与 $\mathfrak{A}$ 同构的子群.

由引理 5.2，定理 5.3 及 T-兼纳模型定义可知，存在可数的 T_1-兼纳模型 $\mathfrak{M}_1$. 由定理 5.5 知，$\mathfrak{M}_1 \models T_1$，所以 $\mathfrak{M}_1$ 是群，并且可看作是 $\mathfrak{A}$ 的扩张. 由定理 5.6 又知，$\mathfrak{M}_1$ 是对 T_1 存在封闭的，所以是代数封闭群.（证毕）

注 这一定理也可用代数方法直接证明. 但利用模型论力迫法还可进一步证明：存在不初等等价的可数代数封闭群（见文献[5]）. 这是用纯代数方法不易证明的.

仿上可以定义**代数封闭除环**的概念. 并可仿定理 5.7 证明：

定理 5.8 每个可数除环 $\mathfrak{A}$ 都可扩张为一个可数的代数封闭除环.

注 模型论力迫法是 A. Robinson 由公理集合论中的力迫法移植而来的.

第六章　省略型定理

设 $\mathfrak{A}$ 是语言 $\mathscr{L}$ 的模型．$\Sigma(x_1\cdots x_n)$ 是 $\mathscr{L}$ 中一集公式，其自由变量都在 $x_1,\cdots,x_n$ 中．如果存在 $a_1,\cdots,a_n\in A$ 使对每一 $\sigma(x_1\cdots x_n)\in\Sigma(x_1\cdots x_n)$ 都有

$$\mathfrak{A}\models\sigma(x_1\cdots x_n)[a_1\cdots a_n],$$

则称 Σ 在 $\mathfrak{A}$ 中**可满足**或称 $\mathfrak{A}$ **实现** Σ．否则称 $\mathfrak{A}$ **省略** Σ．

设 $\Sigma(x_1\cdots x_n)$是 $\mathscr{L}$ 中一集公式，其自由变量都在 $x_1,\cdots,x_n$ 中．如果存在 $\mathscr{L}$ 的模型 $\mathfrak{A}$ 能实现 Σ，则称 Σ 为**和谐**的．如果 $\Sigma(x_1\cdots x_n)$是极大的和谐公式集(即：不能对 Σ 增添 $\mathscr{L}$ 中新的只含自由变量 $x_1,\cdots,x_n$ 的公式 $\varphi(x_1\cdots x_n)$使 $\Sigma\cup\{\varphi\}$仍为和谐)，则称 $\Sigma(x_1\cdots x_n)$为一个**型**．

命题 6.1　设 T 是 $\mathscr{L}$ 中的理论，$\Sigma(x_1\cdots x_n)$是 $\mathscr{L}$ 中的公式集．则下列三条件等价：

(i) T 有一模型 $\mathfrak{A}$ 能实现 Σ．

(ii) Σ 的每一有限子集 Φ 都能在 T 的一个模型 $\mathfrak{A}_\Phi$ 中实现．

(iii) $T\cup\{(\exists x_1\cdots x_n)(\sigma_1\wedge\cdots\wedge\sigma_m): m<\omega;\sigma_1,\cdots,\sigma_m\in\Sigma\}$ 和谐．

证明　1. 若(i)成立，显然(ii)成立．

2. 设(ii)成立，证 (iii) 成立．把 (iii) 中的语句集 $\{(\exists x_1\cdots x_n)(\sigma_1\wedge\cdots\wedge\sigma_m):\ m<\omega;\sigma_1,\cdots,\sigma_m\in\Sigma\}$记作 Σ_1．任取 Σ_1 的有限子集 Φ_1，则在 Φ_1 中出现的 Σ 中公式也只有有限多个，它们组成 Σ 的有限子集 Φ．由(ii)知，存在 T 的模型 $\mathfrak{A}_\Phi$ 及其中的元素 $a_1,\cdots,a_n$，能使 $\mathfrak{A}_\Phi\models\Phi(x_1\cdots x_n)[a_1\cdots a_n]$，从而易见，有 $\mathfrak{A}_\Phi\models T\cup\Phi_1$．所以，由紧致性定理知，$T\cup\Sigma_1$ 有模型，即(iii)成立．

3. 设(iii)成立，证(i)成立．由(iii)知，$T\cup\Sigma_1$ 有模型，取一为 $\mathfrak{A}_1$．令 $\mathscr{L}'=\mathscr{L}\cup\{c_1,\cdots,c_n\}$，$T'=T\cup\Sigma(c_1\cdots c_n)$．现在先

证 T' 有模型.

任取 $\Sigma(c_1\cdots c_n)$ 的有限子集 F,设 $F=\{\sigma_1(c_1\cdots c_n),\cdots,\sigma_r(c_1\cdots c_n)\}$, 则有 $(\exists x_1\cdots x_n)(\sigma_1(x_1\cdots x_n)\wedge\cdots\wedge\sigma_r(x_1\cdots x_n))\in\Sigma_1$. 由此易见, 存在 $\mathfrak{A}_1$ 中的 n 元组 $a_1,\cdots,a_n$, 能使 $\mathfrak{A}_1\models\sigma_i(x_1\cdots x_n)[a_1\cdots a_n]$ $(i=1,\cdots,r)$. 将 $\mathfrak{A}_1$ 膨胀为 $\mathscr{L}'$ 的模型 $\mathfrak{A}_1'=(\mathfrak{A}_1,a_1,\cdots,a_n)$,则有 $\mathfrak{A}_1'\models\sigma_i(c_1\cdots c_n)$ $(i=1,\cdots,r)$. 从而有 $\mathfrak{A}_1'\models T\cup F$. 所以, 由紧致性定理知, T' 有模型 $\mathfrak{A}_2'=(\mathfrak{A}_2,b_1,\cdots,b_n)$.

再由 T' 的定义即见: $\mathfrak{A}_2\models T$, 并且 $\mathfrak{A}_2$ 中的 n 元组 $b_1,\cdots,b_n$ 能实现 $\Sigma(x_1\cdots x_n)$. (证毕)

设 T 是 $\mathscr{L}$ 中的理论, $\Sigma=\Sigma(x_1\cdots x_n)$ 是 $\mathscr{L}$ 中的公式集. (i) 当命题 6.1 中的条件成立时,称 $\Sigma(x_1\cdots x_n)$ **与 T 和谐**. (ii) 如果存在 $\mathscr{L}$ 中公式 $\varphi(x_1\cdots x_n)$,能使$\{\varphi\}$与 T 和谐,并且对每一 $\sigma(x_1\cdots x_n)\in\Sigma(x_1\cdots x_n)$,都有 $T\models(\forall x_1\cdots x_n)(\varphi(x_1\cdots x_n)\rightarrow\sigma(x_1\cdots x_n))$, 则称 T **局部实现** Σ. (iii)如果 T 不能局部实现 Σ, 则称 T **局部省略** Σ.

易见, T 局部省略 Σ 的一个充分必要条件是: 对每一个与 T 和谐的 $\varphi(x_1\cdots x_n)$,都存在 $\sigma\in\Sigma$,能使 $\varphi(x_1\cdots x_n)\wedge\neg\sigma(x_1\cdots x_n)$与 T 和谐.

命题 6.2 设 T 是 $\mathscr{L}$ 中的完全理论, $\Sigma(x_1\cdots x_n)$ 是 $\mathscr{L}$ 中的公式集. 如果 T 有一模型 $\mathfrak{A}$ 省略 Σ,则 T 局部省略 Σ.

证明 假若 T 局部实现 Σ, 设 $\varphi(x_1\cdots x_n)$ 适合上述定义(ii)中的条件. 由 $\varphi(x_1\cdots x_n)$与 T 和谐及 T 的完全性可知, $T\models(\exists x_1\cdots x_n)\varphi(x_1\cdots x_n)$. 故由 $\mathfrak{A}\models T$ 知,存在 $a_1,\cdots,a_n\in A$ 能使 $\mathfrak{A}\models\varphi(x_1\cdots x_n)[a_1\cdots a_n]$. 再由 $T\models(\forall x_1\cdots x_n)(\varphi(x_1\cdots x_n)\rightarrow\sigma(x_1\cdots x_n))(\sigma\in\Sigma)$即易见, $\mathfrak{A}$ 实现 Σ,与题设矛盾. (证毕)

定理 6.3(省略型定理) 设 T 是可数语言 $\mathscr{L}$ 中的和谐理论, $\Sigma(x_1\cdots x_n)$是 $\mathscr{L}$ 中的公式集. 如果 T 局部省略 Σ,则 T 有一可数模型 $\mathfrak{A}$ 省略 Σ.

证明 1. 令 $C=\{c_1,c_2,c_3,\cdots\cdots\}$为 $\mathscr{L}$ 之外的可数无限

多个常量符号,并令 $\mathscr{L}'=\mathscr{L}\cup C$. 则 $\mathscr{L}'$ 仍为可数. 把 $\mathscr{L}'$ 中的全部语句(可数无限多个)列举出来:

$$\varphi_1,\varphi_2,\varphi_3,\cdots\cdots. \tag{1}$$

并把 C 中符号的全部 n 元组也列举出来:

$$(c_{11},\cdots,c_{1n}),(c_{21},\cdots,c_{2n}),(c_{31},\cdots,c_{3n}),\cdots\cdots. \tag{2}$$

以下构作 $\mathscr{L}'$ 中一系列理论

$$T=T_1\subseteq T_2\subseteq\cdots\subseteq T_m\subseteq\cdots\cdots(m<\omega). \tag{3}$$

使适合:

(i) 每一 T_m 都是和谐的,并且是 T 的有限扩张.

(ii) 或 $\varphi_m\in T_{m+1}$,或 $(\neg\varphi_m)\in T_{m+1}$.

(iii) 若 $\varphi_m=(\exists x)\phi(x)$ 且 $\varphi_m\in T_{m+1}$,则 $\phi(c_p)\in T_{m+1}$. 其中 c_p 是 C 中不在 T_m 或 φ_m 或 $(c_{m1},\cdots,c_{mn})$ 中出现的第一个常量符号.

(iv) 存在 $\sigma(x_1\cdots x_n)\in\Sigma(x_1\cdots x_n)$ 使 $(\neg\sigma(c_{m1}\cdots c_{mn}))\in T_{m+1}$.

设 T_m 已作出(T_1 已有),现在由 T_m 按以下步骤 (a), (b), (c) 作 T_{m+1}.

(a) 设 (2) 中第 m 个 n 元组中诸分量 c_{mi} 的真正足码为 j_i, 即 $(c_{m1},\cdots,c_{mn})=(c_{j_1},\cdots,c_{j_n})$. 由(i)知, T_m 只比 T 多有限个语句,设 $T_m=T\cup\{\theta_1,\cdots,\theta_r\}$,并令 $\theta=\theta_1\wedge\cdots\wedge\theta_r$. 取适当大的足码 s 使 $s\geqslant j_1,\cdots,j_n$, 并且在 θ 中出现的 C 中符号都在 $c_1,\cdots,c_s$ 中出现.现在,由 θ 作公式 $\theta'(x_{j_1}\cdots x_{j_n})$ 如下: 把 θ 中诸 c_i $(1\leqslant i\leqslant s)$都换为 x_i (必要时先改变 θ 中的约束变量,使上述换入的 x_i 均为自由出现), 并在所得的公式前依任一顺序加上诸量词$(\exists x_i)$之 $i\neq j_1,\cdots,j_n$ 者,这样得到一个公式 $\theta'(x_{j_1}\cdots x_{j_n})$. 由 T_m 和谐及 θ' 的作法易知, $\theta'(x_{j_1}\cdots x_{j_n})$ 与 T 和谐. 再由 T 局部省略 Σ 可知: 存在 $\sigma(x_1\cdots x_n)\in\Sigma$, 能使 $\theta'(x_{j_1}\cdots x_{j_n})\wedge\neg\sigma(x_{j_1}\cdots x_{j_n})$ 与 T 和谐. (注意: 由于 $j_1,\cdots,j_n$ 中可能有重复的足码,所以,上述 σ 的存在并不是 T 局部省略 Σ 的直接结论, 但不难由之推出. 现在用特例说明如下: 设 $n=5$ 而 $\theta'(x_{j_1}\cdots x_{j_5})$为

$\theta'(x_1x_2x_2x_2x_1)$. 任取 3 个新变量 y_1, y_2, z_2，令 $\theta''(x_1x_2y_2z_2y_1)$ 为 $\theta'(x_1x_2y_2z_2y_1)\wedge(x_1\equiv y_1)\wedge(x_2\equiv y_2)\wedge(x_2\equiv z_2)$. 由$\theta'(x_1x_2x_2x_2x_1)$与$T$和谐易知，$\theta''(x_1x_2y_2z_2y_1)$与$T$和谐. 再由$T$局部省略$\Sigma$可知，存在 $\sigma(x_1\cdots x_5)\in\Sigma(x_1\cdots x_5)$，使 $\theta''(x_1x_2y_2z_2y_1)\wedge\neg\sigma(x_1x_2y_2z_2y_1)$与$T$和谐. 但易见，此式逻辑等价于 $\theta'(x_1x_2x_2x_2x_1)\wedge\neg\sigma(x_1x_2x_2x_2x_1)\wedge(x_1\equiv y_1)\wedge(x_2\equiv y_2)\wedge(x_2\equiv z_2)$，从而易见，$\theta'(x_1x_2x_2x_2x_1)\wedge\neg\sigma(x_1x_2x_2x_2x_1)$与$T$和谐.)

令 $T^{(1)}_{m+1}=T_m\cup\{\neg\sigma(c_{j_1}\cdots c_{j_n})\}$，则由上易知，$T^{(1)}_{m+1}$ 和谐.

(b) 若 $T^{(1)}_{m+1}\cup\{\varphi_m\}$和谐，令此为 $T^{(2)}_{m+1}$. 否则，易见 $T^{(1)}_{m+1}\cup\{\neg\varphi_m\}$和谐，令此为 $T^{(2)}_{m+1}$.

(c) 若 $\varphi_m=(\exists x)\psi(x)$ 并且 $\varphi_m\in T^{(2)}_{m+1}$，令 $T_{m+1}=T^{(2)}_{m+1}\cup\{\psi(c_p)\}$，其中 c_p 如(iii)中所述. 否则令 $T_{m+1}=T^{(2)}_{m+1}$.

易见 T_{m+1} 是 $\mathscr{L}'$ 中的和谐理论，并且是T的有限扩张. 并且 T_{m+1} 适合(ii)，(iii)，(iv).

(3) 的构作至此完成. 再令 $T_\omega=\bigcup\limits_{n<\omega}T_n$，则由(i)，(ii)易知，$T_\omega$是 $\mathscr{L}'$ 中一个极大和谐理论.

2. 任取 T_ω 的一个模型 $\mathfrak{B}'=(\mathfrak{B},b_1,b_2,\cdots\cdots)$，令 $\mathfrak{A}'=(\mathfrak{A},b_1,b_2,\cdots\cdots)$为由$B$的子集 $S=\{b_1,b_2,\cdots\cdots\}$生成的子模型.

2.1. 现在证明，$\mathfrak{A}'$ 的论域 $A=S$. 为此，只须证明S对于 $\mathfrak{B}'$ 中的函数及常量封闭.

对 $\mathscr{L}'$ 中任一函数符号 F(设为 r 元的)，设它在 $\mathfrak{B}'$ 中的解释为 r 元函数 G. 任取S中的 r 元组 $(b_{i_1}\cdots,b_{i_r})$，与此相应有(显见) $\mathfrak{B}'\models(\exists x)(F(c_{i_1}\cdots c_{i_r})\equiv x)$. 设此式在(1)中为 φ_{m_1}，则由$\mathfrak{B}'\models T_\omega$ 及 T_ω 极大和谐可知，$\varphi_{m_1}\in T_\omega$，从而易知，$\varphi_{m_1}\in T_{m_1+1}$，再由(iii)可知，存在 $c_{p_1}\in C$，能使 $(F(c_{i_1}\cdots c_{i_r})\equiv c_{p_1})\in T_{m_1+1}\subseteq T_\omega$，从而，在 $\mathfrak{B}'$ 中有 $G(b_{i_1}\cdots b_{i_r})=b_{p_1}\in S$. 所以$S$对函数$G$封闭.

仿上可证，对 $\mathscr{L}'$ 中每一常量符号 d(d 未必在C中)，$\mathfrak{B}'$ 中对

d 的解释都在 S 中.

2.2. 现在证明 $\mathfrak{A}'\models T_\omega$. 为此，只须证明：对于 $\mathscr{L}'$ 中每一语句 φ,

$$\mathfrak{A}'\models\varphi \text{ 当且仅当 } \mathfrak{B}'\models\varphi. \qquad (4)$$

以下按 φ 的复杂性(指 φ 中 $\neg,\wedge,\exists$ 的总个数)归纳证明此事.

2.2.1. 若 φ 为原子语句,则由 $\mathfrak{A}'\subseteq\mathfrak{B}'$ 可知,(4)成立.

2.2.2 若 φ 为 $\neg\phi$ 或 $\phi_1\wedge\phi_2$ 形状，利用归纳假设易证(4)成立.

2.2.3 若 φ 为 $(\exists x)\phi(x)$ 形状. 甲. 若 $\mathfrak{A}'\models\varphi$,则存在 $a\in A$ 使 $\mathfrak{A}'\models\phi(x)[a]$,且由 2.1 知, a 为某 b_i. 由此可知, $\mathfrak{A}'\models\phi(c_i)$,从而由归纳假设,有 $\mathfrak{B}'\models\phi(c_i)$,由此易见,有 $\mathfrak{B}'\models\varphi$. 乙. 若 $\mathfrak{B}'\models\varphi$, 则由 $\mathfrak{B}'\models T_\omega$及 T_ω 为极大和谐可知, $\varphi\in T_\omega$. 设 φ 在 (1) 中为 φ_{m_1},则易见有 $\varphi_{m_1}\in T_{m_1+1}$,再由(iii)知, 存在 $c_{p_1}\in C$, 使 $\phi(c_{p_1})\in T_{m_1+1}\subseteq T_\omega$. 故有 $\mathfrak{B}'\models\phi(c_{p_1})$. 再由归纳假设,有 $\mathfrak{A}'\models\phi(c_{p_1})$, 从而易见 $\mathfrak{A}'\models\varphi$.

2.3. 由 2.2 可知, $\mathfrak{A}\models T$. 又由 2.1 知, $\mathfrak{A}$ 可数并且 $\mathfrak{A}$ 中每一 n 元组都是 $(b_{j_1},\cdots,b_{j_n})$ 形状,设与之相应的 n 元组 $(c_{j_1},\cdots,c_{j_n})$ 在(2)中为$(c_{h1}\cdots c_{hn})$,则由 (iv)知,存在 $\sigma\in\Sigma$ 使 $\neg\sigma(c_{h1}\cdots c_{hn})\in T_{h+1}$, 从而, 由 $\mathfrak{A}'\models T_\omega(\supseteq T_{h+1})$易见, $\mathfrak{A}\not\models\sigma(x_1\cdots x_n)[b_{j_1}\cdots b_{j_n}]$. 所以, $\mathfrak{A}$ 中每一 n 元组都不能实现 $\Sigma(x_1\cdots x_n)$, 即 $\mathfrak{A}$ 省略 Σ. (证毕)

定理 6.4 设 $\mathscr{L}=\{\cdot,^{-1},1\}$, T_1 为 $\mathscr{L}$ 中任一递归可数的群理论. (指: T_1 为 $\mathscr{L}$ 中一个递归可数的和谐语句集,且括包群公理在内.)设 $\mathfrak{A}=\langle A,\cdot,^{-1},1\rangle$ 是一个由有限个生成元 $a_1,\cdots,a_n$ 生成的群. 如果 $\mathfrak{A}$ 能同构嵌入 T_1 的每一可数模型中, 则 $\mathfrak{A}$ 的字问题递归可解.

证明 令 $\mathscr{L}'=\mathscr{L}\cup\{c_{a_1},\cdots,c_{a_n}\}$ (c_{a_i} 以下简记作 c_i). 把 A 中每个元都用 $a_1,\cdots,a_n$ 及其逆元的乘积表示, 则易见可以在 $\mathscr{L}'$ 中作一个与 $\mathfrak{A}$ 的图象相当的语句集 $\Delta'=\{\varphi:\varphi$ 为 $\mathscr{L}'$ 中的原子语句或其否定,并且 $(\mathfrak{A},a_1,\cdots,a_n)\models\varphi\}$. 现在证明 Δ' 是递

归集，从而即知，$\mathfrak{A}$ 的字问题递归可解.

假若 Δ' 不是递归集，则 Δ' 也不是递归可数的.（因：假若Δ' 递归可数，令 $\bar{\Delta}'=\{\varphi:\varphi$ 为 $\mathscr{L}'$ 中的原子语句或其否定，并且 $(\mathfrak{A},a_1,\cdots,a_n)\not\models\varphi\}$，则由 Δ' 与 $\bar{\Delta}'$ 的关系易见，$\bar{\Delta}'$ 也递归可数，从而易见，Δ' 递归，与所设不合.）

把 Δ' 中每一语句 φ 中的 $c_1,\cdots,c_n$ 都各换为自由变量 $x_1,\cdots,x_n$，得 $\mathscr{L}$ 中公式集 $\Sigma(x_1\cdots x_n)$. 现在证明，T_1 局部省略 Σ.

设 $\phi(x_1\cdots x_n)$ 是 $\mathscr{L}$ 中任一个与 T_1 和谐的公式. 假若每一 $\sigma(x_1\cdots x_n)\in\Sigma$ 都使 $\phi(x_1\cdots x_n)\wedge\neg\sigma(x_1\cdots x_n)$ 不与 T_1 和谐，则易见相应的 $T_1\cup\{\phi(c_1\cdots c_n),\neg\sigma(c_1\cdots c_n)\}$ 也不和谐，从而有

$$T_1\cup\{\phi(c_1\cdots c_n)\}\models\sigma(c_1\cdots c_n),(\sigma(c_1\cdots c_n)\in\Delta'). \quad (1)$$

又易见 $T_1\cup\{\phi(c_1\cdots c_n)\}$和谐，故由(1)以及 Δ' 与 $\bar{\Delta}'$ 的关系可知，对 $\bar{\Delta}'$ 中的 $\varphi(c_1\cdots c_n)$都有

$$T_1\cup\{\phi(c_1\cdots c_n)\}\not\models\varphi(c_1\cdots c_n),(\varphi(c_1\cdots c_n)\in\bar{\Delta}'). \quad (2)$$

由(1),(2)可知 $\Delta'=\{\varphi:\varphi$ 为 $\mathscr{L}'$ 中的原子语句或其否定，并且 $T_1\cup\{\phi(c_1\cdots c_n)\}\models\varphi\}$，从而，再由 T_1 为递归可数即易见 Δ' 递归可数（注意$\models$与$\vdash$的等价性），与上面矛盾. 所以，必存在$\sigma(x_1\cdots x_n)\in\Sigma$，能使 $\phi(x_1\cdots x_n)\wedge\neg\sigma(x_1\cdots x_n)$与 T_1 和谐.

由上知 T_1 局部省略 Σ，故由省略型定理可知，存在 T_1 的可数模型 $\mathfrak{B}$ 省略 Σ. 再由 Σ 与 Δ' 的关系即易见，$\mathfrak{B}$ 不能膨胀为 Δ' 的模型，从而易见，$\mathfrak{A}$ 不能同构嵌入 $\mathfrak{B}$ 中. 这与定理的题设矛盾，所以 Δ' 是递归集.（证毕）

定理 6.5 设 $\mathscr{L},T_1,\mathfrak{A}$ 同上定理. 如果 $\mathfrak{A}$ 能初等嵌入 T_1 的每一可数模型中，则 $\mathfrak{A}$ 是可判定的.

证明 令 $\mathscr{L}'$ 同上，在 $\mathscr{L}'$ 中作与 $\mathfrak{A}$ 的初等图象相当的语句集 $\Gamma'=\{\varphi:\varphi$ 为 $\mathscr{L}'$ 中语句，并且 $(\mathfrak{A},a_1,\cdots,a_n)\models\varphi\}$，则可仿上证明 Γ' 是递归集，从而即知，$\mathfrak{A}$ 是可判定的.（证毕）

定理 6.6 (Macintyre) 设 $\mathscr{L}$ 为一可数语言，T 为 $\mathscr{L}$ 中的和谐 $\forall\exists$ 理论. $\Omega_m(x_1\cdots x_{n_m})=\{\varphi_{ms}(x_1\cdots x_{n_m}):1\leqslant s<\omega\}$ $(1\leqslant m<\omega)$是 $\mathscr{L}$ 中的公式集，并且每一 φ_{ms} 都是存在公式. 又

设 $\mathscr{L}_C = \mathscr{L} \cup C$，其中 $C = \{c_i: 1 \leqslant i < \omega\}$ 是新常量之集. 如果对每一T-条件 p，每一正整数 m 及每一组 $c_{i_1}, \cdots, c_{i_{n_m}} \in C$ 都存在正整数 s，能使 $T \cup p \cup \{\varphi_{ms}(c_{i_1} c_{i_{n_m}})\}$ 和谐，则T 有一可数模型 $\mathfrak{M}$ 能使 $\mathfrak{M} \models (\forall x_1 \cdots x_{n_m})(\varphi_{m1}(x_1 \cdots x_{n_m}) \vee \varphi_{m2}(x_1 \cdots x_{n_m}) \vee \cdots \cdots)(1 \leqslant m < \omega)$. (此式右端为无限长公式，但语义明显.)

证明 为以下方便，不妨设每一 φ_{ms} 的前束词之后都已化为析取标准形.

我们将构作一个适当的 T-兼纳集 G 及相应的模型 $\mathfrak{M}(G)$. 在以下论证中，我们将按如下顺序依次考虑 $\mathscr{L}_C$ 中的诸语句集:

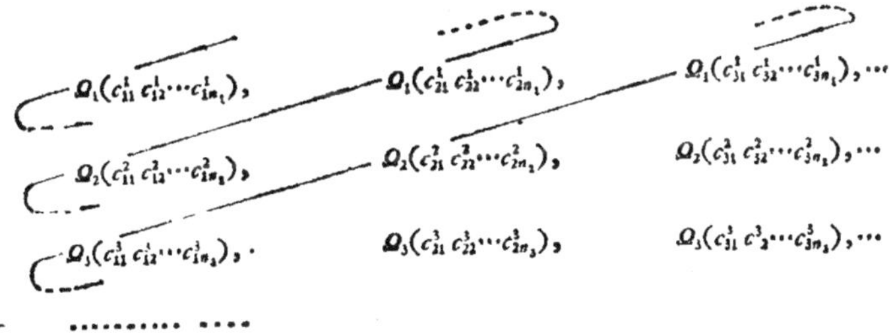

(对每个正整数 j，$(c^j_{i1}\ c^j_{i2} \cdots c^j_{i\ n_j})(i = 1, 2, 3 \cdots\cdots)$ 通过C上一切 n_j-元组.)

把 $\mathscr{L}_C$ 中全部语句列出如下

$$\phi_0, \phi_1, \phi_2, \cdots, \phi_i, \cdots\cdots (i < \omega).$$

1. 仿照引理 5.2 的证法取 T-条件 p_0（视空集为该处的 p），则有

$$p_0 \Vdash \phi_0 \text{ 或 } p_0 \Vdash \neg \phi_0. \tag{1_0}$$

2. 对于 $\Omega_1(c^1_{11} c^1_{12} \cdots c^1_{1n_1})$，由定理题设知，存在 $1 \leqslant s_1 < \omega$ 使

$$T \cup p_0 \cup \{\varphi_{1s_1}(c^1_{11} \cdots c^1_{1n_1})\} \text{和谐}. \tag{2_1}$$

由 $\varphi_{1s_1}((c^1_{11} \cdots c^1_{1n_1})$ 为存在语句及(2_1)，可仿照定理 5.5 的证法，得T-条件 $p_1 \supseteq p_0$，使 $p_1 \Vdash \neg\neg \varphi_{1s_1}(c^1_{11} \cdots c^1_{1n_1})$. (因：由 (2_1)知存在模型 $\mathfrak{A} \models T \cup p_0 \cup \{\varphi_{1s_1}(c^1_{11} \cdots c^1_{1n_1})\}$. 设 $\varphi_{1s_1} = \exists y_1 \cdots y_m\, \psi_{1s_1}(c^1_{11} \cdots c^1_{1n_1}, y_1 \cdots y_m)$，则存在 $a_1, \cdots, a_m \in A$，使 $\mathfrak{A} \models \psi_{1s_1}(c^1_{11} \cdots c^1_{1n_1} y_1 \cdots y_m)[a_1 \cdots a_m]$. 以此式相当于定理 5.5 证明中的 (3)，则仿该

证中由(3)推出(7)的过程，可得一 T-条件 p_1(相当于该证中的 q_1)使 $p_1 \Vdash \neg\neg\varphi_{1s_1}(c_{11}^1 \cdots c_{1n_1}^1)$。)

3. 若 $p_1 \Vdash \neg\psi_1$，令 $p_2 = p_1$；若 $p_1 \nVdash \neg\psi_1$，则存在 T-条件 $q \supseteq p_1$ 使 $q \Vdash \psi_1$，任取一个这样的 q 作为 p_2。故有

$$p_2 \Vdash \psi_1 \text{ 或 } p_2 \Vdash \neg\psi_1. \tag{1_1}$$

4. 对于 $\Omega_1(c_{21}^1 c_{22}^1 \cdots c_{2n_1}^1)$，由定理题设知，存在 $1 \leqslant s_2 < \omega$ 使

$$T \cup p_2 \cup \{\varphi_{1s_2}(c_{21}^1 \cdots c_{2n_1}^1)\} \text{和谐.} \tag{2_2}$$

再仿 2. 可得 T-条件 $p_3 \supseteq p_2$，使 $p_3 \Vdash \neg\neg\varphi_{1s_2}(c_{21}^1 \cdots c_{2n_1}^1)$。

以下，仿此交替进行，陆续得 $p_3 \subseteq p_4 \subseteq p_5 \subseteq \cdots\cdots$。(($2_1$)，($2_2$)，($2_3$)，……是按照上面对诸语句集 $\Omega_j(c_{i1}^j \cdots c_{in_j}^j)$ 规定的顺序依次得到。)

最后令 $G = \bigcup_{n<\omega} p_n$。则易见 G 的每一有限子集都是 T-条件。又由(1_0)，(1_1)，(1_2)，……可知，对 $\mathscr{L}_C$ 中每一语句 ψ_i 都有 $G \Vdash \psi_i$ 或 $G \Vdash \neg\psi_i$。所以 G 为一 T-兼纳集。

又由 $p_1, p_3, p_5, \cdots\cdots$ 等的定义(及(2_1)，(2_2)(2_3)，……等的顺序)可知，对每一正整数 m 及每一组($c_{i1}^m \cdots c_{in_m}^m$)，都存在一正整数 s 及一正整数 k 使

$$p_k \Vdash \neg\neg\varphi_{ms}(c_{i1}^m \cdots c_{in_m}^m). \tag{3}$$

现在考虑 $\mathfrak{M}(G)$。对每一正整数 m 及每一组元 $d_1, \cdots, d_{n_m} \in M(G) \subseteq C$，设其为 $(c_{i1}^m \cdots c_{in_m}^m)$。由(3)知，存在正整数 k, s，使 $p_k \Vdash \neg\neg\varphi_{ms}(c_{i1}^m \cdots c_{in_m}^m)$，从而，$G$ 也力迫此式，从而，$\mathfrak{M}(G) \models \varphi_{ms}(c_{i1}^m \cdots c_{in_m}^m)$。于是有

$$\mathfrak{M}(G) \models (\varphi_{m1}(c_{i1}^m \cdots c_{in_m}^m) \vee \varphi_{m2}(c_{i1}^m \cdots c_{in_m}^m) \vee \cdots\cdots),$$

也即 $$\mathfrak{M}(G) \models (\varphi_{m1}(d_1 \cdots d_{n_m}) \vee \varphi_{m2}(d_1 \cdots d_{n_m}) \vee \cdots\cdots).$$

再由 $d_1, \cdots, d_{n_m}$ 的任意性即知，有

$$\mathfrak{M}(G) \models (\forall x_1 \cdots x_{n_m})(\varphi_{m1}(x_1 \cdots x_{n_m}) \vee \varphi_{m2}(x_1 \cdots x_{n_m}) \vee \cdots\cdots).$$

但此式右端没有 C 中常量出现，所以，$\mathfrak{M}(G)$ 在 $\mathscr{L}$ 中的归约 $\mathfrak{M}$ 也适合这些无限长语句。($m = 1, 2, 3, \cdots\cdots$。)(证毕)

定理 6.7 设 $\mathfrak{A}$ 是一个由有限个生成元 $a_1, \cdots, a_n$ 生成的群. 如果 $\mathfrak{A}$ 能同构地嵌入每一个可数的代数封闭群中, 则 $\mathfrak{A}$ 的字问题递归可解.

证明 令 $\mathscr{L} = \{\cdot, ^{-1}, 1\}$, T 为群的一般理论(是 $\forall\exists$ 理论). 令 $\Omega(x_1\cdots x_n) = \{\varphi(x_1\cdots x_n): \varphi$ 为 $\mathscr{L}$ 中的原子公式或其否定, 并且 $\mathfrak{A}\not\models\varphi(x_1\cdots x_n)[a_1\cdots a_n]\}$.

假若 $\mathfrak{A}$ 的字问题递归不可解, 则易见, Ω 不是递归集, 并且仿定理 6.4 证法可知, Ω 也不是递归可数集.

令 $\mathscr{L}_C = \mathscr{L} \cup C$, $C = \{c_i: i < \omega\}$. 设 p 为任一 T-条件, $d_1, \cdots, d_n$ 为 C 中任一 n 元组, 则存在 $\varphi(x_1\cdots x_n) \in \Omega$, 使 $T \cup p \cup \{\varphi(d_1\cdots d_n)\}$ 和谐. (否则可仿定理 6.4 证法证明 $\Sigma(x_1\cdots x_n) = \{\varphi(x_1\cdots x_n): \varphi$ 为 $\mathscr{L}$ 中的原子公式或其否定, 并且 $\mathfrak{A}\models\varphi(x_1\cdots x_n)[a_1\cdots a_n]\}$ 递归可数, 从而 Ω 也递归可数.) 所以由定理 6.6 及其证法可知, 存在 T-兼纳模型 $\mathfrak{M}$, 能使 $\mathfrak{M} \models (\forall x_1 \cdots x_n)\left(\bigvee_{\varphi\in\Omega} \varphi(x_1\cdots x_n)\right)$. 由此及 Ω 的定义, 即易见 $\mathfrak{A}$ 不能同构地嵌入 $\mathfrak{M}$ 中. 但由 T 为 $\forall\exists$ 理论可知, T-兼纳模型 $\mathfrak{M}$ 是一个可数的代数封闭群, 这与题设矛盾. 所以 $\mathfrak{A}$ 的字问题递归可解. (证毕)

注 定理 6.7 是下列定理的一个方面:

定理 一个有限生成的群 $\mathfrak{A}$ 能够递归地给出, 使其字问题递归可解的充分必要条件是: $\mathfrak{A}$ 能同构地嵌入每一个可数的代数封闭群中.

这个定理的另一方面(条件的必要性)其证明是纯代数的. (参见文献[6], [7].)

定理 6.8 (广义省略型定理) 设 T 是可数语言 $\mathscr{L}$ 中的和谐理论. $\Sigma_r(x_1\cdots x_{n_r})$ 是 $\mathscr{L}$ 上的公式集 ($r = 1, 2, 3, \cdots\cdots$). 如果 T 局部省略每一 Σ_r, 则 T 有一可数模型 $\mathfrak{A}$ 省略每一 Σ_r.

证明 设 T 局部省略每一 Σ_r.

1. 令 $\mathscr{L}' = \mathscr{L} \cup C$, 其中 $C = \{c_i: i < \omega\}$ 为新常量. 则 $\mathscr{L}'$ 可数. 将 $\mathscr{L}'$ 中一切语句列出如下:

$\varphi_1, \varphi_2, \varphi_3, \cdots\cdots$

并令： $s_1^1, s_2^1, s_3^1, s_4^1, \cdots\cdots$为$C$中所有$n_1$-元组的一种枚举；

$s_2^2, s_3^2, s_4^2, s_5^2, \cdots\cdots$为$C$中所有$n_2$-元组的一种枚举；

$s_3^3, s_4^3, s_5^3, s_6^3, \cdots\cdots$为$C$中所有$n_3$-元组的一种枚举；

$\cdots\cdots\cdots\cdots$

（当$n_i = n_j (i \neq j)$时，上述枚举中第i行与第j行有重复，无妨。）

以下构作$\mathscr{L}'$中一系列理论

$$T = T_1 \subseteq T_2 \subseteq \cdots \subseteq T_n \subseteq \cdots\cdots,$$

使适合：

(i) 每一T_m都是和谐的，并且是T的有限扩张.

(ii) 或 $\varphi_m \in T_{m+1}$，或 $(\neg\varphi_m) \in T_{m+1}$.

(iii) 若 $\varphi_m = (\exists x)\phi(x)$且 $\varphi_m \in T_{m+1}$，则 $\phi(c_p) \in T_{m+1}$. 其中，c_p是C中不在 $T_m, \varphi_m, s_m^1, s_m^2, \cdots, s_m^m$ 中出现的第1个常量.

(iv) 存在公式 $\sigma_1 \in \Sigma_1, \cdots, \sigma_m \in \Sigma_m$，使 $\neg\sigma_1(s_m^1), \cdots, \neg\sigma_m(s_m^m) \in T_{m+1}$.

2. 设T_m已作出，由之作T_{m+1}如下：

设 $T_m = T \cup \{\theta_1, \cdots, \theta_t\}$并令 $\theta = \theta_1 \wedge \cdots \wedge \theta_t$. 取足码$u$足够大，使$\theta$所含的$C$中常量及 $s_m^1, \cdots, s_m^m$ 中出现的常量都在 $c_1, \cdots, c_u$ 中.

设 $s_m^1 = (c_{j_1} c_{j_2} \cdots c_{j_{n_1}})$. 把$\theta$中诸$c_i (1 \leqslant i \leqslant u)$换为$x_i$（必要时先改变$\theta$中的约束变量），并对每个$x_i$之$i \neq j_1, \cdots, j_{n_1}$者前置以量词$(\exists x_i)$，可得一公式 $\theta'(x_{j_1} \cdots x_{j_{n_1}})$. 易见$\theta'$与$T$和谐，从而用题设可证，存在 $\sigma_1(x_1 \cdots x_{n_1}) \in \Sigma_1$，使 $\theta'(x_{j_1} \cdots x_{j_{n_1}}) \wedge \neg\sigma_1(x_{j_1} \cdots x_{j_{n_1}})$ 与T和谐.（参看定理6.3证明中的有关说明.）令 $T_{m+1}^{(1)} = T_m \cup \{\neg\sigma_1(c_{j_1} \cdots c_{j_{n_1}})\}$，则由上易知，$T_{m+1}^{(1)}$ 和谐.

设 $s_m^2 = (c_{k_1} c_{k_2} \cdots c_{k_{n_2}})$，$T_{m+1}^{(1)} = T \cup \{\theta_1, \cdots, \theta_t, \theta_{t+1}\}$，并令 $\theta^{(1)} = \theta_1 \wedge \cdots \wedge \theta_{t+1}$. 取足码$v$足够大并仿上段进行，可得一与$T$和谐的公式 $\theta''(x_{k_1} \cdots x_{k_{n_2}})$及一 $\sigma_2(x_1 \cdots x_{n_2}) \in \Sigma_2$，使 $\theta''(x_{k_1} \cdots x_{k_{n_2}}) \wedge \neg\sigma_2(x_{k_1} \cdots x_{k_{n_2}})$ 与T和谐. 令 $T_{m+1}^{(2)} = T_{m+1}^{(1)} \cup \{\neg\sigma_2(c_{k_1} \cdots c_{k_{n_2}})\}$，则可知 $T_{m+1}^{(2)}$ 和谐.

再仿上，陆续作 $T_{m+1}^{(3)},\cdots,T_{m+1}^{(m)}$. 则 $T_{m+1}^{(m)}$ 和谐且合(iv).

若 φ_m 与 $T_{m+1}^{(m)}$ 和谐，令 $T_{m+1}^{*}=T_{m+1}^{(m)}\cup\{\varphi_m\}$. 否则 $\neg\varphi_m$ 与 $T_{m+1}^{(m)}$ 和谐，令 $T_{m+1}^{*}=T_{m+1}^{(m)}\cup\{\neg\varphi_m\}$. 则 T_{m+1}^{*} 和谐且适合(iv)及(ii).

若 φ_m 不为 $(\exists x)\phi(x)$ 形状，令 $T_{m+1}=T_{m+1}^{*}$. 若 φ_m 不与 $T_{m+1}^{(m)}$ 和谐，也令 $T_{m+1}=T_{m+1}^{*}$. 若 φ_m 为 $(\exists x)\phi(x)$ 形状，且与 $T_{m+1}^{(m)}$ 和谐，令 $T_{m+1}=T_{m+1}^{*}\cup\{\phi(c_p)\}$，其中 c_p 如(iii)中所述.

易见 T_{m+1} 适合(i)至(iv).

3. 令 $T_\omega=\bigcup_{n<\omega}T_n$. 由(i),(ii)可知，$T_\omega$ 是 $\mathscr{L}'$ 中的极大和谐理论.

任取 T_ω 的一个模型 $\mathfrak{B}'=(\mathfrak{B},b_1,b_2,b_3,\cdots\cdots)$，并令 $\mathfrak{A}'=(\mathfrak{A},b_1,b_2,b_3,\cdots\cdots)$为由 $b_1,b_2,b_3,\cdots\cdots$生成的子模型. 则利用(iii)可证 $A=\{b_1,b_2,b_3,\ \cdots\cdots\}$. 再利用(iii)及 T_ω 的极大和谐性，可以对 $\mathscr{L}'$ 中的语句 φ 按结构归纳证明:

$$\mathfrak{A}'\models\varphi \text{ 当且只当 } \mathfrak{B}'\models\varphi.$$

所以，$\mathfrak{A}'$ 是 T_ω 的可数模型，从而 $\mathfrak{A}$ 是 T 的可数模型. 并且由(iv)可知，$\mathfrak{A}$ 省略每一个 $\Sigma_r(x_1\cdots x_{n_r})$ $(r=1,2,3,\cdots\cdots)$. (证毕)

第七章　初等链的一些应用

$\mathscr{L}$ 中的理论 T 称为**对子模型保持**,如果 T 的任一模型的任一子模型仍为 T 的模型. T 称为**对链的并保持**,如果 T 的任何模型链的并仍是 T 的模型. T 称为**对同态保持**,如果 T 的任一模型的任一同态象仍是 T 的模型.

引理 7.1　设 T 是 $\mathscr{L}$ 中的和谐理论,Δ 是 $\mathscr{L}$ 中的语句集且对析取封闭. 则下列二条件等价:

(i) T 有一集公理 Γ 使 $\Gamma \subseteq \Delta$.

(ii) 若 $\mathfrak{A}$ 是 T 的模型且 Δ 中每一个在 $\mathfrak{A}$ 中成立的语句 δ 都在 $\mathfrak{B}$ 中成立,则 $\mathfrak{B}$ 是 T 的模型.

证明　1. 设(i)成立,证(ii)成立: 若 $\mathfrak{A} \models T$,则由(i)知,$\mathfrak{A} \models \Gamma$,再由(ii)的题设,有 $\mathfrak{B} \models \Gamma$,故由(i)知, $\mathfrak{B} \models T$.

2. 设(ii)成立, 证(i)成立: 令 Γ 为 $\mathscr{L}$ 中一切适合"$T \models \varphi$ 且 $\varphi \in \Delta$"的语句 φ 所成的集,则有 $T \models \Gamma$ 及 $\Gamma \subseteq \Delta$. 现在证明,也有 $\Gamma \models T$,从而 Γ 是 T 的一组公理.

任取 Γ 的模型 $\mathfrak{B}$,现在证明 $\mathfrak{B} \models T$. (从而,即有 $\Gamma \models T$.)

令 $\Sigma = \{\neg\delta\colon \mathfrak{B} \models \neg\delta, \delta \in \Delta\}$, 则 $\Sigma \cup T$ 和谐. (因: 假若 $\Sigma \cup T$ 不和谐, 则存在其有限子集 Φ 不和谐. 显见 Φ 中含有 Σ 中的语句, 设为 $\neg\delta_1, \cdots, \neg\delta_n (n \geq 1)$. 则 $T \cup \{\neg\delta_1, \cdots, \neg\delta_n\}$ ($\supseteq \Phi$)不和谐, 从而有 $T \models \delta_1 \vee \cdots \vee \delta_n$. 又因 Δ 对 $\vee$ 封闭, 所以 $\delta_1 \vee \cdots \vee \delta_n \in \Delta$. 从而 $\delta_1 \vee \cdots \vee \delta_n \in \Gamma$, $\mathfrak{B} \models \delta_1 \vee \cdots \vee \delta_n$. 但此与 $\mathfrak{B} \models \neg\delta_1, \cdots, \neg\delta_n$ 矛盾.)所以存在 $\mathfrak{A} \models \Sigma \cup T$. 对每一 $\delta \in \Delta$ 之 $\mathfrak{A} \models \delta$ 者, 有 $\mathfrak{B} \models \delta$. (因: 否则 $\mathfrak{B} \models \neg\delta, \neg\delta \in \Sigma, \mathfrak{A} \models \neg\delta$,矛盾.)所以,由(ii)知, $\mathfrak{B} \models T$. (证毕)

定理 7.2　$\mathscr{L}$ 中的理论 T 对子模型保持的充分必要条件是: T 有一集全称语句(也称 Π_1^0 语句)的公理.

证明 若T不和谐，可取$(\forall x)(x \neq x)$充当公理. 以下设T和谐.

1. 若T有一集全称公理，易见T对子模型保持.

2. 设：T对子模型保持. (1)

令Δ为$\mathscr{L}$中一切与Π_1^0语句逻辑等价的语句所成的集，则易见Δ对析取封闭.

设：$\mathfrak{A}$是T的模型，并且Δ中每一个在$\mathfrak{A}$中成立的语句都在$\mathfrak{B}$中成立. (2)

则易见：每一存在语句γ之在$\mathfrak{B}$中成立者也在$\mathfrak{A}$中成立.（注意$(\neg\gamma)\in\Delta$.） (3)

考虑$\mathscr{L}_B$中的理论$T' = T\cup\Delta_{\mathfrak{B}}$，其中$\Delta_{\mathfrak{B}}$是$\mathfrak{B}$的图象. T'和谐.（因：对$\Delta_{\mathfrak{B}}$的每一有限子集$\Delta' = \{\theta_1(c_{b_1}\cdots c_{b_n}), \cdots, \theta_m(c_{b_1}\cdots c_{b_n})\}$，易见$\mathscr{L}$中的存在语句$(\exists x_1\cdots x_n)(\theta_1(x_1\cdots x_n)\wedge\cdots\wedge\theta_m(x_1\cdots x_n))$在$\mathfrak{B}$中成立，从而由(3)知，它也在$\mathfrak{A}$中成立. 设$a_1, \cdots, a_n\in A$适合$\mathfrak{A}\models(\theta_1(x_1\cdots x_n)\wedge\cdots\wedge\theta_m(x_1\cdots x_n))[a_1\cdots a_n]$，则有$(\mathfrak{A}, a_1, \cdots, a_n)\models T\cup\Delta'$. 故由紧致性定理知，$T'$和谐.）任取$T'$的模型$\mathfrak{C}' = (\mathfrak{C}, e_b)_{b\in B}$，则$\mathfrak{C}'\models\Delta_{\mathfrak{B}}$，所以$C$的子集$\{e_b: b\in B\}$构成一个与$\mathfrak{B}$同构的子模型，故不妨视$\mathfrak{B}$自身为$\mathfrak{C}$的子模型. 又显见$\mathfrak{C}\models T$，故由(1)知

$$\mathfrak{B}\models T. \tag{4}$$

由上可知，在条件(1)之下，有"(2)蕴涵(4)"，即引理7.1的(ii)成立，从而该引理的(i)成立. 再由Δ的定义即知：T有一集全称公理.（证毕）

定理 7.3 $\mathscr{L}$中的理论T对模型链的并保持的充分必要条件是：T有一集全称存在语句（也称Π_2^0语句）的公理.

证明 不妨设T和谐.

1. 若T有一集Π_2^0公理Γ. 设

$$\mathfrak{A}_0\subseteq\mathfrak{A}_1\subseteq\cdots\subseteq\mathfrak{A}_\beta\subseteq\cdots\cdots(\beta<\alpha)$$

为T的任一模型链，并令$\mathfrak{A} = \bigcup_{\beta<\alpha}\mathfrak{A}_\beta$. 对任一$\varphi\in\Gamma$，由$\varphi$为$\Pi_2^0$

语句及诸 $\mathfrak{A}_\beta \models \varphi(\beta < \alpha)$，易证 $\mathfrak{A} \models \varphi$. 所以 $\mathfrak{A} \models T$, 从而 $\mathfrak{A} \models T$. 即 T 对模型链的并保持.

2. 设: T 对模型链的并保持. (1)

令 Δ 为 $\mathscr{L}$ 中一切与 Π_2^0 语句逻辑等价的语句所成的集. 易见 Δ 对析取封闭.

设: $\mathfrak{A}$ 是 T 的模型, 并且 Δ 中每一个在 $\mathfrak{A}$ 中成立的语句都在 $\mathfrak{B}$ 中成立. (2)

则易见: $\mathscr{L}$ 中每一个存在全称语句(也称 Σ_2^0 语句) γ 之在 $\mathfrak{B}$ 中成立者也在 $\mathfrak{A}$ 中成立. (3)

现在证明下列的论断:

(*) 存在 $\mathscr{L}$ 的模型 $\mathfrak{A}', \mathfrak{B}'$ 使 $\mathfrak{B} \subseteq \mathfrak{A}' \subseteq \mathfrak{B}'$, $\mathfrak{B} \prec \mathfrak{B}'$ 且 $\mathfrak{A} \equiv \mathfrak{A}'$.

(有此之后: 由 $\mathfrak{A} \models T$ 及 $\mathfrak{A} \equiv \mathfrak{A}'$ 有 $\mathfrak{A}' \models T$; 并且 Δ 中每一个在 $\mathfrak{A}'$ 中成立的语句 δ 也在 $\mathfrak{A}$ 中成立, 从而由(2)也在 $\mathfrak{B}$ 中成立, 再由 $\mathfrak{B} \prec \mathfrak{B}'$ 知, δ 也在 $\mathfrak{B}'$ 中成立. 所以 $\mathfrak{A}', \mathfrak{B}'$ 也适合(2).)

为证(*), 令 $\mathscr{L}_B = \mathscr{L} \cup \{c_b : b \in B\}$ 并作膨胀模型 $\mathfrak{B}_B$, 令 T_1 为 $\mathfrak{A}$ 在 $\mathscr{L}$ 中的完全理论 $\mathrm{Th}(\mathfrak{A})$, 令 T_2 为 $\mathscr{L}_B$ 中一切在 $\mathfrak{B}_B$ 中成立的全称语句所成的集, 则 $T_1 \cup T_2$ 和谐. (因: 对 T_2 中任何语句 $\sigma' = \psi(c_{b_1} \cdots c_{b_n})$, 由 T_2 定义知其为 $\mathscr{L}_B$ 中 Π_1^0 语句, 从而 $\sigma = (\exists y_1 \cdots y_n)\psi(y_1 \cdots y_n)$ ($y_1, \cdots, y_n$ 适当选取)为 $\mathscr{L}$ 中 Σ_2^0 语句, 且由 $\sigma' \in T_2$ 可知, $\mathfrak{B} \models \sigma$, 再由(3)知, $\mathfrak{A} \models \sigma$, 从而存在 $a_{b_1}, \cdots, a_{b_n} \in A$, 能使 $(\mathfrak{A}, a_{b_1}, \cdots, a_{b_n}) \models \psi(c_{b_1} \cdots c_{b_n})$. 但又有 $(\mathfrak{A}, a_{b_1}, \cdots, a_{b_n}) \models T_1$, 所以 $T_1 \cup \{\sigma'\}$ 和谐. 另外, 由 T_2 定义易见, 对于 T_2 的任何有限子集 $\{\sigma_1, \cdots, \sigma_k\}$, 存在 $\sigma' \in T_2$ 使 σ' 与 $\sigma_1 \wedge \cdots \wedge \sigma_k$ 逻辑等价, 再由以上即知, $T_1 \cup \{\sigma_1, \cdots, \sigma_k\}$ 和谐. 故由紧致性定理可知, $T_1 \cup T_2$ 和谐.)

任取 $T_1 \cup T_2$ 的模型 $\mathfrak{A}'_B = (\mathfrak{A}', b')_{b \in B}$, 则 $\mathfrak{A}' \models T_1$, 故由 T_1 的完全性, 有

$$\mathfrak{A} \equiv \mathfrak{A}'. \tag{4}$$

又由 T_2 的定义可知, $\mathfrak{B}$ 的图象 $\Delta_{\mathfrak{B}} \subseteq T_2$ 由此知, 不妨把 $\mathfrak{A}'_B$ 中诸 b' 等同于 b 而视 $\mathfrak{B}$ 为 $\mathfrak{A}'$ 的子模型, 即

$$\mathfrak{B}\subseteq\mathfrak{A}'. \tag{5}$$

从而 $\mathfrak{A}'_B$ 可记为 $(\mathfrak{A}',b)_{b\in B}$. 又由 $\mathfrak{A}'_B\models T_2$ 及 T_2 定义知，每一在 $\mathfrak{B}_B$ 中成立的全称语句在 $\mathfrak{A}'_B$ 中成立，从而：每一在 $\mathfrak{A}'_B$ 中成立的存在语句在 $\mathfrak{B}_B$ 中成立. (6)

以下再进而找 $\mathfrak{B}'$：令 $\mathscr{L}_{A'}=\mathscr{L}_B\cup\{c_a:a\in A'\backslash B\}$. 令 $T'=\mathrm{Th}(\mathfrak{B}_B)\cup\Delta_{\mathfrak{A}'}$（$\Delta_{\mathfrak{A}'}$ 为 $\mathfrak{A}'$ 的图象），则 T' 和谐.（因：对于 $\Delta_{\mathfrak{A}'}$ 中任何有限多个语句 $\tau_1,\cdots,\tau_l$，令 τ 为 $\tau_1\wedge\cdots\wedge\tau_l$，则 τ 在 $\mathfrak{A}'_{A'}$ 中真. 将 τ 中诸 c_a 之 $a\in A'\backslash B$ 者换为适当的变量，并前置以相应的存在量词，可得 $\mathscr{L}_B$ 中一存在语句 τ'. 显见 τ' 在 $\mathfrak{A}'_B$ 中真，故由(6)知，τ' 也在 $\mathfrak{B}_B$ 中真. 从而易见，$\mathfrak{B}_B$ 可膨胀为 $\{\tau_1,\cdots,\tau_l\}$ 的模型，因而 $\mathrm{Th}(\mathfrak{B}_B)\cup\{\tau_1,\cdots,\tau_l\}$ 和谐. 故由紧致性定理知，T' 和谐.）

任取 T' 的模型 $(\mathfrak{B}',a')_{a\in A'}$，由 $\Delta_{\mathfrak{A}'}\subseteq T'$ 知，不妨把诸 a' 等同于 a 而视 $\mathfrak{A}'$ 为 $\mathfrak{B}'$ 的子模型，即

$$\mathfrak{A}'\subseteq\mathfrak{B}'. \tag{7}$$

又由 $\mathfrak{B}$ 的初等图象 $\mathrm{Th}(\mathfrak{B}_B)\subseteq T'$ 及 $(\mathfrak{B}',a)_{a\in A'}\models T'$，可得 $(\mathfrak{B}',b)_{b\in B}\models\mathrm{Th}(\mathfrak{B}_B)$（注意 $B\subseteq A'$），并且由(5)，(7)，有 $\mathfrak{B}\subseteq\mathfrak{B}'$，故易见

$$\mathfrak{B}\prec\mathfrak{B}'. \tag{8}$$

由(4)，(5)，(7)，(8)即知(*)成立.

重复(*)的作法（由上面(*)处的说明知为可能），可得一模型链：

$$\mathfrak{B}=\mathfrak{B}_0\subseteq\mathfrak{A}_1\subseteq\mathfrak{B}_1\subseteq\cdots\subseteq\mathfrak{A}_n\subseteq\mathfrak{B}_n\subseteq\cdots\cdots(n<\omega).$$

使对每一 $n<\omega$ 都有 $\mathfrak{A}_{n+1}\equiv\mathfrak{A}$ 及 $\mathfrak{B}_n\prec\mathfrak{B}_{n+1}$. 令 $\mathfrak{A}_\omega$ 为此模型链的并.

每一 $\mathfrak{A}_{n+1}(\equiv\mathfrak{A})$ 都是 T 的模型，而 $\mathfrak{A}_\omega$ 显然可看作是 $\mathfrak{A}_1\subseteq\mathfrak{A}_2\subseteq\mathfrak{A}_3\subseteq\cdots\cdots$ 的并，故由(1)知 $\mathfrak{A}_\omega\models T$. 但 $\mathfrak{A}_\omega$ 又可看作是初等链 $\mathfrak{B}_0\prec\mathfrak{B}_1\prec\mathfrak{B}_2\prec\cdots\cdots$ 的并，故由初等链定理知，$\mathfrak{B}_0\prec\mathfrak{A}_\omega$，再由 $\mathfrak{A}_\omega\models T$ 即知

$$\mathfrak{B}\models T. \tag{9}$$

由以上可知，在条件(1)之下，有“(2)蕴涵(9)”，即引理 7.1 的(ii)成立，从而该引理的(i)成立．再由Δ的定义即知：T 有一集 Π_2^0 公理．(证毕)

$\mathscr{L}$ 中的语句 φ，若能由原子公式及连接词 $\wedge$，$\vee$ 及量词 $\forall$，$\exists$ 构成，称为**正语句**．

定理 7.4 $\mathscr{L}$ 中的和谐理论 T 对同态保持的充分必要条件是：T 有一集正语句的公理．

证明 $\mathscr{L}$ 中一公式 $\varphi(x_1\cdots x_n)$ 称为对同态保持，如果对 $\mathscr{L}$ 的任二模型 $\mathfrak{A}$，$\mathfrak{B}$ 及任何由 $\mathfrak{A}$ 到 $\mathfrak{B}$ 上的同态对应 f（当存在时）及任何 $a_1,\cdots,a_n\in A$，若有 $\mathfrak{A}\models\varphi[a_1\cdots a_n]$，则也有 $\mathfrak{B}\models\varphi[fa_1\cdots fa_n]$．

1. 为证条件的充分性，只需证明任何正公式 φ 都对同态保持．此可按 φ 的复杂性，归纳证明如下：当 φ 为原子公式时，显见其对同态保持．当 φ 为 $\varphi_1\vee\varphi_2$ 或 $\varphi_1\wedge\varphi_2$ 形状时，用归纳假设也易证 φ 对同态保持．再看以下二情况：

1.1. 当 φ 为 $(\exists x)\varphi_1(xx_1\cdots x_n)$ 时．对任何 $a_1,\cdots,a_n\in A$，若 $\mathfrak{A}\models\varphi[a_1\cdots a_n]$，则存在 $a\in A$，使 $\mathfrak{A}\models\varphi_1[aa_1\cdots a_n]$，从而由归纳假设，有 $\mathfrak{B}\models\varphi_1[fafa_1\cdots fa_n]$，从而 $\mathfrak{B}\models\varphi[fa_1\cdots fa_n]$．

1.2. 当 φ 为 $(\forall x)\varphi_1(xx_1\cdots x_n)$ 时．对任何 $a_1,\cdots,a_n\in A$，若 $\mathfrak{A}\models\varphi[a_1\cdots a_n]$．任取 $b\in B$，则由 f 为到上知，存在 $a\in A$，使 $b=fa$．但对 a 有 $\mathfrak{A}\models\varphi_1[aa_1\cdots a_n]$，故由归纳假设，有 $\mathfrak{B}\models\varphi_1[bfa_1\cdots fa_n]$．再由 b 的任意性，即得 $\mathfrak{B}\models\varphi[fa_1\cdots fa_n]$．

所以，$\mathscr{L}$ 中任何正公式都对同态保持．从而可知，当 T 有一集正语句的公理时，T 对同态保持．

2. 证条件的必要性．设 T 对同态保持．

以下用“$\mathfrak{A}\text{pos}\mathfrak{B}$”表示：每一个在 $\mathfrak{A}$ 中成立的正语句都在 $\mathfrak{B}$ 中成立．我们先证明：

$(*_1)$ 若 $\mathfrak{A}\text{pos}\mathfrak{B}$，则存在 $\mathfrak{B}$ 的一个初等扩张 $\mathfrak{B}'$ 及一个映射 f: $A\to B'$ 使 $(\mathfrak{A},a)_{a\in A}\text{pos}(\mathfrak{B}',fa)_{a\in A}$．

为证$(*_1)$，令 $\mathscr{L}_A=\mathscr{L}\cup\{c_a\colon a\in A\}$，$\mathscr{L}_B=\mathscr{L}\cup\{d_b\colon b\in$

$B\}$. 并令 T_1 为 $\mathscr{L}_A$ 中一切在 $\mathfrak{A}_A$ 中成立的正语句之集，T_2 为 $\mathscr{L}_B$ 中一切在 $\mathfrak{B}_B$ 中成立的语句之集(T_2 即 $\mathfrak{B}$ 的初等图象). 则 $T_1\cup T_2$ 和谐.(因：任取 T_1 的有限子集 $T_1'=\{\varphi_1,\cdots,\varphi_k\}$，记 $\varphi_1\wedge\cdots\wedge\varphi_k$ 为 $\varphi=\varphi(c_{a_1}\cdots c_{a_r})$. 显见 $\varphi\in T_1$，由此可知，$\mathscr{L}$ 中的正语句$(\exists x_1\cdots x_r)\varphi(x_1\cdots x_r)$在 $\mathfrak{A}$ 中真，再由 $\mathfrak{A}\text{ pos}\mathfrak{B}$ 知其在 $\mathfrak{B}$ 中真，故存在 $b_1,\cdots,b_r\in B$，能使 $\mathfrak{B}\models\varphi(x_1\cdots x_r)[b_1\cdots b_r]$. 所以，若将 $\mathfrak{B}$ 膨胀为 $\mathscr{L}_B\cup\{c_{a_1},\cdots,c_{a_r}\}$ 的模型 $(\mathfrak{B}_B,b_1,\cdots,b_r)=\mathfrak{B}_B^*$，则 $\mathfrak{B}_B^*\models\varphi(c_{a_1}\cdots c_{a_r})$，从而 $\mathfrak{B}_B^*\models T_1'$. 又由 $\mathfrak{B}_B\models T_2$ 有 $\mathfrak{B}_B^*\models T_2$. 所以 $T_1'\cup T_2$ 和谐. 再由紧致性定理即知，$T_1\cup T_2$ 和谐.)

令 $\mathfrak{B}''=(\mathfrak{B}',a',b')_{a\in A,b\in B}$ 为 $T_1\cup T_2$ 的一个模型. 则由 $\mathfrak{B}$ 的图象 $\Delta_{\mathfrak{B}}\subseteq T_2$ 知，$\mathfrak{B}$ 能同构嵌入 $\mathfrak{B}'$ 中且 $b\to b'(b\in B)$ 即为一同构映射. 故可将每个 b' 等同于 b，从而 $\mathfrak{B}\subseteq\mathfrak{B}'$. 又由 $\mathfrak{B}''\models T_1\cup T_2$ 易见，有 $(\mathfrak{B}',b)_{b\in B}\models T_2$($\mathfrak{B}$ 的初等图象)，故由命题 3.3，有 $\mathfrak{B}\prec\mathfrak{B}'$.

令 f 为由 A 到 B' 内的映射 $a\to a'(a\in A)$. 对 $\mathscr{L}_A$ 中任一正语句 φ，若 $\mathfrak{A}_A\models\varphi$，则由 T_1 定义知，$\varphi\in T_1$，从而 $\mathfrak{B}''\models\varphi$，从而 $(\mathfrak{B}',fa)_{a\in A}\models\varphi$. 所以 $(\mathfrak{A},a)_{a\in A}\text{pos}(\mathfrak{B}',fa)_{a\in A}$.

由以上即知($*_1$)成立. 再证明一个与($*_1$)对偶的命题：

($*_2$) 若 $\mathfrak{A}\text{pos}\mathfrak{B}$，则存在 $\mathfrak{A}$ 的一个初等扩张 $\mathfrak{A}'$ 及一个映射 g: $B\to A'$ 使 $(\mathfrak{A}',gb)_{b\in B}\text{pos}(\mathfrak{B},b)_{b\in B}$.

为证($*_2$)，令 $\mathscr{L}_A$，$\mathscr{L}_B$ 同上. 但改令 T_1 为 $\mathscr{L}_A$ 中一切在 $\mathfrak{A}_A$ 中成立的语句之集(即 $\mathfrak{A}$ 的初等图象)，而令 T_2 为 $\mathscr{L}_B$ 中一切在 $\mathfrak{B}_B$ 中成立的“正命题的否定”之集. 此时 $T_1\cup T_2$ 仍和谐.(因：任取 T_2 的有限子集 $T_2'=\{\neg\varphi_1,\cdots,\neg\varphi_k\}$ ($\varphi_1,\cdots,\varphi_k$ 为正命题)，令 φ 为 $\varphi_1\vee\cdots\vee\varphi_k$，则易见 $\neg\varphi\in T_2$. 记 $\neg\varphi$ 为 $\neg\varphi(d_{b_1}\cdots d_{b_s})$，则 $(\exists x_1\cdots x_s)(\neg\varphi(x_1\cdots x_s))$在 $\mathfrak{B}$ 中真. 此式逻辑等价于$\neg(\forall x_1\cdots x_s)\varphi(x_1\cdots x_s)$，后者为正命题的否定，故由 $\mathfrak{A}\text{pos}\mathfrak{B}$ 易知其在 $\mathfrak{A}$ 中也真. 所以存在 $a_1,\cdots,a_s\in A$，能使 $\mathfrak{A}\models(\neg\varphi(x_1\cdots x_s))[a_1\cdots a_s]$. 现在，把 $\mathfrak{A}_A$ 膨胀为 $\mathscr{L}_A\cup\{d_{b_1},\cdots,d_{b_s}\}$ 的模型 $\mathfrak{A}_A^*=(\mathfrak{A}_A,a_1,\cdots,a_s)$，则由上可知，有 $\mathfrak{A}_A^*\models\neg\varphi(d_{b_1}\cdots d_{b_s})$，

从而有 $\mathfrak{A}_A^*\models T_2'$. 又由 $\mathfrak{A}_A\models T_1$, 有 $\mathfrak{A}_A^*\models T_1$. 所以 $T_1\cup T_2'$ 和谐. 从而由紧致性定理知, $T_1\cup T_2$ 和谐.)

令 $\mathfrak{A}''=(\mathfrak{A}',a',b')_{a\in A,b\in B}$ 为 $T_1\cup T_2$ 的一个模型.仿($*_1$)的证明知,不妨设每个 a' 即为 a,从而, $\mathfrak{A}\subseteq\mathfrak{A}'$ 且有 $\mathfrak{A}\prec\mathfrak{A}'$.

令 g 为由 B 到 A' 内的映射 $b\to b'(b\in B)$. 对 $\mathscr{L}_B$ 中任一正语句 φ,若 $(\mathfrak{A}',gb)_{b\in B}\models\varphi$,则必有 $\mathfrak{B}_B\models\varphi$. (因: 否则有$\mathfrak{B}_B\models\neg\varphi$,故 $\neg\varphi\in T_2$,从而 $\mathfrak{A}''\models\neg\varphi$,从而 $(\mathfrak{A}',gb)_{b\in B}\models\neg\varphi$,与上设矛盾.)所以 $(\mathfrak{A}',gb)_{b\in B}\mathrm{pos}(\mathfrak{B},b)_{b\in B}$.

由以上即知($*_2$)成立.

现在,设 $\mathscr{L}$ 的模型 $\mathfrak{A}_0$, $\mathfrak{B}_0$ 适合 $\mathfrak{A}_0\models T$ 及 $\mathfrak{A}_0\mathrm{pos}\mathfrak{B}_0$, 以下证 $\mathfrak{B}_0\models T$, 以便引用引理 7.1.(以 $\mathscr{L}$ 中一切正语句所成的集作为其中的 Δ.)

重复使用($*_1$)及($*_2$),可得两个相关的模型链

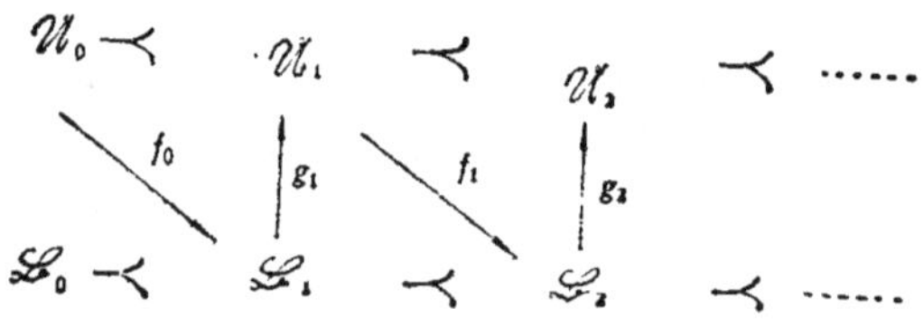

使

$$(\mathfrak{A}_0,a)_{a\in A_0}\mathrm{pos}(\mathfrak{B}_1,f_0a)_{a\in A_0}. \tag{1}$$

$$(\mathfrak{A}_1,a,g_1b)_{a\in A_0,b\in B_1}\mathrm{pos}(\mathfrak{B}_1,f_0a,b)_{a\in A_0,b\in B_1}. \tag{2}$$

$$(\mathfrak{A}_1,a,g_1b,a')_{a\in A_0,b\in B_1,a'\in A_1}\mathrm{pos}(\mathfrak{B}_2,f_0a,b,f_1a')_{a\in A_0,b\in B_1,a'\in A_1}. \tag{3}$$

等等.

对每个 $n<\omega$, f_n 是由 $\mathfrak{A}_n$ 到 $\mathfrak{B}_{n+1}$ 内的同态映射. (因: 在($*_1$)中,由 $(\mathfrak{A},a)_{a\in A}\mathrm{pos}(\mathfrak{B}',fa)_{a\in A}$ 可知, f 是由 $\mathfrak{A}$ 到 $\mathfrak{B}'$ 内的同态映射.)并且有 $f_n\subseteq f_{n+1}$ 及 $g_{n+1}^{-1}\subseteq f_{n+1}$. 对此二者,举例说明如下:

例如在(3)时: f_0 的定义域为 A_0, f_1 的定义域为 $A_1(\supseteq A_0)$.

并且，对任何 $a \in A_0$，它既是 c_a 的解释，又是(当把 a 看作 $a' \in A_1$ 时) $e_{a'}$ 的解释. 所以，若暂把(3)简记为 $\mathfrak{A}_1^0 \text{ pos } \mathfrak{B}_2^0$，则有 $\mathfrak{A}_1^0 \models c_a \equiv c_{a'}$ (正命题)，从而 $\mathfrak{B}_2^0 \models c_a \equiv c_{a'}$，也即在 B_2 中有 $f_0 a = f_1 a'$(a' 即 a). 所以 $f_0 \subseteq f_1$.

又如在(3)时：若 A_1 中一元 a' 能表为 $g_1 b (b \in B_1)$ 形状，则由 $g_1 b = a'$ 有 $\mathfrak{A}_1^0 \models d_b \equiv e_{a'}$，从而 $\mathfrak{B}_2^0 \models d_b \equiv e_{a'}$，即 $b = f_1 a' = f_1 g_1 b$. 此式对任何 $b \in B$ 都成立.(先由 b 找到 $g_1 b$，看作 a'，然后如上论证.)由此可知，g_1 是 1-1 的，且其左逆映射 $g_1^{-1} \subseteq f_1$.

令 $\mathfrak{A}_\omega = \bigcup\limits_{n<\omega} \mathfrak{A}_n$，$\mathfrak{B}_\omega = \bigcup\limits_{n<\omega} \mathfrak{B}_n$，$f_\omega = \bigcup\limits_{n<\omega} f_n$. 则由每 f_n 为 $\mathfrak{A}_n$ 到 $\mathfrak{B}_{n+1}$ 内的同态映射及 $f_n \subseteq f_{n+1}$ 可知，f_ω 是由 $\mathfrak{A}_\omega$ 到 $\mathfrak{B}_\omega$ 内的同态映射. 又由每 $g_n^{-1} \subseteq f_n \subseteq f_\omega$ 可知，f_ω 把 A_ω 映到 B_ω 之上.(因：设 $b \in B_\omega$，则存在 $m < \omega$ 使 $b \in B_m$，设 $g_m b = a (\in A_m \subseteq A_\omega)$，则 $f_\omega a = f_m a = f_m g_m b = b$.)

由初等链定理，有 $\mathfrak{A}_0 \prec \mathfrak{A}_\omega$，$\mathfrak{B}_0 \prec \mathfrak{B}_\omega$. 故由 $\mathfrak{A}_0 \models T$ 有 $\mathfrak{A}_\omega \models T$. 但由题设知，$T$ 对同态保持，再由上段，即有 $\mathfrak{B}_\omega \models T$，从而，由 $\mathfrak{B}_0 \prec \mathfrak{B}_\omega$，又有：$\mathfrak{B}_0 \models T$.

所以，由引理 7.1 可知，T 有一集正语句的公理.（证毕）

推论 7.5 $\mathscr{L}$ 中一语句分别对于(i)子模型，(ii)模型链的并，(iii)同态象保持，当且只当它分别逻辑等价于一个(i)全称的，(ii)全称存在的，(iii)正的或恒假的语句.

证明 只证(i)，((ii)，(iii)仿此.)

1. 显见每一全称语句都对子模型保持. 从而与之逻辑等价的语句也如此.

2. 反之，设一语句 φ 对子模型保持，则由定理 7.2 知，理论 $T = \{\varphi\}$ 有一集全称公理 Γ. 由 $\Gamma \vdash \varphi$ 知，存在 Γ 的有限子集 $\Gamma' = \{\gamma_1, \cdots, \gamma_n\}$，能使 $\Gamma' \vdash \varphi$，从而，有 $(\gamma_1 \wedge \cdots \wedge \gamma_n) \vdash \varphi$. 显见，$\gamma_1 \wedge \cdots \wedge \gamma_n$ 能逻辑等价地化为一全称语句 γ，从而有 $\gamma \vdash \varphi$. 又由 $\varphi \vdash \Gamma$ 易见，有 $\varphi \vdash \gamma$. 所以，φ 等价于全称语句 γ.（证毕）

$\mathscr{L}$ 的一个模型 $\mathfrak{A}$，当适合下列条件时，称为 **ω-齐次**的. 条

件是：对每一正整数 n 及 A 中任何 n 元组 $a_1,\cdots,a_n$ 及 $b_1,\cdots b_n$，如果有

$$(\mathfrak{A},a_1,\cdots,a_n)\equiv(\mathfrak{A},b_1,\cdots,b_n),$$

那末，对任何 $a_{n+1}\in A$，都存在 $b_{n+1}\in A$ 能使

$$(\mathfrak{A},a_1,\cdots,a_{n+1})\equiv(\mathfrak{A},b_1,\cdots,b_{n+1}).$$

如果 ω-齐次的模型 $\mathfrak{A}$ 是可数的，则称 $\mathfrak{A}$ 为**可数地齐次**的.

命题 7.6 设 $\mathfrak{A}$ 是 $\mathscr{L}$ 的模型. 如果 $\mathfrak{A}$ 是可数地饱和的，则 $\mathfrak{A}$ 是可数地齐次的. 如果 $\mathfrak{A}$ 是可数地原子的（即：$\mathfrak{A}$ 是可数的原子模型），则 $\mathfrak{A}$ 也是可数地齐次的.（可数地饱和模型及原子模型的定义见第九章.）

证明 1. 设 $\mathfrak{A}$ 是可数地饱和的. 则 $\mathfrak{A}$ 是可数的. 现在证明 $\mathfrak{A}$ 是 ω-齐次的.

对任一正整数 n，设 A 中的 n 元组 $a_1,\cdots,a_n$ 及 $b_1,\cdots,b_n$ 适合

$$(\mathfrak{A},a_1,\cdots,a_n)\equiv(\mathfrak{A},b_1,\cdots,b_n).\tag{1}$$

记相应的语言 $\mathscr{L}\cup\{c_1,\cdots,c_n\}$ 为 $\mathscr{L}_n$. 任取 $a_{n+1}\in A$，以 $\Sigma(x)$ 记 a_{n+1} 在模型 $(\mathfrak{A},a_1,\cdots,a_n)$ 中所适合的 $\mathscr{L}_n$ 中公式 $\sigma(x)$ 的全集. 则 $\Sigma(x)$ 是 $\mathrm{Th}((\mathfrak{A},a_1,\cdots,a_n))$ 的一个型，因而由(1)知，$\Sigma(x)$ 也是 $\mathrm{Th}((\mathfrak{A},b_1,\cdots,b_n))$ 的一个型. 但由题设知，$\mathfrak{A}$ 是 ω-饱和的，故知存在 $b_{n+1}\in A$，能使

$$(\mathfrak{A},b_1,\cdots,b_n)\models\Sigma(x)[b_{n+1}].\tag{2}$$

又由 $\Sigma(x)$ 定义，有

$$(\mathfrak{A},a_1,\cdots,a_n)\models\Sigma(x)[a_{n+1}].\tag{3}$$

注意到 $\Sigma(x)$ 的极大性，则由(1)，(2)，(3)易见，有

$$(\mathfrak{A},a_1,\cdots,a_{n+1})\equiv(\mathfrak{A},b_1,\cdots,b_{n+1}).$$

所以，$\mathfrak{A}$ 是 ω-齐次的.

2. 设 $\mathfrak{A}$ 是可数地原子的，则 $\mathfrak{A}$ 是可数的. 现在证明 $\mathfrak{A}$ 是 ω-齐次的. 令 T 为 $\mathfrak{A}$ 在 $\mathscr{L}$ 中的完全理论 $\mathrm{Th}(\mathfrak{A})$.

对任一正整数 n，设 A 中的 n 元组 $a_1,\cdots,a_n$ 及 $b_1,\cdots,b_n$ 适合

$$(\mathfrak{A},a_1,\cdots,a_n)\equiv(\mathfrak{A},b_1,\cdots,b_n),\tag{4}$$

任取 $a_{n+1}\in A$,由 $\mathfrak{A}$ 为原子的可知,$a_1,\cdots,a_{n+1}$ 适合一个对 T 完全的公式 $\varphi(x_1\cdots x_{n+1})$,即

$$\mathfrak{A}\models\varphi(x_1\cdots x_{n+1})[a_1\cdots a_{n+1}],\tag{5}$$

令 $\psi(x_1\cdots x_n)$ 为 $(\exists x_{n+1})\varphi(x_1\cdots x_{n+1})$,则由(5)有

$$\mathfrak{A}\models\psi(x_1\cdots x_n)[a_1\cdots a_n].$$

由此及(4)易见,有

$$\mathfrak{A}\models\psi(x_1\cdots x_n)[b_1\cdots b_n].$$

再由 ψ 的形状即知,存在 $b_{n+1}\in A$,能使

$$\mathfrak{A}\models\varphi(x_1\cdots x_{n+1})[b_1\cdots b_{n+1}].\tag{6}$$

任取 $\mathscr{L}$ 中公式 $\theta(x_1\cdots x_{n+1})$. 由(5), (6)并利用 $\varphi(x_1\cdots x_{n+1})$ 的对 T 完全性易知:

$$\mathfrak{A}\models\theta(x_1\cdots x_{n+1})[a_1\cdots a_{n+1}]\ \text{当且只当}$$
$$\mathfrak{A}\models\theta(x_1\cdots x_{n+1})[b_1\cdots b_{n+1}].$$

由此即易见

$$(\mathfrak{A},a_1,\cdots,a_{n+1})\equiv(\mathfrak{A},b_1,\cdots,b_{n+1}).$$

所以,$\mathfrak{A}$ 是 ω-齐次的. (证毕)

定理 7.7 可数语言 $\mathscr{L}$ 的每一可数模型都具有可数地齐次的初等扩张.

证明 任取 $\mathscr{L}$ 的一个可数模型 $\mathfrak{A}_0$.

1. 我们先构作 $\mathfrak{A}_0$ 的一个可数的初等扩张 $\mathfrak{A}_1$ 使适合: 对每一正整数 n 及 A_0 中任何 n 元组 $a_1,\cdots,a_n$ 及 $b_1,\cdots,b_n$,如果有

$$(\mathfrak{A}_0,a_1,\cdots,a_n)\equiv(\mathfrak{A}_0,b_1,\cdots,b_n),\tag{1}$$

那末,对任何 $a_{n+1}\in A_0$,都存在 $b_{n+1}\in A_1$,能使

$$(\mathfrak{A}_1,a_1,\cdots,a_{n+1})\equiv(\mathfrak{A}_1,b_1,\cdots,b_{n+1}).\tag{2}$$

令 $\mathscr{L}'=\mathscr{L}\cup\{c_a: a\in A_0\}$.

对每一正整数 n, 每两个 n 元组 $a_1,\cdots,a_n\in A_0$ 及 $b_1,\cdots,b_n\in A_0$之适合(1)者,及每一 $a_{n+1}\in A_0$,引进 $\mathscr{L}\cup\{c_{b_1},\cdots,c_{b_n}\}$中一个型

$$\Sigma(c_{b_1}\cdots c_{b_n}x)=\{\varphi(c_{b_1}\cdots c_{b_n}x):\varphi(x_1\cdots x_nx)\text{为}$$

$\mathscr{L}$ 中公式并且 $\mathfrak{A}_0 \models \varphi(x_1 \cdots x_n x)[a_1 \cdots a_n a_{n+1}]\}$.

(由(1)易知，$\Sigma(c_{b_1} \cdots c_{b_n} x)$是 $\mathrm{Th}((\mathfrak{A}_0, b_1, \cdots, b_n))$的一个型.)

及一个($\mathscr{L}'$ 之外的)新常量 c 及语句集

$$\Sigma(c) = \Sigma(c_{b_1} \cdots c_{b_n} c).$$

令 Γ 为 $\mathfrak{A}_0$ 的初等图象（$\mathscr{L}'$ 中的理论）. 并令 $\bar{T}$ 为 Γ 与一切如上的 $\Sigma(c)$的并集. 由 A_0 可数易知,上述的诸 $\Sigma(c)$ 只有可数多个,故不妨记 $\bar{T}$ 为

$$\bar{T} = \Gamma \cup \Sigma_1(c_1) \cup \Sigma_2(c_2) \cup \cdots\cdots.$$

以下证明 $\bar{T}$ 和谐.

由诸 $\Sigma_i(c_i)$定义知,每个 $\Sigma_i(c_i)$ 都对$\wedge$封闭. 现在证明,对任何正整数m及任何 $\sigma_1 \in \Sigma_1(c_1), \cdots, \sigma_m \in \Sigma_m(c_m)$, $\Gamma \cup \{\sigma_1, \cdots, \sigma_m\}$ 都和谐.（从而由紧致性定理即知, $\bar{T}$ 和谐.)

对每个 $i(1 \leqslant i \leqslant m)$,设 $\sigma_i = \sigma_i(c_{b_{i1}} \cdots c_{lin_i} c_i)$, 则由 $\Sigma_i(c_i)$ 定义有

$$\mathfrak{A}_0 \models \sigma_i(x_1 \cdots x_{n_i} x)[a_{i1} \cdots a_{in_i} a_{in_i+1}].$$

从而有 $\qquad \mathfrak{A}_0 \models (\exists x)\sigma_i(c_{a_{i1}} \cdots c_{ain_i} x)$.

再由定义 $\Sigma_i(c_i)$时所设的

$$(\mathfrak{A}_0, a_{i1}, \cdots, a_{in_i}) \equiv (\mathfrak{A}_0, b_{i1}, \cdots, b_{in_i})$$

可知,有 $\mathfrak{A}_0 \models (\exists x)\sigma_i(c_{bi1} \cdots c_{bin_i} x)$.

故存在 $\alpha_i \in A_0$,能使

$$\mathfrak{A}_0 \models \sigma_i(c_{bi1} \cdots c_{bin1} x)[\alpha_i](i = 1, \cdots, m).$$

所以,作 $\mathscr{L} \cup \{c_a : a \in A_0\} \cup \{c_1, \cdots, c_m\}$ 的模型 $\mathfrak{A}' = (\mathfrak{A}_0, a, \alpha_1, \cdots, \alpha_m)_{a \in A_0}$,就能使

$$\mathfrak{A}' \models \Gamma \cup \{\sigma_1, \cdots, \sigma_m\}.$$

所以 $\Gamma \cup \{\sigma_1, \cdots, \sigma_m\}$和谐. 从而 $\bar{T}$ 和谐.

任取 $\bar{T}$ 的一个可数模型 $\bar{\mathfrak{A}}_1$.（由 $\mathscr{L}$ 可数及 $\mathfrak{A}_0$ 可数易知, $\bar{T}$ 所在的语言 $\bar{\mathscr{L}} = \mathscr{L}' \cup \{c_1, c_2, c_3, \cdots\cdots\}$ 可数, 所以 $\bar{\mathfrak{A}}_1$ 存在.）并令 $\mathfrak{A}_1$ 为 $\bar{\mathfrak{A}}_1$ 在 $\mathscr{L}$ 中的归约.

由 $\Gamma \subseteq \bar{T}$ 可知 $\mathfrak{A}_0 \precsim \mathfrak{A}_1$, 不妨设已换记号使 $\mathfrak{A}_0 \prec \mathfrak{A}_1$. 以下证明 $\mathfrak{A}_1$ 具有构作前所要求的性质.

设 A_0 中的 n 元组 $a_1,\cdots,a_n$ 及 $b_1,\cdots,b_n$ 适合(1)，并设 $a_{n+1}\in A_0$. 则由相应的型 $\Sigma(c_{b_1}\cdots c_{b_n}x)$的定义知，有

$$\mathfrak{A}_0\models\Sigma(x_1\cdots x_nx)[a_1\cdots a_na_{n+1}]. \tag{3}$$

由 $\overline{\mathfrak{A}}_1\models\overline{T}$ 及 $\overline{T}$ 定义可知,有(对于与此 Σ 相应的 c)

$$\overline{\mathfrak{A}}_1\models\Sigma(c_{b_1}\cdots c_{b_n}c).$$

从而有

$$\mathfrak{A}_1\models\Sigma(x_1\cdots x_nx)[b_1\cdots b_nb]. \tag{4}$$

(其中，b 为 $\overline{\mathfrak{A}}_1$ 中对该 c 的解释.)又由 $\mathfrak{A}_0\prec\mathfrak{A}_1$ 及(3),有

$$\mathfrak{A}_1\models\Sigma(x_1\cdots x_nx)[a_1\cdots a_na_{n+1}]. \tag{5}$$

由(4),(5) 及 $\Sigma(x_1\cdots x_nx)$在 $\mathscr{L}$ 中的极大性即得 (2). (视 b 为 b_{n+1}.)

2. 重复 1. 中的构作法,可得一初等链

$$\mathfrak{A}_0\prec\mathfrak{A}_1\prec\mathfrak{A}_2\prec\cdots\cdots.$$

令 $\mathfrak{A}=\bigcup_{n\in\omega}\mathfrak{A}_n$,则由初等链定理知，$\mathfrak{A}_0\prec\mathfrak{A}$. 并且由诸 $\mathfrak{A}_n$ 可数知, $\mathfrak{A}$ 可数. 以下证明 $\mathfrak{A}$ 为 ω-齐次的.

对任一正整数 n，设 A 中的 n 元组 $a_1,\cdots,a_n$ 及 $b_1,\cdots,b_n$ 适合

$$(\mathfrak{A},a_1,\cdots,a_n)\equiv(\mathfrak{A},b_1,\cdots,b_n). \tag{6}$$

并且 $a_{n+1}\in A$. 则由 $\mathfrak{A}$ 的定义知，存在 $m\in\omega$ 能使 $a_1,\cdots,a_n,a_{n+1},b_1,\cdots,b_n\in A_m$. 再由 $\mathfrak{A}_m\prec\mathfrak{A}$ 及(6),可得

$$(\mathfrak{A}_m,a_1,\cdots,a_n)\equiv(\mathfrak{A}_m,b_1,\cdots,b_n).$$

再由 $\mathfrak{A}_{m+1}$ 作法知,存在 $b_{n+1}\in A_{m+1}\subseteq A$,能使

$$(\mathfrak{A}_{m+1},a_1,\cdots,a_{n+1})\equiv(\mathfrak{A}_{m+1},b_1,\cdots,b_{n+1}).$$

由此及 $\mathfrak{A}_{m+1}\prec\mathfrak{A}$ 可得

$$(\mathfrak{A},a_1,\cdots,a_{n+1})\equiv(\mathfrak{A},b_1,\cdots,b_{n+1}).$$

所以, $\mathfrak{A}$ 是 ω-齐次的. (证毕)

命题 7.8 (i) 设 $\mathfrak{A}$ 为一可数地齐次模型. 并设 A 中的 n 元组 $a_1,\cdots,a_n$ 及 $b_1,\cdots,b_n$ 适合

$$(\mathfrak{A},a_1,\cdots,a_n)\equiv(\mathfrak{A},b_1,\cdots,b_n).$$

则存在由 $\mathfrak{A}$ 到 $\mathfrak{A}$ 上的自同构映射 τ 能使

$$\tau(a_1)=b_1,\cdots,\tau(a_n)=b_n.$$

(ii) 可数地齐次模型的任一可数初等链的并仍为一可数地齐次模型。

(iii) $\mathscr{L}$ 的两个可数地齐次模型同构的充分必要条件是：它们实现 $\mathscr{L}$ 中同样的(有限个变量的)型。

(iv) 两两同构的可数地齐次模型的任一可数初等链的并仍与初等链中每一模型同构。

证明 1. 为证(i)，把 $\mathfrak{A}$ 的元先以 $a_1,\cdots,a_n$ 为开端列出为：

$$a_1,\cdots,a_n,a_{n+1},\cdots\cdots. \tag{1}$$

再以 $b_1,\cdots,b_n$ 为开端另行列出为：

$$b_1,\cdots,b_n,b_{n+1},\cdots\cdots \tag{2}$$

题设已有

$$(\mathfrak{A},a_1,\cdots,a_n)\equiv(\mathfrak{A},b_1,\cdots,b_n).$$

在(1)中取 a_{n+1}，改记为 a'_{n+1}，则由 $\mathfrak{A}$ 的 ω-齐次性知，存在 b_{m_1}(改记为 b'_{n+1})，能使

$$(\mathfrak{A},a_1,\cdots,a_n,a'_{n+1})\equiv(\mathfrak{A},b_1,\cdots,b_n,b'_{n+1}).$$

再在(2)中取第1个未用到的元，改记为 b'_{n+2}，则由 ω-齐次性知，存在 a_{l_2}(改记为 a'_{n+2})，能使

$$(\mathfrak{A},a_1,\cdots,a_n,a'_{n+1},a'_{n+2})\equiv(\mathfrak{A},b_1,\cdots,b_n,b'_{n+1},b'_{n+2}).$$

再在(1)中取第1个未用到的元，改记为 a'_{n+3}，则由 ω-齐次性知，存在 b_{m_3}(改记为 b'_{n+3})，能使

$$(\mathfrak{A},a_1,\cdots,a_n,a'_{n+1},a'_{n+2},a'_{n+3})\equiv(\mathfrak{A},b_1,\cdots,b_n,b'_{n+1},b'_{n+2},b'_{n+3}).$$

如此继续，即可得一个由(1)到(2)上的映射 τ：

$$a_1\to b_1,\cdots,a_n\to b_n,a'_{n+1}\to b'_{n+1},a'_{n+2}\to b'_{n+2},\cdots\cdots.$$

利用以上诸初等等价式，易证 τ 是一个 1-1 映射并且是 $\mathfrak{A}$ 的自同构映射。

2. 为证(ii)，设

$$\mathfrak{A}_0\prec\mathfrak{A}_1\prec\cdots\prec\mathfrak{A}_\xi\prec\cdots\cdots(\xi<\eta),$$

是一个可数初等链(η 为一可数序数)，其中每一 $\mathfrak{A}_\xi$ 都是可数地齐次的。

令 $\mathfrak{A}=\bigcup_{\xi<\eta}\mathfrak{A}_\xi$，则易知 $\mathfrak{A}$ 可数。再由每 $\mathfrak{A}_\xi\prec\mathfrak{A}$ 及每一 $\mathfrak{A}_\xi$

为 ω-齐次，即易证 $\mathfrak{A}$ 为 ω-齐次的.

3.(iii) 的一个方向(条件的必要性)是显然的. 以下证另一方向.

设 $\mathfrak{A},\mathfrak{B}$ 是 $\mathscr{L}$ 的两个可数地齐次模型，它们实现 $\mathscr{L}$ 中同样的(有限个变量的)型.

把 $\mathfrak{A},\mathfrak{B}$ 的元素各列出如下:

$$a_1,a_2,a_3,\cdots\cdots. \tag{I}$$

$$b_1,b_2,b_3,\cdots\cdots. \tag{II}$$

3.1. 取 a_1，改记为 a_1'，设它在 $\mathfrak{A}$ 中所决定的($\mathscr{L}$ 中的)型为 $\Sigma_1(x_1)$. 则有

$$\mathfrak{A}\models\Sigma_1(x_1)[a_1']. \tag{α_1}$$

由题设知，在(II)中存在 b_i(改记为 b_1')，能使

$$\mathfrak{B}\models\Sigma_1(x_1)[b_1']. \tag{β_1}$$

3.2. 在(II)中取第 1 个未用到的元，改记为 b_2'. 设 b_1',b_2' 在 $\mathfrak{B}$ 中所决定的型为 $\Sigma_2(x_1x_2)$，则有

$$\mathfrak{B}\models\Sigma_2(x_1x_2)[b_1'b_2']. \tag{β_2}$$

且由(β_1)可知，$\Sigma(x_1)\subseteq\Sigma_2(x_1x_2)$. 由题设知，存在 $a_1^*,a_2^*\in A$，能使

$$\mathfrak{A}\models\Sigma_2(x_1x_2)[a_1^*a_2^*]. \tag{3}$$

再由 $\Sigma_1(x)\subseteq\Sigma_2(x_1x_2)$，可得

$$\mathfrak{A}\models\Sigma_1(x_1)[a_1^*].$$

由此及(α_1)及 $\Sigma_1(x_1)$为型可知，有 $(\mathfrak{A},a_1^*)\equiv(\mathfrak{A},a_1')$，再由 $a_2^*\in A$ 及 $\mathfrak{A}$ 的 ω-齐次性可知，存在(I)中的元(改记为) a_2'，能使 $(\mathfrak{A},a_1^*,a_2^*)\equiv(\mathfrak{A},a_1',a_2')$. 由此及(3)可得

$$\mathfrak{A}\models\Sigma_2(x_1x_2)[a_1'a_2']. \tag{α_2}$$

3.3. 在(I)中取第 1 个未用到的(即 a_1',a_2' 之外的)元，改记为 a_3'. 设 a_1',a_2',a_3' 在 $\mathfrak{A}$ 中所决定的型为 $\Sigma_3(x_1,x_2,x_3)$，则有

$$\mathfrak{A}\models\Sigma_3(x_1x_2x_3)[a_1'a_2'a_3']. \tag{α_3}$$

以及 $\Sigma_2(x_1x_2)\subseteq\Sigma_3(x_1x_2x_3)$. 再仿 3.2. 论证，可知存在(II)中的元(改记为) b_3'，能使

$$\mathfrak{B} \models \Sigma_3(x_1x_2x_3)[b_1'b_2'b_3'].\qquad (\beta_3)$$

3.4. 如此继续,可得一个由 $\mathfrak{A}$ 到 $\mathfrak{B}$ 上的映射 τ:

$$a_1 \to b_1', a_2' \to b_2', a_3' \to b_3', \cdots\cdots.$$

并且，利用(α_1),(β_1),(α_2),(β_2),(α_3),(β_3)，……可知 τ 是 1-1 的，并且是由 $\mathfrak{A}$ 到 $\mathfrak{B}$ 的同构映射.

4. 现在证(iv). 设

$$\mathfrak{A}_0 \prec \mathfrak{A}_1 \prec \cdots \prec \mathfrak{A}_\xi \prec \cdots\cdots (\xi < \eta).$$

是一个可数初等链(η 为一可数序数)，其中，每一 $\mathfrak{A}_\xi$ 都是可数地齐次的，且两两同构.

令 $\mathfrak{A} = \bigcup_{\xi<\eta}\mathfrak{A}_\xi$. 则由(ii)知:

$\mathfrak{A}$ 是可数地齐次的. (4)

又由每个 $\mathfrak{A}_\xi \prec \mathfrak{A}$ 易证,对于 $\mathscr{L}$ 中每个型 $\Sigma(x_1\cdots x_n)$, Σ 能在 $\mathfrak{A}$ 中实现的充分必要条件是 Σ 能在一个 $\mathfrak{A}_\xi$ 中实现. 但题设诸 $\mathfrak{A}_\xi$ 同构,所以,对每个 $\mathfrak{A}_\xi$ 而言, $\mathfrak{A}$ 与 $\mathfrak{A}_\xi$ 实现 $\mathscr{L}$ 中同样的(有限个变量的)型. 再由(4)及(iii)即知, $\mathfrak{A}$ 与 $\mathfrak{A}_\xi$ 同构. (证毕)

第八章　内插定理

定理 8.1(Craig 内插定理)　设语言 $\mathscr{L}$ 中的语句 φ,ψ 适合 $\varphi\models\psi$,则存在 $\mathscr{L}$ 中语句 θ 能使:

(i) $\varphi\models\theta$ 并且 $\theta\models\psi$.

(ii) 在 θ 中出现的每一关系符号(等号除外), 函数符号及常量符号都在 φ 中出现,也都在 ψ 中出现.

(θ 称为 φ 与 ψ 间的一个 Craig 内插语句.)

证明　用反证法. 我们假设在 φ 与 ψ 间不存在 Craig 内插语句,据此找出 $\varphi\wedge\neg\psi$ 的一个模型,从而与题设的 $\varphi\models\psi$ 相矛盾.

设在 φ 中出现的诸关系符号、函数符号及常量符号所组成的语言为 $\mathscr{L}_1$. 由 ψ 中出现的诸符号组成的语言为 $\mathscr{L}_2$. 不妨设 $\mathscr{L}=\mathscr{L}_1\cup\mathscr{L}_2$. 又令 $\mathscr{L}_0=\mathscr{L}_1\cap\mathscr{L}_2$. 在 $\mathscr{L}$ 之外取一个可数无限的新常量符号集 $C=\{c_1,c_2,c_3,\cdots\cdots\}$, 令 $\mathscr{L}'=\mathscr{L}\cup C$, $\mathscr{L}'_0=\mathscr{L}_0\cup C$, $\mathscr{L}'_1=\mathscr{L}_1\cup C$, $\mathscr{L}'_2=\mathscr{L}_2\cup C$.

对于 $\mathscr{L}'_1$ 中的理论 T 及 $\mathscr{L}'_2$ 中的理论 U, 如果不存在 $\mathscr{L}'_0$ 中的语句 θ,能使 $T\models\theta$ 且 $U\models\neg\theta$,则称 T 与 U 为不可分的.

1. 先证明: $T_0=\{\varphi\}$ 与 $U_0=\{\neg\psi\}$ 不可分. 假若有 $\mathscr{L}'_0$ 中语句 θ 能使 $\varphi\models\theta$ 且 $\neg\psi\models\neg\theta$.设 θ 中所出现的 C 中常量都在 $c_1,\cdots,c_n$ 中, 令 $u_1,\cdots,u_n$ 为不在 θ 中出现的 n 个不同的个体变量.由于 $c_1,\cdots,c_n$ 不在 $\mathscr{L}$ 中出现,所以由 $\varphi\models\theta(c_1,\cdots,c_n)$ 可得 $\varphi\models(\forall u_1\cdots u_n)\,\theta(u_1\cdots u_n)$;又由 $\neg\psi\models\neg\theta(c_1,\cdots,c_n)$ 可得 $\theta(c_1,\cdots,c_n)\models\psi$, 从而有 $(\forall u_1\cdots u_n)\,\theta\,(u_1\cdots u_n)\models\psi$. 由以上可知, $(\forall u_1\cdots u_n)\theta(u_1\cdots u_n)$ 是 φ 与 ψ 间的一个 Craig 内插语句,与前面所设不合.

2. 把 $\mathscr{L}'_1$ 及 $\mathscr{L}'_2$ 中的语句分别列出如下:

$$\varphi_0,\varphi_1,\varphi_2,\cdots\cdots,\qquad \psi_0,\psi_1,\psi_2,\cdots\cdots.$$

现在分别构作 $\mathscr{L}'_1$ 及 $\mathscr{L}'_2$ 中两个由有限理论组成的可数无限序列：

$$\{\varphi\} = T_0 \subseteq T_1 \subseteq T_2 \subseteq \cdots\cdots;$$

$$\{\neg\psi\} = U_0 \subseteq U_1 \subseteq U_2 \subseteq \cdots\cdots.$$

作法如下：设 T_m, U_m 已经作出，且为有限.

2.1. 若 $T_m \cup \{\varphi_m\}$ 与 U_m 可分，令 $T_{m+1} = T_m$.

2.2. 若 $T_m \cup \{\varphi_m\}$ 与 U_m 不可分，并且 φ_m 不为 $(\exists x)\sigma(x)$ 形状，令 $T_{m+1} = T_m \cup \{\varphi_m\}$.

2.3. 若 $T_m \cup \{\varphi_m\}$ 与 U_m 不可分，并且 $\varphi_m = (\exists x)\sigma(x)$，在 C 中任取一个不在 T_m, U_m 或 φ_m 中出现的常量符号 c（由 T_m, U_m 有限知 c 存在），令 $T_{m+1} = T_m \cup \{\varphi_m, \sigma(c)\}$.

2.4. 若 T_{m+1} 与 $U_m \cup \{\psi_m\}$ 可分，令 $U_{m+1} = U_m$.

2.5. 若 T_{m+1} 与 $U_m \cup \{\psi_m\}$ 不可分，并且 ψ_m 不为 $(\exists x)\rho(x)$ 形状，令 $U_{m+1} = U_m \cup \{\psi_m\}$.

2.6. 若 T_{m+1} 与 $U_m \cup \{\psi_m\}$不可分，并且 $\psi_m = (\exists x)\rho(x)$，在 C 中任取一个不在 T_{m+1}, U_m 或 ψ_m 中出现的常量符号 d，令 $U_{m+1} = U_m \cup \{\psi_m, \rho(d)\}$.

3. 现在证明：T_i 与 U_i 不可分 $(i = 0, 1, 2, \cdots\cdots)$. 由 1. 知 T_0 与 U_0 不可分. 设已有 T_m 与 U_m 不可分，证 T_{m+1} 与 U_{m+1} 不可分.

3.1. 若 $T_{m+1} = T_m$ 且 $U_{m+1} = U_m$，由归纳假设知，T_{m+1} 与 U_{m+1} 不可分.

3.2. 若 $T_{m+1} = T_m \cup \{\varphi_m\} \neq T_m$ 且 $U_{m+1} = U_m$. 此时，由 T_{m+1} 定义知，必是 2.2. 的情况. 由 2.2. 的条件即知，T_{m+1} 与 U_{m+1} 不可分.

3.3. 若 $T_{m+1} = T_m \cup \{\varphi_m, \sigma(c)\}$，且 $U_{m+1} = U_m$. 此时，由 T_{m+1} 定义知，必是 2.3. 的情况，且 $\varphi_m = (\exists x)\sigma(x)$. 假若 T_{m+1} 与 $U_{m+1} = U_m$ 可分，则存在 $\mathscr{L}'_0$ 中语句 $\theta(c)$（$\theta(c)$ 未必含 c），能使 $T_{m+1} \models \theta(c)$ 且 $U_{m+1} \models \neg\theta(c)$. 由 $T_{m+1} \models \theta(c)$ 陆续可得（注意由 2.3. 知，c 不在 T_m, U_m 或 φ_m 中出现）$T_m \cup \{\varphi_m\} \models \sigma(c) \rightarrow \theta(c)$，

$T_m\cup\{\varphi_m\}\models(\forall y)(\sigma(y)\to\theta(y))$（$y$ 为一不在 T_{m+1}, U_{m+1} 或 $\theta(c)$ 中出现的变量），$T_m\cup\{\varphi_m\}\models(\exists y)\sigma(y)\to(\exists y)\theta(y)$，再由 φ_m 形状即见，有 $T_m\cup\{\varphi_m\}\models(\exists y)\theta(y)$．另外，由 $U_m\models\neg\theta(c)$ 陆续可得 $U_m\models(\forall y)\neg\theta(y)$, $U_m\models\neg(\exists y)\theta(y)$．由以上可知，$T_m\cup\{\varphi_m\}$ 与 U_m 可分，与 2.3. 的条件矛盾．所以 T_{m+1} 与 U_{m+1} 不可分．

3.4. 若 $U_{m+1}=U_m\cup\{\psi_m\}\neq U_m$．此时，由 U_{m+1} 定义知，必是 2.5. 的情况．由 2.5. 的条件即知，T_{m+1} 与 U_{m+1} 不可分．

3.5. 若 $U_{m+1}=U_m\cup\{\psi_m,\rho(d)\}$．此时，由 U_{m+1} 定义知，必是 2.6. 的情况，且 $\psi_m=(\exists x)\rho(x)$．假若 T_{m+1} 与 U_{m+1} 可分，则存在 $\mathscr{L}'_0$ 中语句 $\theta(d)$，能使 $T_{m+1}\models\theta(d)$ 且 $U_{m+1}\models\neg\theta(d)$．由此仿 3.3. 可得 $T_{m+1}\models(\forall y)\theta(y)$ 及 $U_m\cup\{\psi_m\}\models\neg(\forall y)\theta(y)$，从而，$T_{m+1}$ 与 $U_m\cup\{\psi_m\}$ 可分，与2.6. 的条件矛盾．所以，T_{m+1} 与 U_{m+1} 不可分．

4. 令 $T_\omega=\bigcup\limits_{i<\omega}T_i$，$U_\omega=\bigcup\limits_{i<\omega}U_i$．由 3. 易证 T_ω 与 U_ω 不可分．由此易知，T_ω 和谐且 U_ω 和谐．因：假若 T_ω 不和谐，取 $\mathscr{L}'_0$ 中语句 $\neg(c_1\equiv c_1)$ 作为 θ，则有 $T_\omega\models\theta$ 及 $U_\omega\models\neg\theta$，从而 T_ω 与 U_ω 可分，与上矛盾．假若 U_ω 不和谐，仿上可得矛盾．

5. 现在证明：T_ω, U_ω 各为 $\mathscr{L}'_1$, $\mathscr{L}'_2$ 中的极大和谐理论．

假若和谐理论 T_ω 在 $\mathscr{L}'_1$ 中不是极大的，则存在 $\mathscr{L}'_1$ 中语句 φ'，使 $\varphi'\notin T_\omega$ 且 $T_\omega\cup\{\varphi'\}$ 和谐，从而又有 $(\neg\varphi')\notin T_\omega$．设 φ' 为 φ_m，则 $\varphi_m\notin T_{m+1}$，再由 T_{m+1} 定义可知，必是 2.1. 的情况，即 $T_m\cup\{\varphi_m\}$ 与 U_m 可分．所以存在 $\mathscr{L}'_0$ 中语句 θ，使 $T_m\cup\{\varphi_m\}\models\theta$ 且 $U_m\models\neg\theta$，从而又有 $T_m\models\varphi_m\to\theta$，于是有 $T_\omega\models\varphi'\to\theta$ 及 $U_\omega\models\neg\theta$．设 $\neg\varphi'$ 为 φ_n，仿上知，存在 $\mathscr{L}'_0$ 中语句 θ'，使 $T_\omega\models(\neg\varphi')\to\theta'$ 及 $U_\omega\models\neg\theta'$．由以上可得 $T_\omega\models\theta\vee\theta'$ 及 $U_\omega\models\neg(\theta\vee\theta')$，于是 T_ω 与 U_ω 可分，与 4. 矛盾．所以 T_ω 在 $\mathscr{L}'_1$ 中是极大和谐的．仿上可证 U_ω 在 $\mathscr{L}'_2$ 中是极大和谐的．

6. 再证明：$T_\omega\cap U_\omega$ 是 $\mathscr{L}'_0$ 中的极大和谐理论．

由 4. 显见 $T_\omega\cap U_\omega$ 和谐．现在证其极大性． 任取 $\mathscr{L}'_0$ 中语

句 σ,由 5. 知,或 $\sigma\in T_\omega$ 或 $(\neg\sigma)\in T_\omega$,并且,或 $\sigma\in U_\omega$ 或$(\neg\sigma)\in U_\omega$. 但由 T_ω 与 U_ω 不可分知,不可能 $\sigma\in T_\omega$ 而 $(\neg\sigma)\in U_\omega$,也不可能 $(\neg\sigma)\in T_\omega$ 而 $\sigma\in U_\omega$. 故必:或 $\sigma\in T_\omega\cap U_\omega$,或$(\neg\sigma)\in T_\omega\cap U_\omega$. 由此即知,若 $\sigma\notin T_\omega\cap U_\omega$,则 $(\neg\sigma)\in T_\omega\cap U_\omega$,从而 $(T_\omega\cap U_\omega)\cup\{\sigma\}$不再和谐.

7. 任取 T_ω 的一个模型 $\mathfrak{B}_1'=(\mathfrak{B}_1,b_1,b_2,b_3,\cdots\cdots)$(其中,$b_i$ 解释 c_i,$i=1,2,3,\cdots\cdots$). 令 $A_1=\{b_1,b_2,b_3,\cdots\cdots\}$.

7.1. 现在证明,A_1 对于 $\mathfrak{B}_1'$ 中的函数及常量封闭,从而,以 A_1 为论域可以构成 $\mathfrak{B}_1'$ 的子模型 $\mathfrak{A}_1'=(\mathfrak{A}_1,b_1,b_2,b_3,\cdots\cdots)$.

7.1.1. 设 F 为 $\mathscr{L}_1'$ 中任一 n 元函数符号,它在 $\mathfrak{B}_1'$ 中的解释为函数 G. 任取 $b_{i_1},\cdots,b_{i_n}\in A_1$,则在 $\mathfrak{B}_1'$ 中 $G(b_{i_1},\cdots,b_{i_n})$有值,故有 $\mathfrak{B}_1'\models(\exists x)(F(c_{i_1}\cdots c_{i_n})\equiv x)$. 设此语句为 φ_m,则由 $\mathfrak{B}_1'\models T_\omega$ 及 T_ω 极大和谐可知,$\varphi_m\in T_\omega$. 假若 $\varphi_m\notin T_{m+1}$,则由 2. 中 T_{m+1} 定义知,必是 $T_m\cup\{\varphi_m\}$与 U_m 可分,从而 $T_\omega(\supseteq T_m\cup\{\varphi_m\})$ 与 U_ω 可分,与 4. 不合. 所以 $\varphi_m\in T_{m+1}$. 再由 T_{m+1} 定义知,必是 2.3. 的情况,从而存在 $c_j\in C$,使$(F(c_{i_1}\cdots c_{i_n})\equiv c_j)\in T_{m+1}\subseteq T_\omega$. 再由 $\mathfrak{B}_1'\models T_\omega$ 即知,在 $\mathfrak{B}_1'$ 中有 $G(b_{i_1}\cdots b_{i_n})=b_j\in A_1$.

7.1.2. 设 e 为 $\mathscr{L}_1'$ 中任一常量符号(e 未必在 C 中). 仿 7.1.1. 可知,有 $\mathfrak{B}_1'\models(\exists x)(e\equiv x)$以及(对某 $c_k\in C$)$\mathfrak{B}_1'\models e\equiv c_k$. 由此可知,$e$ 在 $\mathfrak{B}_1'$ 中的解释 $\beta=b_k\in A_1$.

7.2. 再证明 $\mathfrak{A}_1'\models T_\omega$. 证法是,对于 $\mathscr{L}_1'$ 中的一切语句 σ 按其结构归纳证明:

$$\mathfrak{A}_1'\models\sigma \text{ 当且只当 } \mathfrak{B}_1'\models\sigma. \tag{1}$$

7.2.1. 若 σ 为原子语句,则由 $\mathfrak{A}_1'\subseteq\mathfrak{B}_1'$ 可知(1)成立.

7.2.2. 若 σ 为$\neg\sigma_1$ 或 $\sigma_1\wedge\sigma_2$ 形状,用归纳假设易证(1)成立.

7.2.3. 若 σ 为$(\exists x)\tau(x)$形状. 设 σ 为 φ_m. 如果 $\mathfrak{B}_1'\models\sigma$,则由 $\mathfrak{B}_1'\models T_\omega$ 及 T_ω 极大和谐可知,$\varphi_m\in T_\omega$,再仿 7.1.1. 可知,存在 $c_j\in C$ 使 $\tau(c_j)\in T_{m+1}\subseteq T_\omega$,从而有 $\mathfrak{B}_1'\models\tau(c_j)$. 再由归纳假设,可得 $\mathfrak{A}_1'\models\tau(c_j)$,由此可知 $\mathfrak{A}_1'\models\sigma$. 反之,如果 $\mathfrak{A}_1'\models\sigma$,则存在 $b_k\in A_1$,使 $\mathfrak{A}_1'\models\tau(x)[b_k]$,由此有 $\mathfrak{A}_1'\models\tau(c_k)$,再由归纳假设,有

$\mathfrak{B}_1'\models\tau(c_k)$,从而有 $\mathfrak{B}_1'\models\sigma$.

8. 任取 U_ω 的一个模型 $\mathfrak{B}_2'\models(\mathfrak{B}_2, d_1, d_2, d_3, \cdots\cdots)$(其中,$d_i$ 解释 c_i,$i=1,2,3,\cdots\cdots$). 令 $A_2=\{d_1, d_2, d_3, \cdots\cdots\}$, 则仿上可知, 以 A_2 为论域可以构成 $\mathfrak{B}_2'$ 的子模型 $\mathfrak{A}_2'=(\mathfrak{A}_2, d_1, d_2, d_3, \cdots\cdots)$,并且 $\mathfrak{A}_2'\models U_\omega$.

9. 设 $\mathfrak{A}_1'$ 在 $\mathscr{L}_0'$ 中的归约为 $\mathfrak{A}_1^*$,$\mathfrak{A}_2'$ 在 $\mathscr{L}_0'$ 中的归约为 $\mathfrak{A}_2^*$. 令 μ: $b_i\to d_i(i=1,2,3,\cdots\cdots)$. 现在证明: μ 是由 $\mathfrak{A}_1^*$ 到 $\mathfrak{A}_2^*$ 上的同构对应.

9.1. 若 $b_i=b_j$,则 $\mathfrak{A}_1^*\models c_i\equiv c_j$. 又由 $\mathfrak{A}_1'\models T_\omega$,有 $\mathfrak{A}_1^*\models T_\omega\cap U_\omega$, 再由 $T_\omega\cap U_\omega$ 为极大和谐可知, $(c_i\equiv c_j)\in T_\omega\cap U_\omega$. 又由 $\mathfrak{A}_2'\models U_\omega$,有 $\mathfrak{A}_2^*\models T_\omega\cap U_\omega$,从而有 $\mathfrak{A}_2^*\models(c_i\equiv c_j)$, 即 $d_i=d_j$.

9.2. 若 $b_i\neq b_j$,仿上可知 $d_i\neq d_j$.

9.3. 对于 $\mathscr{L}_0'$ 中任一 n 元函数符号 F, 设它在 $\mathfrak{A}_1^*$ 及 $\mathfrak{A}_2^*$ 中的解释各为 G_1,G_2.

对任何 $b_{i_1},\cdots,b_{i_n}$ 及 b_j. 若 $G_1(b_{i_1},\cdots,b_{i_n})=b_j$, 则仿 9.1. 可知, $G_2(d_{i_1},\cdots,d_{i_n})=d_j$. 若 $G_1(b_{i_1},\cdots,b_{i_n})\neq b_j$, 则仿 9.1. 可知, $G_2(d_{i_1},\cdots,d_{i_n})\neq d_j$.

9.4. 对于 $\mathscr{L}_0'$ 中任一常量符号 e, 设它在 $\mathfrak{A}_1^*$ 及 $\mathfrak{A}_2^*$ 中的解释各为 α_1,α_2.

若 $\alpha_1=b_k$,则 $\mathfrak{A}_1^*\models e\equiv c_k$,由此仿 9.1 可知,有 $\mathfrak{A}_2^*\models e\equiv c_k$, 即 $\alpha_2=d_k$. 若 $\alpha_1\neq b_k$,则仿上可知, $\alpha_2\neq d_k$.

9.5. 对于 $\mathscr{L}_0'$ 中任一 m 元关系符号 P, 设它在 $\mathfrak{A}_1^*$ 及 $\mathfrak{A}_2^*$ 中的解释各为 R_1,R_2.

对任何 $b_{i_1},\cdots,b_{i_m}$, 仿 9.1. 可证: $R_1(b_{i_1},\cdots,b_{i_m})$成立当且只当 $R_2(d_{i_1},\cdots,d_{i_m})$ 成立.

10. 由 9. 知,μ 是由 $\mathfrak{A}_1^*$ 到 $\mathfrak{A}_2^*$ 上的同构对应,故可令, $b_i=d_i$ $(i=1,2,3,\cdots\cdots)$,而把 $\mathfrak{A}_1^*$ 与 $\mathfrak{A}_2^*$ 等同起来,记作 $\mathfrak{A}^*$.

此时,$\mathfrak{A}_1'$ 可看作是对 $\mathfrak{A}^*$ 增加了对于 $\mathscr{L}_1\backslash\mathscr{L}_2$ 中符号的解释, $\mathfrak{A}_2'$ 可看作是对 $\mathfrak{A}^*$ 增加了对于 $\mathscr{L}_2\backslash\mathscr{L}_1$ 中符号的解释.所以,$\mathfrak{A}_1'$ 与 $\mathfrak{A}_2'$ 可以合并为语言 $\mathscr{L}_1\cup\mathscr{L}_2\cup C=\mathscr{L}'$ 的一个模型 $\mathfrak{A}'$.

由 $\mathfrak{A}_1'\models T_\omega$ 可知,也有 $\mathfrak{A}'\models T_\omega$,特有 $\mathfrak{A}'\models\varphi$. 由 $\mathfrak{A}_2'\models U_\omega$ 可知,也有 $\mathfrak{A}'\models U_\omega$,特有 $\mathfrak{A}'\models\neg\psi$. 所以 $\mathfrak{A}'\models\varphi\wedge\neg\psi$,从而有 $\varphi\not\models\psi$. 这与定理的题设矛盾.

所以,在 φ 与 ψ 间必有 Craig 内插语句 θ 存在. (证毕)

定理 8.2(Robinson 和谐性定理) 设 $\mathscr{L}_1,\mathscr{L}_2$ 是两个语言而 $\mathscr{L}=\mathscr{L}_1\cap\mathscr{L}_2$. 如果 T 是 $\mathscr{L}$ 中的完全理论,而 $T_1\supseteq T$ 及 $T_2\supseteq T$ 分别是 $\mathscr{L}_1$ 及 $\mathscr{L}_2$ 中的和谐理论,则 $T_1\cup T_2$ 是语言 $\mathscr{L}_1\cup\mathscr{L}_2$ 中的和谐理论.

证明 假若 $T_1\cup T_2$ 不和谐,则由紧致性定理可知,存在它的有限子集 $\Sigma_1\cup\Sigma_2$ 不和谐,其中 $\Sigma_1\subseteq T_1$, $\Sigma_2\subseteq T_2$. 令 σ_1 为 Σ_1 中诸语句的合取,σ_2 为 Σ_2 中诸语句的合取,则显见$\{\sigma_1,\sigma_2\}$不和谐,从而有 $\sigma_1\models\neg\sigma_2$. 由 Craig 内插定理知,存在 $\mathscr{L}$ 中语句 θ,使 $\sigma_1\models\theta$ 且 $\theta\models\neg\sigma_2$.

显见 $T_1\models\sigma_1$,故有 $T_1\models\theta$. 再由 T_1 和谐可知,$T_1\not\models\neg\theta$,从而由 $T_1\supseteq T$ 有 $T\not\models\neg\theta$,再由 T 的完全性可得 $T\models\theta$. 又显见 $T_2\models\sigma_2$,从而由 $\theta\models\neg\sigma_2$ 有 $T_2\models\neg\theta$. 再由 T_2 和谐可知,$T_2\not\models\theta$,从而 $T\not\models\theta$,与上矛盾.

所以 $T_1\cup T_2$ 是和谐理论. (证毕)

设语言 $\mathscr{L}$ 中没有函数符号或常量符号. 对于此种 $\mathscr{L}$,以下将介绍一个较强的内插定理. 为此,先介绍 $\mathscr{L}$ 中一个符号在语句中的正出现及负出现. 设 φ 为 $\mathscr{L}$ 中一个语句,其中的命题连接词只有$\wedge$,$\vee$,$\neg$出现(没有$\longrightarrow$,$\longleftrightarrow$等). 设 s 是 $\mathscr{L}$ 中一个符号,若 φ 中有 s 出现在偶数个$\neg$的辖域内,则称 s 在 φ 中正出现;若 φ 中有 s 出现在奇数个$\neg$的辖域内,则称 s 在 φ 中负出现. (s 在 φ 中可以既正出现,也负出现.)

定理 8.3(Lyndon 内插定理) 设语言 $\mathscr{L}$ 不含函数符号或常量符号. 如果 $\mathscr{L}$ 中的语句 φ,ψ 适合 $\varphi\models\psi$,则存在 $\mathscr{L}$ 中语句 θ 适合:

(i) $\varphi\models\theta$ 且 $\theta\models\psi$.

(ii) 每个在 θ 中正出现的关系符号，也在 φ 及 ψ 中正出现. 每个在 θ 中负出现的关系符号，也在 φ 及 ψ 中负出现.
(θ 称为 φ 与 ψ 间的一个 Lyndon 内插语句.)

证明 假设 $\mathscr{L}$ 中不存在如上的 θ. 以下据此证明存在 $\varphi\wedge\neg\psi$ 的模型，从而与题设 $\varphi\models\psi$ 矛盾.

仿照定理 8.1 的证明定义 $\mathscr{L}_1$, $\mathscr{L}_2$(设 $\mathscr{L}=\mathscr{L}_1\cup\mathscr{L}_2$), $\mathscr{L}_0$ 及 $\mathscr{L}'_1,\mathscr{L}'_2,\mathscr{L}',\mathscr{L}'_0$.

一个含有简写符号 $\vee,\exists$ (基本符号为 $\wedge,\neg,\forall$) 的公式，如果只由原子公式及其否定经 $\wedge,\vee,\exists,\forall$ 构成，称为否定标准形(nnf)的. 显见每一公式都能等价于一个 nnf 公式. 不妨设 φ 及 ψ 都是 nnf 公式. 另外，对于 $\mathscr{L}'$ 中任一个含有 $\vee,\exists$ 的公式 σ，我们由 $\neg\sigma$ 出发，按照"先缩小每个 $\neg$ 的辖域，再去掉每两个相连出现的 $\neg$"这种自然方式作逻辑等价的变换，可以得到唯一的 nnf 公式，以下用 σ^* 记此公式. (并且可以看出，对于 $\mathscr{L}'$ 中每一符号在 $\neg\sigma$ 中的每一出现，在上述变换下不改变其正负性.)

令 Φ 为 $\mathscr{L}'_1$ 中一切适合下列条件的 nnf 语句 σ 的集合：$\mathscr{L}'_1$ 中的每一关系符号，若在 σ 中有正出现，则在 φ 中也有正出现；若在 σ 中有负出现，则在 φ 中也有负出现. 令 Ψ 为根据 ψ 类似地定义的 $\mathscr{L}'_2$ 中 nnf 语句的集合.

对于 $\mathscr{L}'_1$ 中的理论 T 及 $\mathscr{L}'_2$ 中的理论 U，如果不存在 $\theta\in\Phi\cap\Psi$ 能使 $T\models\theta$ 且 $U\models\neg\theta$，则称 T,U 为 L-不可分的(以下在本证明中简称不可分的). (注意，由于当 $\theta\in\Phi\cap\Psi$ 时未必有 $\theta^*\in\Phi\cap\Psi$，所以 L-不可分性不是对称的. 即：由 T, U 为 L-不可分，未必能得 U,T 为 L-不可分.)

1. 先证明：$T_0=\{\varphi\}$ 与 $U_0=\{\neg\psi\}$ 不可分. 假若有 $\theta\in\Phi\cap\Psi$ 能使 $\varphi\models\theta$ 且 $\neg\psi\models\neg\theta$，仿照定理 8.1 证明中的1.，可得 $\varphi\models(\forall u_1\cdots u_n)\theta(u_1\cdots u_n)$ 及 $(\forall u_1\cdots u_n)\theta(u_1\cdots u_n)\models\psi$. 又显见 $(\forall u_1\cdots u_n)\theta(u_1\cdots u_n)\in\Phi\cap\Psi$. 从而，它是 φ 与 ψ 间的一个 Lyndon 内插语句，与前面所设不合.

2. 把 $\mathscr{L}'_1$ 及 $\mathscr{L}'_2$ 中的语句分别列出如下:

$$\varphi_0, \varphi_1, \varphi_2, \cdots\cdots; \qquad \psi_0, \psi_1, \psi_2, \cdots\cdots.$$

现在，分别构作 $\mathscr{L}_1'$ 及 $\mathscr{L}_2'$ 中两个由有限理论组成的可数无限序列：

$$\{\varphi\} = T_0 \subseteq T_1 \subseteq T_2 \subseteq \cdots\cdots,$$

$$\{\neg\psi\} = U_0 \subseteq U_1 \subseteq U_2 \subseteq \cdots\cdots.$$

作法如下：设 T_m, U_m 已作出，且为有限.

2.1.—2.6.（与定理 8.1 证明中的 2.1.—2.6. 在文字上全同.）

3. 现在证明：T_i 与 U_i 不可分（$i = 0,1,2\cdots\cdots$）. 由 1. 知，T_0 与 U_0 不可分. 设已有 T_m 与 U_m 不可分，证 T_{m+1} 与 U_{m+1} 不可分.

3.1.，3.2.（与定理 8.1 证明中的 3.1.，3.2. 在文字上全同.）

3.3. 若 $T_{m+1} = T_m \cup \{\varphi_m, \sigma(c)\}$ 且 $U_{m+1} = U_m$. 此时，由 T_{m+1} 定义知，必是 2.3. 的情况，且 $\varphi_m = (\exists x)\sigma(x)$. 假若 T_{m+1} 与 $U_{m+1} = U_m$ 可分，则存在 $\theta(c) \in \Phi \cap \Psi$（$\theta(c)$ 未必含 c），能使 $T_{m+1} \models \theta(c)$ 且 $U_m \models \neg\theta(c)$. 再仿定理 8.1 证明中的 3.3.，可得 $T_m \cup \{\varphi_m\} \models (\exists y)\theta(y)$ 及 $U_m \models \neg(\exists y)\theta(y)$. 又由 $\theta(c) \in \Phi \cap \Psi$ 显见，$(\exists y)\theta(y) \in \Phi \cap \Psi$. 由以上可知，$T_m \cup \{\varphi_m\}$ 与 U_m 可分，与 2.3. 的条件矛盾. 所以 T_{m+1} 与 U_{m+1} 不可分.

3.4.（与定理8.1证明中的 3.4. 在文字上全同.）

3.5.（仿定理 8.1 证明中的 3.5.，注意，由 $\theta(d) \in \Phi \cap \Psi$ 显见，$(\forall y)\theta(y) \in \Phi \cap \Psi$.）

4. 令 $T_\omega = \bigcup_{i<\omega} T_i, U_\omega = \bigcup_{i<\omega} U_i$. 由 3. 易证 T_ω 与 U_ω 不可分. 由此易知，T_ω 和谐且 U_ω 和谐.（仿定理 8.1 证明中的 4.，注意 $\neg(c_1 \equiv c_1)$ 及 $c_1 \equiv c_1$ 中无有 $\mathscr{L}$ 中关系符号出现，故都在 $\Phi \cap \Psi$ 中.）

5.1. 证 T_ω 为 $\mathscr{L}_1'$ 中的极大和谐理论.（仿定理 8.1 证明中的 5.，注意由 $\theta, \theta' \in \Phi \cap \Psi$ 有 $(\theta \vee \theta') \in \Phi \cap \Psi$.）

5.2. 证 U_ω 为 $\mathscr{L}_2'$ 中的极大和谐理论. 假若和谐理论 U_ω 在 $\mathscr{L}_2'$ 中不是极大的，则存在 $\mathscr{L}_2'$ 中语句 ψ' 使 $\psi' \notin U_\omega$ 且 $U_\omega \cup \{\psi'\}$

和谐,从而又有 $(\neg\phi')\notin U_\omega$. 设 ϕ' 为 ϕ_m, 则 $\phi_m\notin U_{m+1}$, 再由 U_{m+1} 定义可知,必是 2.4. 的情况,即 T_{m+1} 与 $U_m\cup\{\phi_m\}$可分. 故存在 $\rho\in\Phi\cap\Psi$, 能使 $T_{m+1}\models\rho$ 且 $U_m\cup\{\phi_m\}\models\neg\rho$, 从而又有 $U_m\models\phi'\to(\neg\rho)$. 于是有 $T_\omega\models\rho$ 及 $U_\omega\models\phi'\to(\neg\rho)$. 设$\neg\phi'$为 ϕ_n,则 $\phi_n\notin U_{n+1}$,仿上可知,存在 $\rho'\in\Phi\cap\Psi$,能使 $T_\omega\models\rho'$ 及 $U_\omega\models(\neg\phi')\to(\neg\rho')$. 由以上易得, $T_\omega\models\rho\wedge\rho'$及 $U_\omega\models\neg(\rho\wedge\rho')$,又显见 $(\rho\wedge\rho')\in\Phi\cap\Psi$,于是 T_ω 与 U_ω 可分,与4. 矛盾.

6. 取 T_ω 的一个模型 $\mathfrak{B}_1'=(\mathfrak{B}_1,b_1,b_2,b_3,\cdots\cdots)$. 由于$\mathscr{L}$中没有函数符号或常量符号,所以,以 $A_1=\{b_1,b_2,b_3,\cdots\cdots\}$为论域能构成 $\mathfrak{B}_1'$ 的子模型 $\mathfrak{A}_1'=(\mathfrak{A}_1,b_1,b_2,b_3,\cdots\cdots)$. 现在证明,$\mathfrak{A}_1'$ 也是 T_ω 的模型. 证法是, 对于 $\mathscr{L}_1'$ 中一切语句 σ 按其结构归纳证明:

$$\mathfrak{A}_1'\models\sigma \text{ 当且只当 } \mathfrak{B}_1'\models\sigma. \tag{1}$$

6.1. 若 σ 为原子语句,则由 $\mathfrak{A}_1'\subseteq\mathfrak{B}_1'$ 可知,(1)成立.

6.2. 若 σ 为$\neg\sigma_1$ 或 $\sigma_1\wedge\sigma_2$ 形状. 用归纳假设易证(1)成立.

6.3. 若 σ 为$(\exists x)\tau(x)$形状,设 σ 为 φ_m.

6.3.1. 如果 $\mathfrak{B}_1'\models\varphi_m$, 则由 $\mathfrak{B}_1'\models T_\omega$ 及 T_ω 极大和谐知, $\varphi_m\in T_\omega$. 于是有 $T_m\cup\{\varphi_m\}\subseteq T_\omega$,再由 T_ω 与 U_ω 不可分可知, $T_m\cup\{\varphi_m\}$与 U_m 不可分,所以,在 T_{m+1} 的定义中,不能是 2.1. 的情况,再由 φ_m 形状可知,必是2.3. 的情况. 所以,存在 $c_j\in C$ 使 $\tau(c_j)\in T_{m+1}\subseteq T_\omega$,从而有 $\mathfrak{B}_1'\models\tau(c_j)$. 再由归纳假设可知, $\mathfrak{A}_1'\models\tau(c_j)$,从而有 $\mathfrak{A}_1'\models(\exists x)\tau(x)$.

6.3.2. 反之, 如果 $\mathfrak{A}_1'\models(\exists x)\tau(x)$, 则存在 $b_i\in A_1$ 使 $\mathfrak{A}_1'\models\tau(x)[b_i]$, 从而有 $\mathfrak{A}_1'\models\tau(c_i)$. 再由归纳假设可知, $\mathfrak{B}_1'\models\tau(c_i)$,从而有 $\mathfrak{B}_1'\models(\exists x)\tau(x)$.

再取 U_ω 的一个模型 $\mathfrak{B}_2'=(\mathfrak{B}_2,d_1,d_2,d_3,\cdots\cdots)$,则以 $A_2=\{d_1,d_2,d_3,\cdots\cdots\}$为论域能构成 $\mathfrak{B}_2'$ 的子模型 $\mathfrak{A}_2'=(\mathfrak{A}_2,d_1,d_2,d_3,\cdots\cdots)$. 并且仿上可以证明: $\mathfrak{A}_2'\models U_\omega$.

7. 令 $\mu:b_i\to d_i(i=1,2,3,\cdots\cdots)$. 现在证明: μ 是由 A_1 到 A_2 上的 1-1 映射.

7.1. 若 $b_i = b_j$,则 $\mathfrak{A}_1' \models c_i \equiv c_j$, 再由 $\mathfrak{A}_1' \models T_\omega$ 及 T_ω 极大和谐可知, $c_i \equiv c_j \in T_\omega$. 假若 $c_i \equiv c_j \notin U_\omega$, 则由 U_ω 极大和谐可知, $\neg(c_i \equiv c_j) \in U_\omega$. 又因 $c_i \equiv c_j \in \Phi \cap \Psi$,所以,易见 T_ω 与 U_ω 可分,与4. 矛盾. 所以 $c_i \equiv c_j \in U_\omega$,从而 $\mathfrak{A}_2' \models c_i \equiv c_j$,所以 $d_i = d_j$.

7.2. 若 $b_i \neq b_j$,则仿上可证 $d_i \neq d_j$.

8. 以下将对 $\mathscr{L}_1'$ 的模型 $\mathfrak{A}_1'$ 及 $\mathscr{L}_2'$ 的模型 $\mathfrak{A}_2'$ 各作某些改变. 现在先说明在改变模型时所遵循的一些准则.

考虑 $\mathscr{L}_0$ 中的任一 m 元关系符号 R. 设它在 $\mathfrak{A}_1'$ 及 $\mathfrak{A}_2'$ 中的解释分别为 A_1 上的关系 G_1 及 A_2 上的关系 G_2.

8.1. 若 R 在 φ 中有正出现, 也有负出现, 在 ψ 中有正出现,也有负出现. 考虑任一组 $b_{i_1}, \cdots, b_{i_m} \in A_1$.

8.1.1. 若 $G_1(b_{i_1}, \cdots, b_{i_m})$成立, 则 $\mathfrak{A}_1' \models R(c_{i_1} \cdots c_{i_m})$, 再由 $\mathfrak{A}_1' \models T_\omega$ 及 T_ω 极大和谐可知, $R(c_{i_1} \cdots c_{i_m}) \in T_\omega$. 假若 $R(c_{i_1} \cdots c_{i_m}) \notin U_\omega$,则由 U_ω 极大和谐可知, $(\neg R(c_{i_1} \cdots c_{i_m})) \in U_\omega$. 但显见 $R(c_{i_1} \cdots c_{i_m}) \in \Phi \cap \Psi$, 从而 T_ω 与 U_ω 可分, 与 4. 矛盾. 所以 $R(c_{i_1} \cdots c_{i_m}) \in U_\omega$,再由 $\mathfrak{A}_2' \models U_\omega$ 即知, $G_2(d_{i_1}, \cdots, d_{i_m})$成立.

8.1.2. 若 $G_2(d_{i_1}, \cdots, d_{i_m})$成立,则仿上有$(\neg\neg R(c_{i_1} \cdots c_{i_m})) \in U_\omega$. 假若 $R(c_{i_1} \cdots c_{i_m}) \notin T_\omega$,则仿上有 $(\neg R(c_{i_1} \cdots c_{i_m})) \in T_\omega$. 但$\neg R(c_{i_1} \cdots c_{i_m}) \in \Phi \cap \Psi$,从而 T_ω 与 U_ω 可分,与4. 矛盾.所以, $R(c_{i_1} \cdots c_{i_m}) \in T_\omega$, 再由 $\mathfrak{A}_1' \models T_\omega$ 即知, $G_1(b_{i_1}, \cdots, b_{i_m})$成立.

由 8.1.1., 8.1.2. 可知, 7. 中的 1-1 映射 μ 保持与 R 相应的关系 G_1, G_2. 这时,对 G_1, G_2 都不作改变,

8.2. 若 R 在 φ 中有且只有正出现, 在 ψ 中有正出现. 考虑任一组 $b_{i_1}, \cdots, b_{i_m} \in A_1$: 若 $G_1(b_{i_1}, \cdots, b_{i_m})$成立, 则仿 8.1.1. 可知, $G_2(d_{i_1}, \cdots, d_{i_m})$也成立. 故可将 A_1 上的 m 元关系 G_1 扩大为一关系 G_1',使适合: 对任何 $b_{i_1}, \cdots, b_{i_m} \in A_1$, $G_1'(b_{i_1}, \cdots, b_{i_m})$成立当且只当 $G_2(d_{i_1}, \cdots, d_{i_m})$成立. 从而可知, μ 保持 G_1', G_2.

8.3. 若 R 在 φ 中有且只有负出现, 在 ψ 中有负出现. 考虑任

一组 $b_{i_1},\cdots,b_{i_m}\in A_1$：若 $G_1(b_{i_1},\cdots,b_{i_m})$不成立，则仿 8.1.2. 可知，$G_2(d_{i_1},\cdots,d_{i_m})$ 也不成立. 故可将 A_1 上的 m 元关系缩小为一关系 G_1'，使适合：对任何 $b_{i_1},\cdots,b_{i_m}\in A_1$，$G_1'(b_{i_1},\cdots,b_{i_m})$ 成立当且只当 $G_2(d_{i_1},\cdots,d_{i_m})$成立. 从而可知，$\mu$ 保持 G_1',G_2.

8.4. 若 R 在 φ 中有且只有正出现，在 ψ 中有且只有负出现. 此时，将 G_1 扩大为 G_1'，使对任何 $b_{i_1},\cdots,b_{i_m}\in A_1$，$G_1'(b_{i_1},\cdots,b_{i_m})$ 都真；将 G_2 扩大为 G_2'，使对任何 $d_{i_1},\cdots,d_{i_m}\in A_2$，$G_2'(d_{i_1},\cdots,d_{i_m})$都真. 从而，$\mu$ 保持 G_1',G_2'.

8.5. 若 R 在 φ 中有且只有负出现，在 ψ 中有且只有正出现. 此时，将 G_1 缩小为 G_1'，使 G_1' 对 A_1 中任何 m 元组都假；将 G_2 缩小为 G_2'，使 G_2' 对 A_2 中任何 m 元组都假. 从而，μ 保持 G_1',G_2'.

8.6. 若 R 在 φ 中有正出现也有负出现，在 ψ 中只有正出现. 考虑任一组 $d_{i_1},\cdots,d_{i_m}\in A_2$：若 $G_1(b_{i_1},\cdots,b_{i_m})$成立，则仿 8.1.1. 可知，$G_2(d_{i_1},\cdots,d_{i_m})$也成立. 故可将 G_2 缩小为 G_2'，使适合：对任何 $d_{i_1},\cdots,d_{i_m}\in A_2$，当且只当 $G_1(b_{i_1},\cdots,b_{i_m})$成立时，$G_2'(d_{i_1},\cdots,d_{i_m})$成立. 从而可知，$\mu$ 保持 G_1,G_2'.

8.7. 若 R 在 φ 中有正出现，也有负出现，在 ψ 中只有负出现. 考虑任一组 $d_{i_1},\cdots,d_{i_m}\in A_2$：若 $G_2(d_{i_1},\cdots,d_{i_m})$ 成立，则仿 8.1.2. 可知，$G_1(b_{i_1},\cdots,b_{i_m})$也成立，故可将 G_2 扩大为 G_2'，使适合：对任何 $d_{i_1},\cdots,d_{i_m}\in A_2$，当且只当 $G_1(b_{i_1},\cdots,b_{i_m})$ 成立时，$G_2'(d_{i_1},\cdots,d_{i_m})$成立. 从而可知，$\mu$ 保持 G_1,G_2'.

9. 设 $\mathscr{L}_0=\{R^{(1)},\cdots,R^{(k)}\}$，它们在 $\mathfrak{A}_1'$ 及 $\mathfrak{A}_2'$ 中的解释各为 $G_1^{(1)},\cdots,G_1^{(k)}$ 及 $G_2^{(1)},\cdots,G_2^{(k)}$. 对每一对 $G_1^{(i)}$，$G_2^{(i)}$ 都根据 $R^{(i)}$ 在 φ,ψ 中出现的正负情况依 8. 中准则进行改变，则 $\mathfrak{A}_1',\mathfrak{A}_2'$ 各变为 $\mathfrak{A}_1''$($\mathscr{L}_1'$ 的模型)及 $\mathfrak{A}_2''$($\mathscr{L}_2'$ 的模型). 令 $\mathfrak{A}_1'',\mathfrak{A}_2''$ 在 $\mathscr{L}_0'$ 中的归约各为 $\mathfrak{A}_1^*$ 及 $\mathfrak{A}_2^*$，则由 8. 可知，μ 是由 $\mathfrak{A}_1^*$ 到 $\mathfrak{A}_2^*$ 上的同构对应. 所以，可以依 μ 把 $\mathfrak{A}_1^*$ 与 $\mathfrak{A}_2^*$ 等同化(即：把每一 b_i 等同于 d_i)，从而，把 $\mathfrak{A}_1''$ 与 $\mathfrak{A}_2''$ 合并为 $\mathscr{L}'$ 的一个模型 $\mathfrak{A}$. 以下将证明 $\mathfrak{A}\models\varphi\wedge\neg\psi$，从而与题设的 $\varphi\models\psi$ 矛盾. 由此即知，在 φ 与 ψ 间必有 Lyndon 内插语句 θ 存在.

10. 现在证明：$\mathfrak{A}_1'\models\varphi$ 且 $\mathfrak{A}_2'\models\neg\psi$. 从而由 9. 中 $\mathfrak{A}$ 的来历($\mathfrak{A}$ 是 $\mathfrak{A}_1'$ 及 $\mathfrak{A}_2'$ 的膨胀)即知，$\mathfrak{A}\models\varphi\wedge\neg\psi$.

$\mathfrak{A}_1'$ 也可看作是由 $\mathfrak{A}_1$ 逐步依 8. 改变 $G_1^{(1)},\cdots,G_1^{(k)}$ 而来的：记 $\mathfrak{A}_1$ 为$(\mathfrak{A}_1)^{(0)}$,把$(\mathfrak{A}_1)^{(0)}$中的 $G_1^{(1)}$改变后记为 $(\mathfrak{A}_1)^{(1)}$,把 $(\mathfrak{A}_1)^{(1)}$中的 $G_1^{(2)}$改变后记为 $(\mathfrak{A}_1)^{(2)},\cdots\cdots$,把 $(\mathfrak{A}_1)^{(k-1)}$中的 $G_1^{(k)}$改变后记为 $(\mathfrak{A}_1)^{(k)}$,则 $(\mathfrak{A}_1)^{(k)}=\mathfrak{A}_1'$. (注意，$(\mathfrak{A}_1)^{(1)},(\mathfrak{A}_1)^{(2)},\cdots\cdots$一般不再是 T_ω 的模型，但此处所进行的逐步改变，只是按照 8. 的各情况中所说的结论来改变，而无需再顾及 8. 的各情况中那些说明性的论证. 因为那些论证只是说明各种改变的可能性，在逐步改变开始前，有了 8. 中一次总的说明就够了.)

10.1. 首先，由 $\varphi\in T_\omega$ 及 $\mathfrak{A}_1\models T_\omega$ 可知，$\mathfrak{A}_1\models\varphi$. 现在由 $\mathfrak{A}_1\models\varphi$ 证明 $(\mathfrak{A}_1)^{(1)}\models\varphi$.

10.1.1. 若 $R^{(1)}$ 为 8.1. 情况，则由 $\mathfrak{A}_1=(\mathfrak{A}_1)^{(0)}$ 作 $(\mathfrak{A}_1)^{(1)}$时，$G_1^{(1)}$ 并未改变，所以，此时 $(\mathfrak{A}_1)^{(1)}$就是 $(\mathfrak{A}_1)^{(0)}$,从而有$(\mathfrak{A}_1)^{(1)}\models\varphi$.

10.1.2. 若 $R^{(1)}$ 为 8.2 情况，则由 $\mathfrak{A}_1$ 作 $(\mathfrak{A}_1)^{(1)}$时，$G_1^{(1)}$扩大了. 但由于此时 $R^{(1)}$在 φ 中只有正出现，故由 $\mathfrak{A}_1\models\varphi$ 可知，有 $(\mathfrak{A}_1)^{(1)}\models\varphi$. 为了避免符号烦琐，现在对 φ 的一个有代表性的特例说明此事如下：设 φ 为

$$\forall x_1x_2\exists y_1y_2\forall x_3\exists y_3((R^{(1)}(x_1y_1)\wedge R^{(1)}(x_2y_3)\wedge\cdots)\vee (R^{(1)}(x_3y_2)\wedge\cdots)),\text{(在“…”中无 } R^{(1)}\text{出现)}.$$

并设 $(\mathfrak{A}_1)^{(0)}=(A_1,G_1^{(1)},G_1^{(2)},\cdots,G_1^{(k)})\models\varphi$. 现在证 $(\mathfrak{A}_1)^{(1)}=(A_1,G_1^{(1)\prime},G_1^{(2)},\cdots,G_1^{(k)})\models\varphi$. (其中 $G_1^{(1)}\subseteq G_1^{(1)\prime}$.)

暂把 $(\mathfrak{A}_1)^{(1)}$的论域改记为 A_1'. 任取 $a_1,a_2\in A_1'(=A_1)$，由 $(\mathfrak{A}_1)^{(0)}\models\varphi$ 知，存在 $b_1,b_2\in A_1=A_1'$ 使

$$(\mathfrak{A}_1)^{(0)}\models\forall x_3\exists y_3\psi(x_1x_2y_1y_2x_3y_3)[a_1a_2b_1b_2].$$

(此处，$\psi(x_1,\cdots,y_3)$代表 φ 中前束词后面的公式.) 再任取 $a_3\in A_1'=A_1$,由上式知，存在 $b_3\in A_1=A_1'$,使

$$(\mathfrak{A}_1)^{(0)}\models\psi(x_1x_2y_1y_2x_3y_3)[a_1a_2b_1b_2a_3b_3].$$

也即在 $(\mathfrak{A}_1)^{(0)}$ 中：或 $(G_1^{(1)}(a_1,b_1)\wedge G_1^{(1)}(a_2,b_3)\wedge\cdots\cdots)$，或 $(G_1^{(1)}(a_3,b_2)\wedge\cdots\cdots)$. 故由 $G_1^{(1)}\subseteq G_1^{(1)\prime}$ 可知，在 $(\mathfrak{A}_1)^{(1)}$ 中：或

$(G_1^{(1)'}(a_1,b_1)\wedge G_1^{(1)'}(a_2,b_3)\wedge\cdots\cdots)$，或 $(G_1^{(1)'}(a_3,b_2)\wedge\cdots\cdots)$.
于是有

$$(\mathfrak{A}_1')^{(1)}\models\phi(x_1\,x_2\,y_1\,y_2\,x_3\,y_3)[a_1\,a_2\,b_1\,b_2\,a_3\,b_3].$$

由此及 $a_1, a_2, b_1, b_2, a_3, b_3$ 的取法即知，有 $(\mathfrak{A}_1')^{(1)}\models\varphi$.

10.1.3. 若 $R^{(1)}$为 8.3. 情况，则由 $\mathfrak{A}_1'$ 作 $(\mathfrak{A}_1')^{(1)}$时，$G_1^{(1)}$缩小了．但由于此时 $R^{(1)}$ 在 φ 中只有负出现，故由 $\mathfrak{A}_1'\models\varphi$ 可知，有$(\mathfrak{A}_1')^{(1)}\models\varphi$. 此事可仿 10.1.2. 说明．也可如下看：把"$\neg R^{(1)}$"暂看作单一符号，则它在 φ 中只有正出现．而$(\mathfrak{A}_1')^{(1)}$中对它的解释是"$\neg G_1^{(1)'}$"，它比"$\neg G_1^{(1)}$"($\mathfrak{A}_1'$ 中对"$\neg R^{(1)}$"的解释)扩大了.

10.1.4. 若 $R^{(1)}$为 8.4. 情况．仿 10.1.2.

10.1.5. 若 $R^{(1)}$为 8.5. 情况．仿 10.1.3.

10.1.6. 若 $R^{(1)}$为 8.6. 或 8.7. 情况．仿 10.1.1.

10.2. 仿照 10.1，由 $(\mathfrak{A}_1')^{(1)}\models\varphi$ 出发，讨论 $R^{(2)}$的各种情况，可以证明 $(\mathfrak{A}_1')^{(2)}\models\varphi$；再陆续作类似的讨论，第 k 次后即得 $\mathfrak{A}_1''=(\mathfrak{A}_1')^{(k)}\models\varphi$.

10.3. 类似地，由$\neg\phi\in U_\omega$ 及 $\mathfrak{A}_2'\models U_\omega$ 可得 $\mathfrak{A}_2'\models\neg\phi$，从而有 $\mathfrak{A}_2'\models\phi^*$(与$\neg\phi$ 等价的 nnf 语句)．由此出发仿照 10.1.，10.2. 讨论，可得 $\mathfrak{A}_2''\models\phi^*$，从而有 $\mathfrak{A}_2''\models\neg\phi$.（证毕）

在 Lyndon 内插定理的基础上，可以证明一些保持性定理，例如：

定理 8.4 设 φ 是语言 $\mathscr{L}$(可以含有函数符号及常量符号)中的语句，则 φ 在同态象下被保持的充分必要条件是：φ 逻辑等价于 $\mathscr{L}$ 中一个正语句 ϕ.

定理 8.4 是定理 7.4 的特例．关于它的利用 Lyndon 内插定理的证明略去．(见文献[8].)

定理 8.5 设 φ 是语言 $\mathscr{L}$(可以含有函数符号及常量符号)中的语句，则 φ 在亚直积下被保持的充分必要条件是：φ 逻辑等价于 $\mathscr{L}$ 中一个特殊 Horn 语句.

$\mathscr{L}$ 的一些模型 $\mathfrak{A}_i$(i 通过一个指标集 I)的亚直积是指：诸 $\mathfrak{A}_i$ 的直积 $\mathfrak{D}$ 的适合下列条件的子模型 $\mathfrak{B}$：$\mathfrak{B}$ 在每一坐标 i 上的

射影都等于 A_i.

φ 在亚直积下被保持是指：若每 $\mathfrak{A}_i\models\varphi(i\in I)$，则诸 $\mathfrak{A}_i$ 的每一亚直积 $\mathfrak{B}\models\varphi$.

$\mathscr{L}$ 中的特殊 Horn 语句是指：有限个形状为 $(\forall x_1\cdots x_{n_i})\cdot(\psi_i\rightarrow\theta_i)$ $(i=1,\cdots,k)$的语句的合取. 其中每个 ψ_i 都是正公式，每个 θ_i 都是原子公式.

定理 8.5 的证明略去. (见文献[9].)

例如，一个环(结合环) R 在 Jacobson 意义下为半单纯的充分必要条件是 R 适合 $\mathscr{L}=\{+,\cdot,0\}$中的下列语句 φ_1:

$$(\forall z)(((\forall xy)(\exists u)((xzy+u=xzyu)\wedge(xzy+u=uxzy))\rightarrow(z=0)).$$

(证明见文献[10], p.9.)φ_1 是一个特殊 Horn 语句，从而由定理 8.5 可得：

推论 8.6 若干半单纯 (Jacobson 意义下)结合环的任一亚直积仍是半单纯结合环.

第九章　可数语言中的完全理论

在本章中，设 $\mathscr{L}$ 为一可数语言.（可数指有限或可数无限．下同.）

设 $\mathfrak{A}$ 是 $\mathscr{L}$ 的模型．如果 $\mathfrak{A}$ 能初等嵌入 $\mathrm{Th}(\mathfrak{A})$ 的每一模型中，则称 $\mathfrak{A}$ 为一**素模型**.

设 $\mathfrak{A}$ 是 $\mathscr{L}$ 的可数模型．如果 $\mathfrak{A}$ 能初等嵌入 $\mathrm{Th}(\mathfrak{A})$ 的每一可数模型中，则称 $\mathfrak{A}$ 为一**可数地素模型**.

设 T 是 $\mathscr{L}$ 中的完全理论，$\varphi(x_1\cdots x_n)$ 是 $\mathscr{L}$ 中的公式．如果对 $\mathscr{L}$ 中每个公式 $\psi(x_1\cdots x_n)$，在 $T\models(\forall x_1\cdots x_n)(\varphi(x_1\cdots x_n)\to\psi(x_1\cdots x_n))$ 及 $T\models(\forall x_1\cdots x_n)(\varphi(x_1\cdots x_n)\to\neg\psi(x_1\cdots x_n))$ 中都恰有一条成立，则称 φ 为**对 T 完全的**.

设 $\mathfrak{A}$ 是 $\mathscr{L}$ 的模型．如果 $\mathfrak{A}$ 中每一 n 元组 $a_1,\cdots,a_n$ 都能适合 $\mathscr{L}$ 中一个对 $\mathrm{Th}(\mathfrak{A})$ 完全的公式 $\theta(x_1\cdots x_n)$，$(n=1,2,3,\cdots)$，则称 $\mathfrak{A}$ 为一**原子模型**.

定理 9.1　对于 $\mathscr{L}$ 的模型 $\mathfrak{A}$，下列三条件等价：

(i) $\mathfrak{A}$ 是素模型.

(ii) $\mathfrak{A}$ 是可数地素模型.

(iii) $\mathfrak{A}$ 是可数的原子模型.

证明　1. 由(i)证(ii). $\mathrm{Th}(\mathfrak{A})$ 是可数语言 $\mathscr{L}$ 中的和谐理论，故由 LST 定理知，$\mathrm{Th}(\mathfrak{A})$ 有可数模型，再由(i)可知．$\mathfrak{A}$ 可数．又由(i)知，$\mathfrak{A}$ 能初等嵌入 $\mathrm{Th}(\mathfrak{A})$ 的每一可数模型中．所以 $\mathfrak{A}$ 是可数地素模型.

2. 由(ii)证(iii). 设 $\mathfrak{A}$ 是可数地素模型，则 $\mathfrak{A}$ 为可数．以下证 $\mathfrak{A}$ 是原子模型.

设 n 为任一正整数，$a_1,\cdots,a_n$ 为 $\mathfrak{A}$ 中任一 n 元组．现在证明：$\mathscr{L}$ 中存在一个对 $\mathrm{Th}(\mathfrak{A})$ 完全的公式 $\varphi(x_1\cdots x_n)$ 能被 a_1,

$\cdots,a_n$ 适合．

令 $\Gamma(x_1\cdots x_n)$为 $\mathscr{L}$ 中一切被 $a_1,\cdots,a_n$ 适合的公式所成的集合．对于 $T=\mathrm{Th}(\mathfrak{A})$的每一可数模型 $\mathfrak{B}$,由(ii)知,存在初等嵌入 $f:\mathfrak{A}\prec\mathfrak{B}$,由此可知,$\mathfrak{B}$ 中的 n 元组 $fa_1,\cdots,fa_n$ 也适合 $\Gamma(x_1\cdots x_n)$．所以,Γ 能在 T 的每一可数模型中实现，从而由省略型定理知,T 不能局部省略 Γ,即 T 局部实现 Γ．所以，$\mathscr{L}$ 中存在与 T 和谐的公式 $\varphi(x_1\cdots x_n)$,使对一切 $\gamma(x_1\cdots x_n)\in\Gamma$,都有

$$T\models(\forall x_1\cdots x_n)(\varphi(x_1\cdots x_n)\rightarrow\gamma(x_1\cdots x_n)).\qquad(1)$$

又由 Γ 的定义可知,对 $\mathscr{L}$ 中每一个至多含自由变量 $x_1,\cdots,x_n$ 的公式 $\psi(x_1\cdots x_n)$，或 $\psi\in\Gamma$ 或 $(\neg\psi)\in\Gamma$．由此及(1)可知，在 $T\models(\forall x_1\cdots x_n)(\varphi(x_1\cdots x_n)\rightarrow\psi(x_1\cdots x_n))$及 $T\models(\forall x_1\cdots x_n)\cdot(\varphi(x_1\cdots x_n)\rightarrow\neg\psi(x_1\cdots x_n))$中至少有一条成立,再由 φ 与 T 和谐可知,恰有一条成立．所以,φ 是一个对 $T=\mathrm{Th}(\mathfrak{A})$ 完全的公式.又易见 $\varphi\in\Gamma$,即 $\varphi(x_1\cdots x_n)$能被 $a_1,\cdots,a_n$ 适合．

3. 由(iii)证 (i)．设 $\mathfrak{A}$ 是可数的原子模型，其论域 $A=\{a_0,a_1,a_2,\cdots\}$ (有限或无限)．令 $T=\mathrm{Th}(\mathfrak{A})$．任取 T 的模型 $\mathfrak{B}$,现在证明 $\mathfrak{A}$ 能初等嵌入 $\mathfrak{B}$ 中．

由(iii)知，a_0 适合 $\mathscr{L}$ 中一个对 T 完全的公式 $\varphi_0(x_0)$，故有 $T\models(\exists x_0)\varphi_0(x_0)$,从而,由 $\mathfrak{B}\models T$ 知,也存在 $b_0\in B$ 适合 $\varphi_0(x_0)$．

由(iii)又知 a_0,a_1 适合 $\mathscr{L}$ 中一个对 T 完全的公式 $\varphi_1(x_0x_1)$．由 $\varphi_0(x_0)$对 T 完全可知,在

$$T\models(\forall x_0)(\varphi_0(x_0)\rightarrow(\exists x_1)\varphi_1(x_0x_1)),\qquad(2)$$

及 $$T\models(\forall x_0)(\varphi_0(x_0)\rightarrow\neg(\exists x_1)\varphi(x_0x_1))\qquad(3)$$

中恰有一条成立．但 a_0 适合 $\varphi_0(x_0)$及$(\exists x_1)\varphi_1(x_0x_1)$，所以(3)不成立,从而(2)成立．再由 b_0 适合 $\varphi_0(x_0)$及(2)及 $\mathfrak{B}\models T$ 可知,存在 $b_1\in B$,能使 b_0,b_1 适合 $\varphi_1(x_0x_1)$．

如此继续寻找 $b_2,b_3,\cdots$及 $\varphi_2,\varphi_3,\cdots$

现在利用 $\varphi_0,\varphi_1,\varphi_2,\cdots$对 T 的完全性证明,映射 $f:a_m\rightarrow b_m$ $(m=0,1,2,\cdots)$是由 $\mathfrak{A}$ 到 $\mathfrak{B}$ 内的初等嵌入．

设 $\psi(y_1\cdots y_n)$为 $\mathscr{L}$ 中任一公式,$a_{i_1},\cdots,a_{i_n}$ 为 $\mathfrak{A}$ 中任一 n

元组．令 $m=\max(i_1,\cdots,i_n)$

若 $\mathfrak{A}\models\psi(y_1\cdots y_n)[a_{i_1}\cdots a_{i_n}]$，则显然也有

$$\mathfrak{A}\models\psi_1(x_{i_1}\cdots x_{i_n})[a_{i_1}\cdots a_{i_n}],\tag{4}$$

其中 $\psi_1(x_{i_1}\cdots x_{i_n})$为把$\psi$中自由的 $y_1,\cdots,y_n$ 分别换为 $x_{i_1},\cdots,x_{i_n}$ 所得的公式．(不妨设 $x_0,x_1,\cdots,x_m$ 都不在ψ中出现．又注意 $x_{i_1},\cdots,x_{i_n}$ 中可能有重复的变量．)把 $\psi_1(x_{i_1}\cdots x_{i_n})$ 改记为 $\rho(x_0x_1\cdots x_m)$，则(4)可以改记为

$$\mathfrak{A}\models\rho(x_0x_1\cdots x_m)[a_0a_1\cdots a_m].\tag{5}$$

考虑 $a_0,a_1,\cdots,a_m$ 所适合的完全公式 $\varphi_m(x_0x_1\cdots x_m)$．由(5)及 φ_m 对 T 的完全性易知，有 $T\models(\forall x_0x_1\cdots x_m)(\varphi_m(x_0x_1\cdots x_m)\to\rho(x_0x_1\cdots x_m))$，再由 $\mathfrak{B}\models T$ 及 $b_0,b_1,\cdots,b_m$ 适合 $\varphi_m(x_0x_1\cdots x_m)$即知，有 $\mathfrak{B}\models\rho(x_0x_1\cdots x_m)[b_0b_1\cdots b_m]$．再由 ρ 及 ψ_1 的来历即知，有 $\mathfrak{B}\models\psi(y_1\cdots y_n)[b_{i_1}\cdots b_{i_n}]$，也即 $\mathfrak{B}\models\psi(y_1\cdots y_n)[fa_{i_1}\cdots fa_{i_n}]$．

若 $\mathfrak{A}\not\models\psi(y_1\cdots y_n)[a_{i_1}\cdots a_{i_n}]$，则 $\mathfrak{A}\models\neg\psi(y_1\cdots y_n)[a_{i_1}\cdots a_{i_n}]$，仿上可证 $\mathfrak{B}\models\neg\psi(y_1\cdots y_n)[fa_{i_1}\cdots fa_{i_n}]$，从而，有 $\mathfrak{B}\not\models\psi(y_1\cdots y_n)[a_{i_1}\cdots a_{i_n}]$．

所以，f 是由 $\mathfrak{A}$ 到 $\mathfrak{B}$ 中的初等嵌入映射．(证毕)

定理 9.2 (素模型的唯一性)若 $\mathfrak{A},\mathfrak{B}$ 都是 $\mathscr{L}$ 的素模型，并且 $\mathfrak{A}\equiv\mathfrak{B}$，则 $\mathfrak{A}\cong\mathfrak{B}$．

证明 由定理 9.1 知，$\mathfrak{A},\mathfrak{B}$ 都是可数的原子模型．若 $\mathfrak{A}$ 或 $\mathfrak{B}$ 为有限，则由 $\mathfrak{A}\equiv\mathfrak{B}$ 及命题 1.1 可知，$\mathfrak{A}\cong\mathfrak{B}$．以下设 $\mathfrak{A},\mathfrak{B}$ 均为可数无限．把 A，B 都排列成序型ω的良序集，并令 $T=\mathrm{Th}(\mathfrak{A})=\mathrm{Th}(\mathfrak{B})$．

设 a_0 是 A 在上述良序下的第 1 个元素．a_0 适合 $\mathscr{L}$ 中一个对 T 完全的公式 $\varphi_0(x_0)$，故有 $\mathfrak{A}\models(\exists x_0)\varphi_0(x_0)$，从而也有 $\mathfrak{B}\models(\exists x_0)\varphi_0(x_0)$．任意取定 B 中一个适合 $\varphi_0(x_0)$的元素，记为 b_0．

再在 $B\backslash\{b_0\}$中取在上述良序下的第一个元素，记为 b_1．b_0,b_1 适合 $\mathscr{L}$ 中一个对 T 完全的公式 $\varphi_1(x_0,x_1)$，则 b_0 适合 $(\exists x_1)\varphi_1(x_0x_1)$．再由 b_0 适合 $\varphi_0(x_0)$ 及 $\varphi_0(x_0)$ 对 T 的完全性易知，有

$T \models (\forall x_0)(\varphi_0(x_0) \to (\exists x_1)\varphi_1(x_0 x_1))$. 由此及 a_0 适合 $\varphi_0(x_0)$ 可知，存在一元素 $a_1 \in A$，能使 a_0, a_1 适合 $\varphi_1(x_0 x_1)$. 此外，由 $b_0 \neq b_1$ 及 φ_1 对 T 完全易知，有 $T \vdash (\forall x_0 x_1)(\varphi_1(x_0 x_1) \to (x_0 \neq x_1))$，由此易知 $a_0 \neq a_1$.

然后，在 $A \backslash \{a_0, a_1\}$ 中取良序下的第 1 个元素，记为 a_2. 仿上可知，存在 $b_2 \in B$，能使 a_0, a_1, a_2 与 b_0, b_1, b_2 适合一个共同的对 T 完全的公式 $\varphi_2(x_0\, x_1\, x_2)$. 由此及 $a_2 \neq a_0, a_1$ 可知，$b_2 \neq b_0, b_1$.

然后，在 $B \backslash \{b_0, b_1, b_2\}$ 中取良序下的第 1 个元素，记为 b_3，又仿上找 φ_3 及 a_3.

如此反复进行，即可得 A，B 间的一个 1-1 映射 μ: $a_m \to b_m (m = 0, 1, 2, \cdots)$. 并且利用诸 φ_m 的完全性可以证明 μ 是由 $\mathfrak{A}$ 到 $\mathfrak{B}$ 上的同构对应.

设 T 是 $\mathscr{L}$ 中的完全理论，$\theta(x_1 \cdots x_n)$ 是 $\mathscr{L}$ 中的公式. 如果存在一个对 T 完全的公式 $\varphi(x_1 \cdots x_n)$，能适合 $T \models (\forall x_1 \cdots x_n)(\varphi(x_1 \cdots x_n) \to \theta(x_1 \cdots x_n))$，则称 θ 为对 **T 可完全化的.**

设 T 是 $\mathscr{L}$ 中的完全理论. 如果 $\mathscr{L}$ 中每一个与 T 和谐的公式都是对 T 可完全化的，则称 T 为**原子的.**

定理 9.3 设 T 为 $\mathscr{L}$ 中的完全理论，则 T 具有原子模型的充分必要条件是：T 为原子的.

证明 1. 设 T 具有原子模型 $\mathfrak{A}$. 由此证 T 为原子的.

设 $\varphi(x_1 \cdots x_n)$ 为 $\mathscr{L}$ 中任一个与 T 和谐的公式，则存在 T 的模型，能适合 $(\exists x_1 \cdots x_n)\,\varphi(x_1 \cdots x_n)$，再由 T 为完全理论可知，有 $T \models (\exists x_1 \cdots x_n)\varphi(x_1 \cdots x_n)$，从而由 $\mathfrak{A} \models T$ 知，存在 $a_1, \cdots, a_n \in A$，能适合

$$\mathfrak{A} \models \varphi(x_1 \cdots x_n)[a_1 \cdots a_n]. \tag{1}$$

又由 $\mathfrak{A}$ 为原子模型可知，$a_1, \cdots, a_n$ 适合一个对 $\mathrm{Th}(\mathfrak{A}) = T$ 完全的公式 $\psi(x_1 \cdots x_n)$. 再由(1)及 ψ 对 T 的完全性易知，有 $T \models (\forall x_1 \cdots x_n)(\psi(x_1 \cdots x_n) \to \varphi(x_1 \cdots x_n))$，所以，$\varphi$ 是对 T 可完全化的. 从而，T 为原子的.

2. 反之，设 T 为原子的. 我们利用广义省略型定理来证明 T 具有原子模型.

对每一正整数 n，令 $\Gamma_n(x_1\cdots x_n)$ 为 $\mathscr{L}$ 中一切形状为 $\neg\psi(x_1\cdots x_n)$ 的公式所成的集合，其中 ψ 是对 T 完全的公式.

现在证明 T 局部省略每一 Γ_n. 设 $\varphi(x_1\cdots x_n)$ 是 $\mathscr{L}$ 中任一个与 T 和谐的公式，由 T 为原子的可知，φ 对 T 可完全化，所以，存在 $\mathscr{L}$ 中一个对 T 完全的公式 γ，能使 $T\models(\forall x_1\cdots x_n)(\gamma(x_1\cdots x_n)\to\varphi(x_1\cdots x_n))$，由此易知，$\varphi\wedge\gamma$ 与 T 和谐，从而 $\varphi\wedge\neg(\neg\gamma)$ 与 T 和谐. 但 $\neg\gamma\in\Gamma_n$，所以 T 局部省略 Γ_n.

由广义省略型定理可知，存在 T 的可数模型 $\mathfrak{A}$，它省略每一 Γ_n. 任取 $\mathfrak{A}$ 中的 n 元组 $a_1,\cdots,a_n$，则它不能实现 Γ_n，所以，它至少不适合某一 $(\neg\psi)\in\Gamma_n$，也即 $a_1,\cdots,a_n$ 适合对 T 完全的公式 $\psi(x_1\cdots x_n)$. 又由 T 完全可知，$T=\mathrm{Th}(\mathfrak{A})$，所以，$\mathfrak{A}$ 是一个原子模型.（证毕）

设 $\mathfrak{A}$ 是 $\mathscr{L}$ 的模型. 如果对于 A 的每一个有限子集 Y，$\mathscr{L}_Y=\mathscr{L}\cup\{c_a:a\in Y\}$ 中每一个与 $\mathrm{Th}(\mathfrak{A}_Y)$ 和谐的公式集 $\Gamma(x)$ 都能在 $\mathfrak{A}_Y$ 中实现，则称 $\mathfrak{A}$ 为 **ω-饱和**的. 如果 $\mathfrak{A}$ 为可数且为 ω-饱和的，则称 $\mathfrak{A}$ 为**可数地饱和**的.

命题 9.4 设 $\mathfrak{A}$ 是 $\mathscr{L}$ 的一个 ω-饱和模型，Y 为 A 的任一有限子集. 则 $\mathscr{L}_Y$ 中每一个与 $\mathrm{Th}(\mathfrak{A}_Y)$ 和谐的公式集 $\Gamma(x_1\cdots x_n)$ 都能在 $\mathfrak{A}_Y$ 中实现.

证明 对 n 归纳. 当 $n=1$ 时，由 ω-饱和模型的定义知，命题为真. 设 $n=k-1$ 时，命题已真，现在考虑 $n=k$ 的情况.

设 $\Gamma(x_1\cdots x_k)$ 是一个与 $T=\mathrm{Th}(\mathfrak{A}_Y)$ 和谐的公式集. 不妨设 Γ 对于公式的合取封闭（易见不影响讨论）. 令 $\Gamma'(x_1\cdots x_{k-1})=\{(\exists x_k)\gamma(x_1\cdots x_k):\ \gamma\in\Gamma\}$，则 Γ' 也与 T 和谐.（因：由 Γ 与 T 和谐知存在 T 的模型 $\mathfrak{B}$ 及其中元素 $b_1,\cdots,b_k$ 能实现 Γ，从而易见 $b_1,\cdots,b_{k-1}$ 能实现 Γ'.）故由归纳假设可知，存在 $\mathfrak{A}_Y$ 中的元素 $a_1,\cdots,a_{k-1}$，能使

$$\mathfrak{A}_Y\models\Gamma'(x_1\cdots x_{k-1})[a_1\cdots a_{k-1}].\qquad(1)$$

令 $Y' = Y \cup \{a_1, \cdots, a_{k-1}\}$，则 Y' 仍为 A 的有限子集．考虑 $\mathscr{L}_{Y'}$ 中的下列公式集（以下把 c_{a_i} 简记为 c_i，$i = 1, \cdots, k-1$）$\Gamma_1(x_k) = \Gamma(c_1 \cdots c_{k-1} x_k)$，现在证明 $\Gamma_1(x_k)$ 与 $T_1 = \mathrm{Th}(\mathfrak{A}_{Y'})$ 和谐．为此，由命题 2.2.7 知，只需证明 Γ_1 的每一有限子集都与 T_1 和谐．

任取 Γ_1 中有限个公式 $\gamma_1(c_1 \cdots c_{k-1} x_k), \cdots, \gamma_m(c_1 \cdots c_{k-1} x_k)$．则与此相应地有 $\gamma_1(x_1 \cdots x_k), \cdots, \gamma_m(x_1 \cdots x_k) \in \Gamma(x_1 \cdots x_k)$，再由关于 Γ 的题设知，其合取也在 Γ 中，从而由 Γ' 定义有 $(\exists x_k)(\gamma_1(x_1 \cdots x_k) \wedge \cdots \wedge \gamma_m(x_1 \cdots x_k)) \in \Gamma'$．再由(1)可知，$\mathfrak{A}_Y \models (\exists x_k)(\gamma_1(x_1 \cdots x_k) \wedge \cdots \wedge \gamma_m(x_1 \cdots x_k))[a_1 \cdots a_{k-1}]$，从而，存在 $a'_k \in A$，能使 $\mathfrak{A}_Y \models (\gamma_1(x_1 \cdots x_k) \wedge \cdots \wedge \gamma_m(x_1 \cdots x_k))[a_1 \cdots a_{k-1} a'_k]$．（注意 a'_k 与 $\gamma_1, \cdots, \gamma_m$ 有关．）由此又可知，$\mathfrak{A}_{Y'} \models (\gamma_1(c_1 \cdots c_{k-1} x_k) \wedge \cdots \wedge \gamma_m(c_1 \cdots c_{k-1} x_k))[a'_k]$，所以，$\{\gamma_1(c_1 \cdots c_{k-1} x_k), \cdots, \gamma_m(c_1 \cdots c_{k-1} x_k)\}$ 与 T_1 和谐．

由 $\Gamma_1(x_k)$ 与 T_1 和谐及 $\mathfrak{A}$ 为 ω-饱和可知，存在 $\mathfrak{A}_{Y'}$ 中的元素 a_k，能实现 $\Gamma_1(x_k)$，也即：$\mathfrak{A}_{Y'} \models \Gamma(c_1 \cdots c_{k-1} x_k)[a_k]$．由此可知，$\mathfrak{A}_Y \models \Gamma(x_1 \cdots x_k)[a_1 \cdots a_k]$．所以，$\Gamma(x_1 \cdots x_k)$ 能在 $\mathfrak{A}_Y$ 中实现．（证毕）

设 T 为 $\mathscr{L}$ 中的和谐理论，$\Sigma(x_1 \cdots x_n)$ 为 $\mathscr{L}$ 中与 T 和谐的公式集．如果对 $\mathscr{L}$ 中每个公式 $\varphi(x_1 \cdots x_n)$ 都有 $\varphi \in \Sigma$ 或 $(\neg\varphi) \in \Sigma$，则易知 $\Sigma(x_1 \cdots x_n)$ 为 $\mathscr{L}$ 中一个与 T 和谐的型，也称为 T 在 $\mathscr{L}$ 中的一个型．

定理 9.5 设 T 为 $\mathscr{L}$ 中的完全理论，则 T 具有可数地饱和模型的充分必要条件是：对每一正整数 n，T 在 $\mathscr{L}$ 中只有可数多个含 n 个自由变量 $x_1, \cdots, x_n$ 的型．

证明 1. 设 T 具有可数地饱和模型 $\mathfrak{A}$．由命题 9.4(取 Y 为空集)，对每个正整数 n，$\mathscr{L}$ 中每个与 $T = \mathrm{Th}(\mathfrak{A})$ 和谐的型 $\Sigma(x_1 \cdots x_n)$ 都能在 $\mathfrak{A}$ 中实现．但 $\mathfrak{A}$ 的 n 元组只有可数多个，而每个 n 元组只能实现1个型．所以，T 在 $\mathscr{L}$ 中只有可数多个型．

2. 反之，设对每个正整数 n，T 在 $\mathscr{L}$ 中只有可数多个含 n 个

自由变量 $x_1,\cdots,x_n$ 的型. 以下构作 T 的一个可数地饱和模型.

令 $\mathscr{L}'=\mathscr{L}\cup C$,其中 $C=\{c_1,c_2,c_3,\cdots\}$为一可数无限的新常量集. 对 C 的每一有限子集 $Y_C=\{c_{i_1},\cdots,c_{i_n}\}$,令 $\mathscr{L}_Y=\mathscr{L}\cup Y_C$. 易知,$\mathscr{L}_Y$ 中与 T 和谐的诸型 $\Gamma(x)$与 $\mathscr{L}$ 中与 T 和谐的诸型 $\Sigma(x_1\cdots x_n x)$之间存在 1-1 对应. 故知在 $\mathscr{L}_Y$ 中与 T 和谐的型 $\Gamma(x)$也只有可数多个. 此外, C 的有限子集 Y_C 也只有可数多个. 所以,可以把一切 $\mathscr{L}_Y$ 中(Y_C 为 C 的有限子集)一切与 T 和谐的型 $\Gamma(x)$统一排为一个可数序列

$$\Gamma_0(x),\Gamma_1(x),\Gamma_2(x),\cdots. \tag{1}$$

另外,把 $\mathscr{L}'$ 中一切语句也排为一个可数序列

$$\varphi_0,\varphi_1,\varphi_2,\cdots.$$

然后,构作 $\mathscr{L}'$ 中一个理论序列

$$T=T_0\subseteq T_1\subseteq T_2\subseteq\cdots,$$

使适合下列诸条件(对每个 $m\in\omega$): (i) T_m 为一和谐理论,并且只含 C 中有限多个常量. (ii) 或 $\varphi_m\in T_{m+1}$, 或 $(\neg\varphi_m)\in T_{m+1}$. (iii) 若 $\varphi_m\in T_{m+1}$ 并且为$(\exists x)\phi(x)$形状,则存在 $c\in C$ 使 $\phi(c)\in T_{m+1}$. (iv) 若 $\Gamma_m(x)$与 T_{m+1} 和谐,则存在 $d\in C$ 使 $\Gamma_m(d)\subseteq T_{m+1}$. ($T_m$ 的具体作法从略,可仿照省略型定理的证明.)

令 $T_\omega=\bigcup\limits_{n<\omega}T_n$,则由(i),(ii)易知, T_ω 是 $\mathscr{L}'$ 中的极大和谐理论. 利用(iii)可以证明, T_ω 有一模型 $\mathfrak{A}'=(\mathfrak{A},a_1,a_2,a_3,\cdots)$ 能使 $A=\{a_1,a_2,a_3,\cdots\}$,从而 $\mathfrak{A}$ 是 T 的可数模型. 现在证明 $\mathfrak{A}$ 是ω-饱和的.

任取 A 的有限子集 $Y=\{a_{i_1},\cdots,a_{i_n}\}$. 把 ω-饱和模型定义中所说的 $\mathscr{L}_Y=\mathscr{L}\cup\{c_{a_{i_1}},\cdots,c_{a_{i_n}}\}$改记为 $\mathscr{L}\cup\{c_{i_1},\cdots,c_{i_n}\}$, 即成为上面所说的 $\mathscr{L}_Y$. 设 $\Sigma(x)$是 $\mathscr{L}_Y$ 中任一个与 $\mathrm{Th}(\mathfrak{A}_Y)$和谐的公式集,现在证明 $\Sigma(x)$能在 $\mathfrak{A}_Y$ 中实现.

把 $\Sigma(x)$ 扩大为 $\mathscr{L}_Y$ 中一个与 $\mathrm{Th}(\mathfrak{A}_Y)$ 和谐的型 $\Gamma(x)$, 则 $\Gamma(x)$显然也与 $T=\mathrm{Th}(\mathfrak{A})$和谐,所以它在(1)中出现,设 $\Gamma(x)=\Gamma_m(x)$. 现在证明 $\Gamma_m(x)$与 T_ω 和谐; 假若 $\Gamma_m(x)$ 不与 T_ω 和谐,

则由命题 6.1 可知，存在 $\Gamma_m(x)$ 的有限子集 $\{\gamma_1(x),\cdots,\gamma_r(x)\}$ 不与 T_ω 和谐，从而由 $\mathfrak{A}'\models T_\omega$ 可知，$\mathfrak{A}'\models\neg(\exists x)(\gamma_1(x)\wedge\cdots\wedge\gamma_r(x))$. 记此语句为 φ，则易见 $\varphi\in\mathrm{Th}(\mathfrak{A}_Y)$. 再由 φ 的形状可知，$\Gamma(x)$ 不与 $\mathrm{Th}(\mathfrak{A}_Y)$ 和谐，与上不合. 所以，$\Gamma_m(x)$ 与 T_ω 和谐，从而与 T_{m+1} 和谐. 再由(iv)可知，对于某 $c_i\in C$，有 $\Gamma_m(c_i)\subseteq T_{m+1}$ $(\subseteq T_\omega)$；从而有 $\mathfrak{A}'\models\Gamma_m(c_i)$. 由此可知，有 $\mathfrak{A}_Y\models\Gamma_m(x)[a_i]$ 及 $\mathfrak{A}_Y\models\Sigma(x)[a_i]$，即 $\Sigma(x)$ 能在 $\mathfrak{A}_Y$ 中实现.

所以，T 具有可数地饱和模型 $\mathfrak{A}$.（证毕）

推论 9.6 设 T 为 $\mathscr{L}$ 中的完全理论. 若 T 只有可数多个不同构的可数模型，则 T 具有可数地饱和模型.

证明 设 n 为任一正整数，$\Sigma(x_1\cdots x_n)$ 是 $\mathscr{L}$ 中一个与 T 和谐的型. 现在证明 $\Sigma(x_1\cdots x_n)$ 能在 T 的一个可数模型中实现：由 $\Sigma(x_1\cdots x_n)$ 与 T 和谐可知，存在 T 的模型 $\mathfrak{B}$ 及其中一个 n 元组 $b_1,\cdots,b_n$，能使 $\mathfrak{B}\models\Sigma(x_1\cdots x_n)[b_1\cdots b_n]$. 由此可知，在语言 $\mathscr{L}_1=\mathscr{L}\cup\{c_1,\cdots,c_n\}$ ($c_1,\cdots,c_n$ 为新常量)中有 $\mathfrak{B}_1=(\mathfrak{B},b_1,\cdots,b_n)\models T\cup\Sigma(c_1\cdots c_n)$. 再由 $\mathscr{L}_1$ 可数知，存在可数模型 $\mathfrak{A}_1=(\mathfrak{A},a_1,\cdots,a_n)\models T\cup\Sigma(c_1\cdots c_n)$. 由此即知，$\Sigma(x_1\cdots x_n)$ 能在 T 的可数模型 $\mathfrak{A}$ 中实现.

由上段及题设可知，对每个正整数 n，在 $\mathscr{L}$ 中只有可数多个与 T 和谐的型 $\Sigma(x_1\cdots x_n)$，故由定理 9.5 知，T 具有可数地饱和模型.（证毕）

引理 9.7 设 $\mathscr{L}'=\mathscr{L}\cup\{c\}$ (c 为新常量). 如果 $\mathfrak{A}$ 是 $\mathscr{L}$ 的 ω-饱和模型，a 为 A 中任一元素. 则 $\mathfrak{A}'=(\mathfrak{A},a)$ 是 $\mathscr{L}'$ 的 ω-饱和模型.

证明 任取 A 的有限子集 Y. 在 $\mathscr{L}'_Y$ 中，设 $\Sigma'(x)$ 是一个与 $\mathrm{Th}(\mathfrak{A}'_Y)$ 和谐的公式集. 以下证明：$\Sigma'(x)$ 能在 $\mathfrak{A}'_Y$ 中实现.（从而 $\mathfrak{A}'$ 是 ω-饱和的.）

把 $\Sigma'(x)$ 中一切 c 都换为 c_a，可得 $(\mathscr{L}_{\{a\}})_Y=\mathscr{L}_{\{a\}\cup Y}$ 中一个相应的公式集 $\Sigma_1(x)$. 现在证明 $\Sigma_1(x)$ 与 $\mathrm{Th}(\mathfrak{A}_{\{a\}\cup Y})$ 和谐.

由 $\Sigma'(x)$ 取法知，存在 $\mathscr{L}'_Y$ 的模型 $\mathfrak{B}'_Y=(\mathfrak{B},b)_Y$，使

$$\mathfrak{B}'_Y \equiv \mathfrak{A}'_Y(\text{也即}(\mathfrak{B},b)_Y \equiv (\mathfrak{A},a)_Y). \tag{1}$$

并且，存在 $\beta \in B$，使

$$\mathfrak{B}'_Y \models \Sigma'(x)[\beta]. \tag{2}$$

1. 若 $a \notin Y$. 此时 c_a 与每一 $c_y(y \in Y)$不同，故可把 $(\mathfrak{B},b)_Y$ 中对 c 的解释 b 作为对 c_a 的解释，而把$(\mathfrak{B},b)_Y$ 看作 $\mathscr{L}_{\{a\}\cup Y}$ 的模型. 同时，可以把$(\mathfrak{A},a)_Y$ 中对 c 的解释作为对 c_a 的自然解释，而把 $(\mathfrak{A},a)_Y$ 看作 $\mathscr{L}_{\{a\}\cup Y}$ 的模型 $\mathfrak{A}_{\{a\}\cup Y}$. 在此看法下，由(1)可知

$$(\mathfrak{B},b)_Y \models \mathrm{Th}((\mathfrak{A},a)_Y) = \mathrm{Th}(\mathfrak{A}_{\{a\}\cup Y}). \tag{3}$$

且由(2)易知

$$(\mathfrak{B},b)_Y \models \Sigma_1(x)[\beta]. \tag{4}$$

由(3)及(4)即知，$\Sigma_1(x)$与 $\mathrm{Th}(\mathfrak{A}_{\{a\}\cup Y})$和谐.

2. 若 $a \in Y$. 此时有 $\mathfrak{A}'_Y \models c \equiv c_a$，故由(1)知，$\mathfrak{B}'_Y$ 也合此式，从而，b 也是 $\mathfrak{B}'_Y$ 中对 c_a 的解释. 所以，此时仍可把 $(\mathfrak{B},b)_Y$ 看作是 $\mathscr{L}_{\{a\}\cup Y}(=\mathscr{L}_Y)$ 的模型. 同时，仿 1. 知，可以把 $(\mathfrak{A},a)_Y$ 看作 $\mathscr{L}_{\{a\}\cup Y}$ 的模型 $\mathfrak{A}_{\{a\}\cup Y}(=\mathfrak{A}_Y)$. 在此看法下，由(1)仍可得(3)，且由(2)仍易得(4). 所以仍有 $\Sigma_1(x)$与 $\mathrm{Th}(\mathfrak{A}_{\{a\}\cup Y})$和谐.

由 $\Sigma_1(x)$与 $\mathrm{Th}(\mathfrak{A}_{\{a\}\cup Y})$和谐及 $\mathfrak{A}$ 为 ω-饱和可知，存在$\alpha \in A$，能使

$$\mathfrak{A}_{\{a\}\cup Y} \models \Sigma_1(x)[\alpha].$$

由此可知(仿 1. 及 2. 中看法，但反方向看)

$$\mathfrak{A}'_Y \models \Sigma'(x)[\alpha].$$

所以 $\Sigma'(x)$能在 $\mathfrak{A}'_Y$ 中实现. (证毕)

定理 9.8 若 $\mathfrak{A},\mathfrak{B}$ 都是 $\mathscr{L}$ 的可数地饱和模型，并且 $\mathfrak{A} \equiv \mathfrak{B}$，则 $\mathfrak{A} \cong \mathfrak{B}$.

证明 若 $\mathfrak{A}$ 或 $\mathfrak{B}$ 为有限，则由 $\mathfrak{A} \equiv \mathfrak{B}$ 即可知，$\mathfrak{A} \cong \mathfrak{B}$. 以下设 $\mathfrak{A},\mathfrak{B}$ 均为可数无限. 把 A,B 各列出如下:

$$a'_0, a'_1, a'_2, \cdots. \tag{1}$$

$$b'_0, b'_1, b'_2, \cdots. \tag{2}$$

取 $a_0 = a'_0$. 令 $\Gamma_0(x)$为 $\mathscr{L}$ 中一切被 a_0 适合的公式 $\varphi(x)$所成的集合，则显然 $\Gamma_0(x)$与 $\mathrm{Th}(\mathfrak{A}) = \mathrm{Th}(\mathfrak{B})$和谐. 故由 $\mathfrak{B}$ 为 ω-

饱和可知，存在 $b'_i \in B$，能适合 $\Gamma_0(x)$. 任意取定一个这样的 b'_i，并改记为 b_0.

令 $\mathscr{L}_0 = \mathscr{L} \cup \{c_0\}$（$c_0$ 为新常量），则 $\mathfrak{A}_0 = (\mathfrak{A}, a_0)$ 与 $\mathfrak{B}_0 = (\mathfrak{B}, b_0)$ 都是 $\mathscr{L}_0$ 的模型，并且由 b_0 取法易知，$\mathfrak{A}_0 \equiv \mathfrak{B}_0$. 另外，由 $\mathfrak{A}, \mathfrak{B}$ 为 ω-饱和及引理 9.7 知，$\mathfrak{A}_0, \mathfrak{B}_0$ 也都是 ω-饱和的.

再取(2)中第 1 个未用到的（即 b_0 以外的）b'_j，改记为 b_1. 令 $\Gamma_1(x)$ 为 $\mathscr{L}_0$ 中一切被 b_1 适合的公式 $\psi(x)$ 所成的集合，则显然 $\Gamma_1(x)$ 与 $\mathrm{Th}(\mathfrak{B}_0) = \mathrm{Th}(\mathfrak{A}_0)$ 和谐，故由 $\mathfrak{A}_0$ 为 ω-饱和可知，存在 $a'_k \in A$ 能适合 $\Gamma_1(x)$. 任意取定一个这样的 a'_k，并改记为 a_1.

令 $\mathscr{L}_1 = \mathscr{L}_0 \cup \{c_1\}$（$c_1$ 为新常量），则 $\mathfrak{A}_1 = (\mathfrak{A}_0, a_1) = (\mathfrak{A}, a_0, a_1)$ 与 $\mathfrak{B}_1 = (\mathfrak{B}_0, b_1) = (\mathfrak{B}, b_0, b_1)$ 都是 $\mathscr{L}_1$ 的模型，并且由 a_1 取法易知，$\mathfrak{A}_1 \equiv \mathfrak{B}_1$. 另外，由 $\mathfrak{A}_0$, $\mathfrak{B}_0$ 为 ω-饱和及引理 9.7 知，$\mathfrak{A}_1, \mathfrak{B}_1$ 也都是 ω-饱和的.

再取(1)中第 1 个未用到的（即 a_0, a_1 以外的）a'_l，改记为 a_2，并仿上找 b_2. $\cdots$. 如此反复进行，则可知 $a_0, a_1, a_2, \cdots$ 穷尽了 A；$b_0, b_1, b_2, \cdots$ 穷尽了 B. 并且易见，有 $(\mathfrak{A}, a_0, a_1, a_2, \cdots) \equiv (\mathfrak{B}, b_0, b_1, b_2, \cdots)$.

由上易知，映射 f: $a_n \to b_n (n = 0, 1, 2, \cdots)$ 是由 $\mathfrak{A}$ 到 $\mathfrak{B}$ 上的同构映射. 所以 $\mathfrak{A} \cong \mathfrak{B}$.（证毕）

设 $\mathfrak{A}$ 是 $\mathscr{L}$ 的可数模型. 如果 $\mathrm{Th}(\mathfrak{A})$ 的每一可数模型 $\mathfrak{B}$ 都能初等嵌入 $\mathfrak{A}$ 中，则称 $\mathfrak{A}$ 为**可数地万有**的.

定理 9.9 $\mathscr{L}$ 的每一个可数地饱和模型都是可数地万有的.

证明 设 $\mathfrak{A}$ 为 $\mathscr{L}$ 的一个可数地饱和模型. $\mathfrak{A}$ 显然是可数的. 任取 $\mathrm{Th}(\mathfrak{A})$ 的一个可数模型 $\mathfrak{B}$，现在证明 $\mathfrak{B}$ 能初等嵌入 $\mathfrak{A}$ 中. 设 $B = \{b_0, b_1, b_2, \cdots\}$.

取 b_0，令 $\Gamma_0(x)$ 为 $\mathscr{L}$ 中一切被 b_0 适合的公式所成的集合. 显然 $\Gamma_0(x)$ 与 $\mathrm{Th}(\mathfrak{B}) = \mathrm{Th}(\mathfrak{A})$ 和谐，故由 $\mathfrak{A}$ 为 ω-饱和知，存在 $a_0 \in A$ 能适合 $\Gamma_0(x)$.

令 $\mathscr{L}_0 = \mathscr{L} \cup \{c_0\}$（$c_0$ 为新常量），$\mathfrak{A}_0 = (\mathfrak{A}, a_0)$，$\mathfrak{B}_0 = (\mathfrak{B}, b_0)$. 则由 a_0 取法知，$\mathfrak{A}_0 \equiv \mathfrak{B}_0$. 另外，由 $\mathfrak{A}$ 为 ω-饱和可知，$\mathfrak{A}_0$ 也是

ω-饱和的.

再取 b_1，令 $\Gamma_1(x)$ 为 $\mathscr{L}_0$ 中一切被 b_1 适合的公式所成的集合. 显然 $\Gamma_1(x)$与 $\mathrm{Th}(\mathfrak{B}_0)=\mathrm{Th}(\mathfrak{A}_0)$和谐,故由 $\mathfrak{A}_0$ 为 ω-饱和知,存在 $a_1\in A$ 能适合 $\Gamma_1(x)$.

令 $\mathscr{L}_1=\mathscr{L}_0\cup\{c_1\}$ (c_1 为新常量), $\mathfrak{A}_1=(\mathfrak{A}_0,a_1)=(\mathfrak{A},a_0,a_1)$, $\mathfrak{B}_1=(\mathfrak{B}_0,b_1)=(\mathfrak{B},b_0,b_1)$,则由 a_1 取法知 $\mathfrak{A}_1\equiv\mathfrak{B}_1$. 另外,由 $\mathfrak{A}_0$ 为 ω-饱和可知, $\mathfrak{A}_1$ 也是 ω-饱和的.

再取 b_2,仿上得 $a_2,\cdots$. 如此继续进行,则易见有$(\mathfrak{A},a_0,a_1,a_2,\cdots)\equiv(\mathfrak{B},b_0,b_1,b_2,\cdots)$.

由上易知,映射 f: $b_n\to a_n(n=0,1,2,\cdots)$ 是由 $\mathfrak{B}$ 到 $\mathfrak{A}$ 内的初等嵌入. (证毕)

注 本定理的逆命题不成立. 由第十章例 4 可知, 存在可数地万有模型,它不是可数地饱和的.

定理 9.10 设 T 是 $\mathscr{L}$ 中的完全理论. 若 T 具有可数地饱和模型,则 T 也具有可数的原子模型.

证明 假若 T 没有可数的原子模型,则由定理 9.3 知, T 不是原子的,从而存在 $\mathscr{L}$ 中一个与 T 和谐, 并且对 T 不可完全化的公式 $\varphi(x_1\cdots x_n)$.

特知 φ 不是对 T 完全的. 所以,存在 $\mathscr{L}$ 中一个公式 $\psi(x_1\cdots x_n)$,使在 $T\models(\forall x_1\cdots x_n)(\varphi(x_1\cdots x_n)\to\psi(x_1\cdots x_n))$与 $T\models(\forall x_1\cdots x_n)(\varphi(x_1\cdots x_n)\to\neg\psi(x_1\cdots x_n))$中不是恰有一条成立. 但由 φ 与 T 和谐可知,此二者不能同时成立,故必同时不成立. 由此易知, $\varphi(x_1\cdots x_n)\wedge\neg\psi(x_1\cdots x_n)$(以下记作 $\varphi_0(x_1\cdots x_n)$)与 $\varphi(x_1\cdots x_n)\wedge\psi(x_1\cdots x_n)$(以下记作 $\varphi_1(x_1\cdots x_n)$) 都与 T 和谐. 并且由 φ 对 T 不可完全化易见, φ_0 与 φ_1 也都对 T 不可完全化.

由 φ_0 仿上又可得 φ_{00} 及 φ_{01}, 由 φ_1 仿上可得 φ_{10} 及 φ_{11}, 它们也都是与 T 和谐,并且对 T 不可完全化的. 如此继续,可得如下的无限树:

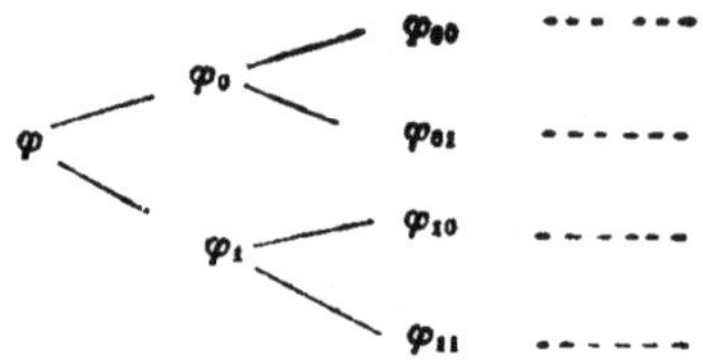

对于每一个由 0, 1 组成的无限序列 $s=(s_0,s_1,s_2,\cdots)$,在上述的树中有一个相应的无限枝 $\Gamma_s=\{\varphi,\varphi_{s_0},\varphi_{s_0s_1},\varphi_{s_0s_1s_2},\cdots\}$. 由命题 6.1 及诸 $\varphi_{s_0s_1\cdots s_i}$ 的定义易知，每一 Γ_s 都与 T 和谐,从而,可以扩大为一个与 T 和谐的型. 并且由诸 $\varphi_{s_0s_1\cdots s_i}$ 的定义可知，由不同的无限枝所得到的型也不同. 但是，上述的树有 2^ω 个无限枝，所以,可以得到 2^ω 个与 T 和谐的型. 再由定理 9.5 可知, T 不能有可数地饱和模型,这与题设矛盾.（证毕）

第十章　ω-范畴的可数完全理论

在本章中，仍设 $\mathscr{L}$ 为一可数语言.

设 T 是 $\mathscr{L}$ 中的完全理论. 如果 T 恰有一个可数模型(在同构意义下)，则称 T 为 **ω-范畴**的.

定理 10.1　设 T 是 $\mathscr{L}$ 中的完全理论. 则下列诸条件等价:

(i) T 是 ω-范畴的.

(ii) T 有一模型 $\mathfrak{A}$，它既是可数地饱和的，又是可数地素模型.

(iii) 对每一正整数 n，$\mathscr{L}$ 中每一个与 T 和谐的型 $\Gamma(x_1\cdots x_n)$ 中都含有对 T 完全的公式.

(iv) 对每一正整数 n，$\mathscr{L}$ 中只有有限多个与 T 和谐的型 $\Gamma(x_1\cdots x_n)$.

(v) 对每一正整数 n，在 T 下只有有限多个互不等价的公式 $\varphi(x_1\cdots x_n)$.

(vi) T 的每一模型都是原子模型.

证明　1. 由 (i) 证 (ii). 由 (i) 知，T 有唯一的可数模型 $\mathfrak{A}$. 由唯一性显见，$\mathfrak{A}$ 是可数地素模型. 另外，由推论 9.6 知，T 具有可数地饱和模型，它也只能是 $\mathfrak{A}$.

2. 由 (ii) 证 (iii). 由 (ii) 知，$\mathfrak{A}$ 是 ω-饱和的. 设 $\Gamma(x_1\cdots x_n)$ 是 $\mathscr{L}$ 中一个与 $T = \mathrm{Th}(\mathfrak{A})$ 和谐的型，则由 $\mathfrak{A}$ 的 ω-饱和性及命题 9.4 知，Γ 能被 $\mathfrak{A}$ 中某一 n 元组 $a_1,\cdots,a_n$ 实现. 但由 (ii) 及定理 9.1 又知，$\mathfrak{A}$ 是原子模型，所以 $a_1,\cdots,a_n$ 能适合 $\mathscr{L}$ 中一个对 T 完全的公式 $\varphi(x_1\cdots x_n)$. 由 Γ 的极大性易见 $\varphi\in\Gamma$.

3. 由 (iii) 证 (iv). 令 $\Sigma(x_1\cdots x_n)$ 为 $\mathscr{L}$ 中一切对 T 完全的公式 $\varphi(x_1\cdots x_n)$ 的否定所成的集合. 由 (iii) 知，Σ 不能扩大为一个与 T 和谐的型，所以，T 的任何模型都不能实现 Σ，从而，由命

题 6.1 可知，存在 Σ 的有限子集 $\{\neg\varphi_1,\cdots,\neg\varphi_m\}$ 不与 T 和谐，由此可知

$$T\models(\forall x_1\cdots x_n)(\varphi_1(x_1\cdots x_n)\vee\cdots\vee\varphi_m(x_1\cdots x_n)).\qquad(1)$$

另外，对每一 $i(1\leqslant i\leqslant m)$，由 φ_i 对 T 的完全性可知，$\mathscr{L}$ 中一切适合 $T\models(\forall x_1\cdots x_n)(\varphi_i(x_1\cdots x_n)\to\psi(x_1\cdots x_n))$ 的公式 ψ，组成一个与 T 和谐的型 $\Gamma_i(x_1\cdots x_n)$.

任取 T 的模型 $\mathfrak{B}$ 及其中任一 n 元组 $b_1,\cdots,b_n$. 由 (1) 可知，$b_1,\cdots,b_n$ 适合某一 $\varphi_i(x_1\cdots x_n)$，从而由 Γ_i 定义可知，$b_1,\cdots,b_n$ 适合型 $\Gamma_i(x_1\cdots x_n)$. 也即，由 $b_1,\cdots,b_n$ 所决定的型就是 Γ_i.

所以，对于任意取定的正整数 n，只存在 $\Gamma_1,\cdots,\Gamma_m$ 这有限多个只含自由变量 $x_1,\cdots,x_n$ 的与 T 和谐的型.

4. 由 (iv) 证 (v). 对任意取定的 n，由 (iv) 知，只有有限多个只含自由变量 $x_1,\cdots,x_n$ 的与 T 和谐的型，设为 $\Gamma_1(x_1\cdots x_n),\cdots,\Gamma_m(x_1\cdots x_n)$.

对 $\mathscr{L}$ 中任一公式 $\varphi(x_1\cdots x_n)$，用 φ^* 表示一切含有 φ 的 Γ_i 所成的集. 则当 φ 变动时，至多有 2^m 种不同的 φ^*.

现在证明，若 $\varphi^*=\psi^*$，则有 $T\models(\forall x_1\cdots x_n)(\varphi(x_1\cdots x_n)\longleftrightarrow\psi(x_1\cdots x_n))$. (即 φ 与 ψ 在 T 下等价.) 任取 T 的模型 $\mathfrak{B}$ 及其中任一 n 元组 $b_1,\cdots,b_n$. 由 (iv) 知，$b_1,\cdots,b_n$ 所适合的型为某一 Γ_i，再由 $\varphi^*=\psi^*$ 可知，φ 与 ψ 或同时属于 Γ_i 或同时不属于 Γ_i (从而 $\neg\varphi$ 与 $\neg\psi$ 同时属于 Γ_i). 所以，$b_1,\cdots,b_n$ 或同时适合 φ 与 ψ 或同时不适合 φ 与 ψ.

由以上两段即得 (v).

5. 由 (v) 证 (vi). 任取 T 的模型 $\mathfrak{B}$ 及其中任一 n 元组 $b_1,\cdots,b_n$. 由 (v) 可知，$b_1,\cdots,b_n$ 只适合有限个在 T 下互不等价的公式 $\varphi_1(x_1\cdots x_n),\cdots,\varphi_r(x_1\cdots x_n)$，从而它适合 $\varphi_1\wedge\cdots\wedge\varphi_r$. 现在证明 $\varphi_1\wedge\cdots\wedge\varphi_r$ 是对 T 完全的公式.

任取 $\mathscr{L}$ 中一公式 $\psi(x_1\cdots x_n)$. 若 $b_1,\cdots,b_n$ 适合 ψ，则 ψ 与 $\varphi_1,\cdots,\varphi_r$ 之一在 T 下等价，从而显然，有 $T\models(\forall x_1\cdots x_n)((\varphi_1(x_1\cdots x_n)\wedge\cdots\wedge\varphi_r(x_1\cdots x_n))\to\psi(x_1\cdots x_n))$. 若 $b_1,\cdots,b_n$ 不适

合 ψ,则适合 $\neg\psi$,此时仿上,有 $T\models(\forall x_1\cdots x_n)((\varphi_1(x_1\cdots x_n)\wedge\cdots\wedge\varphi_r(x_1\cdots x_n))\rightarrow\neg\psi(x_1\cdots x_n))$. 另外,由 $b_1,\cdots,b_n$ 适合 $\varphi_1\wedge\cdots\wedge\varphi_r$ 易知,以上二者不能同时成立. 所以,$\varphi_1\wedge\cdots\wedge\varphi_r$ 是对 T 完全的公式.

由上可知,T 的每一模型都是原子模型.

6. 由 (vi) 证 (i). 任取 T 的两个可数模型 $\mathfrak{A},\mathfrak{B}$. 由 (vi) 知,它们都是原子模型. 又由 T 为完全理论知,$\mathfrak{A}\equiv\mathfrak{B}$. 所以,由定理 9.2 有 $\mathfrak{A}\cong\mathfrak{B}$. (证毕)

定理 10.2 (Vaught) 设 T 是 $\mathscr{L}$ 中的完全理论. 如果 T 不是 ω-范畴的,则 T 至少有 3 个互不同构的可数模型.

证明 假设 T 恰有两个不同构的可数模型,则由推论 9.6 知,T 有一个可数地饱和模型 $\mathfrak{B}$. 再由定理 9.9 可知,T 的另一个可数模型 $\mathfrak{A}$ 能初等嵌入 $\mathfrak{B}$ 中,从而显见,$\mathfrak{A}$ 为可数地素模型. 再由定理 9.1,定理 9.2 及 $\mathfrak{A}\not\cong\mathfrak{B}$ 可知,$\mathfrak{B}$ 不是原子模型,所以,存在 $\mathfrak{B}$ 中的 n 元组 $b_1,\cdots,b_n$,它不适合 $\mathscr{L}$ 中任何对 T 完全的公式. 现在考虑 $\mathfrak{B}$ 在语言 $\mathscr{L}'=\mathscr{L}\cup\{c_1,\cdots,c_n\}$(诸 c_i 为新常量)中的膨胀模型 $\mathfrak{B}'=(\mathfrak{B},b_1,\cdots,b_n)$. 令 $T'=\mathrm{Th}(\mathfrak{B}')$. 以下将找出 T' 的一个可数的原子模型 $\mathfrak{D}'$,并证明 $\mathfrak{D}'$ 在 $\mathscr{L}$ 中的归约 $\mathfrak{D}$ 是 T 的一个既非 ω-饱和又非原子的模型,从而,$\mathfrak{D}\not\cong\mathfrak{B}$ 且 $\mathfrak{D}\not\cong\mathfrak{A}$. 这与 T 恰有两个不同构可数模型的假设矛盾.

由 $\mathfrak{B}$ 为可数地饱和及引理 9.7 可知,$\mathfrak{B}'$ 也是可数地饱和的,从而由定理 9.10 知,T' 有一可数的原子模型 $\mathfrak{D}'=(\mathfrak{D},d_1,\cdots,d_n)$. $\mathfrak{D}'$ 在 $\mathscr{L}$ 中的归约 $\mathfrak{D}$ 是 T 的可数模型. $\mathfrak{D}$ 不是原子的,因为其中的 n 元组 $d_1,\cdots,d_n$ 不适合对 T 完全的公式. (因: 否则由 $T'=\mathrm{Th}(\mathfrak{B}')$ 易证,$b_1,\cdots,b_n$ 也将适合一个对 T 完全的公式,与 $b_1,\cdots,b_n$ 取法不合.)

再证明 $\mathfrak{D}$ 不是 ω-饱和的. 由 T 不为 ω-范畴及定理 10.1 可知,对某个正整数 m,在 T 下有无限多个含自由变量 $x_1,\cdots,x_m$ 且互不等价的公式. 这些公式在 T' 下也互不等价. (因: 若 $T\not\models(\forall x_1\cdots x_n)(\varphi(x_1\cdots x_n)\longleftrightarrow\psi(x_1\cdots x_n))$, 则由 T 的完全性知,

$T\models\neg(\forall x_1\cdots x_n)(\varphi(x_1\cdots x_n)\longleftrightarrow\phi(x_1\cdots x_n))$，从而由 $T\subseteq T'$ 知，此式也在 T' 下成立．）再由定理 10.1 可知，T' 的可数原子模型 $\mathfrak{D}'$ 不能同时是 ω-饱和的．由此及引理 9.7 即知，$\mathfrak{D}$ 不是 ω-饱和的．（证毕）

设 $\mathscr{L}=\{\cdot, 1\}$，如果 $\mathscr{L}$ 的模型 $\mathfrak{A}$ 是群，并且 $\mathrm{Th}(\mathfrak{A})$ 是 ω-范畴的，则称群 $\mathfrak{A}$ 为 **ω-范畴**的．

以下在讨论群时，采用代数中习用的记号．在讨论可换群时，常采用加法记号，而视语言为 $\mathscr{L}=\{+, 0\}$．

命题 10.3 设 G 是一个 ω-范畴的可数无限群，则 G 中元素的周期有上界．

证明 由定理 10.1 知，$\mathrm{Th}(G)$ 只有有限个含 x, y 的型 $\Gamma(x, y)$，设有 m 个．

1．假若 G 含有周期无限的元素 a，则由 a 及 $b_2=a^2$ 所决定的型 $\Gamma_2(x, y)$ 中含有公式 $\varphi_2(x, y)=(x^2\not\equiv x)\wedge(x^2\equiv y)$；由 a 及 $b_3=a^3$ 所决定的型 $\Gamma_3(x, y)$ 中含有公式 $\varphi_3(x, y)=(x^2\not\equiv x)\wedge(x^3\not\equiv x)\wedge(x^3\equiv y)$；……．又由群的性质易见，对任何 $2\leqslant i<j<\omega$，$\varphi_i(x, y)$ 与 $\varphi_j(x, y)$ 不能属于同一个型．（否则，易证 a 的周期有限，与上不合．）所以，$\Gamma_2(x,y), \Gamma_3(x,y), \cdots$ 是 $\mathrm{Th}(G)$ 的无限多个互不相同的型，与上矛盾．

2．假若 G 中元素的周期都有限，但无上界．在 G 中取一个周期大于 m 的元素 a，令 $\Gamma_2(x, y), \cdots, \Gamma_{m+2}(x, y)$ 分别为由 $(a, a^2), \cdots, (a, a^{m+2})$ 所决定的型．仿 1．可知，这是 $\mathrm{Th}(G)$ 的 $m+1$ 个互不相同的型，与上矛盾．（证毕）

定理 10.4 设 G 是一个可数无限的可换群，且其元素的周期有上界，则 G 是 ω-范畴的．

证明 为使记号简便，设 G 为加法群，$\mathscr{L}=\{+, 0\}$．

由 G 中元素周期有上界易知，存在一正整数 n，能使每一 $a\in G$ 都适合 $na=0$．再由可换群的结构定理可知，G 能唯一地表示为一些元数为素数幂的循环加群的直和，其中，每一直和项的元数都是 n 的因子．

为了避免用可换群论的术语，又为使记号简单，以下通过一个有代表性的特例来说明思路．对每一正整数 m，以 C_m 记加法记号下的 m 元循环群，其元素集取为 $\{0, 1, \cdots, m-1\}$．

1．设 $G = C_2 \oplus C_3 \oplus C_{81} \oplus C_{81} \oplus C_{243} \oplus C_{729} \oplus C_{25} \oplus \cdots\cdots$（未写出的诸 C_{p^r}，均 $p \neq 3$）．现在看如何用 $\mathscr{L}$ 中语句描述 G“有 2 个直和项 C_{81}”这一事实：

考虑 G 中适合 $3a = 0$ 的元 a，易见它们都是如下形状：

$$(0, h, 27i, 27j, 81k, 243l, 0, 0, 0, \cdots)$$
$$(h, i, j, k, l = 0, 1, 2). \tag{1}$$

再由 (1) 形元素中考虑适合 $(\exists b)(a = 27b)$ 的元素 a（即 a 能被 27 整除），易见它们都是如下形状：

$$(0, 0, 27i, 27j, 81k, 243l, 0, 0, 0, \cdots). \tag{2}$$

以下，将 (2) 中的元素简记为 $(27i, 27j, 81k, 243l)$．如果在 (1) 形元素中考虑适合 $(\exists b)(a = 81b)$ 的元素 a，则都是如下形状：

$$(0, 0, 0, 0, 81k, 243l, 0, 0, 0, \cdots). \tag{3}$$

它们是 (2) 形元素的一部分，仿上简记为 $(0, 0, 81k, 243l)$．它们组成 G 的子集 $P_{81} = \{a: (3a = 0) \wedge (\exists b)(a = 81b)\}$．

在 (2) 形元素中考虑下列 9 个元素：$a_1 = (0, 0, 0, 0)$，$a_2 = (0, 27, 0, 0)$，$a_3 = (0, 54, 0, 0)$，$a_4 = (27, 0, 0, 0)$，$a_5 = (27, 27, 0, 0)$，$a_6 = (27, 54, 0, 0)$，$a_7 = (54, 0, 0, 0)$，$a_8 = (54, 27, 0, 0)$，$a_9 = (54, 54, 0, 0)$．它们具有下列性质：(α) 任二 $a_i, a_j (i \neq j)$ 的差不在 P_{81} 中．(β) (2) 中每个元素都是一个 a_i 与 P_{81} 中一个元素的和．

不难看出，在(2)形元素中还能找到其他适合(α)及 (β) 的“9 元代表系”．但在 (2) 形元素中不存在适合 (α) 及 (β) 的“8 元代表系”或“10 元代表系”等等．（少于 9 元时 (β) 不适合，多于 9 元时 (α) 不适合．）

综合以上讨论可知，对于上述的 G，它“有 2 个直和项 C_{81}”一事，可以用下列的数学语句来描述：

$\Phi_{81,2}$：“存在 9 个互异的元素 $a_i (i = 1, \cdots, 9)$，它们适合

$$\left\{\bigwedge_{i=1}^{9}[(3a_i=0)\wedge(\exists b)(a_i=27b)]\wedge\bigwedge_{\substack{i,j=1\\ i\neq j}}^{9}(a_i-a_j\notin P_{81})\wedge(\forall a)\right.$$

$$\left.[((3a=0)\wedge(\exists b)(a=27b))\to(\exists c)(c\in P_{81}\wedge\bigvee_{i=1}^{9}(a=a_i+c))]\right\}_1,$$

并且不存在 10 个互异的元素 $a_i(i=1,\cdots,10)$，它们适合 $\{\cdots\cdots\}_2$"．（$\{\cdots\cdots\}_2$ 仿 $\{\cdots\cdots\}_1$，但将诸 $\wedge$，$\vee$ 的上标 9 改为 10．）

注意到 P_{81} 的定义，即见 $\Phi_{81,2}$ 能用 $\mathscr{L}$ 中一个语句 φ 描述．此时，令 $S_{81}=\{\varphi\}$．

另外，不难看出，对于元素周期有上界的任何可换群 G_1，只要 G_1 有 2 个直和项 C_{81}，不论它有几个直和项 C_3，几个 C_9，几个 C_{243}，……（更不论其他直和项 C_{p^r} 之 $p\neq 3$ 者有多少），仍可用 $\Phi_{81,2}$（以及 φ）来描述"有 2 个直和项 C_{81}"一事．

2．如果在 G 的直和分解中 C_{81} 出现 r 次（r 为任一自然数），则相应的 $\Phi_{81,r}$ 与 $\Phi_{81,2}$ 类似，只是在 $\Phi_{81,2}$ 中把 9 换为 3^r，把 10 换为 3^r+1 即可．

3．如果在 G 的直和分解中 C_{81} 出现无限多次，仿 1．可知，此事能用下列数学语句来描述：

$\Phi_{81,\infty}$："存在 9 个互异的元素 $a_i(i=1,\cdots,9)$，它们适合 $\{\cdots\cdots\}_1$．并且存在 27 个元素 $a_i(i=1,\cdots,27)$，它们适合 $\{\cdots\cdots\}_2$．并且存在 81 个元素 $a_i(i=1,\cdots,81)$，它们适合 $\{\cdots\cdots\}_3$ 并且……"．（其中 $\{\cdots\cdots\}_1$ 同 1．，而 $\{\cdots\cdots\}_2$，$\{\cdots\cdots\}_3$，……各为把 $\{\cdots\cdots\}_1$ 中诸 $\wedge$，$\vee$ 的上标分别改为 27，81，……者．）

$\Phi_{81,\infty}$ 能用 $\mathscr{L}$ 中无限多语句的一个集合来描述．此时，令 S_{81} 为这样一个集合．

4．对于 G 的其他直和项 C_{p^r} 的个数，都可仿 1．至 3．定义 $\mathscr{L}$ 中相应的语句集 S_{p^r}．

5．最后，令 $T_G=T_0\cup\{(\forall x)(nx=0)\}\cup\bigcup_t S_t$，其中，$t$ 通过 n 的一切素数幂形状且大于 1 的因子，而 T_0 为一组可换群公理．

则显见有 $G \models T_G$，从而 $T_G \subseteq \mathrm{Th}(G)$. 并且，对于 $\mathrm{Th}(G)$ 的任一可数无限模型 H，由以上讨论易知，H 是一个与 G 同构的可换群. 所以，$\mathrm{Th}(G)$ 是 ω-范畴的理论，G 是 ω-范畴的可换群.（证毕）

推论 10.5 设 G 是一个可数无限的可换群，则 G 为 ω-范畴的充分必要条件是：G 的元素周期有上界.

证明 由命题 10.3 及定理 10.4 即见.

在非可换群的情况，ω-范畴性的判断至今只有部分结果. 下面，只列举两个例子.

例 1 令 G 为由生成元集 $\{a_i: i \in \omega\} \cup \{b\}$ 及下列诸关系所定义的群：

$$a_i^3 = 1,\ a_i a_j = a_j a_i,\ b^2 = 1,\ b a_i b = a_i^2.\ (i, j \in \omega).$$

则 G 为可数无限的非可换群，并且 G 是 ω-范畴的.（证明见文献 [11].）

例 2 令 G 为由生成元集 $\{a_i: i \in \omega\} \cup \{b\}$ 及下列诸关系所定义的群：

$$a_i^4 = 1,\ a_i a_j = a_j a_i,\ b^2 = 1,\ b a_i b = a_i a_{i+1}^2 (i, j \in \omega).$$

则 G 为可数无限的非可换群，并且 G 不是 ω-范畴的.（证明见文献 [11].）

设 $\mathscr{L} = \{+, \cdot, 0\}$. 如果 $\mathscr{L}$ 的模型 $\mathfrak{A}$ 是环并且 $\mathrm{Th}(\mathfrak{A})$ 是 ω-范畴的，则称环 $\mathfrak{A}$ 为 **ω-范畴的**.

命题 10.6 设 R 是一个 ω-范畴的环，则存在一个首系数为 1 的整系数多项式 $f(x)$，能使 R 中每一元素 a 都适合 $f(a) = 0$.

证明 由定理 10.1 知，$\mathrm{Th}(R)$ 只有有限多个含 x, y 的型 $\Gamma(x, y)$，设个数为 m.

任取 $a \in R$，考虑诸序偶 $(a, a), (a, a^2), \cdots, (a, a^{m+1})$. 由上知，其中必有二者 $(a, a^i), (a, a^j)$ $(1 \leqslant i < j \leqslant m+1)$ 决定同一个型 $\Gamma(x, y)$. 但 (a, a^j) 适合 $\mathscr{L}$ 中公式 $x^j \equiv y$，所以 (a, a^i) 也应合此，故有 $a^j = a^i$，从而有 $a^{i+(m+1-j)} = a^{i+(m+1-j)}$，即 $a^{m+1} = a^{m+1-(j-i)}$.

由上可知，R 中每一元素 a 都适合 "$a^{m+1} = a$ 或 $a^{m+1} = a^2$

或…或 $a^{m+1}=a^{m}$。令 $f(x)=(x^{m+1}-x)(x^{m+1}-x^2)\cdots(x^{m+1}-x^m)$，则 R 中每一元素 a 都适合 $f(a)=0$。(证毕)

推论 10.7 不存在 ω-范畴的无限域.

证明 假若存在这样的域，则由命题 10.6 知，存在一个首系数为 1 的多项式 $f(x)$，能使 F 中每一元素 a 都适合 $f(a)=0$. 但 $f(x)$ 在域 F 中只有有限多个根，这与 F 为无限域矛盾. (证毕)

命题 10.8 设 R 是一个 ω-范畴的环，则存在一个正整数 n，能使 R 中每一元素 a 都适合 $na=0$.

证明 设 $\mathrm{Th}(R)$ 的含 x, y 的型 $\Gamma(x, y)$ 个数为 m.

任取 $a\in R$，考虑诸序偶 $(a,0),(a,a),(a,2a),\cdots,(a,ma)$. 由上知，其中必有二者 $(a,ia),(a,ja)(0\leqslant i<j\leqslant m)$ 决定同一个型 $\Gamma(x, y)$. 但 (a, ja) 适合 $\mathscr{L}$ 中公式 $jx\equiv y$，所以，(a, ia) 也应合此，故有 $ja=ia$，从而有 $(j-i)a=0,(1\leqslant j-i\leqslant m)$.

令 $n=m!$，则由上可知，R 中每一元素 a 都适合 $na=0$. (证毕)

推论 10.9 若环 R 是 ω-范畴的，则 R 的加法群 R^+ 也是 ω-范畴的.

证明 由命题 10.8 及定理 10.4 即知. (证毕)

定理 10.10 设 R 是 ω-范畴的无幂零元环，则 R 是可换环.

证明 1. 以 R^+ 记 R 的加法群. 由命题 10.8 及可换群的结构定理可知，R^+ 能表示为一些子加群 R_i' 的直和:

$$R^+=R_1'\oplus\cdots\oplus R_l'. \tag{1}$$

其中，每 $R_i'=\{a:a\in R^+ \text{ 且 } p_i^{r_i}a=0\}$，$p_1,\cdots,p_l$ 为互异素数，每 $r_i\geqslant 1$.

现在证明，若 $u\in R_i'$, $v\in R_j'$, $(i\neq j)$，则

$$\text{在} R \text{中有 } uv=0. \tag{2}$$

因: $p_i^{r_i}uv=(p_i^{r_i}u)v=0\cdot v=0, p_j^{r_j}uv=u(p_j^{r_j}v)=u\cdot 0=0$，又由 $p_i\neq p_j$ 知，存在整数 h, k 使 $hp_i^{r_i}+kp_j^{r_j}=1$，由此易知，$uv=0$.

由 (1),(2) 易知: 在环 R 中，每一 R_i' 都是 R 的一个理想子环

R_i 的加群. 并且, 由 (1) 可知, 环 R 能表示为这些理想子环的直和:

$$R = R_1 \oplus \cdots \oplus R_l. \tag{3}$$

2. 现在引用 R 中无幂零元的题设来证明: (3) 中每一 R_i $(1 \leqslant i \leqslant l)$ 都是可换环. 从而, R 自身是可换环.

任取 $a \in R_i$, 则 $p_i^{r_i} a = 0$, 从而有 $(p_i a)^{r_i} = 0$. 又因 R 中无(非 0 的)幂零元, 所以

$$p_i a = 0. \tag{4}$$

以 S 记 a 所生成的子环. S 显然是可换环, 又无幂零元, 故由环论可知, S 能同构地嵌入一些域 $F_1, F_2, F_3, \cdots$ 的直和中. (参见文献 [12].)

又由 (4) 及命题 10.6 证明的末段易知, S 是有限环. 所以, S 在每一 $F_k(k = 1,2,3,\cdots)$ 中的投影是域 F_k 的有限子环 F'_k, 从而易知, F'_k 自身是域(因易证在乘法下 $F'_k \setminus \{0\}$ 是 $F_k \setminus \{0\}$ 的子乘群, 所以对逆元封闭). 所以, S 能同构地嵌入诸有限域 F'_1, $F'_2, F'_3, \cdots$ 的直和中.

由 (4) 可知, S 的每一元素 b (是 a 的整系数多项式)都适合 $p_i b = 0$. 再由 F'_k 是 S 在 F_k 中的投影易知, 每一 F'_k 的特征数都是 p_i. 所以, F'_k 的元数为 $p_i^{t_k}$ 形状, 并且, $p_i^{t_k}$ 不超过 S 的元数 $(k = 1,2,3,\cdots)$.

由上可知, 存在正整数 j, 能使

$$a^{p_i^j} = a. \tag{5}$$

由于对 R_i 中任取的元素 a 都有 (5) 形的等式, 所以 R_i 是可换环 $(i = 1, \cdots, l)$. (证明见文献 [10], p. 217.)再由(3)即知, R 是可换环. (证毕)

下面给出一些具有有限多个不同构的可数模型的完全理论的例.

例 3 (Ehrenfeucht) 令 $\mathscr{L} = \{\leqslant, c_1, c_2, c_3, \cdots\}$. 令 $T^{(3)}$ 为由无端点稠密有序集的公理 (参见 MT, p. 38) 及诸语句 $c_1 < c_2$, $c_2 < c_3$, $\cdots$ 组成的理论. ($c_i < c_j$ 代表: $(c_i \leqslant c_j) \wedge$

$(c_i \neq c_j)$.)则 $T^{(3)}$ 为$\mathscr{L}$中的完全理论,并且,$T^{(3)}$ 恰有 3 个互不同构的可数模型.

证明 1. 把 $T^{(3)}$ 简记为 T. 先证 T 为模型完全的.

设 $\mathfrak{A}$, $\mathfrak{B}\models T$ 且 $\mathfrak{A}\subseteq\mathfrak{B}$. (设 $c_1, c_2, c_3, \cdots$ 在 $\mathfrak{A}$ 中的解释为 $r_1, r_2, r_3, \cdots$). 令 $\mathscr{L}_A=\mathscr{L}\cup\{d_a: a\in A\}$. 任取 $\mathscr{L}_A$ 中一个存在语句 $\varphi=(\exists x_1\cdots x_m)\rho(c_1\cdots c_n d_{a_1}\cdots d_{a_l}x_1\cdots x_m)$($\rho$ 中无量词),且设 $\mathfrak{B}_A\models\varphi$,则存在 $b_1,\cdots,b_m\in B$,能使

$$\mathfrak{B}_A\models\rho(c_1\cdots c_n d_{a_1}\cdots d_{a_l}x_1\cdots x_m)[b_1\cdots b_m]. \qquad (1)$$

由 $\mathfrak{A}$ 的无端稠密性可知,在 A 中能找到 m 元组 $b_1',\cdots,b_m'$,使

$$\begin{cases}\gamma_1\cdots\gamma_n & a_1\cdots a_l & b_1\cdots b_m\\ \downarrow\cdots\downarrow & \downarrow\cdots\downarrow & \downarrow\cdots\downarrow\\ \gamma_1\cdots\gamma_n & a_1\cdots a_l & b_1'\cdots b_m'\end{cases}$$

是这两组元素间保持 $\leqslant$ 的 1-1 对应(可对 m 归纳证明). 从而,由 (1) 有(注意 ρ 中无量词)

$$\mathfrak{B}_A\models\rho(c_1\cdots c_n d_{a_1}\cdots d_{a_l}x_1\cdots x_m)[b_1'\cdots b_m'],$$

再由 $\mathfrak{A}_A\subseteq\mathfrak{B}_A$ 有(因 ρ 中无量词)

$$\mathfrak{A}_A\models\rho(c_1\cdots c_n d_{a_1}\cdots d_{a_l}x_1\cdots x_m)[b_1'\cdots b_m'],$$

所以 $\mathfrak{A}_A\models\rho$.

故由命题 3.6 可知,T 是模型完全的.

2. 证 T 是完全的.

取 T 的模型 $\mathfrak{A}_1=(Q,\leqslant,1,2,3,\cdots)$,其中 Q 为有理数集,n 为 c_n 的解释 $(n=1,2,3,\cdots)$. 将 Q 中元素任依一方式枚举如下: $Q=\{a_1,a_2,a_3,\cdots\}$.

任取 T 的模型 $\mathfrak{B}=(B,\leqslant,\beta_1,\beta_2,\beta_3,\cdots)$. 现在构作一个由 $\mathfrak{A}$ 到 $\mathfrak{B}$ 内的同构映射 f 如下:

先令 $1\xrightarrow{f}\beta_1$, $2\xrightarrow{f}\beta_2$, $3\xrightarrow{f}\beta_3,\cdots$.

然后考虑 a_1. 若 a_1 为一正整数 n,令 $a_1\xrightarrow{f}\beta_n$. 否则或 $a_1<1$ 或对某正整数 j 有 $j<a_1<j+1$. 在前一情况, 任取 B 中一个小于 β_1 的元素 b_1, 而令 $a_1\xrightarrow{f}b_1$. 在后一情况, 任取 B 中一个大于 β_j 而小于 β_{j+1} 的元素作为 b_1,而令 $a_1\xrightarrow{f}b_1$.

再考虑 a_2，按照 a_2 相对于 a_1 及 1, 2, 3… 的位置，仿上在 B 中相应地取 b_2，而令 $a_2 \xrightarrow{f} b_2$.

再仿上陆续由 a_3 找 b_3，由 a_4 找 b_4，….

易见 f 为由 $\mathfrak{A}$ 到 $\mathfrak{B}$ 内的同构嵌入.

由此及 1. 及命题 3.8 即知，T 是完全的.

3. 证 T 有 3 个不同构的可数模型.

取 T 的下列 3 个模型：$\mathfrak{A}_1$ 同上. $\mathfrak{A}_2=\left(Q, \leqslant, \frac{1}{2}, \frac{3}{4}, \frac{7}{8}, \cdots\right)$. $\mathfrak{A}_3=(Q, \leqslant, 3, 3.1, 3.14, \cdots)$，其中 3, 3.1, 3.14, …… 是十进制下 π 的位数递增的不足近似值. 现在证明 $\mathfrak{A}_1$, $\mathfrak{A}_2$, $\mathfrak{A}_3$ 互不同构.

3.1. 假若 g 是由 $\mathfrak{A}_1$ 到 $\mathfrak{A}_2$ 上的同构对应，则在 g 下应 $1 \to \frac{1}{2}$, $2 \to \frac{3}{4}$, $3 \to \frac{7}{8}$, …. 考虑 $\mathfrak{A}_2$ 中的元素 1，设在 g 下它在 $\mathfrak{A}_1$ 中的原象为 r (即 $r \to 1$). 则由 $\mathfrak{A}_2$ 中的 $\frac{1}{2}<1, \frac{3}{4}<1, \frac{7}{8}<1$, … 知，在 $\mathfrak{A}_1$ 中应有 $1<r$, $2<r$, $3<r$, …. 此不可能，所以 g 不存在. 即 $\mathfrak{A}_1 \not\cong \mathfrak{A}_2$.

3.2. 仿上可知 $\mathfrak{A}_1 \not\cong \mathfrak{A}_3$.

3.3. 假若 h 是由 $\mathfrak{A}_2$ 到 $\mathfrak{A}_3$ 上的同构对应，则在 h 下应 $\frac{1}{2} \to 3$, $\frac{3}{4} \to 3.1$, $\frac{7}{8} \to 3.14$, …. 设在 h 下 $1 \to s$，则由 $\frac{1}{2}<1, \frac{3}{4}<1, \frac{7}{8}<1$, … 应有 $3<s$, $3.1<s$, $3.14<s$, …. 从而有 $\pi \leqslant s$，但 $\pi \notin Q$，所以 $\pi<s$. 由此知，存在 $s_1 \in Q$ 使 $\pi<s_1<s$. 设 s_1 在 h 下的原象为 r_1，则由 $3, 3.1, 3.14, \cdots<s_1<s$，应有 $\frac{1}{2}, \frac{3}{4}, \frac{7}{8}, \cdots<r_1<1$. 但显见，此种 r_1 不存在. 所以，$\mathfrak{A}_2 \not\cong \mathfrak{A}_3$.

4. 证 T 只有 3 个互不同构的可数模型.

任取T的一个可数模型 $\mathfrak{A}=(A, \leqslant, a_1, a_2, a_3, \cdots)$. 由$(A, \leqslant)$为可数的无端点稠密有序集可知，存在由$(A, \leqslant)$到$(Q, \leqslant)$上的同构对应$k$. (用通常的"过来过去法"易证.)从而易见，$k$也是由$\mathfrak{A}$到$\mathfrak{B}=(Q, \leqslant, r_1, r_2, r_3, \cdots)$ (其中 $r_i=k(a_i)$; $i=1, 2, 3, \cdots$) 上的同构对应，所以$\mathfrak{A}\cong\mathfrak{B}$. 以下再证明：$\mathfrak{B}$与$\mathfrak{A}_1, \mathfrak{A}_2, \mathfrak{A}_3$之一同构.

4.1. 若$r_1<r_2<r_3<\cdots$无上界. 证$\mathfrak{B}$与$\mathfrak{A}_1$同构.

令f_1为由$\mathfrak{B}$的子集$(-\infty, r_1)$(开区间)到$\mathfrak{A}_1$的子集$(-\infty, 1)$上的任一个保持$\leqslant$的1-1对应；f_2为由$\mathfrak{B}$的子集(r_1, r_2)到$\mathfrak{A}_1$的子集$(1, 2)$上的任一个保持$\leqslant$的1-1对应；……. 再令f_0为$r_1\to1, r_2\to2, \cdots$，则由$f_0, f_1, f_2, \cdots$可以合成一个由$\mathfrak{B}$到$\mathfrak{A}_1$上的同构对应. 所以$\mathfrak{B}\cong\mathfrak{A}_1$.

4.2. 若 $r_1<r_2<r_3<\cdots$有上界，且其极限为有理数，仿上可证$\mathfrak{B}\cong\mathfrak{A}_2$.

4.3. 若$r_1<r_2<r_3<\cdots$有上界，且其极限为无理数，仿上可证$\mathfrak{B}\cong\mathfrak{A}_3$.

5. 仿下例可证：$\mathfrak{A}_1$为可数地素模型. $\mathfrak{A}_3$为可数地饱和模型. (证毕)

例4 (Ehrenfeucht) 设r为任一正整数. 令$\mathscr{L}_r=\{\leqslant, c_1, c_2, c_3, \cdots, U_1, \cdots, U_r\}$，其中，$U_1, \cdots, U_r$为1元关系符号. 以下以$U_0(x)$简记$(\neg U_1(x))\wedge\cdots\wedge(\neg U_r(x))$. 令$T^{(3+r)}$为由$T^{(3)}$及下列诸语句组成的理论："$U_1(c_1), \cdots, U_r(c_r), U_0(c_{r+1}), U_0(c_{r+2}), \cdots$". 并且"对任二 $i\neq j$，无x能既$U_i(x)$又$U_j(x)$，$(1\leqslant i, j\leqslant r)$". 并且"任二不同的$U_i$点之间存在任何$U_j$点$(0\leqslant i,j\leqslant r)$."则$T^{(3+r)}$为$\mathscr{L}_r$中的完全理论，并且，$T^{(3+r)}$恰有$3+r$个互不同构的可数模型.

证明 1. 仿$T^{(3)}$可证，$T^{(3+r)}$是模型完全的.

2. 仿$T^{(3)}$可证，$T^{(3+r)}$是完全的. (下列的$\mathfrak{A}_1$相当于$T^{(3)}$处的$\mathfrak{A}_1$.)

3. 证$T^{(3+r)}$有$3+r$个互不同构的可数模型.

令 $\mathfrak{A}_1=(Q,\leqslant,1,2,3,\cdots,V_1,\cdots,V_r)$，其中，$V_i=\{t:t\in Q,t$ 非整数，在 t 的最简分数表示 $\frac{a}{b}(b>0)$ 中 b 为 p_i^j 形状$\}\cup\{i\}(p_1=2,p_2=3,p_3=5,\cdots;i=1,\cdots,r)$.

$$\mathfrak{A}_2=\left(Q,\leqslant,\frac{1}{2},\frac{3}{4},\frac{7}{8},\cdots,V_1^{(2)},\cdots,V_r^{(2)}\right),$$

其中，$V_1^{(2)}=V_1\Big\backslash\left\{1,\frac{3}{4},\frac{7}{8},\frac{15}{16},\cdots\right\}$，$V_2^{(2)}=(V_2\backslash\{2\})\cup\left\{\frac{3}{4}\right\}$，$V_3^{(2)}=(V_3\backslash\{3\})\cup\left\{\frac{7}{8}\right\},\cdots,V_r^{(2)}=(V_r\backslash\{r\})\cup\left\{\frac{2^r-1}{2^r}\right\}$.

$$\mathfrak{A}_3=\left(Q,\leqslant,\frac{1}{2},\frac{3}{4},\frac{7}{8},\cdots,V_1^{(3)},\cdots,V_r^{(3)}\right)$$

其中，$V_1^{(3)}=V_1^{(2)}\cup\{1\}$，$V_2^{(3)}=V_2^{(2)},V_3^{(3)}=V_3^{(2)},\cdots,V_r^{(3)}=V_r^{(2)}$.

$$\mathfrak{A}_4=\left(Q,\leqslant,\frac{1}{2},\frac{3}{4},\frac{7}{8},\cdots,V_1^{(4)},\cdots,V_r^{(4)}\right),$$

其中，$V_1^{(4)}=V_1^{(2)}$，$V_2^{(4)}=V_2^{(2)}\cup\{1\}$，$V_3^{(4)}=V_3^{(2)},\cdots,V_r^{(4)}=V_r^{(2)}$.

....

$$\mathfrak{A}_{2+r}=\left(Q,\leqslant,\frac{1}{2},\frac{3}{4},\frac{7}{8},\cdots,V_1^{(2+r)},\cdots,V_r^{(2+r)}\right),$$

其中，$V_1^{(2+r)}=V_1^{(2)}$，$V_2^{(2+r)}=V_2^{(2)},\cdots,V_{r-1}^{(2+r)}=V_{r-1}^{(2)},V_r^{(2+r)}=V_r^{(2)}\cup\{1\}$.

$\mathfrak{A}_{3+r}=(Q,\leqslant,\pi_1,\pi_2,\pi_3,\cdots,V_1^{(3+r)},\cdots,V_r^{(3+r)})$，其中，$\pi_1=3$，$\pi_2=3.1$，$\pi_3=3.14$，$\cdots$. $V_1^{(3+r)}=(V_1\backslash\{1,\pi_1,\pi_2,\pi_3,\cdots\})\cup\{\pi_1\}$，$V_2^{(3+r)}=(V_2\backslash\{2,\pi_1,\pi_2,\pi_3,\cdots\})\cup\{\pi_2\},\cdots,V_r^{(3+r)}=(V_r\backslash\{r,\pi_1,\pi_2,\pi_3,\cdots\})\cup\{\pi_r\}$.

易证 $\mathfrak{A}_1,\mathfrak{A}_2,\cdots,\mathfrak{A}_{3+r}$ 互不同构.（注意：在 $\mathfrak{A}_1$ 中，对 $c_1<c_2<c_3<\cdots$ 的解释 $1<2<3<\cdots$ 无上界. 在 $\mathfrak{A}_2$ 中，相应的解释 $\frac{1}{2}<\frac{3}{4}<\frac{7}{8}<\cdots$ 有最小上界 1 而 1 不在 $V_1^{(2)},V_2^{(2)},\cdots,V_r^{(2)}$ 中. 在 $\mathfrak{A}_3$ 中，相应的解释的最小上界 $1\in V_1^{(3)}$. $\cdots$. 在 $\mathfrak{A}_{2+r}$ 中，相应的解释的最小上界 $1\in V_r^{(2+r)}$. 在 $\mathfrak{A}_{3+r}$ 中，相应的解释 $3<$

$3.1<3.14<\cdots$有上界而无最小上界.)

4. 仿 $T^{(3)}$ 可证,$T^{(3+r)}$ 的每一可数模型都与 $\mathfrak{A}_1, \mathfrak{A}_2, \cdots, \mathfrak{A}_{3+r}$ 之一同构.

5. 不难证明, $\mathfrak{A}_1$ 同构于 $\mathfrak{A}_2$ 的以开区间 $(-\infty, 1)$ 为论域的子模型 $\mathfrak{A}_2'$, 又易见 $\mathfrak{A}_2' \prec \mathfrak{A}_2$ (证仿 $T^{(3)}$ 的 1.), 所以 $\mathfrak{A}_1$ 能初等嵌入 $\mathfrak{A}_2$ 中. 同理,$\mathfrak{A}_1$ 能初等嵌入 $\mathfrak{A}_3, \cdots, \mathfrak{A}_{2+r}$ 中. $\mathfrak{A}_1$ 又同构于 $\mathfrak{A}_{3+r}$ 的以 $(-\infty, \pi)$ 为论域的子模型 $\mathfrak{A}_{3+r}'$ 且 $\mathfrak{A}_{3+r}' \prec \mathfrak{A}_{3+r}$, 所以 $\mathfrak{A}_1$ 也能初等嵌入 $\mathfrak{A}_{3+r}$ 中. 再由 4. 即知: $\mathfrak{A}_1$ 是可数地素模型.

6. 证 $\mathfrak{A}_{3+r}$ 是 ω-万有的. ($\mathfrak{A}_2, \cdots, \mathfrak{A}_{2+r}$ 也都是 ω-万有的,证明仿此.)

由 5. 已知,$\mathfrak{A}_1$ 能初等嵌入 $\mathfrak{A}_{3+r}$ 中. 现在证明, 每一 $\mathfrak{A}_{2+i}(i=0,1,\cdots,r)$ 也都能初等嵌入 $\mathfrak{A}_{3+r}$ 中.

在 $\mathfrak{A}_{3+r}$ 中, 任意取定 $V_i^{(3+r)}$ 中一个大于 π 的数 λ_i. (视 $V_0^{(3+r)}$ 为 $Q\backslash(V_1^{(3+r)} \cup \cdots \cup V_r^{(3+r)})$.) 令 $\mathfrak{B}_i$ 为 $\mathfrak{A}_{3+r}$ 的以 $Q\backslash(\pi, \lambda_i)$ 为论域的子模型, 则易见存在一个由 $\mathfrak{A}_{2+i}$ 到 $\mathfrak{B}_i$ 上的同构对应 f_i, 在其下有 $\frac{1}{2} \longrightarrow 3$, $\frac{3}{4} \longrightarrow 3.1$, $\frac{7}{8} \longrightarrow 3.14$, …… 及 $1 \longrightarrow \lambda_i$. 此外又可证 $\mathfrak{B}_i \prec \mathfrak{A}_{3+r}$ (证仿 $T^{(3)}$ 的 1.). 所以 $\mathfrak{A}_{2+i}$ 能初等嵌入 $\mathfrak{A}_{3+r}$ 中 $(i=0, 1, \cdots, r)$. 再由 4. 即知: $\mathfrak{A}_{3+r}$ 是 ω-万有的.

7. 证诸 $\mathfrak{A}_{2+i}(0 \leqslant i \leqslant r)$ 均非 ω-饱和的. (从而易知, $\mathfrak{A}_{3+r}$ 是 ω-饱和的.)

对任意取定的 $i(0 \leqslant i \leqslant r)$,简记 $\mathfrak{A}_{2+i}$ 为 $\mathfrak{A}$,记 6. 中的 $\mathfrak{B}_i$ 为 $\mathfrak{B}$,λ_i 为 λ, 记 $\mathfrak{A}_{3+r}$ 为 $\mathfrak{B}_1$.

由 $\mathfrak{B} \prec \mathfrak{B}_1$ 可知,$\mathfrak{B}$ 中的元素 λ 在 $\mathfrak{B}$ 及 $\mathfrak{B}_1$ 中适合的 $\mathscr{L}$ 中公式集相同,从而,在语言 $\mathscr{L}' = \mathscr{L} \cup \{d\}$ 中,有 $(\mathfrak{B}, \lambda) \equiv (\mathfrak{B}_1, \lambda)$. 所以, $\mathrm{Th}(\mathfrak{B}, \lambda) = \mathrm{Th}(\mathfrak{B}_1, \lambda)$,由此可知,$\mathrm{Th}(\mathfrak{B}_{(\lambda)}) = \mathrm{Th}(\mathfrak{B}_{1(\lambda)})$. 又易见 $(\mathfrak{A}, 1) \cong (\mathfrak{B}, \lambda)$, 所以 $\mathrm{Th}(\mathfrak{A}_{(1)}) = \mathrm{Th}(\mathfrak{B}_{(\lambda)})$,从而有

$$\mathrm{Th}(\mathfrak{A}_{(1)}) = \mathrm{Th}(\mathfrak{B}_{1(\lambda)}). \tag{1}$$

在 $\mathfrak{B}_{1(\lambda)}$ 中取一元素 μ,使 $\pi < \mu < \lambda$,则 μ 适合 $\mathscr{L}'$ 中如下的公式集 $\Sigma(x) = \{x < d, \ c_1 < x, \ c_2 < x, \ \cdots\}$, 所以, $\Sigma(x)$ 与 Th

$(\mathfrak{B}_{1(1)})$ 和谐，再由 (1) 知，$\Sigma(x)$ 与 $\mathrm{Th}(\mathfrak{A}_{(1)})$ 和谐. 但易见，$\mathfrak{A}_{(1)}$ 中无有元素能实现 $\Sigma(x)$，所以，$\mathfrak{A}(=\mathfrak{A}_{2+i})$ 不是 ω-饱和的. ($i=0,1,\cdots,r$.)

又由 5. 及定理 10.1 的 (ii) 可知，$\mathfrak{A}_1$ 也不是 ω-饱和的. 但由 4. 及推论 9.6 知，$T^{(3+r)}$ 具有可数地饱和模型，所以，$\mathfrak{A}_{3+r}$ 必是 ω-饱和的. (证毕)

关于可数语言中只有有限多个可数模型，且非 ω -范畴的完全理论的其他例子，可参看文献 [13], [14].

例 5 令 $\mathscr{L}=\{+,\cdot,0,1\}$，令 T 为特征数 0 (或特征数 p) 的代数闭域理论. 则 T 为完全理论，并且，T 恰有 ω 个互不同构的可数模型.

证明 T 的完全性见第三章例 7.

由代数知，T 的两个模型同构的充分必要条件是它们在其最小子域上的超越度相同. 而由模型可数知，其上述的超越度能且只能是 0, 1, 2, $\cdots$ 或 ω. 所以，T 恰有 ω 个互不同构的可数模型 $\mathfrak{A}_0, \mathfrak{A}_1, \mathfrak{A}_2, \cdots, \mathfrak{A}_\omega$ ($\mathfrak{A}_i$ 在其最小子域上的超越度为 i).

又由定理 3.10 可知，T 是模型完全的. 由此及 $\mathfrak{A}_0\subseteq\mathfrak{A}_i$ ($i=0,1,2,\cdots,\omega$) 可知，$\mathfrak{A}_0$ 是可数地素模型. 同理，由 $\mathfrak{A}_i\subseteq\mathfrak{A}_\omega$ ($i=0,1,2,\cdots,\omega$) 可知，$\mathfrak{A}_\omega$ 是可数地万有模型. 又易知，其他 $\mathfrak{A}_i$ 均非可数地万有模型. 从而，由推论 9.6 及定理 9.9 可知，$\mathfrak{A}_\omega$ 是可数地饱和模型. (证毕)

例 6 令 $\mathscr{L}=\{P_0, P_1, P_2, \cdots\}$，其中每个 $P_i (i\in\omega)$ 都是 1 元关系符号. 令 T 为由一切如下形状的语句所组成的理论:

$$(\exists x)(P_{i_1}(x)\wedge\cdots\wedge P_{i_m}(x)\wedge\neg P_{j_1}(x)\wedge\cdots\wedge\neg P_{j_n}(x)).$$

(其中，$i_1,\cdots,i_m,j_1,\cdots,j_n$ 互异；m, n 为正数数.) 则 T 为完全理论，并且，T 恰有 2^ω 个互不同构的可数模型.

证明 1. 先证明，对任何正整数 m, n 及任一组互异的自然数 $i_1,\cdots,i_m,j_1,\cdots,j_n$，在 T 的任一模型 $\mathfrak{A}$ 中都有无限多元素能适合

$$P_{i_1}(x)\wedge\cdots\wedge P_{i_m}(x)\wedge\neg P_{j_1}(x)\wedge\cdots\wedge\neg P_{j_n}(x).$$

为使记号简便，用一个有代表性的特例来说明．设 $\varphi(x)=P_1(x)\wedge\cdots\wedge P_m(x)\wedge\neg P_{m+1}(x)\wedge\cdots\wedge\neg P_{m+n}(x)$．则由 $\mathfrak{A}\models T$ 可知，在 $\mathfrak{A}$ 中存在元素 a_1 适合 $\varphi(x)\wedge P_{m+n+1}(x)$，存在 a_2 适合 $\varphi(x)\wedge\neg P_{m+n+1}(x)\wedge P_{m+n+2}(x)$，存在 a_3 适合 $\varphi(x)\wedge\neg P_{m+n+1}(x)\wedge\neg P_{m+n+2}(x)\wedge P_{m+n+3}(x)$，$\cdots$．显见 $a_1, a_2, a_3, \cdots$ 互不相同，并且都适合 $\varphi(x)$．

2. 设 $\mathfrak{A}$ 为 T 的任一可数模型，证明存在 $\mathfrak{A}$ 的基数为 2^ω 的初等扩张 $\mathfrak{B}$．

令 $\mathscr{L}_A=\mathscr{L}\cup\{c_a: a\in A\}$，$\mathscr{L}'_A=\mathscr{L}_A\cup\{c_\xi^S:\xi<2^\omega, S\subseteq\omega\}$．令 $T'_A=\mathrm{Th}(\mathfrak{A}_A)\cup T'$，其中 $T'=T\cup\{c_\xi^S\not\approx c_\eta^S: 0\leqslant\xi<\eta<2^\omega; S\subseteq\omega\}\cup\{c_\xi^{S_1}\not\approx c_\eta^{S_2}:0\leqslant\xi\leqslant\eta<2^\omega; S_1,S_2\subseteq\omega, S_1\neq S_2\}\cup\{P_i(c_\xi^S):\xi<2^\omega; i\in S\subseteq\omega\}\cup\{\neg P_i(c_\xi^S):\xi<2^\omega; n\notin S\subseteq\omega\}$．

由 1. 易见，T'_A 的任何有限子集都能在 $\mathfrak{A}_A$ 的一个适当的膨胀模型中成立．故由紧致性定理知，T'_A 有模型，并且由 LST 定理知，T'_A 有基数为 2^ω 的模型 $\mathfrak{B}'$．由 $\mathfrak{B}'\models\mathrm{Th}(\mathfrak{A}_A)$ 知，不妨设 $\mathfrak{B}'$ 在 $\mathscr{L}$ 中的归约 $\mathfrak{B}$ 是 $\mathfrak{A}$ 的初等扩张：$\mathfrak{A}\prec\mathfrak{B}$．

3. 设 $\mathfrak{A}_1$，$\mathfrak{A}_2$ 是 T 的任二可数模型，证 $\mathfrak{A}_1\equiv\mathfrak{A}_2$．

由 2. 知，各存在 $\mathscr{L}'_{A_1}$，$\mathscr{L}'_{A_2}$ 的基数为 2^ω 的模型 $\mathfrak{B}'_1$，$\mathfrak{B}'_2$，使 $\mathfrak{B}'_1\models\mathrm{Th}(\mathfrak{A}_{A_1})\cup T'$，$\mathfrak{B}'_2\models\mathrm{Th}(\mathfrak{A}_{A_2})\cup T'$．令 $\mathfrak{B}'_1$，$\mathfrak{B}'_2$ 在 $\mathscr{L}$ 中的归约各为 $\mathfrak{B}_1$，$\mathfrak{B}_2$，则可设 $\mathfrak{A}_1\prec\mathfrak{B}_1$，$\mathfrak{A}_2\prec\mathfrak{B}_2$，从而有

$$\mathfrak{A}_1\equiv\mathfrak{B}_1,\quad \mathfrak{A}_2\equiv\mathfrak{B}_2. \tag{1}$$

现在，再由 $\mathfrak{B}'_1\models T'$ 及 $\mathfrak{B}'_2\models T'$，证明 $\mathfrak{B}_1\cong\mathfrak{B}_2$．

对每 $S\subseteq\omega$，由 T' 的公理可知，$\mathfrak{B}_1$ 中至少含有 2^ω 个元素 $r_\xi^S(\xi<2^\omega)$，使

$$\text{当且只当 } i\in S \text{ 时}, \mathfrak{B}_1\models P_i(x)[r_\xi^S]. \tag{2_S}$$

再由 $\mathfrak{B}_1$ 基数为 2^ω 可知，$\mathfrak{B}_1$ 中恰有 2^ω 个适合 (2_S) 的元素，它们组成 B_1 的子集 D_S．由 (2_S) 又易见，当 ω 的子集 S_1，S_2 不同时，D_{S_1} 与 D_{S_2} 不相交．又显见 B_1 中每一元素都属于某一 D_S．

所以，B_1 是 2^ω 个互不相交的 $D_S(S\subseteq\omega)$ 的并集，每个 D_S 基数为 2^ω，其中每个元素都适合 (2_S)．

同理，B_2 是 2^{ω} 个互不相交的 $E_S(S\subseteq\omega)$ 的并集，每个 E_S 基数为 2^{ω}，其中每个元素都适合 (2_S).

对每个 $S\subseteq\omega$，令 f_S 为由 D_S 到 E_S 上的任一 1-1 映射. 则由诸 $f_S(S\subseteq\omega)$ 可以合成一个由 B_1 到 B_2 上的 1-1 映射 f，并且，由 (2_S) 易见，f 是由 $\mathfrak{B}_1$ 到 $\mathfrak{B}_2$ 上的同构映射.

由 $\mathfrak{B}_1\cong\mathfrak{B}_2$ 及 (1) 即知 $\mathfrak{A}_1\equiv\mathfrak{A}_2$.

4. 证 T 为完全理论，

假若 T 不是 $\mathscr{L}$ 中的完全理论，则存在 $\mathscr{L}$ 中语句 φ，使 $T\cup\{\varphi\}$ 及 $T\cup\{\neg\varphi\}$ 都和谐. 从而由 LST 定理知，存在 $T\cup\{\varphi\}$ 的可数模型 $\mathfrak{A}_1$ 及 $T\cup\{\neg\varphi\}$ 的可数模型 $\mathfrak{A}_2$. 显然 $\mathfrak{A}_1\not\equiv\mathfrak{A}_2$，这与 3. 矛盾.

5. 证 T 不是原子的理论.

任取 $\mathscr{L}$ 中一个与 T 和谐的语句 $\varphi(x)$. 设其中出现的关系符号都在 $P_0, P_1, \cdots, P_n$ 中.

由 $\varphi(x)$ 与 T 和谐知，存在 $\mathfrak{A}\models T$ 及 $a\in A$ 使

$$\mathfrak{A}\models\varphi(x)[a]. \tag{3}$$

为使记号简便，以下讨论 a 的一种有代表性的特殊情况：设 a 适合 $P_0(x),\cdots,P_i(x),\neg P_{i+1}(x),\cdots,\neg P_n(x)$ 及 $\neg P_{n+1}(x)$.（其他情况仿此.）由 T 的公理可知，存在 $b\in A$，适合 $P_0(x),\cdots,P_i(x),\neg P_{i+1}(x),\cdots,\neg P_n(x)$ 及 $P_{n+1}(x)$.

考虑 $\mathfrak{A}$ 在语言 $\mathscr{L}^0=\{P_0,\cdots,P_n\}$ 中的归约 $\mathfrak{A}^0$. 由 (3) 可知

$$\mathfrak{A}^0\models\varphi(x)[a]. \tag{4}$$

令 f 为由 A 到 A 上的下列映射：$f(a)=b$, $f(b)=a$, 对其他 $d\in A$, $f(d)=d$. 则由 b 的取法可知，f 是 $\mathfrak{A}^0$ 的自同构映射. 故由 (4) 有 $\mathfrak{A}^0\models\varphi(x)[b]$，从而有 $\mathfrak{A}\models\varphi(x)[b]$.

所以，$\mathfrak{A}\models(\varphi(x)\wedge\neg P_{n+1}(x))[a]$ 并且，$\mathfrak{A}\models(\varphi(x)\wedge P_{n+1}\cdot(x))[b]$. 由此可知，$T\not\models(\forall x)(\varphi(x)\to P_{n+1}(x))$，并且，$T\not\models(\forall x)\cdot(\varphi(x)\to\neg P_{n+1}(x))$. 从而，$\varphi(x)$ 不是对 T 完全的公式.

由上可知，$\mathscr{L}$ 中不存在对 T 完全的公式，从而显见，T 不是原子的. 由此及定理 9.3 知，T 没有可数地素模型. 再由定理 9.10

可知，T 没有可数地饱和模型.

6. 证 T 有 2^ω 个不同构的可数模型.

把 ω 的一切有限子集任依一法枚举如下:

$$X_1, X_2, X_3, \cdots.$$

另外，任取 ω 的一个无限子集 X_0.

现在以 ω 作为论域，定义 $\mathscr{L}$ 的模型 $\mathfrak{A}_{X_0} = (\omega, Q_0, Q_1, Q_2, \cdots)$ 如下: 对任何 $i, j \in \omega$，当且只当 $i \in X_j$ 时，令 $Q_i(j)$ 为真.

易见 $\mathfrak{A}_{X_0} \models T$. (因: 对于 T 的任一公理 $(\exists x)\phi(x) = (\exists x) \cdot (P_{i_1}(x) \wedge \cdots \wedge P_{i_m}(x) \wedge \neg P_{j_1}(x) \wedge \cdots \wedge \neg P_{j_n}(x))$，设 $\{i_1, \cdots, i_m\}$ 为 X_k，则有 $\mathfrak{A}_{X_0} \models \phi(x)[k]$).

又，对于 ω 的不同的无限子集 X_0, X_0'，有 $\mathfrak{A}_{X_0} \ncong \mathfrak{A}_{X_0'}$. 因: 在 $\mathfrak{A}_{X_0}$ 中，元素 $a = 0$ 适合"当且只当 $i \in X_0$ 时，$Q_i(a)$ 真". 但易见，在 $\mathfrak{A}_{X_0'}$ 中不存在适合"……"的元素 a.

由于 ω 有 2^ω 个无限子集，所以，用以上定义法可得到 T 的 2^ω 个互不同构的可数模型.

另外易证，任何可数语言 $\mathscr{L}_1$ (从而 $\mathscr{L}_1$ 中的任何理论 T_1) 至多有 2^ω 个不同构的可数模型. 所以，T 恰有 2^ω 个互不同构的可数模型. (证毕)

设 T 为一可数语言 $\mathscr{L}$ 中的完全理论，以 $f_T(\omega)$ 表示 T 的不同构的可数模型个数. 在不用广义连续统假设的条件下，R. Vaught 有一个猜想: "如果 $f_T(\omega) > \omega$，则 $f_T(\omega) = 2^\omega$." 对此猜想，现在只有部分解答. M. Morley 证明了: "如果 $f_T(\omega) > \omega_1$，则 $f_T(\omega) = 2^\omega$."(见文献 [15].) 又如，对于可数地齐次模型的特殊情况，罗里波证明了: "如果 T 的可数地齐次模型个数 $h_T(\omega) > \omega$，则 $h_T(\omega) = 2^\omega$."(见文献 [16].)

第十一章　Skolem 函数与不可辨元

设$\mathscr{L}$为任一语言．现在由$\mathscr{L}$作一个膨胀语言 $\mathscr{L}^*(\supseteq\mathscr{L})$ 如下：对$\mathscr{L}$中每个如下形状的公式(注意：只有约束变量不同的公式看作相同，以下仿此)．

$$\phi=(\exists x)\varphi(xx_1\cdots x_n)\quad(n\in\omega)$$

写出一个新的 n 元函数符号 F_ϕ；令

$$\mathscr{L}^*=\mathscr{L}\cup\{F_\phi:\phi=(\exists x)\varphi\text{ 为}\mathscr{L}\text{中公式}\}.$$

称 $\mathscr{L}^*$ 为$\mathscr{L}$的一个 **Skolem 膨胀(语言)**．

易见有 $\|\mathscr{L}^*\|=\|\mathscr{L}\|$．

作 $\mathscr{L}^*$ 中的理论 $\Sigma_{\mathscr{L}}$ 如下：对$\mathscr{L}$中每个形状为 $(\exists x)\varphi(xx_1\cdots x_n)$的公式 ϕ，任取一组不在 ϕ 中出现的变元 $y_1,\cdots,y_n$，作 $\mathscr{L}^*$中的语句 σ_ϕ 为

$$(\forall y_1\cdots y_n)(\phi(y_1\cdots y_n)\to\varphi(F_\phi(y_1\cdots y_n)y_1\cdots y_n));$$

令

$$\Sigma_{\mathscr{L}}=\{\sigma_\phi:\phi=(\exists x)\varphi\text{ 为}\mathscr{L}\text{中公式}\},$$

称 $\Sigma_{\mathscr{L}}$ 为$\mathscr{L}$的 **Skolem 理论**．

设 $\mathfrak{A}$ 为$\mathscr{L}$的任一模型，$\mathfrak{A}^*$ 为 $\mathfrak{A}$ 在 $\mathscr{L}^*$ 中的一个膨胀．如果有 $\mathfrak{A}^*\models\Sigma_{\mathscr{L}}$，则称 $\mathfrak{A}^*$ 为 $\mathfrak{A}$ 的一个 **Skolem 膨胀(模型)**．

设 T 为$\mathscr{L}$中任一理论．令 $T^*=T\cup\Sigma_{\mathscr{L}}$．则 T^* 为 $\mathscr{L}^*$ 中的理论，称为 T 的 **Skolem 膨胀(理论)**．

命题 11.1　(i) $\mathscr{L}$ 的每一模型 $\mathfrak{A}$ 都有(至少)一个 Skolem 膨胀 $\mathfrak{A}^*$．

(ii) 设 T 是$\mathscr{L}$中的和谐理论，则 T 的 Skolem 膨胀 T^* 是 $\mathscr{L}^*$ 中的和谐理论．

(iii) 设 $\mathfrak{A}$, $\mathfrak{B}$ 是$\mathscr{L}$的模型，$\mathfrak{B}^*$ 是 $\mathfrak{B}$ 的一个 Skolem 膨胀，$\mathfrak{A}^0$ 是 $\mathfrak{A}$ 在 $\mathscr{L}^*$ 中的任一膨胀．如果 $\mathfrak{A}^0\subseteq\mathfrak{B}^*$，则 $\mathfrak{A}\prec\mathfrak{B}$．

证明　1．证 (i)．设 $\mathfrak{A}$ 是$\mathscr{L}$的任一模型．把 A 任意排为一

良序集．对于$\mathscr{L}$中每一形状为$(\exists x)\varphi(xx_1\cdots x_n)$的公式$\psi$，我们在$\mathfrak{A}$中如下补充定义一个$n$元函数$G_\psi$来解释$F_\psi$．对任何$a_1,\cdots,a_n\in A$：

若$\mathfrak{A}\models\psi[a_1\cdots a_n]$，则存在$a\in A$使$\mathfrak{A}\models\varphi[aa_1\cdots a_n]$；按上述良序取第1个这样的$a$，把它作为$G_\psi(a_1,\cdots,a_n)$的值．

若$\mathfrak{A}\not\models\psi[a_1\cdots a_n]$，取上述良序下第1个元素$a$作为$G_\psi(a_1,\cdots,a_n)$的值．

现在令$\mathfrak{A}^*=(\mathfrak{A},G_{\psi_0},G_{\psi_1},\cdots)$（其中$\psi_0,\psi_1,\cdots$通过$\mathscr{L}$中一切形状为$(\exists x)\varphi$的公式），则易见，$\mathfrak{A}^*$是$\mathfrak{A}$的一个Skolem膨胀。

2．证(ii)．设T和谐，则T有模型$\mathfrak{A}$．由(i)，$\mathfrak{A}$有Skolem膨胀$\mathfrak{A}^*$．易见$\mathfrak{A}^*\models T^*$，所以$T^*$和谐．

3．证(iii)．首先，由$\mathfrak{A}^0\subseteq\mathfrak{B}^*$可知，有$\mathfrak{A}\subseteq\mathfrak{B}$．

任取$\mathscr{L}$中一个形状为$(\exists x)\varphi(xx_1\cdots x_n)$的公式$\psi$，并任取$a_1,\cdots,a_n\in A$．如果有

$$\mathfrak{B}\models(\exists x)\varphi(xx_1\cdots x_n)[a_1\cdots a_n].\tag{1}$$

由$\mathfrak{B}^*$是$\mathfrak{B}$的Skolem膨胀知，$\mathfrak{B}^*\models\Sigma_{\mathscr{L}}$，特有（对上述的$\psi$）

$$\mathfrak{B}^*\models(\forall y_1\cdots y_n)(\psi(y_1\cdots y_n)\to\varphi(F_\psi(y_1\cdots y_n)y_1\cdots y_n)),$$

从而 $\mathfrak{B}^*\models(\psi(y_1\cdots y_n))\to\varphi(F_\psi(y_1\cdots y_n)y_1\cdots y_n)[a_1\cdots a_n]$．

但由(1)易见，有

$$\mathfrak{B}^*\models\psi(y_1\cdots y_n)[a_1\cdots a_n],$$

故得 $$\mathfrak{B}^*\models\varphi(F_\psi(y_1\cdots y_n)y_1\cdots y_n)[a_1\cdots a_n],$$

由此有 $$\mathfrak{B}\models\varphi(xx_1\cdots x_n)[G_\psi(a_1\cdots a_n)a_1\cdots a_n].\tag{2}$$

其中G_ψ是$\mathfrak{B}^*$中的一个函数．又由$a_1,\cdots,a_n\in A$及$\mathfrak{A}^0\subseteq\mathfrak{B}^*$可知

$$G_\psi(a_1\cdots a_n)\in A.\tag{3}$$

由$\mathfrak{A}\subseteq\mathfrak{B}$及(1)—(3)，并引用命题3.2即知，$\mathfrak{A}\prec\mathfrak{B}$．（证毕）

设$\mathfrak{A}^*$是$\mathfrak{A}$的一个Skolem膨胀，并设$X\subseteq A$．X在$\mathfrak{A}^*$中生成一个子模型$\mathfrak{H}(X)^0$，它在$\mathscr{L}$中的归约$\mathfrak{H}(X)$是$\mathfrak{A}$的一个子模型，其论域$H(X)$称为X在$\mathfrak{A}^*$中的**Skolem闭包**．

命题 11.2 设 $\mathfrak{A}^*$ 是 $\mathfrak{A}$ 的一个 Skolem 膨胀，并设 $X\subseteq A$. 则 $\mathfrak{H}(X)\prec\mathfrak{A}$，并且 $|H(X)|\leqslant|X|+\|\mathscr{L}\|$.

证明 X 在 $\mathfrak{A}^*$ 中生成的子模型 $\mathfrak{H}(X)^0$ 是 $\mathfrak{H}(X)$ 在 $\mathscr{L}^*$ 中的膨胀，故由命题 11.1 (iii)（以 $\mathfrak{H}(X)$，$\mathfrak{A}$ 各作为该处的 $\mathfrak{A}$，$\mathfrak{B}$）可知，$\mathfrak{H}(X)\prec\mathfrak{A}$.

又易见 $|H(X)|\leqslant|X|+\|\mathscr{L}\|$.（证毕）

设 T 为 $\mathscr{L}$ 中的理论. 如果对 $\mathscr{L}$ 中每一形状为 $(\exists x)\varphi(xx_1\cdots x_n)$ 的公式 ϕ，都存在 $\mathscr{L}$ 中一个项 $t_\phi(x_1\cdots x_n)$，能使

$$T\vdash(\forall y_1\cdots y_n)(\phi(y_1\cdots y_n)\rightarrow\varphi(t_\phi(y_1\cdots y_n)y_1\cdots y_n)).$$

（其中 $y_1,\cdots,y_n$ 不在 ϕ 及 $t_\phi(x_1\cdots x_n)$ 中出现.）则称 T 有**内在的 Skolem 函数**.

命题 11.3 若 $\mathscr{L}$ 中的理论 T 有内在的 Skolem 函数，则 T 是模型完全的.

证明 设 $\mathfrak{A}$，$\mathfrak{B}\models T$，并且 $\mathfrak{A}\subseteq\mathfrak{B}$. 现在证明 $\mathfrak{A}\prec\mathfrak{B}$.

对 $\mathscr{L}$ 中任一形状为 $(\exists x)\varphi(xx_1\cdots x_n)$ 的公式 ϕ 及任一组 $a_1,\cdots,a_n\in A$，设有

$$\mathfrak{B}\models(\exists x)\varphi(xx_1\cdots x_n)[a_1\cdots a_n]. \qquad (1)$$

由 $\mathfrak{B}\models T$ 及

$$T\vdash(\forall y_1\cdots y_n)(\phi(y_1\cdots y_n))\rightarrow\varphi(t_\phi(y_1\cdots y_n)y_1\cdots y_n),$$

有 $\mathfrak{B}\models(\phi(y_1\cdots y_n)\rightarrow\varphi(t_\phi(y_1\cdots y_n)y_1\cdots y_n))[a_1\cdots a_n]$.

再由 (1)，可得

$$\mathfrak{B}\models\varphi(t_\phi(y_1\cdots y_n)y_1\cdots y_n)[a_1\cdots a_n],$$

从而，有 $\mathfrak{B}\models\varphi(xx_1\cdots x_n)\ [\tau_\phi(a_1\cdots a_n)a_1\cdots a_n]$. (2)

（其中，$\tau_\phi(a_1\cdots a_n)$ 表示当以 $a_1,\cdots,a_n$ 各解释项 $t_\phi(x_1\cdots x_n)$ 中的 $x_1,\cdots,x_n$ 时在 $\mathfrak{B}$ 中所算得该项的值.）又由 $a_1,\cdots,a_n\in A$ 及 $\mathfrak{A}\subseteq\mathfrak{B}$ 可知

$$\tau_\phi(a_1\cdots a_n)\in A. \qquad (3)$$

由 $\mathfrak{A}\subseteq\mathfrak{B}$ 及 (1)—(3)，并引用命题 3.2 即知 $\mathfrak{A}\prec\mathfrak{B}$.（证毕）.

命题 11.4 设 T 为 $\mathscr{L}$ 中的理论，则存在 $\mathscr{L}$ 的膨胀 $\bar{\mathscr{L}}$ 及 T 的扩张 $\bar{T}$（$\bar{T}$ 为 $\bar{\mathscr{L}}$ 中的理论），使 $\bar{T}$ 有内在的 Skolem 函数. 并且，

T 的每一模型都能膨胀为 $\bar{T}$ 的模型.

证明 令 $\mathscr{L}_0=\mathscr{L}, \mathscr{L}_1=(\mathscr{L}_0)^*, \cdots, \mathscr{L}_{n+1}=(\mathscr{L}_n)^*, \cdots, (n<\omega)$, 并令 $\bar{\mathscr{L}}=\bigcup\limits_{n<\omega}\mathscr{L}_n$ 及 $\bar{T}=T\cup\bigcup\limits_{n<\omega}\Sigma_{\mathscr{L}_n}$ (其中, $\Sigma_{\mathscr{L}_n}$ 是 $\mathscr{L}_n$ 在 $\mathscr{L}_{n+1}$ 中的 Skolem 理论).

1. 现在证明 $\bar{T}$ 有内在的 Skolem 函数.

任取 $\bar{\mathscr{L}}$ 中一个形状为 $(\exists x)\varphi(xx_1\cdots x_n)$ 的公式 ϕ. 由 $\bar{\mathscr{L}}$ 定义知, 存在 $m<\omega$ 使 ϕ 是 $\mathscr{L}_m$ 中的公式, 所以, 在 $\Sigma_{\mathscr{L}_m}$ 中含有下列语句 σ_ϕ.

$$(\forall y_1\cdots y_n)(\phi(y_1\cdots y_n))\rightarrow\varphi(F_\phi(y_1\cdots y_n)y_1\cdots y_n),$$

从而有 $\bar{T}\vdash\sigma_\phi$.

由于对每个如上形状的 ϕ, $F_\phi(x_1\cdots x_n)$ 都是 $\bar{\mathscr{L}}$ 中的项, 所以, $\bar{T}$ 有内在的 Skolem 函数.

2. 任取 T 的模型 $\mathfrak{A}$. 现在证明 $\mathfrak{A}$ 能膨胀为 $\bar{T}$ 的模型.

令 $\mathfrak{A}_0=\mathfrak{A}$, 则 $\mathfrak{A}_0$ 是 $\mathscr{L}_0$ 的模型. 由命题 11.1 (i) 知, $\mathfrak{A}_0$ 在 $\mathscr{L}_1$ 中有 Skolem 膨胀, 任取其一记为 $\mathfrak{A}_1$, 则 $\mathfrak{A}_1\models\Sigma_{\mathscr{L}_0}$. 又由 $\mathfrak{A}_0\models T$ 有 $\mathfrak{A}_1\models T$. 所以 $\mathfrak{A}_1\models T\cup\Sigma_{\mathscr{L}_0}$.

设已有 $\mathfrak{A}_k\models T\cup\Sigma_{\mathscr{L}_0}\cup\cdots\cup\Sigma_{\mathscr{L}_{k-1}}$. 仿上可知, 存在 $\mathfrak{A}_k$ 在 $\mathscr{L}_{k+1}$ 中的 Skolem 膨胀 $\mathfrak{A}_{k+1}$, 能使 $\mathfrak{A}_{k+1}\models T\cup\Sigma_{\mathscr{L}_0}\cup\cdots\cup\Sigma_{\mathscr{L}_k}$.

由逐步膨胀的模型系列 $\mathfrak{A}_0, \mathfrak{A}_1, \cdots, \mathfrak{A}_n, \cdots$, 依自然方式可得 $\bar{\mathscr{L}}$ 的一个模型 $\bar{\mathfrak{A}}$, 它是 $\mathfrak{A}$ 的膨胀.

任取 $\bar{T}$ 中一个语句 σ. 由 $\bar{T}$ 定义易见, 存在 $m<\omega$ 使 $\sigma\in T\cup\Sigma_{\mathscr{L}_0}\cup\cdots\cup\Sigma_{\mathscr{L}_m}$, 故由以上可知, $\mathfrak{A}_{m+1}\models\sigma$, 从而, 也有 $\bar{\mathfrak{A}}\models\sigma$.

所以 $\bar{\mathfrak{A}}\models\bar{T}$. (证毕)

设 $\mathfrak{A}$ 为语言 $\mathscr{L}$ 的一个模型, X 是其论域 A 的一个子集, 在 X 上有一个顺序关系 $<$ 使 X 成为有序集 (全序集), 但 $<$ 未必是 $\mathfrak{A}$ 中的关系. 如果对 X 的任何两个同长度的有限子序列 $x_1<\cdots<x_n$ 及 $y_1<\cdots<y_n$ 都有

$$(\mathfrak{A}, x_1, \cdots, x_n)\equiv(\mathfrak{A}, y_1, \cdots, y_n).$$

(此式两端都看作一个膨胀语言 $\mathscr{L}\cup\{c_1, \cdots, c_n\}$ 的模型.) 则称

X 是 $\mathfrak{A}$ 中一集(对于 $<$ 而言的)**不可辨元**.

如果 $<$ 是明显的，则可略去不提，而简称 X 是 $\mathfrak{A}$ 中一集不可辨元.

命题 11.5 设 $\langle X, <\rangle$ 是模型 $\mathfrak{A}$ 的一个有序子集. 如果对 X 的任何两个同长度的有限子序列 $x_1 < \cdots < x_n$ 及 $y_1 < \cdots < y_n$，都存在由 $\mathfrak{A}$ 到 $\mathfrak{A}$ 上的自同构对应 f，能使 $f(x_1) = y_1, \cdots, f(x_n) = y_n$，则 X 是 $\mathfrak{A}$ 中一集不可辨元.

证明 对 X 的每两个同长度有限子序列 $x_1 < \cdots < x_n$ 及 $y_1 < \cdots < y_n$，显见相应的 f 是由 $(\mathfrak{A}, x_1, \cdots x_n)$ 到 $(\mathfrak{A}, y_1, \cdots, y_n)$ 上的同构对应，从而，有

$$(\mathfrak{A}, x_1, \cdots, x_n) \equiv (\mathfrak{A}, y_1, \cdots, y_n).$$

所以，X 是 $\mathfrak{A}$ 中一集不可辨元.(证毕)

例 1 设 $\mathscr{L} = \{+, \cdot, 0, 1\}$，$\mathfrak{A}$ 为任一域 F 上 n 个不相关不定元 $\alpha_1, \cdots, \alpha_n$ 的多项式环 $F[\alpha_1, \cdots, \alpha_n]$. 则由命题 11.5 可知，$\{\alpha_1, \cdots, \alpha_n\}$ 是 $\mathfrak{A}$ 的一集不可辨元.(同理，$\{\alpha_1^2, \cdots, \alpha_n^2\}$ 也是 $\mathfrak{A}$ 的一集不可辨元；更一般些，对任何 $p(\alpha_1) \in F[\alpha_1]$，$\{p(\alpha_1), \cdots, p(\alpha_n)\}$ 也是 $\mathfrak{A}$ 的一集不可辨元；等等. 以下各例仿此.)

例 2 设 $\mathscr{L} = \{\cdot, 1\}$，$\mathfrak{A}$ 为由一集自由生成元 $X = \{g_0, g_1, g_2, \cdots\}$ 生成的自由群. 则由命题 11.5 可知，X 是 $\mathfrak{A}$ 的一集不可辨元.

例 3 设 $\mathscr{L} = \{\cup, \cap, ', 0, 1\}$，$\mathfrak{A}$ 为由一集原子 $X = \{a_0, a_1, a_2, \cdots\}$ 生成的布尔代数. 则由命题 11.5 可知，X 是 $\mathfrak{A}$ 的一集不可辨元.

模型的自同构群与不可辨元集有密切的联系. 以上的例子说明，由一个模型 $\mathfrak{A}$ 的自同构群 G，可以找出 $\mathfrak{A}$ 的种种不可辨元集. 一个反方向的事例是(以下将证明)，对于任一个无限模型 $\mathfrak{A}$，通过增加不可辨元，可以得出 $\mathfrak{A}$ 的具有任意大自同构群 G 的初等扩张.

引理 11.6 设 T 为 $\mathscr{L}$ 中的理论，具有无限模型. 令 $\mathscr{L}' = \mathscr{L} \cup \{c_n : n \in \omega\}$，其中诸 c_n 为新常量. 则 $\mathscr{L}'$ 中的下列理论 T' 和

谐:

$$T' = T \cup \{c_1 \neq c_2\} \cup \{\varphi(c_{i_1} \cdots c_{i_n}) \longleftrightarrow \varphi(c_{j_1} \cdots c_{j_n}):$$
$$\varphi \text{ 为 } \mathscr{L} \text{ 中公式}, i_1 < \cdots < i_n, j_1 < \cdots < j_n\}.$$

证明 任取T的一个无限模型$\mathfrak{A}$及A的一个可数无限子集P. 任依一法把P排为序型ω的良序集:

$$p_0 < p_1 < \cdots < p_n < \cdots \quad (n \in \omega).$$

1. 对$\mathscr{L}$中每一公式$\psi(v_1 \cdots v_m)$, 令

$$T_\psi = T \cup \{c_1 \neq c_2\} \cup \{\psi(c_{i_1} \cdots c_{i_m}) \longleftrightarrow \psi(c_{j_1} \cdots c_{j_m}):$$
$$i_1 < \cdots < i_m, j_1 < \cdots < j_m\}.$$

(注意: 在T'中, φ通过$\mathscr{L}$中一切公式. 而在T_ψ中, ψ是取定的.)

现在证明: 存在P的无限子集$Q(=Q_\psi)$, 其元素为(在上述P的顺序下)

$$q_0 < q_1 < \cdots < q_n < \cdots \quad (n \in \omega).$$

能使
$$\mathfrak{A}_Q = (\mathfrak{A}, q_n)_{n \in \omega} \models T_\psi. \tag{1}$$

把$[P]^m$分为两个子集:

$$A_0 = \{p_{i_1} < \cdots < p_{i_m}: \mathfrak{A} \models \psi(v_1 \cdots v_m)[p_{i_1} \cdots p_{i_m}]\},$$
$$A_1 = \{p_{i_1} < \cdots < p_{i_m}: \mathfrak{A} \models \neg\psi(v_1 \cdots v_m)[p_{i_1} \cdots p_{i_m}]\}.$$

则由 Ramsey 定理知, 存在P的无限子集Q, 使$[Q]^m \subseteq A_0$或$[Q]^m \subseteq A_1$.

1.1. 若$[Q]^m \subseteq A_0$. 对任何自然数序列$i_1 < \cdots < i_m$及$j_1 < \cdots < j_m$, 都有$q_{i_1} < \cdots < q_{i_m}$及$q_{j_1} < \cdots < q_{j_m}$, 再由$[Q]^m \subseteq A_0$及$A_0$定义, 有$\mathfrak{A} \models \psi(v_1 \cdots v_m)[q_{i_1} \cdots q_{i_m}]$及$\mathfrak{A} \models \psi(v_1 \cdots v_m)[q_{j_1} \cdots q_{j_m}]$, 从而易见, 有

$$\mathfrak{A}_Q = (\mathfrak{A}, q_0, q_1, q_2, \cdots) \models \psi(c_{i_1} \cdots c_{i_m}) \longleftrightarrow \psi(c_{j_1} \cdots c_{j_m}).$$

又显见$\mathfrak{A}_Q \models T \cup \{c_1 \neq c_2\}$. 所以

$$\mathfrak{A}_Q \models T_\psi.$$

1.2. 若$[Q]^m \subseteq A_1$, 可仿上证明 (1) 成立.

2. 设对$\mathscr{L}$中任意k个公式$\psi_1(v_1 \cdots v_{m_1}), \cdots, \psi_k(v_1 \cdots v_{m_k})$, 都有$P$的无限子集$Q(=Q_{\psi_1 \cdots \psi_k}) = \{q_0 < q_1 < q_2 < \cdots\}$, 能使

$$\mathfrak{A}_Q = (\mathfrak{A}, q_n)_{n\in\omega} \models T_{\phi_1} \cup \cdots \cup T_{\phi_k}. \quad (2)$$

现在证明，对于 $\mathscr{L}$ 中任意 $k+1$ 个公式 $\phi_1(v_1\cdots v_{m_1}),\cdots,\phi_{k+1}(v_1\cdots v_{m_{k+1}})$，也存在 P 的无限子集 $Q(=Q_{\phi_1\cdots\phi_{k+1}})=\{q_0<q_1<q_2<\cdots\}$，能使

$$\mathfrak{A}_Q \models T_{\phi_1} \cup \cdots \cup T_{\phi_{k+1}}. \quad (3)$$

由 (2) 知，存在 P 的无限子集 $R=\{r_0<r_1<r_2<\cdots\}$，能使

$$\mathfrak{A}_R = (\mathfrak{A}, r_n)_{n\in\omega} \models T_{\phi_1} \cup \cdots \cup T_{\phi_k}. \quad (4)$$

把 m_{k+1} 简记为 m，并把 $[R]^m$ 分为两个子集：

$$B_0 = \{r_{i_1}<\cdots<r_{i_m}: \mathfrak{A}_R \models \phi_{k+1}(v_1\cdots v_m)[r_{i_1}\cdots r_{i_m}]\},$$

$$B_1 = \{r_{i_1}<\cdots<r_{i_m}: \mathfrak{A}_R \models \neg\phi_{k+1}(v_1\cdots v_m)[r_{i_1}\cdots r_{i_m}]\}.$$

则由 Ramsey 定理知，存在 R 的无限子集 $Q=\{g_0<q_1<q_2<\cdots\}$，使 $[Q]^m\subseteq B_0$ 或 $[Q]^m\subseteq B_1$. 再仿 1.1. 及 1.2. 可知，

$$\mathfrak{A}_Q = (\mathfrak{A}, q_n)_{n\in\omega} \models T_{\phi_{k+1}}. \quad (5)$$

又由 (4) 及 $T_{\phi_1},\cdots,T_{\phi_k}$ 形状易见，有

$$\mathfrak{A}_Q \models T_{\phi_1} \cup \cdots \cup T_{\phi_k}. \quad (6)$$

由 (5), (6) 即得 (3).

3. 由 1. 及 2. 易见，T' 的任何有限子集都和谐. 从而，由紧致性定理知，T' 和谐. (证毕)

定理 11.7 设 T 为 $\mathscr{L}$ 中的理论，具有无限模型. 又设 $(X,<)$ 为任一有序集. 则存在 T 的模型 $\mathfrak{A}$，使 $X\subseteq A$，并且，X 是 $\mathfrak{A}$ 中的一集不可辨元.

证明 令 $\mathscr{L}'=\mathscr{L}\cup\{c_x: x\in X\}$，其中诸 c_x 为新常量. 并令

$T_1' = T\cup\{c_{x_1}\neq c_{x_2}: x_1, x_2\in X, x_1\neq x_2\}\cup\{\varphi(c_{x_1}\cdots c_{x_n})$
$\longleftrightarrow\varphi(c_{y_1}\cdots c_{y_n})$: φ 为 $\mathscr{L}$ 中公式，$x_1<\cdots<x_n$ 及
$y_1<\cdots<y_n$ 为 X 中元素$\}$.

显见 $(X,<)$ 的每一有限子集都能同构嵌入 $(\omega,<)$ 中. 所以，对于 T_1' 的任何有限子集 Δ_1 都可通过这样的嵌入而看作是引理 11.6 中 T' 的子集. (注意，对任何 $j_1, j_2\in\omega$ 之，$j_1<j_2$ 者，T' 中

含有语句 $(c_1 \neq c_2) \longleftrightarrow (c_{j_1} \neq c_{j_2})$，再由 $c_1 \neq c_2$ 即可推出 $c_{j_1} \neq c_{j_2}$.)从而，由 T' 和谐知，Δ_1 和谐．故由紧致性定理可知，T_1' 和谐．

任取 T_1' 的模型 $\mathfrak{A}'$，设其在 $\mathscr{L}$ 中的归约为 $\mathfrak{A}$．则 $\mathfrak{A}$ 是 T 的模型．又易见，不妨把 $\mathfrak{A}$ 中对诸 $c_x(x \in X)$ 的解释就等同于 x 自身，从而有 $X \subseteq A$．

另外，由 T_1' 的形状可见，对任何正整数 n 及 X 中任何 $x_1 < \cdots < x_n$ 及 $y_1 < \cdots < y_n$，对 $\mathscr{L}$ 中任何公式 $\varphi(v_1 \cdots v_n)$ 都有

$$\mathfrak{A} \models \varphi[x_1 \cdots x_n] \text{ 当且只当 } \mathfrak{A} \models \varphi[y_1 \cdots y_n].$$

由此可知，$(\mathfrak{A}, x_1, \cdots, x_n) \equiv (\mathfrak{A}, y_1, \cdots, y_n)$．

所以，X 是 $\mathfrak{A}$ 中的一集不可辨元．（证毕）

引理 11.8 设 $\mathscr{L}$ 中的理论 T 具有内在的 Skolem 函数．$\mathfrak{A}$ 是 T 的模型，$X \subseteq A$，并且 X 是 $\mathfrak{H}(X)$ 中的一集不可辨元．以 G_1 记有序集 $(X, <)$ 的自同构群，G_2 记 $\mathscr{L}$ 的模型 $\mathfrak{H}(X)$ 的自同构群，则 G_1 能同构地嵌入 G_2 中．

证明 1. 设 $\mu \in G_1$ 是 $(X, <)$ 的任一自同构．则对 X 中任何有限递增序列 $x_1 < \cdots < x_n$，都有 $\mu(x_1) < \cdots < \mu(x_n)$．从而，由不可辨元定义有

$$(\mathfrak{H}(X), x_1, \cdots, x_n) \equiv (\mathfrak{H}(X), \mu(x_1), \cdots, \mu(x_n)). \quad (1)$$

由 T 具有内在的 Skolem 函数可知，X 在 $\mathfrak{A}$ 中生成的子模型就是其 Skolem 闭包 $\mathfrak{H}(X)$．再由 (1) 可知，由 μ 能依自然方式决定一个由 $H(X)$ 到 $H(X)$ 内的 1-1 映射 $\bar{\mu}$，能保持 $\mathscr{L}$ 中所有的关系、函数及常量．（例如：设 $\mathscr{L} = \{\oplus, \circ, \cdots, c_1, c_2, \cdots\}$．任取 $y \in H(X)$，则 y 可由 X 中的元及 $\mathfrak{A}$ 的特指常量经 $\mathscr{L}$ 中运算表出．（因易见 $H(X)$ 恰由一切能这样表出的元组成．）例如，若 $y = x_1 \circ (a_1 \oplus x_2)$，其中 $x_1, x_2 \in X$ 而 a_1 为 $\mathfrak{A}$ 中对 c_1 的解释，则定义 $\bar{\mu}(y)$ 为 $\mu(x_1) \circ (a_1 \oplus \mu(x_2))$．由 (1) 可知，这样定义的 $\bar{\mu}$ 是 1-1 的，并且保持 $\mathscr{L}$ 中所有的关系、函数及常量．）也即 $\bar{\mu}$ 是由 $\mathscr{L}$ 的模型 $\mathfrak{H}(X)$ 到其自身内的同构映射．

又由于 μ 是由 X 到 X 上的映射，易见，$\bar{\mu}$ 也是由 $H(X)$ 到 $H(X)$ 上的映射．（例如，对于上举的 $y = x_1 \circ (a_1 \oplus x_2)$，由 μ 的到

上性知，存在 $u_1, u_2 \in X$ 使 $x_1 = \mu(u_1)$，$x_2 = \mu(u_2)$，从而，$H(X)$ 中的元 $u_1 \circ (a_1 \oplus u_2)$ 即能经 $\bar{\mu}$ 而映射到 y。）

所以，$\bar{\mu} \in G_2$。

2. 若在 G_1 中 $\mu_1 \neq \mu_2$，显见，在 G_2 中 $\bar{\mu}_1 \neq \bar{\mu}_2$。（因 $\mu_1 \subseteq \bar{\mu}_1$，$\mu_2 \subseteq \bar{\mu}_2$。）

3. 若在 G_1 中 $\mu_3 = \mu_1 \cdot \mu_2$，则对任何 $x \in X$ 都有 $\mu_3(x) = \mu_1(\mu_2(x))$。由此可知，对任何 $y \in H(X)$ 都有 $\bar{\mu}_3(y) = \bar{\mu}_1(\bar{\mu}_2(y))$。（例如，对于上举的 $y = x_1 \circ (a_1 \oplus x_2)$，有 $\bar{\mu}_3(y) = \mu_3(x_1) \circ (a_1 \oplus \mu_3(x_2)) = \mu_1(\mu_2(x_1)) \circ (a_1 \oplus \mu_1(\mu_2(x_2))) = \bar{\mu}_1(\mu_2(x_1) \circ (a_1 \oplus \mu_2(x_2))) = \bar{\mu}_1(\bar{\mu}_2(x_1 \circ (a_1 \oplus x_2))) = \bar{\mu}_1(\bar{\mu}_2(y))$。）从而有 $\bar{\mu}_3 = \bar{\mu}_1 \cdot \bar{\mu}_2$。

4. 由 1. 至 3. 可知，$\sigma: \mu \to \bar{\mu} (\mu \in G_1)$ 是由群 G_1 到群 G_2 内的同构映射。（证毕）

定理 11.9 设 $\mathfrak{A}$ 为 $\mathscr{L}$ 的一个无限模型，α 为任一基数，则存在 $\mathfrak{A}$ 的初等扩张 $\mathfrak{B}$，使 $\mathfrak{B}$ 的自同构群的基数 $\geqslant \alpha$。

证明 令 T 为 $\mathfrak{A}$ 在 $\mathscr{L}$ 中的完全理论 $\mathrm{Th}(\mathfrak{A})$。由命题 11.4，存在 $\mathscr{L}$ 的膨胀 $\mathscr{L}^*$ 及 T 的扩张 T^*（$\mathscr{L}^*$ 中的理论）使：

$$T^* \text{ 有内在的 Skolem 函数。} \tag{1}$$

并且，$\mathfrak{A}$ 能膨胀为 $\mathscr{L}^*$ 的模型 $\mathfrak{A}^*$，使 $\mathfrak{A}^* \models T^*$。

令 $\mathscr{L}^*_A = \mathscr{L}^* \cup \{c_a : a \in A\}$，以 T_1 记 $\mathfrak{A}^*$ 的初等图象（$\mathscr{L}^*_A$ 中的理论）。则 T_1 有无限模型 $\mathfrak{A}^*_A = (u^*, a)_{a \in A}$。现在证明：$T_1$ 也有内在的 Skolem 函数。

对于 $\mathscr{L}^*_A$ 中每一形状为 $(\exists x)\varphi(xx_1 \cdots x_n c_{a_1} \cdots c_{a_r})$ 的公式 ϕ，考虑 $\mathscr{L}^*$ 中相应的公式 $\phi_1 = (\exists x)\varphi(xx_1 \cdots x_n z_1 \cdots z_r)$，由(1)知，存在 $\mathscr{L}^*$ 中的项 $t_{\phi_1}(x_1 \cdots x_n z_1 \cdots z_r)$，能使

$$T^* \vdash (\forall y_1 \cdots y_n u_1 \cdots u_r)(\phi_1(y_1 \cdots y_n u_1 \cdots u_r) \\ \to \varphi(t_{\phi_1}(y_1 \cdots y_n u_1 \cdots u_r) y_1 \cdots y_n u_1 \cdots u_r)).$$

但显见 $T^* \subseteq T_1$，所以，由 T_1 也能推出上式。再经语义讨论（或经形式推演）可得

$$T_1 \vdash (\forall y_1 \cdots y_n)(\phi_1(y_1 \cdots y_n c_{a_1} \cdots c_{a_r}) \\ \to \varphi(t_{\phi_1}(y_1 \cdots y_n c_{a_1} \cdots c_{a_r}) y_1 \cdots y_n c_{a_1} \cdots c_{a_r})).$$

把 $t_{\phi_1}(x_1\cdots x_n c_{a_1}\cdots c_{a_r})$ 看作 $\mathscr{L}_A^*$ 中的（n 个变元的）项 $t_\phi(x_1\cdots x_n)$，并注意 $\phi_1(y_1\cdots y_n c_{a_1}\cdots c_{a_r})$ 就是 $\phi(y_1\cdots y_n)$，则上式可写为

$$T_1\vdash(\forall y_1\cdots y_n)(\phi(y_1\cdots y_n)\to\varphi(t_\phi(y_1\cdots y_n)y_1\cdots y_n)).$$

所以，（在 $\mathscr{L}_A^*$ 中）T_1 有内在的 Skolem 函数.

设 $(X,<)$ 是任一有序集. 由定理 11.7 知，存在 T_1 的模型 $\mathfrak{A}_1$，使 $X\subseteq A_1$，并且 X 是 $\mathfrak{A}_1$ 中一集不可辨元. 又由命题 11.2，有 $\mathfrak{H}(X)\prec\mathfrak{A}_1$，由此易知，$X$ 也是 T_1 的模型 $\mathfrak{H}(X)$ 的一集不可辨元.

以 $\mathfrak{B}^*$ 记 $\mathfrak{H}(X)$ 在 $\mathscr{L}^*$ 中的归约. 则由$\mathfrak{H}(X)\models T_1=\mathrm{Th}(\mathfrak{A}_A^*)$知，不妨设 $\mathfrak{A}^*\prec\mathfrak{B}^*$. 再以 $\mathfrak{B}$ 记 $\mathfrak{B}^*$ 在 $\mathscr{L}$ 中的归约，则易知 $\mathfrak{A}\prec\mathfrak{B}$.

另外，由引理 11.8 可知：只要取$(X,<)$使有不少于 α 个自同构对应（这一点易于作到），则 $\mathfrak{H}(X)$ 就有不少于 α 个自同构对应.

又：$\mathfrak{H}(X)$ 的每一自同构对应，显然也是其归约 $\mathfrak{B}$ 的自同构对应.

综合以上即知：可以得到 $\mathfrak{A}$ 的初等扩张 $\mathfrak{B}$，使其自同构群的基数$\geqslant\alpha$.（证毕）

定理 11.10 设 T 为可数语言 $\mathscr{L}$ 中的理论，具有无限模型. 则对于每一基数 α，T 都具有基数为 α 的模型 $\mathfrak{A}$ 能使：对 A 的每一子集 B，$\mathfrak{A}$ 在 $\mathscr{L}_B=\mathscr{L}\cup\{c_b\colon b\in B\}$ 中的膨胀 $\mathfrak{A}_B=(\mathfrak{A},b)_{b\in B}$ 至多实现 $|B|+\omega$ 个（$\mathscr{L}_B$ 中的）型.

证明 由命题 11.4 知，T 可以扩张为一个可数语言 $\bar{\mathscr{L}}(\supseteq\mathscr{L})$ 中的理论 $\bar{T}$，使 $\bar{T}$ 具有内在的 Skolem 函数，并且，$\bar{T}$ 仍有无限模型.

设 $(X,<)$ 为一个序型 α 的良序集. 由定理 11.7 可知，存在 $\bar{T}$ 的模型 $\bar{\mathfrak{A}}_1$，能使 $X\subseteq\bar{A}_1$，并且 X 是 $\bar{\mathfrak{A}}_1$ 中一集不可辨元.

令 $\bar{\mathfrak{A}}$ 为 X 在 $\bar{\mathfrak{A}}_1$ 中生成的子模型，则由 $\bar{T}$ 有内在的 Skolem 函数可知，$\bar{\mathfrak{A}}\prec\bar{\mathfrak{A}}_1$，从而，有 $\bar{\mathfrak{A}}\models\bar{T}$. 又由 $X\subseteq\bar{A}$ 及 $\bar{\mathfrak{A}}\prec\bar{\mathfrak{A}}_1$ 及 X 是 $\bar{\mathfrak{A}}_1$ 中一集不可辨元易知，X 也是 $\bar{\mathfrak{A}}$ 中一集不可辨元，并且，由 $|X|=\alpha$ 及 $\bar{\mathscr{L}}$ 可数可知，$\bar{\mathfrak{A}}$ 基数为 α.

任意取定 $B\subseteq\bar{A}$. 并对每一 $b\in B$，任意取定一个用 X 中元素

表示的（$\mathscr{L}$中的）表达式

$$\tau(w_1\cdots w_h)[x_1\cdots x_h],(x_1<\cdots<x_h \text{ 为 } X \text{ 中元素}, \tau(w_1\cdots w_h) \text{ 为 } \mathscr{L} \text{ 中的项}). \tag{1}$$

（因 $\mathfrak{A}$ 由 X 生成，故易知这样的表达式存在.）令 Z 为当 b 通过 B 时在这些表达式中所出现的 X 中元素所成的集（$Z\subseteq X$）. 易见. $|Z|\leqslant|B|+\omega$.

称 $X\backslash Z$ 中两个 n 元序列 $x_1<\cdots<x_n$ 与 $y_1<\cdots<y_n$ 为在 Z 上等价，如果：

$$\text{对一切 } z\in Z \text{ 都有：“}(x_1<z \text{ 当且只当 } y_1<z) \text{ 且} \cdots \text{且 } (x_n<z \text{ 当且只当 } y_n<z)\text{”}. \tag{2}$$

（易见，此确为 $X\backslash Z$ 中的递增序列间的等价关系.）

令 $\mathscr{L}_Z=\mathscr{L}\cup\{c_z: z\in Z\}$. 则当 $X\backslash Z$ 中的 $x_1<\cdots<x_n$ 与 $y_1<\cdots<y_n$ 在 Z 上等价时，它们

$$\text{在 } \overline{\mathfrak{A}}_Z=(\mathfrak{A}, z)_{z\in Z} \text{ 中适合 } \mathscr{L}_Z \text{ 中同样的公式}, \tag{3}$$

这是因为：若 $x_1<\cdots<x_n$ 在 $\overline{\mathfrak{A}}_Z$ 中适合 $\mathscr{L}_Z$ 中公式 $\varphi(v_1\cdots v_n c_{z_1}\cdots c_{z_r})$，即

$$\overline{\mathfrak{A}}_Z\models\varphi(v_1\cdots v_n c_{z_1}\cdots c_{z_r})[x_1\cdots x_n]. \tag{4}$$

在 X 中，设（例如）

$$x_1<z_1<x_2<\cdots<x_n<z_2<\cdots<z_r. \tag{5}$$

则由（2）知，也有

$$y_1<z_1<y_2<\cdots<y_n<z_2<\cdots<z_r. \tag{6}$$

把（5），（6）看作是 X 中两个 $(n+r)$-元序列，则由 X 是 $\mathfrak{A}$ 中一集不可辨元可知

$$(\overline{\mathfrak{A}}, x_1, z_1, x_2, \cdots, x_n, z_2, \cdots, z_r) \equiv (\overline{\mathfrak{A}}, y_1, z_1, y_2, \cdots, y_n, z_2, \cdots, z_r). \tag{7}$$

由（4）及（7）可得

$$\overline{\mathfrak{A}}_Z\models\varphi(v_1\cdots v_n c_{z_1}\cdots c_{z_r})[y_1\cdots y_n].$$

即 $y_1<\cdots<y_n$ 也适合 $\varphi(v_1\cdots v_n c_{z_1}\cdots c_{z_r})$. 由此即易见（3）成立.

令 $\mathscr{L}_B=\mathscr{L}\cup\{c_b: b\in B\}$. 则当 $X\backslash Z$ 中的 $x_1<\cdots<x_n$

与 $y_1 < \cdots < y_n$ 在 Z 上等价时，它们也

$$\text{在 } \overline{\mathfrak{A}}_B = (\overline{\mathfrak{A}}, b)_{b\in B} \text{ 中适合 } \mathscr{L}_B \text{ 中同样的公式.} \tag{8}$$

这是因为：若 $x_1 < \cdots < x_n$ 在 $\overline{\mathfrak{A}}_B$ 中适合 $\mathscr{L}_B$ 中公式 $\phi(v_1\cdots v_n c_{b_1}\cdots c_{b_s})$，即

$$\overline{\mathfrak{A}}_B \models \phi(v_1\cdots v_n c_{b_1}\cdots c_{b_s})[x_1\cdots x_n]. \tag{9}$$

设 (1) 处对 $b_1, \cdots, b_s$ 取定的表达式各为(不妨设变元已统一) $b_1 = \tau_1(w_1\cdots w_k)[z_1\cdots z_k]$, $\cdots$, $b_s = \tau_s(w_1\cdots w_k)[z_1\cdots z_k]$, ($z_1 < \cdots < z_k$ 为 Z 中元素)，则由 (9) 易见，有

$$\overline{\mathfrak{A}}_B \models \phi(v_1\cdots v_n \tau_1(w_1\cdots w_k)\cdots\tau_s(w_1\cdots w_k))[x_1\cdots x_n z_1\cdots z_k].$$

此式右端为 $\mathscr{L}$ 中的公式，故此式右端在 $\overline{\mathfrak{A}}$ 中也成立，从而又有

$$\overline{\mathfrak{A}}_Z \models \phi(v_1\cdots v_n \tau_1(c_{z_1}\cdots c_{z_k})\cdots\tau_s(c_{z_1}\cdots c_{z_k}))[x_1\cdots x_n].$$

由此及 (3) 可得

$$\overline{\mathfrak{A}}_Z \models \phi(v_1\cdots v_n \tau_1(c_{z_1}\cdots c_{z_k})\cdots\tau_s(c_{z_1}\cdots c_{z_k}))[y_1\cdots y_n].$$

从而有 $\overline{\mathfrak{A}} \models \phi(v_1\cdots v_n \tau_1(w_1\cdots w_k)\cdots\tau_s(w_1\cdots w_k))[y_1\cdots y_n z_1\cdots z_k]$,

及 $$\overline{\mathfrak{A}}_B \models \phi(v_1\cdots v_n c_{b_1}\cdots b_{b_s})[y_1\cdots y_n].$$

即 $y_1 < \cdots < y_n$ 也适合 $\phi(v_1\cdots v_n c_{b_1}\cdots c_{b_s})$. 由此易见 (8) 成立.

由 (8) 易知，当 $X\backslash Z$ 中的 $x_1 < \cdots < x_n$ 与 $y_1 < \cdots < y_n$ 在 Z 上等价时，对于 $\mathscr{L}_B$ 中每个项 $t(v_1\cdots v_n)$ 而言，$\overline{\mathfrak{A}}_B$ 中的元 $t[x_1\cdots x_n]$ 及 $t[y_1\cdots y_n]$ 适合 $\mathscr{L}_B$ 中同样的型.

另外，$X\backslash Z$ 中的 n 元递增序列 (n 通过 ω) 在 Z 上互不等价的至多有 $|Z| + \omega$ 个. 这是因为：如果对每个 $x \in X\backslash Z$，(i) 当存在 $z \in Z$ 使 $x < z$ 时，令 x' 为最小的这样的 z；(注意 $(Z, <)$ 是良序集 $(X, <)$ 的子集，所以也是良序集.) (ii) 当不存在 $z \in Z$ 使 $x < z$ 时，令 x' 为形式记号 ∞. 则易见，"$X\backslash Z$ 中二序列 $x_1 < \cdots < x_n$ 及 $y_1 < \cdots < y_n$ 在 Z 上等价"当且只当"$x'_1 = y'_1$ 且…且 $x'_n = y'_n$". 所以，$X\backslash Z$ 中在 Z 上互不等价的 n 元递增序列 (n 通过 ω) 个数 μ，不超过由诸 x' 所成的 n 元序列个数. 但由 x' 定义可知，x' 的个数不超过 $|Z| + 1$，所以，$\mu \leqslant (|Z| + 1) + (|Z|+1)^2 +$

$(|Z|+1)^3+\cdots=|Z|+\omega$.

又易见，$\mathscr{L}_B$ 中的项至多有 $|B|+\omega$ 个.（注意 $\mathscr{L}$ 可数.）

由以上三段易知，$\bar{\mathfrak{A}}_B$ 中形状为 $t[x_1\cdots x_n]$ 的元（其中 $t(v_1\cdots v_n)$ 通过 $\mathscr{L}_B$ 中一切项，$x_1<\cdots<x_n$ 通过 $X\backslash Z$ 中一切递增 n 元组，n 通过 ω）至多实现 $|B|+\omega$ 个 $\mathscr{L}_B$ 中的型.

又：因 $\bar{\mathfrak{A}}$ 由 X 生成，故其论域 $\bar{A}$ 中每个元 a 都能表示为 $t(v_1\cdots v_nu_1\cdots u_r)[x_1\cdots x_nz_1\cdots z_r]$ 形状，其中，$t(v_1\cdots v_nu_1\cdots u_r)$ 为 $\mathscr{L}$ 中的项，$x_1,\cdots,x_n\in X\backslash Z$，$z_1,\cdots,z_r\in Z$，且不妨设 $x_1<\cdots<x_n$. 因而，a 也能表示为 $t(v_1\cdots v_nc_{z_1}\cdots c_{z_r})[x_1\cdots x_n]$ 形状，其中，$t(v_1\cdots v_nc_{z_1}\cdots c_{z_r})=t'(v_1\cdots v_n)$ 为 $\mathscr{L}_Z(\subseteq\mathscr{L}_B)$ 中的项. 由此及上段即知，

$$\bar{\mathfrak{A}}_B \text{ 中的元至多实现 } |B|+\omega \text{ 个 } \mathscr{L}_B \text{ 中的型.} \qquad (10)$$

以 $\mathfrak{A}$ 记 $\bar{\mathfrak{A}}$ 在 $\mathscr{L}$ 中的归约，则由 $\bar{\mathfrak{A}}\models\bar{T}$ 易见 $\mathfrak{A}\models T$. 并且，由以上知，$\mathfrak{A}$ 的基数为 α.

$\mathfrak{A}$ 在 $\mathscr{L}_B$ 中的膨胀 $\mathfrak{A}_B$ 易见就是 $\bar{\mathfrak{A}}_B$ 在 $\mathscr{L}_B$ 中的归约. 对于 $\mathfrak{A}_B$ 中的任二元 a_1,a_2，如果它们在 $\bar{\mathfrak{A}}_B$ 中实现 $\mathscr{L}_B$ 中相同的型，则易见它们在 $\mathfrak{A}_B$ 中也实现 $\mathscr{L}_B$ 中相同的型. 由此及(10)即可知：$\mathfrak{A}_B$ 中的元至多实现 $|B|+\omega$ 个 $\mathscr{L}_B$ 中的型.（证毕）

定理 11.10 是很有用的工具性定理. 例如，它对于证明重要的 Morley 范畴性定理有作用. 后一定理现在只引述如下，证明暂略.（可参看文献 [1] 中第 7 章第 1 节或文献 [17].）

设 T 是语言 $\mathscr{L}$ 中的理论，α 为一基数. 如果 T 有且（在同构意义下）只有 1 个基数为 α 的模型，则称 T 为 α-范畴的.

定理 11.11 (Morley) 设 T 是可数语言 $\mathscr{L}$ 中的完全理论. 如果对某个不可数基数 α，T 是 α-范畴的，则对每个不可数基数 β，T 都是 β-范畴的.

又如，利用定理 11.10，可以证明无限群理论中的下列定理.

一个群 G，当适合下列条件 (i) 至 (iii) 时，称为**万有局部有限群**：

(i) G 是局部有限的. 即：G 的每一有限子集生成的子群都

是有限群.

(ii) 每一个有限群H都能同构地嵌入G中.

(iii) 对于G中任何两个同构的有限子群H_1及H_2，都存在G的内自同构(即：形状为$x \to axa^{-1}$ $(x \in G)$的自同构)能把H_1映射到H_2上.

定理 11.12 对每一不可数基数α，都存在不同构的基数为α的万有局部有限群.

证明略去. 可参看文献[18]，[19].

注 用纯代数方法可以证明，可数的万有局部有限群存在且唯一.

第十二章　饱和模型

设 $\mathfrak{A}$ 为 $\mathscr{L}$ 的模型，α 为一基数. 当 $\mathfrak{A}$ 适合下列条件时，称为 **α-饱和**的. 条件是：对 A 的每一子集 X 之 $|X|<\alpha$ 者，$\mathfrak{A}$ 在 $\mathscr{L}_X=\mathscr{L}\cup\{c_a: a\in X\}$ 中的膨胀 $\mathfrak{A}_X=(\mathfrak{A}, a)_{a\in X}$ 能实现 $\mathscr{L}_X$ 中每一个与 $\mathrm{Th}(\mathfrak{A}_X)$ 和谐的型 $\Sigma(x)$.

如果 $\mathfrak{A}$ 是 $|A|$-饱和的，则称 $\mathfrak{A}$ 为**饱和模型**.

设 ξ 为一序数，我们以 ${}^{\xi}A$ 表示由 A 中元素构成的序型为 ξ 的序列的全集. 因而，若 $a\in{}^{\xi}A$，则 a 可记为 $\{a_\eta: \eta<\xi\}$. (诸 a_η 中可以有重复的元.) 若视 $\{a_\eta: \eta<\xi\}$ 为(无序集) X，则 $\mathfrak{A}_X$ 也可记为 $(\mathfrak{A}, a_\eta)_{\eta<\xi}$.

命题 12.1　(i) 若 α 为一极限基数，则 $\mathfrak{A}$ 为 α-饱和的充分必要条件是：对每一基数 $\beta<\alpha$，$\mathfrak{A}$ 都是 β-饱和的.

(ii) $\mathfrak{A}$ 为 α-饱和的一个充分必要条件是：对每一序数 $\xi<\alpha$ 及每一 $a\in{}^{\xi}A$，模型 $(\mathfrak{A}, a_\eta)_{\eta<\xi}$ 能实现 $\mathscr{L}\cup\{c_{a_\eta}: \eta<\xi\}$ 中每一个与 $\mathrm{Th}((\mathfrak{A}, a_\eta)_{\eta<\xi})$ 和谐的型 $\Sigma(x)$. (以下把 c_{a_η} 简记为 $c_\eta(\eta<\xi)$.)

(iii) 若 $\mathfrak{A}$ 是 α-饱和的，则 $\mathfrak{A}$ 的每一归约模型也是 α-饱和的.

证明　1. 由 α-饱和模型及极限基数的定义易见，(i) 成立.

2. 由 α 为基数及 $\xi<\alpha$ 可知，对于每一 $a\in{}^{\xi}A$，当看作无序集时，其基数小于 α. 另外，对于 $a=\{a_\eta: \eta<\xi\}$ 中的重复项，在有关的语法或语义讨论中，也易于处理. 由此即可知 (ii) 成立.

3. 现在证 (iii). 设 $\mathscr{L}$ 的模型 $\mathfrak{A}$ 是 α-饱和的，$\mathfrak{A}$ 在语言 $\mathscr{L}'\subseteq\mathscr{L}$ 中的归约为 $\mathfrak{A}'$.

任取 $X\subseteq A$ 之 $|X|<\alpha$ 者. 令 $\mathscr{L}'_X=\mathscr{L}'\cup\{c_a: a\in X\}$，$\mathfrak{A}'_X=(\mathfrak{A}', a)_{a\in X}$. 设 $\Sigma'(x)$ 是 $\mathscr{L}'_X$ 中一个与 $\mathrm{Th}(\mathfrak{A}'_X)$ 和谐的型.

现在证明，$\Sigma'(x)$ 也与 $\mathrm{Th}(\mathfrak{A}_X)$ 和谐. 假若不然，则由命题 6.1

知，存在 $\Sigma'(x)$ 的有限子集 $\{\sigma_1(x), \cdots, \sigma_r(x)\}$，它不能在 $\mathrm{Th}(\mathfrak{A}_X)$ 的任何模型中实现，从而，有

$$\mathrm{Th}(\mathfrak{A}_X) \models \neg(\exists x)(\sigma_1(x) \wedge \cdots \wedge \sigma_r(x)). \tag{1}$$

由此 可证，也有

$$\mathrm{Th}(\mathfrak{A}'_X) \models \neg(\exists x)(\sigma_1(x) \wedge \cdots \wedge \sigma_r(x)). \tag{2}$$

（这是因为：(2) 式右端是 $\mathscr{L}'_X$ 中的语句．假若 (2) 不成立，则由 $\mathrm{Th}(\mathfrak{A}'_X)$ 在 $\mathscr{L}'_X$ 中的完全性应有

$$\mathrm{Th}(\mathfrak{A}'_X) \models (\exists x)(\sigma_1(x) \wedge \cdots \wedge \sigma_r(x)).$$

再由 $\mathrm{Th}(\mathfrak{A}'_X) \subseteq \mathrm{Th}(\mathfrak{A}_X)$ 有

$$\mathrm{Th}(\mathfrak{A}_X) \models (\exists x)(\sigma_1(x) \wedge \cdots \wedge \sigma_r(x)).$$

与(1)及 $\mathrm{Th}(\mathfrak{A}_X)$的和谐性矛盾．）但由 (2) 易 知，$\Sigma'(x)$ 与 $\mathrm{Th}(\mathfrak{A}'_X)$ 不和谐，与 $\Sigma'(x)$ 的取法不合．所以，$\Sigma'(x)$ 与 $\mathrm{Th}(\mathfrak{A}_X)$ 和谐．

$\Sigma'(x)$ 可以扩张为 $\mathscr{L}_X$ 中一个与 $\mathrm{Th}(\mathfrak{A}_X)$ 和谐的型 $\Sigma(v)$．由 $\mathfrak{A}$ 为 α-饱和知 $\Sigma(x)$ 能在 $\mathfrak{A}_X$ 中实现．但显见，$\mathfrak{A}'_X$ 是 $\mathfrak{A}_X$ 在 $\mathscr{L}'_X$ 中的归约，由此即知，$\Sigma'(x)$ 能在 $\mathfrak{A}'_X$ 中实现．

所以，$\mathfrak{A}'$ 是 α-饱和的．（证毕）

命题 12.2 (i) 若 $\mathscr{L}$ 的无限模型 $\mathfrak{A}$ 是 α-饱 和 的， 则 $|A| \geqslant \alpha$.

(ii) 当且只当 $\mathfrak{A}$ 为有限模型时，$\mathfrak{A}$ 对一切基数 α 为 α-饱 和的．

证明 1. 证 (i)．令 $\mathscr{L}_A = \mathscr{L} \cup \{c_a: a \in A\}$，并另取一个新常量 c，考虑 $\mathscr{L}_A \cup \{c\}$ 中的理 论 $T_1 = \mathrm{Th}(\mathfrak{A}_A) \cup \{c \neq c_a: a \in A\}$．由 $\mathfrak{A}_A$ 无限及紧致性定理易见，T_1 和谐．由此易知，$\mathscr{L}_A$ 中的公式集 $\Sigma_1(x) = \{x \neq c_a: a \in A\}$ 与 $\mathrm{Th}(\mathfrak{A}_A)$ 和谐．把 $\Sigma_1(x)$ 任依一法扩大为 $\mathscr{L}_A$ 中一个与 $\mathrm{Th}(\mathfrak{A}_A)$ 和谐的型 $\Sigma(x)$，则由 $\Sigma_1(x)$ 的定义易见，$\Sigma(x)$ 不能在 $\mathfrak{A}_A = (\mathfrak{A}, a)_{a\in A}$ 中实现．从而，由 $\mathfrak{A}$ 为 α-饱和可知，$|A| \geqslant \alpha$.

2. 证 (ii)．

2.1. 若 $\mathfrak{A}$ 为无限模型，则由 (i) 知，对任何 $\alpha > |A|$，$\mathfrak{A}$ 不是 α-饱和的．

2.2 若 $\mathfrak{A}$ 为有限模型. 任取 $X\subseteq A$ 及 $\mathscr{L}_X$ 中一个与 $\mathrm{Th}(\mathfrak{A}_X)$ 和谐的型 $\Sigma(x)$. 现在证明 $\Sigma(x)$ 能在 $\mathfrak{A}_X$ 中实现.

由 $\Sigma(x)$ 与 $\mathrm{Th}(\mathfrak{A}_X)$ 和谐知 $\Sigma(x)$ 能在 $\mathrm{Th}(\mathfrak{A}_X)$ 的一个模型 $(\mathfrak{B}, b_a)_{a\in X}$ 中实现. 但由 $\mathrm{Th}(\mathfrak{A}_X)$ 为完全理论可知, (在 $\mathscr{L}_X$ 中) $\mathfrak{A}_X\equiv(\mathfrak{B},b_a)_{a\in X}$. 再由 $\mathfrak{A}_X$ 为有限模型可知, $\mathfrak{A}_X\cong(\mathfrak{B},b_a)_{a\in X}$. 所以, $\Sigma(x)$ 也能在 $\mathfrak{A}_X$ 中实现.

由以上即可知, 对任何 α, $\mathfrak{A}$都是 α-饱和的. (证毕)

引理 12.3 设 $\mathfrak{A}$ 是 $\mathscr{L}$ 的模型, $\|\mathscr{L}\|\leqslant\alpha$ 并且, $\omega\leqslant|A|\leqslant 2^\alpha$. 则存在 $\mathfrak{A}$ 的初等扩张 $\mathfrak{B}$, 使 $|B|=2^\alpha$, 并且适合: 对 A 的每一个基数不超过 α 的子集 X, $\mathfrak{B}_X$ 能实现每一个与 $\mathrm{Th}(\mathfrak{A}_X)$ 和谐的 ($\mathscr{L}_X$ 中的)型 $\Sigma(x)$.

证明 由 $|A|\leqslant 2^\alpha$ 易知, A 的基数不超过 α 的子集 X 至多有 2^α 个. 对每一取定的 X, 语言 $\mathscr{L}_X$ 中公式个数不超过 α 个, 从而, $\mathscr{L}_X$ 中的型 $\Sigma(x)$ 至多有 2^α 个.

对 A 的每个基数不超过 α 的子集 X 及每个与 $\mathrm{Th}(\mathfrak{A}_X)$ 和谐的 ($\mathscr{L}_X$ 中的)型 $\Sigma(x)$, 引入一个新常量符号 $c_{X\Sigma}$ (由上知其总数不超过 2^α). 令 T 为 $\mathfrak{A}$ 的初等图象 Γ($\mathscr{L}_A$ 中的理论)与一切 $\Sigma(c_{X\Sigma})$ 的并.

1. 现在证明 T 和谐且有无限模型.

1.1. 先证明, 对每个 $X\subseteq A$ 及 $\mathscr{L}_X$ 中每个与 $\mathrm{Th}(\mathfrak{A}_X)$ 和谐的 ($\mathscr{L}_X$ 中的)型 $\Sigma(x)$, $\Sigma(x)$ 也与 $\mathrm{Th}(\mathfrak{A}_A)$ (即 Γ) 和谐.

以 S_Σ 记 $\mathscr{L}_X$ 中的语句集 $\{(\exists x)(\sigma_1\wedge\cdots\wedge\sigma_m)\colon m<\omega, \sigma_1,\cdots,\sigma_m\in\Sigma(x)\}$. 由 $\Sigma(x)$ 与 $\mathrm{Th}(\mathfrak{A}_X)$ 和谐及命题 2.2.7 知, $\mathrm{Th}(\mathfrak{A}_X)\cup S_\Sigma$ 和谐. 但显见 $\mathrm{Th}(\mathfrak{A}_X)$ 为 $\mathscr{L}_X$ 中的极大和谐集, 所以,

$$S_\Sigma\subseteq\mathrm{Th}(\mathfrak{A}_X)\subseteq\mathrm{Th}(\mathfrak{A}_A)=\Gamma. \tag{1}$$

从而 $\Gamma\cup S_\Sigma$ 和谐. 再由命题 6.1 可知, $\Sigma(x)$ 与 Γ 和谐.

1.2. 假若 T 不和谐, 则由紧致性定理易见, 存在有限个语句 $\sigma_1=\sigma_1(c_{X_1\Sigma_1})\in\Sigma(c_{X_1\Sigma_1})$, $\cdots$, $\sigma_r=\sigma_r(c_{X_r\Sigma_r})\in\Sigma(c_{X_r\Sigma_r})$ 使 $\Gamma\cup\{\sigma_1,\cdots,\sigma_r\}$ 不和谐. 并且, 由于易见, 每个 $\Sigma(x)$ 都对 $\wedge$ 封闭, 故可设 $\Sigma_1(x),\cdots,\Sigma_r(x)$ 互不相同, 因而 $c_{X_1\Sigma_1},\cdots,c_{X_r\Sigma_r}$ 也互不相

同.

由上易见

$$\Gamma \models (\neg\sigma_1) \vee \cdots \vee (\neg\sigma_r).$$

但 $c_{X_1\Sigma_1}, \cdots, c_{X_r\Sigma_r}$ 都不在 Γ 中出现,且互不相同,故由上式可得

$$\Gamma \models (\forall x)(\neg\sigma_1(x)) \vee \cdots \vee (\forall x)(\neg\sigma_r(x)).$$

从而也有

$$\Gamma \models \neg((\exists x)\sigma_1(x) \wedge \cdots \wedge (\exists x)\sigma_r(x)). \qquad (2)$$

但仿 (1) 可知,$(\exists x)\sigma_1(x) \in \Gamma$ 且…且 $(\exists x)\sigma_r(x) \in \Gamma$,从而,又有

$$\Gamma \models (\exists x)\sigma_1(x) \wedge \cdots \wedge (\exists x)\sigma_r(x).$$

与 (2) 及 Γ 的和谐性矛盾.

所以 T 和谐.

1.3. T 的模型都是 Γ 的模型. 但由 Γ 的定义及 $\omega \leqslant |A|$ 易知,Γ 的模型都是无限模型. 所以,T 也如此.

2. 由以上可知,T 所在的语言 $\mathscr{L}'$ 适合 $\|\mathscr{L}'\| \leqslant 2^\alpha$. 再由 1 及 LST 定理可知,$T$ 具有基数为 2^α 的模型 $\mathfrak{B}'$. 令 $\mathfrak{B}$ 为 $\mathfrak{B}'$ 在 $\mathscr{L}$ 中的归约.

由 $\Gamma \subseteq T$ 知 $\mathfrak{A} \precsim \mathfrak{B}$. 故不妨设已改变记号使 $\mathfrak{A} \prec \mathfrak{B}$. 再由 T 的定义即易见,$\mathfrak{B}$ 具有引理中所说的性质. (证毕)

引理 12.4 设 $\|\mathscr{L}\| \leqslant \alpha$,并且 $\mathscr{L}$ 的模型 $\mathfrak{A}$ 适合 $\omega \leqslant |A| \leqslant 2^\alpha$. 则存在一个基数为 2^α 的模型 $\mathfrak{B}$, 它是 $\mathfrak{A}$ 的初等扩张并且是 α^+-饱和的. (α^+ 为大于 α 的最小基数.)

证明 1. 我们先构作一个长度为 2^α 的初等链 $\mathfrak{B}_\xi(\xi < 2^\alpha)$ 使适合下列二条件:

(i) 每一 $\mathfrak{B}_\xi$ 的基数都是 2^α,并且是 $\mathfrak{A}$ 的初等扩张.

(ii) 若 $\xi = \eta + 1$, 则对 B_η 的每一基数不超过 α 的子集 X, $(\mathfrak{B}_\xi, a)_{a\in X}$ 能实现每一个与 $\mathrm{Th}((\mathfrak{B}_\eta, a)_{a\in X})$ 和谐的型 $\Sigma(x)$.

诸 Σ_ξ 的归纳作法如下.

1.1 令 $\mathfrak{B}_0$ 为由 $\mathfrak{A}$ 依引理 12.3 所得的 $\mathfrak{B}$. 则 $\mathfrak{B}_0$ 合 (i). ((ii) 对 $\xi = 0$ 无意义.)

1.2. 设 $0 < \rho < 2^{\alpha}$，并设对一切小于 ρ 的 ξ 已有了诸 $\mathfrak{B}_{\xi}$ 构成初等链且合 (i) 及 (ii).

1.2.1. 若 ρ 为一极限序数. 令 $\mathfrak{B}_{\rho} = \bigcup_{\xi<\rho}\mathfrak{B}_{\xi}$. 现在证 $\mathfrak{B}_{\rho}$ 合 (i). ((ii) 对于 $\xi = \rho$ 无意义.)

由归纳假设及初等链定理易见,$\mathfrak{A} \prec \mathfrak{B}_{\rho}$. 由诸 $|B_{\xi}| = 2^{\alpha}$ ($\xi < \rho$) 及 $\rho < 2^{\alpha}$ 易知,$|B_{\rho}| = 2^{\alpha}$.

1.2.2. 若 ρ 为 $\eta + 1$ 形状. 令 $\mathfrak{B}_{\rho}$ 为由 $\mathfrak{B}_{\eta}$ 依引理 12.3 (视 $\mathfrak{B}_{\eta}$ 为该引理中的 $\mathfrak{A}$) 所得的 $\mathfrak{B}$.

由 $\mathfrak{A} \prec \mathfrak{B}_{\eta}$(归纳假设)及 $\mathfrak{B}_{\eta} \prec \mathfrak{B}_{\rho}$，有 $\mathfrak{A} \prec \mathfrak{B}_{\rho}$. 由引理 12.3 知, $|B_{\rho}| = 2^{\alpha}$. 所以 $\mathfrak{B}_{\rho}$ 合 (i).

又由引理 12.3 知,$\mathfrak{B}_{\eta}$ 与 $\mathfrak{B}_{\rho}$ (看作 $\mathfrak{B}_{\xi}$) 也合 (ii).

1.2.3. 由归纳假设及 $\mathfrak{B}_{\rho}$ 作法显见，诸 $\mathfrak{B}_{\xi}(\xi \leqslant \rho)$ 仍为初等链. 归纳构作至此完成.

2. 令 $\mathfrak{B} = \bigcup_{\xi<2^{\alpha}}\mathfrak{B}_{\xi}$. 则易见 $\mathfrak{A} \prec \mathfrak{B}$ 且 $|B| = 2^{\alpha}$.

任取 B 的基数不超过 α 的子集 X. 并任取一个与 $\mathrm{Th}(\mathfrak{B}_X)$ 和谐的 ($\mathscr{L}_X$ 中的)型 $\Sigma(x)$.

由于 2^{α} 的共尾数大于 α,故知存在一 $\eta < 2^{\alpha}$ 能使 $X \subseteq B_{\eta}$. 由此及 $\mathfrak{B}_{\eta} \prec \mathfrak{B}$ 易知,$\mathrm{Th}((\mathfrak{B}_{\eta}, a)_{a\in X}) = \mathrm{Th}(\mathfrak{B}_X)$. 所以,$\Sigma(x)$ 也是与 $\mathrm{Th}((\mathfrak{B}_{\eta}, a)_{a\in X})$ 和谐的型.

由 $\mathfrak{B}_{\eta+1}$ 的性质 (ii) 可知,存在 $b \in B_{\eta+1} \subseteq B$,能在 $(\mathfrak{B}_{\eta+1}, a)_{a\in X}$ 中实现 $\Sigma(x)$. 即

$$(\mathfrak{B}_{\eta+1}, a)_{a\in X} \models \Sigma(x)[b].$$

再由 $\mathfrak{B}_{\eta+1} \prec \mathfrak{B}$ 可知,也有

$$(\mathfrak{B}, a)_{a\in X} \models \Sigma(x)[b].$$

即 b 在 $\mathfrak{B}_X = (\mathfrak{B}, a)_{a\in X}$ 中也实现 $\Sigma(x)$.

所以,$\mathfrak{B}$ 是 α^{+}- 饱和的. (证毕)

命题 12.5 (i) 设 $\|\mathscr{L}\| \leqslant \alpha$. 则 $\mathscr{L}$ 中每个有无限模型的理论 T,对每个不可达基数 $\gamma > \alpha$,都有基数为 γ 的饱和模型.

(ii) 在广义连续统假设之下,若 $\|\mathscr{L}\| \leqslant \alpha$, 则 $\mathscr{L}$ 中每个有无限模型的理论 T,对每个正则基数 $\gamma > \alpha$,都有基数为 γ 的饱和模

型.

证明 1. 证(i). 设 $\mathfrak{A}_\alpha$ 为 T 的一个基数为 α 的模型(由 LST 定理知存在). 由 $\mathfrak{A}_\alpha$ 出发, 屡次引用引理 12.4, 可作出一个初等链 $\mathfrak{A}_\beta$(β 通过一切适合 $\alpha<\beta<\gamma$ 的基数),使适合下列二条件:

(a) 若 β 为极限基数,则 $\mathfrak{A}_\beta=\bigcup_{\alpha<\delta<\beta}\mathfrak{A}_\delta$, 并且, $|\mathfrak{A}_\beta|\leqslant 2^\beta$.

(b) 若 $\beta=\delta^+(\alpha\leqslant\delta<\gamma)$, 则 $\mathfrak{A}_\beta$ 为一基数为 $2^\delta(\leqslant 2^\beta)$ 的 δ^+-饱和模型.

(用引理 12.4 依条件(a),(b) 对一切适合 $\alpha<\beta<\gamma$ 的基数 β 归纳构作即可.)

令 $\mathfrak{A}_\gamma=\bigcup_{\alpha<\beta<\gamma}\mathfrak{A}_\beta$.

1.1. 由 $\mathfrak{A}_\alpha\models T$ 及 $\mathfrak{A}_\alpha\prec\mathfrak{A}_{\alpha^+}$ (由引理 12.4) 及 $\mathfrak{A}_{\alpha^+}\prec\mathfrak{A}_\gamma$ (由初等链定理)可知, $\mathfrak{A}_\gamma\models T$.

1.2. 由 γ 为不可达基数易见, $\sum_{\alpha<\beta<\gamma}2^\beta\leqslant\gamma\cdot\gamma=\gamma$,所以, $|\mathfrak{A}_\gamma|\leqslant\sum_{\alpha<\beta<\gamma}|\mathfrak{A}_\beta|\leqslant\sum_{\alpha<\beta<\gamma}2^\beta\leqslant\gamma$. 另外,对任何基数 $\alpha<\beta<\gamma$,有 $\alpha<\beta^+\leqslant 2^\beta<\gamma$,所以, $\mathfrak{A}_{\beta^+}$ 有定义,并且 $\beta<2^\beta=|\mathfrak{A}_{\beta^+}|\leqslant|\mathfrak{A}_\gamma|$. 由以上可知, $|\mathfrak{A}_\gamma|=\gamma$.

1.3. 再证 $\mathfrak{A}_\gamma$ 是 γ-饱和的.

任取 A_γ 的一个基数小于 γ 的子集 X. 对每一 $a\in X$, 存在一个 $(\alpha<)\beta_a<\gamma$ 使 $a\in A_{\beta_a}$. 令 $\beta_1=\bigcup_{a\in X}\beta_a$,则由 $|X|<\gamma$ 及 γ 的正则性可知, $(\alpha<)\beta_1<\gamma$. 所以 $\mathfrak{A}_{\beta_1}$ 有定义,且易见 $X\subseteq A_{\beta_1}$,从而 $|X|\leqslant 2^{\beta_1}(<\gamma)$.

记 2^{β_1} 为 β_2,则 $(\alpha<)\beta_2^+<\gamma$,所以, $\mathfrak{A}_{\beta_2^+}$ 有定义,并且是 β_2^+-饱和的.

任取一个与 $\mathrm{Th}((\mathfrak{A}_\gamma, a)_{a\in X})$ 和谐的($\mathscr{L}_X$ 中的)型 $\Sigma(x)$. 由 $\mathfrak{A}_{\beta_2^+}\prec\mathfrak{A}_\gamma$ 及 $X\subseteq A_{\beta_2^+}$ 可知, $\Sigma(x)$ 也是一个与 $\mathrm{Th}((\mathfrak{A}_{\beta_2^+}, a)_{a\in X})$ 和谐的型. 又由于 $\mathfrak{A}_{\beta_2^+}$ 是 β_2^+-饱和的, 并且 $|X|\leqslant\beta_2<\beta_2^+$, 所以, 存在 $b\in A_{\beta_2^+}$ 能实现 $\Sigma(x)$,即

$$(\mathfrak{A}_{\beta_2^+}, a)_{a\in X}\models\Sigma(x)[b].$$

由此及 $\mathfrak{A}_{\beta_2^+}\prec\mathfrak{A}_\gamma$ 易知,也有

$$(\mathfrak{A}_\gamma, a)_{a\in X}\models\Sigma(x)[b].$$

所以，$\mathfrak{A}_\gamma$ 是 γ-饱和的.

2. 证 (ii). 2.1. 若 γ 为极限基数. 则由广义连续统假设及题设 γ 的正则性可知，γ 为不可达基数，从而由 (i) 知，T 具有基数为 γ 的饱和模型.

2.2. 若 γ 为 β^+ 形状. 则由题设的 $\alpha<\gamma$ 知，$\|\mathscr{L}\|\leqslant\alpha\leqslant\beta$，故由 LST 定理知，$T$ 具有基数为 β 的模型 $\mathfrak{A}$. 再由 $\omega\leqslant|A|<2^\beta$ 及引理 12.4 知，存在 $\mathfrak{A}$ 的初等扩张 $\mathfrak{B}$，其基数为 2^β 并且是 β^+-饱和的. 但由广义连续统假设，有 $2^\beta=\beta^+=\gamma$，所以，$\mathfrak{B}$ 是基数为 γ 的饱和模型. 又由 $\mathfrak{A}\prec\mathfrak{B}$ 可知，$\mathfrak{B}\models T$. (证毕)

引理 12.6 设 $\mathfrak{A},\mathfrak{B}$ 是 $\mathscr{L}$ 的模型，$\mathfrak{A}$ 是 α-饱和的，$\mathfrak{A}\equiv\mathfrak{B}$，并且 $b\in{}^\alpha B$. 则存在 $a\in{}^\alpha A$，能使 $(\mathfrak{A},a_\xi)_{\xi<\alpha}\equiv(\mathfrak{B},b_\xi)_{\xi<\alpha}$.

证明 对 $\xi<\alpha$ 归纳定义诸 a_ξ 如下:

设对一切 $\eta<\xi$，已定义了诸 $a_\eta\in A$ 能使 $(\mathfrak{A},a_\eta)_{\eta<\xi}\equiv(\mathfrak{B},b_\eta)_{\eta<\xi}$.

令 $\Sigma(x)$ 为 b_ξ 在$(\mathfrak{B},b_\eta)_{\eta<\xi}$ 中所决定的(在语言 $\mathscr{L}\cup\{c\eta:\eta<\xi\}$ 中的)型. 则有

$$(\mathfrak{B},b_\eta)_{\eta<\xi}\models\Sigma(x)[b_\xi]. \tag{1}$$

并且 $\Sigma(x)$ 显然与 $\mathrm{Th}((\mathfrak{B},b_\eta)_{\eta<\xi})=\mathrm{Th}((\mathfrak{A},a_\eta)_{\eta<\xi})$和谐.再由 $\mathfrak{A}$ 为 α-饱和及命题 12.1 (ii) 可知，存在 $a_\xi\in A$ 能在 $(\mathfrak{A},a_\eta)_{\eta<\xi}$ 中实现此型，即

$$(\mathfrak{A},a_\eta)_{\eta<\xi}\models\Sigma(x)[a_\xi]. \tag{2}$$

由 (1), (2) 及 $\Sigma(v)$ 的极大性即知，有

$$(\mathfrak{A},a_\eta)_{\eta\leqslant\xi}\equiv(\mathfrak{B},b_\eta)_{\eta\leqslant\xi}. \tag{3}$$

$a_\xi(\xi<\alpha)$ 的归纳定义至此完成.

现在证明 $(\mathfrak{A},a_\xi)_{\xi<\alpha}\equiv(\mathfrak{B},b_\xi)_{\xi<\alpha}$.

任取 $\mathscr{L}\cup\{c_\xi:\xi<\alpha\}$ 中一语句 $\varphi(c_{\xi_1}\cdots c_{\xi_n})$. 不妨设 $\xi_1<\cdots<\xi_n$，则有: $(\mathfrak{A},a_\xi)_{\xi<\alpha}\models\varphi$ 当且只当 $(\mathfrak{A},a_\xi)_{\xi\leqslant\xi_n}\models\varphi$ 当且只当(由 (3)) $(\mathfrak{B},b_\xi)_{\xi\leqslant\xi_n}\models\varphi$ 当且只当 $(\mathfrak{B},b_\xi)_{\xi<\alpha}\models\varphi$. (证毕)

引理 12.7 设 α 为一无限基数，$\mathscr{L}$ 的模型 $\mathfrak{A}$ 与 $\mathfrak{B}$ 均为 α-饱和的，且 $\mathfrak{A}\equiv\mathfrak{B}$. 任取 $a\in{}^\alpha A$ 及 $b\in{}^\alpha B$，则存在 $\bar{a}\in{}^\alpha A$ 及 $\bar{b}\in{}^\alpha B$，

能使：a 的值域$\subseteq\bar{a}$ 的值域；b 的值域$\subseteq\bar{b}$ 的值域；并且，$(\mathfrak{A}, \bar{a}_\xi)_{\xi<\alpha}\equiv(\mathfrak{B}, \bar{b}_\xi)_{\xi<\alpha}$.

证明 把每一序数 $\xi<\alpha$（唯一地）表为 $\xi=\omega\cdot\lambda+n(n\in\omega)$ 形状. 我们归纳地定义两个序列 $\bar{a}\in{}^\alpha A$ 及 $\bar{b}\in{}^\alpha B$，使适合：对一切 $\xi<\alpha$,

(i) 对一切 $\eta<\xi$，若 $\eta=\omega\cdot\lambda+2n$，则 $\bar{a}_\eta=a_{\omega\cdot\lambda+n}$.

(ii) 对一切 $\eta<\xi$，若 $\eta=\omega\cdot\lambda+2n+1$，则 $\bar{b}_\eta=b_{\omega\cdot\lambda+n}$.

(iii) $(\mathfrak{A},\bar{a}_\eta)_{\eta<\xi}\equiv(\mathfrak{B},\bar{b}_\eta)_{\eta<\xi}$.

设 $\xi<\alpha$，并设已定义了诸 $\bar{a}_\eta,\bar{b}_\eta(\eta<\xi)$ 使 (i), (ii), (iii) 成立. （当 $\xi=0$ 时，(i) 及 (ii) 当然地成立，而 (iii) 就是题设的 $\mathfrak{A}\equiv\mathfrak{B}$.）现在定义 $\bar{a}_\xi$ 及 $\bar{b}_\xi$ 如下：

1. 若 $\xi=\omega\cdot\lambda+2n$. 先令 $\bar{a}_\xi=a_{\omega\cdot\lambda+n}$. 然后取 $\bar{a}_\xi$ 在 $(\mathfrak{A}, \bar{a}_\eta)_{\eta<\xi}$ 中所决定的（$\mathscr{L}\cup\{c_\eta:\eta<\xi\}$ 中的）型 $\Sigma(x)$. 由归纳假设的 (iii) 可知，$\Sigma(x)$ 与 $\mathrm{Th}((\mathfrak{B}, \bar{b}_\eta)_{\eta<\xi})$ 和谐. 又因 $\mathfrak{B}$ 是 α-饱和的，故由命题 12.1 (ii) 知，存在 $\bar{b}_\xi\in B$ 能使 $(\mathfrak{B},\bar{b}_\eta)_{\eta<\xi}\models\Sigma(x)[\bar{b}_\xi]$，由此及 $\Sigma(x)$ 定义，可得 $(\mathfrak{A},\bar{a}_\eta)_{\eta\leqslant\xi}\equiv(\mathfrak{B},\bar{b}_\eta)_{\eta\leqslant\xi}$.

2. 若 $\xi=\omega\cdot\lambda+2n+1$. 先令 $\bar{b}_\xi=b_{\omega\cdot\lambda+n}$，再仿 1. 取 $\bar{a}_\xi$. 也可得 $(\mathfrak{A}, \bar{a}_\eta)_{\eta\leqslant\xi}\equiv(\mathfrak{B}, \bar{b}_\eta)_{\eta\leqslant\xi}$.

归纳定义至此完成.

由上易见有：a 的值域$\subseteq\bar{a}$ 的值域；b 的值域$\subseteq\bar{b}$ 的值域. 再仿上一引理的末段可证 $(\mathfrak{A}, \bar{a}_\xi)_{\xi<\alpha}\equiv(\mathfrak{B}, \bar{b}_\xi)_{\xi<\alpha}$.（证毕）

定理 12.8（饱和模型的唯一性） 设 $\mathscr{L}$ 的模型 $\mathfrak{A}$, $\mathfrak{B}$ 都是饱和的，$|A|=|B|$，并且 $\mathfrak{A}\equiv\mathfrak{B}$，则 $\mathfrak{A}\cong\mathfrak{B}$.

证明 令 $|A|=|B|=\alpha$. 则由题设知 $\mathfrak{A}$, $\mathfrak{B}$ 都是 α-饱和的. 令 $a\in{}^\alpha A$ 及 $b\in{}^\alpha B$ 各为 A 的元及 B 的元的一种枚举，则 a 的值域为 A，b 的值域为 B. 由引理 12.7 知，存在 $\bar{a}\in{}^\alpha A$ 及 $\bar{b}\in{}^\alpha B$ 使 $\bar{a}$ 的值域为 A，$\bar{b}$ 的值域为 B，并且，$(\mathfrak{A}, \bar{a}_\xi)_{\xi<\alpha}\equiv(\mathfrak{B}, \bar{b}_\xi)_{\xi<\alpha}$. 由此可知，$f$: $\bar{a}_\xi\to\bar{b}_\xi(\xi<\alpha)$ 是由 $\mathfrak{A}$ 到 $\mathfrak{B}$ 上的同构映射.（证毕）

设 $\mathfrak{A}$ 为 $\mathscr{L}$ 的模型，α 为一基数. 当 $\mathfrak{A}$ 适合下列条件时，称为 **α-齐次的**. 条件是：对每一序数 $\xi<\alpha$ 及任何 $a\in{}^\xi A$, $b\in{}^\xi B$. 如

果有 $(\mathfrak{A}, a_\eta)_{\eta<\xi} \equiv (\mathfrak{A}, b_\eta)_{\eta<\xi}$，那么，对任何 $c \in A$，都存在 $d \in A$，能使 $(\mathfrak{A}, a_\eta, c)_{\eta<\xi} \equiv (\mathfrak{A}, b_\eta, d)_{\eta<\xi}$.

如果 $\mathfrak{A}$ 是 $|A|$-齐次的，则称 $\mathfrak{A}$ 为**齐次模型**.

设 $\mathfrak{A}$ 为 $\mathscr{L}$ 的模型，α 为一基数. 如果对 $\mathscr{L}$ 的每一个基数小于 α 的模型 $\mathfrak{B}$ 之适合 $\mathfrak{B} \equiv \mathfrak{A}$ 者，都有 $\mathfrak{B} \precsim \mathfrak{A}$，则称 $\mathfrak{A}$ 为 **α-万有的**.

如果 $\mathfrak{A}$ 是 $|A|$-万有的，则称 $\mathfrak{A}$ 为**万有模型**.

定理 12.9 每一个 α-饱和模型都是 α^+-万有的.

证明 设 $\mathfrak{A}$ 为一 α-饱和模型，$\mathfrak{B}$ 为一基数不超过 α 的模型，并且 $\mathfrak{B} \equiv \mathfrak{A}$. 设 $b \in {}^\alpha B$ 为 B 中元素的一种枚举，则 b 的值域为 B. 由引理 12.6 知，存在 $a \in {}^\alpha A$，能使 $(\mathfrak{A}, a_\xi)_{\xi<\alpha} \equiv (\mathfrak{B}, b_\xi)_{\xi<\alpha}$. 由此及命题 3.3 易见，$\mathfrak{B} \precsim \mathfrak{A}$.（证毕）

定理 12.10 设 $\|\mathscr{L}\| < \alpha$，$\mathfrak{A}$ 是 $\mathscr{L}$ 的模型. 则下列三条件等价:

(i) $\mathfrak{A}$是 α-饱和的.

(ii) $\mathfrak{A}$ 是 α-齐次的并且是 α^+-万有的.

(iii) $\mathfrak{A}$ 是 α-齐次的并且是 α-万有的.

证明 1. 由 (i) 证 (ii).

设 $\mathfrak{A}$ 是 α-饱和的. 则由定理 12.9 知，$\mathfrak{A}$ 是 α^+-万有的. 现在证明 $\mathfrak{A}$ 是 α-齐次的.

任取一序数 $\xi<\alpha$. 设 $a \in {}^\xi A$ 及 $b \in {}^\xi B$ 适合 $(\mathfrak{A}, a_\eta)_{\eta<\xi} \equiv (\mathfrak{A}, b_\eta)_{\eta<\xi}$ 并任取 $c \in A$，现在证明，存在 $d \in A$ 能使 $(\mathfrak{A}, a_\eta, c)_{\eta<\xi} \equiv (\mathfrak{A}, b_\eta, d)_{\eta<\xi}$.

令 $\Sigma(x)$ 为 c 在 $(\mathfrak{A}, a_\eta)_{\eta<\xi}$ 中所决定的 ($\mathscr{L} \cup \{c_\eta: \eta < \xi\}$ 中的)型，则 $\Sigma(x)$ 显然与 $\mathrm{Th}((\mathfrak{A}, a_\eta)_{\eta<\xi}) = \mathrm{Th}((\mathfrak{A}, b_\eta)_{\eta<\xi})$ 和谐. 故由 $\mathfrak{A}$ 为 α-饱和的及命题 12.1 (ii) 知，存在 $d \in A$，能使 $(\mathfrak{A}, b_\eta)_{\eta<\xi} \models \Sigma(x)[d]$. 再由 $\Sigma(x)$ 的定义易见，有 $(\mathfrak{A}, a_\eta, c)_{\eta<\xi} \equiv (\mathfrak{A}, b_\eta, d)_{\eta<\xi}$.

2. 由 (ii) 显然有 (ii).

3. 由 (iii) 证 (i).

设 $\mathfrak{A}$ 是 α-齐次的，并且是 α-万有的.

任取一序数 $\xi<\alpha$，任取 $a\in {}^{\xi}A$，并设 $\Sigma(x)$ 为 $\mathscr{L}_1=\mathscr{L}\cup\{c_\eta:\eta<\xi\}$ 中任一个与 $T_1=\mathrm{Th}((\mathfrak{A},a_\eta)_{\eta<\xi})$ 和谐的型.

令 $\bar{\mathscr{L}}=\mathscr{L}_1\cup\{c\}$ (c 为一新常量)，并令 $\bar{T}=T_1\cup\Sigma(c)$. 则由 $\Sigma(x)$ 与 T_1 和谐可知，$\bar{T}$ 和谐. 又由 $\|\mathscr{L}\|<\alpha$ 及 $\xi<\alpha$ 可知，$\|\bar{\mathscr{L}}\|<\alpha$. 故由 LST 定理知，$\bar{T}$ 具有基数小于 α 的模型，取一为 $\bar{\mathfrak{B}}$，可记作 $\bar{\mathfrak{B}}=(\mathfrak{B},b_\eta,d)_{\eta<\xi}$.

$\bar{\mathfrak{B}}$ 在 $\mathscr{L}_1$ 中的归约 $(\mathfrak{B},b_\eta)_{\eta<\xi}$ 是 T_1 的模型. 再由 T_1 的定义可知，有

$$(\mathfrak{A},a_\eta)_{\eta<\xi}\equiv(\mathfrak{B},b_\eta)_{\eta<\xi}. \tag{1}$$

由此又显见 $\mathfrak{A}\equiv\mathfrak{B}$. 由于 $\mathfrak{A}$ 是 α-万有的而 $|B|<\alpha$，故有 $\mathfrak{B}\precsim\mathfrak{A}$，不妨设已换记号使 $\mathfrak{A}\prec\mathfrak{B}$. 由此又易证 $(\mathfrak{B},b_\eta)_{\eta<\xi}\equiv(\mathfrak{A},b_\eta)_{\eta<\xi}$，再由 (1) 即有

$$(\mathfrak{A},a_\eta)_{\eta<\xi}\equiv(\mathfrak{A},b_\eta)_{\eta<\xi}. \tag{2}$$

由于 $\mathfrak{A}$ 是 α-齐次的，所以由 (2) 知，对于上面的 $d\in B\subseteq A$ 可以找到 $e\in A$，使

$$(\mathfrak{A},a_\eta,e)_{\eta<\xi}\equiv(\mathfrak{A},b_\eta,d)_{\eta<\xi}. \tag{3}$$

由 $\mathfrak{B}\prec\mathfrak{A}$，又有 $(\mathfrak{A},b_\eta,d)_{\eta<\xi}\equiv(\mathfrak{B},b_\eta,d)_{\eta<\xi}$，再由 (3) 可知，$(\mathfrak{A},a_\eta,e)_{\eta<\xi}\equiv(\mathfrak{B},b_\eta,d)_{\eta<\xi}=\bar{\mathfrak{B}}$. 所以，$(\mathfrak{A},a_\eta,e)_{\eta<\xi}$ 也是 $\bar{T}$ 的模型. 再由 $\bar{T}$ 的定义即可见，e 在 $(\mathfrak{A},a_\eta)_{\eta<\xi}$ 中能实现 $\Sigma(x)$.

由以上及命题 12.1 (ii) 即知 $\mathfrak{A}$ 是 α-饱和的.（证毕）

推论 12.1 若 $\|\mathscr{L}\|<|A|$，则 $\mathscr{L}$ 的模型 $\mathfrak{A}$ 为饱和模型的充分必要条件是：$\mathfrak{A}$ 既为齐次模型又为万有模型.

证明 由上定理易见.（证毕）

第十三章　Keisler-Shelah 同构定理

设 λ 为一无限基数．令 μ 为适合 $\lambda^{\mu} > \lambda$ 的最小基数（易见 $\mu \leqslant \lambda$）．设 F 为一集函数 $f: \lambda \to \mu$．G 为一集函数 g：$\lambda \to \beta(g)$（每个 $\beta(g)$ 为一小于 μ 的基数）．并设 D 为 λ 上一个真滤子（即：空集 $O \notin D$）．对任一无限基数 κ，当下列条件 (i) 及 (ii) 成立时，称 (F, G, D) 为 κ-和谐的．

(i) D 能由一个基数不超过 κ 的子集 E 生成（不妨设 E 对有限交封闭）．

(ii) 对每一基数 $\beta < \mu$ 以及：F 中每一个含 β 项的互异函数序列 $f_{\rho}(\rho < \beta)$；每一个含 β 项的小于 μ 的序数的序列 $\sigma_{\rho}(\rho < \beta$；每个 $\sigma_{\rho} < \mu)$；F 中每一个与诸 $f_{\rho}(\rho < \beta)$ 不同的函数 f；G 中每一函数 g 而言，集合

$M = \{\nu < \lambda: f(\nu) = g(\nu)$，并且对一切 $\rho < \beta$，有 $f_{\rho}(\nu) = \sigma_{\rho}\}$ 与 D 和谐．（指：$D \cup \{M\}$ 生成 λ 上的真滤子．）

引理 13.1　存在一集 F 由 λ 到 μ 的函数，使 $|F| = 2^{\lambda}$ 并且 $(F, 0, \{\lambda\})$ 是 μ-和谐的．

证明　首先，由 $D = \{\lambda\}$ 可知，μ-和谐性的条件 (i) 已适合．以下证 (ii)．

$$令\ H = \{(A, S, h): A \subseteq \lambda;\ |A| < \mu;\ S \subseteq P(A);\ |S| < \mu;\ h\ 为由\ S\ 到\ \mu\ 中的函数\}.$$

（其中，$P(A)$ 为 A 的一切子集所成的集．）由 μ 的定义可知，$|H| = \lambda$．（因：出现在 H 中的 A，其个数易见为 λ（利用 $|A| < \mu$ 及 μ 的定义）．对每个 A，由 $|A| < \mu$ 及 μ 的定义易见，$|P(A)| \leqslant \lambda$，从而，由 $|S| < \mu$，又易见 S 的个数不超过 λ．对每一组 A, S 而言，$h \cdot S \to \mu$ 的个数为 $\mu^{|S|} \leqslant \lambda^{|S|} = \lambda$．从而易见，$|H| = \lambda$．）故可把 H 枚举如下：

$$H = \{(A_\xi, S_\xi, h_\xi): \xi < \lambda\} \tag{1}$$

对每一 $B \subseteq \lambda$ 及序数 $\xi < \lambda$，令

$$f_B(\xi) = \begin{cases} h_\xi(B \cap A_\xi), \text{若 } B \cap A_\xi \in S_\xi; \\ 0, \text{若 } B \cap A_\xi \notin S_\xi. \end{cases}$$

再令
$$F = \{f_B: B \subseteq \lambda\}.$$

易知，当 $B, C \subseteq \lambda$ 且 $B \neq C$ 时，有 $f_B \neq f_C$。（因：由对称性，不妨设存在 $b \in B$ 而 $b \notin C$。考虑这样一个 (A, S, h)，其中 $A = \{b\}$，$S = \{\{b\}\}$，$h(\{b\}) = 1$。设此 (A, S, h) 在 (1) 中足码为 ζ，则 $B \cap A_\zeta = \{b\} \in S_\zeta$，从而 $f_B(\zeta) = h_\zeta(\{b\}) = 1$。而 $C \cap A_\zeta = 0 \notin S_\zeta$，从而 $f_C(\zeta) = 0$。所以 $f_B \neq f_C$。）

任取：一基数 $\beta < \mu$；λ 的一序列互异子集 $B_\rho(\rho < \beta)$；一序列小于 μ 的序数 $\sigma_\rho(\rho < \beta)$。令

$$M = \{\nu < \lambda: \text{对一切 } \rho < \beta, f_{B_\rho}(\nu) = \sigma_\rho\}.$$

（注意：因现在 $G = 0$，所以，前述 κ-和谐性定义中的 M 成为此处的形状.）现在证明 M 不空.

取 $A' \subseteq \lambda$，使 $|A'| < \mu$，且适合条件：对每一对 $\rho_1, \rho_2 < \beta$ 之 $\rho_1 \neq \rho_2$ 者，有 $B_{\rho_1} \cap A' \neq B_{\rho_2} \cap A'$。（$A'$ 的存在性如下可见：对每一对 $\rho_1, \rho_2 < \beta$ 之 $\rho_1 \neq \rho_2$ 者，有 $B_{\rho_1} \neq B_{\rho_2}$，从而，存在一元 $a = a(\rho_1, \rho_2)$，使 $a \in (B_{\rho_1} \backslash B_{\rho_2}) \cup (B_{\rho_2} \backslash B_{\rho_1})$。令 $A' = \{a(\rho_1, \rho_2): \rho_1, \rho_2 < \beta; \rho_1 \neq \rho_2\}$ 即可.）令 $S' = \{B_\rho \cap A': \rho < \beta\}$，并令 $h'(A' \cap \beta_\rho) = \sigma_\rho$ $(\rho < \beta)$。则易见 $(A', S', h') \in H$，故有一足码 $\eta < \lambda$ 使 $(A', S', h') = (A_\eta, S_\eta, h_\eta)$。

对每一 $\rho < \beta$：$B_\rho \cap A_\eta = B_\rho \cap A' \in S' = S_\eta$，所以，$f_{B_\rho}(\eta) = h_\eta(B_\rho \cap A_\eta) = h'(B_\rho \cap A') = \sigma_\rho$。从而 $\eta \in M$，所以，M 不空.

由 $D \cup \{M\} = \{\lambda, M\}$ 生成的滤子为 $\{X: M \subseteq X \subseteq \lambda\}$。由 M 不空知，此为真滤子。所以，条件 (ii) 也适合。（证毕）

引理 13.2 (i) 若 (F, G, D) 是 κ-和谐的且 $\kappa < \gamma$，则 (F, G, D) 是 γ-和谐的.

(ii) 设 δ 为一序数，κ 为一基数，δ 的共尾数 $\mathrm{cf}(\delta) \leqslant \kappa$。又设对每一组 $\xi < \delta$ 有一组 κ_ξ-和谐的 (F_ξ, G_ξ, D_ξ) 适合：$\kappa_\xi \leqslant \kappa$；

当 $\xi<\eta<\delta$ 时，$F_\xi \supseteq F_\eta$，$G_\xi \subseteq G_\eta$，$D_\xi \subseteq D_\eta$. 则 $\left(\bigcap_{\xi<\delta} F_\xi, \bigcup_{\xi<\delta} G_\xi, \bigcup_{\xi<\delta} D_\xi\right)$ 是 κ-和谐的.

(iii) 若 (F, G, D) 是 κ-和谐的而 $F' \subseteq F$，$G' \subseteq G$，则 (F', G', D) 是 κ-和谐的.

证明 (i), (iii) 易见. 在证 (ii) 时，只须注意下列事实，即不难依定义验证 (ii) 中的结论.

由 (ii) 的题设可知，对每一 $\xi<\delta$，D_ξ 可由一子集 $E_\xi \subseteq D_\xi$ 之 $|E_\xi| \leqslant \kappa_\xi \leqslant \kappa$ 者生成. 取一个与 δ 共尾的子集 $X \subseteq \delta$ 之 $|X| = \mathrm{cf}(\delta) \leqslant \kappa$ 者，则有 $\bigcup X = \delta$. 令 $E = \bigcup_{\eta \in X} E_\eta$，则 $|E| \leqslant \bigcup_{\eta \in X} |E_\eta| \leqslant |X| \cdot \kappa = \kappa$. 现在证明，滤子 $\bigcup_{\xi<\delta} D_\xi$ 能由 E 生成.

首先，显见 $E \subseteq \bigcup_{\xi<\delta} D_\xi$，所以，由 E 生成的滤子 $D' \subseteq \bigcup_{\xi<\delta} D_\xi$. 反之，任取 $y \in \bigcup_{\xi<\delta} D_\xi$，则存在 $\xi_1<\delta$ 使 $y \in D_{\xi_1}$. 又由 $\xi_1 \in \delta = \bigcup X$ 知，存在 $\eta_1 \in X$ 使 $\xi_1 \in \eta_1$，也即 $\xi_1 < \eta_1$，从而 $D_{\xi_1} \subseteq D_{\eta_1}$，$y \in D_{\eta_1}$. 所以 $y \supseteq$ (E_{η_1} 中某个元)，从而 $y \in D'$. 所以，$\bigcup_{\xi<\delta} D_\xi \subseteq D'$. (证毕)

引理 13.3 设 G 为一集函数 $g: \lambda \to \beta(g)$ (每一 $\beta(g) < \mu$) 并且 $\mu + |G| \leqslant \kappa$. 如果 $(F, 0, D)$ 是 κ-和谐的，则存在 $F' \subseteq F$，使 $|F \setminus F'| \leqslant \kappa$，并且 (F', G, D) 是 κ-和谐的.

证明 1. 为证本引理，只须证明下列事实即可:

(P_1) 对每一 $g \in G$，存在一 $F_g \subseteq F$ 使 $|F_g| \leqslant \kappa$，并且 $(F \setminus F_g, \{g\}, D)$ 是 κ-和谐的.

这是因为，如果 (P_1) 成立，令 $F' = F \setminus \bigcup_{g \in G} \{F_g\}$，则 F' 就能适合引理中的结论. 证明如下.

首先，由 $|G| \leqslant \kappa$ 有 $|F \setminus F'| = |\bigcup_{g \in G} \{F_g\}| \leqslant |G| \cdot \kappa = \kappa$. 其

次，为了证明 (F', G, D) 为 κ-和谐，由于已设 $(F, 0, D)$ 为 κ-和谐，所以，κ-和谐性定义中的 (i) 对于 D 已适合. 因而只需证明 (ii) 对于 F' 适合：把该定义的 (ii) 中的 F 换为 F'，其他符号不变. 对任一 $f\in F'$ 之不同于每一 $f_\rho(\rho<\beta)$ 者及任一 $g\in G$，令

$$M=\{\nu<\lambda: f(\nu)=g(\nu), \text{并且对一切}\ \rho<\beta\ \text{有}\ f_\rho(\nu)=\sigma_\rho\}.$$

由于 $f\in F'\subseteq(F\backslash F_g)$，$g\in\{g\}$ 且由 (P_1) 知，$(F\backslash F_g, \{g\}, D)$ 为 κ-和谐，所以，$D\cup\{M\}$ 生成 λ 上的真滤子.

2. 以下证明 (P_1). 假若 (P_1) 不成立，则存在 $g\in G$ 使

(P_2)　对每一 $\bar{F}\subseteq F$ 之 $|\bar{F}|\leqslant\kappa$ 者，$(F/\bar{F}, \{g\}, D)$ 不为 κ-和谐.

令 $F_0=F$，则由 (P_2) 可知，$(F_0, \{g\}, D)$ 不为 κ-和谐. 故由 κ-和谐性定义可知：

(Q_0)　存在一基数 $\beta_0<\mu$，一个序数序列 $\sigma_\rho^0(\rho<\beta_0)$，其中，每 $\sigma_\rho^0<\mu$；F_0 中一序列互异的函数 $f_\rho^0(\rho<\beta_0)$；及一个不同于这些 f_ρ^0 的函数 $f^0\in F_0$；能使

$$M_0=\{\nu<\lambda: f^0(\nu)=g(\nu)\ \text{并且对一切}\ \rho<\beta_0\ \text{有}\ f_\rho^0(\nu)=\sigma_\rho^0\}$$

与 D 不和谐. 即 $D\cup\{M_0\}$ 生成 λ 上的非真滤子 $S(\lambda)$.

令 $\bar{F}_0=\{f_\rho^0:\rho<\beta_0\}\cup\{f^0\}$，则 $|\bar{F}_0|=\beta_0<\mu\leqslant\kappa$.

再令 $F_1=F_0\backslash\bar{F}_0=F\backslash\bar{F}_0$，则由 (P_2) 知 $(F_1, \{g\}, D)$ 不为 κ-和谐. 从而可知：

(Q_1)　存在一基数 $\beta_1<\mu$，一个序数序列 $\sigma_\rho^1(\rho<\beta_1)$，其中，每 $\sigma_\rho^1<\mu$；F_1 中一序列互异的函数 $f_\rho^1(\rho<\beta_1)$；及一个不同于这些 f_ρ^1 的函数 $f^1\in F_1$；能使

$$M_1=\{\nu<\lambda: f^1(\nu)=g(\nu), \text{并且对一切}\ \rho<\beta_1\ \text{有}\ f_\rho^1(\nu)=\sigma_\rho^1\}$$

与 D 不和谐.

令 $\bar{F}_1=\{f_\rho^1: \rho<\beta_1\}\cup\{f^1\}$，则 $|\bar{F}_1|=\beta_1<\mu\leqslant\kappa$，从而，也有 $|\bar{F}_0\cup\bar{F}_1|\leqslant\kappa$.

再令 $F_2=F_1\backslash\bar{F}_1=F\backslash(\bar{F}_0\cup\bar{F}_1)$，则由 (P_2) 知，$(F_2, \{g\}, D)$ 不为 κ-和谐.

....

如此继续，对足码为极限序数的情况，也适当处理，易见，可以

超限归纳地定义 F 的一系列子集 F_ξ 及 $\bar{F}_\xi(\xi<\kappa^+)$ 使:

(a) $F_0=F$; $\bar{F}_0$ 为 F_0 的一个适当选取的且适合 $|\bar{F}_0|\leqslant\kappa$ 的子集.

(b) $F_{\xi+1}=F_\xi\setminus\bar{F}_\xi$; $\bar{F}_{\xi+1}$ 为 $F_{\xi+1}$ 的一个适当选取的且适合 $|\bar{F}_{\xi+1}|\leqslant\kappa$ 的子集.

(c) 当 $\eta<\kappa^+$ 为极限序数时: $F_\eta=\bigcap\limits_{\xi<\eta}F_\xi$; $\bar{F}_\eta$ 为 F_η 的一个适当选取的且适合 $|\bar{F}_\eta|\leqslant\kappa$ 的子集.

并且有

(P_3) 对每一 $\xi<\kappa^+$, 存在: 一基数 $\beta_\xi<\mu$; 一个序数序列 $\sigma^\xi_\rho(\rho<\beta_\xi)$, 其中每 $\sigma^\xi_\rho<\mu$; $\bar{F}_\xi$ 中一序列互异的函数 $f^\xi_\rho(\rho<\beta_\xi)$; 及 $\bar{F}_\xi$ 中一个不同于这些 f^ξ_ρ 的函数 f^ξ; 能使

$M_\xi=\{\nu<\lambda: f^\xi(\nu)=g(\nu)$, 并且对一切 $\rho<\beta_\xi$ 有 $f^\xi_\rho(\nu)=\sigma^\xi_\rho\}$

与 D 不和谐.

由 (P_3) 易见:

(1) 对每一 $\xi<\kappa^+$, 存在 $Y_\xi\in D$ 使 $A_\xi\cap Y_\xi=0$.

又因 D 可由一子集 E 之适合 $|E|\leqslant\kappa$ 者生成, 故由 (1) 易见, 又有:

(2) 对每一 $\xi<\kappa^+$, 存在 $X_\xi\in E$ 使 $A_\xi\cap X_\xi=0$.

(2) 中的足码 ξ 有 κ^+ 个, 但 $|E|\leqslant\kappa$, 所以, 在 κ^+ 个 X_ξ 中至少有一个重复出现 κ^+ 次. 任取一个这样的 X_ξ, 记为 X, 即知:

(3) 存在一集合 $X\in E$, 使对于 κ^+ 个小于 κ^+ 的序数 ξ 有 $A_\xi\cap X=0$.

对于 (3) 中所说的 κ^+ 个序数 ξ, 每一 ξ 对应一个基数 $\beta_\xi<\mu$. 但小于 μ 的基数其个数不超过 μ 而 $\mu\leqslant\kappa$, 所以易见这 κ^+ 个 β_ξ 中至少有一个重复出现 κ^+ 次. 任取一个这样的 β_ξ, 记为 β, 则由 (3) 可得:

(P_4') 存在一集合 $X\in E$ 及一基数 $\beta<\mu$ 使: 对于 κ^+ 个小于 κ^+ 的序数 ξ 有 $\beta_\xi=\beta$ 及 $A_\xi\cap X=0$.

由于在 (P_3) 及 (P'_4) 中，ξ 只起足码的作用，故可对之作如下的重新处理：设想在 (P_3) 中去掉那些未在 (P'_4) 中出现的 ξ，只保留在 (P'_4) 中出现的 κ^+ 个(这样的 (P_3) 暂记为 (P'_3))．对于保留下来的 κ^+ 个小于 κ^+ 的足码，不妨重新看作是小于 κ^+ 的全部序数．在这一新看法下，(P'_3) 在字面上又恢复到 (P_3) 的形式，而 (P'_4) 则成为：

(P_4) 存在一集合 $X \in E$ 及一基数 $\beta < \mu$ 使：对每一 $\xi < \kappa^+$ 都有 $\beta_\xi = \beta$ 及 $A_\xi \cap X = 0$.

对于上述的函数 $g: \lambda \to \beta(g)$，记 $\beta(g)$ 为 γ，则 $\gamma < \mu \leqslant \kappa < \kappa f^+$．现在对小于 γ 的那些足码 ξ，来考虑(新看法下) (P_3) 中那些函数 $f_\rho^\xi(\xi < \gamma;\ \rho < \beta_\xi = \beta)$，$f^\xi(\xi < \gamma)$，那些序数 $\sigma_\rho^\xi(\xi < \gamma;\ \rho < \beta_\xi = \beta)$ 及诸序数 $\xi < \gamma$．我们可以把这些函数排列为一个序型为基数 $\delta = \beta \cdot \gamma(< \mu)$ 的序列．(注意：在旧看法下的 (P_3) 中，诸 $f_\rho^\xi(\rho < \beta_\xi)$ 及 f^ξ 都在 $\bar{F}_\xi$ 中．再由诸 $\bar{F}_\xi$ 的定义可知，对于不同的 ξ_1, ξ_2 而言，诸 $f_\rho^{\xi_1}(\rho < \beta_{\xi_1})$ 与 f^{ξ_1} 与诸 $f_\rho^{\xi_2}(\rho < \beta_{\xi_2})$ 与 f^{ξ_2} 互异．从而，在新看法下的 (P_3) 中仍是如此．并且，在新看法下有 $\beta_{\xi_1} = \beta_{\xi_2} = \beta$．所以，这些函数的总个数 $\delta = \beta \cdot \gamma$.) 我们把诸序数 $\sigma_\rho^\xi(\xi < \gamma;\ \rho < \beta)$ 及诸 $\xi < \gamma$ 也相应地排列为序型 δ 的序列．由于题设 $(F, 0, D)$ 是 κ-和谐的，所以，

$M = \{\nu < \lambda: f_\rho^\xi(\nu) = \sigma_\rho^\xi$ (对一切 $\xi < \gamma$ 及 $\rho < \beta$)，并且 $^\xi(\nu) = \xi$ (对一切 $\xi < \gamma$)$\}$ 与 D 和谐．(注意：在上述 M 的写法中，虽然，对诸函数及序数仍采用了原来的上下标，但实际上，是把它们分别看作两个 δ-序列中的对应项而写出诸等式的．) 特别地，对于 (P_4) 中的 X，有 $M \cap X \neq 0$．任取一 $\nu_1 \in M \cap X$，则由 (P_4) 可知：

(4) 对每一 $\xi < \kappa^*$，都有 $\nu_1 \notin A_\xi$.

另一方面，设 $g(\nu_1) = \xi_1$，则由 $g: \lambda \to \gamma$ 知 $\xi_1 < \gamma(< \kappa^+)$．再由 $\nu_1 \in M$，有

$$f_\rho^{\xi_1}(\nu_1) = \sigma_\rho^{\xi_1} \text{ (对一切 } \rho < \beta = \beta_{\xi_1}\text{) 及 } f^{\xi_1}(\nu_1) = \xi_1.$$

从而，又有 $f^{\xi_1}(\nu_1) = g(\nu_1)$．这样，由 ($P_3$) 可知有 $\nu_1 \in A_{\xi_1}$．这显

然与 (4) 矛盾.

所以 (P_1) 成立. (证毕)

引理 13.4 (i) 设 $(F, 0, D)$ 是 κ-和谐的, $A\subseteq\lambda$. 则存在 $F'\subseteq F$ 使 $|F\backslash F'|<\mu$ 并且: 或 $(F', 0, D')$ 是 κ-和谐的, 其中, D' 是由 $D\cup\{A\}$ 生成的滤子; 或 $(F', 0, D'')$ 是 κ-和谐的, 其中, D'' 是由 $D\cup\{\lambda\backslash A\}$ 生成的滤子.

(ii) 设 $(F, 0, D)$ 是 κ-和谐的, 并且 $\mu\leqslant\kappa$, $A_\xi\subseteq\lambda$ (对每一序数 $\xi<\kappa$). 则存在 $F'\subseteq F$ 及 λ 上滤子 $D'\supseteq D$ 使 $|F\backslash F'|\leqslant\kappa$, $(F', 0, D')$ 为 κ-和谐, 并且对每一 $\xi<\kappa$: 或 $A_\xi\in D'$, 或 $(\lambda\backslash A_\xi)\in D'$.

证明 1. 证 (i). 首先, 由于 D 能由一子集 E 之 $|E|\leqslant\kappa$ 者生成, 故易见, D' 及 D'' 也各自能由一基数不超过 κ 的子集生成.

1.1. 若 $(F, 0, D')$ 是 κ-和谐的. 令 $F'=F$, 即能使 (i) 中结论成立.

1.2. 若 $(F, 0, D')$ 不是 κ-和谐的. 则存在: 一基数 $\beta<\mu$; F 中一序列互异的函数 $f_\rho(\rho<\beta)$; 一序列小于 μ 的序数 σ_ρ $(\rho<\beta)$; 能使

$$B=\{\nu<\lambda: \text{对一切}\ \rho<\beta,\ f_\rho(\nu)=\sigma_\rho\}$$

与 D' 不和谐. 从而易知, 存在一集合 $X\in E$ 使

$$B\cap X\cap A=0. \tag{1}$$

令 $F'=F\backslash\{f_\rho: \rho<\beta\}$. (由此可知, $|F\backslash F'|=\beta<\mu$.) 现在证明 $(F', 0, D'')$ 是 κ-和谐的.

任取 $\beta'<\mu$ 及 F' 中一序列互异的函数 $f'_\rho(\rho<\beta')$ 及一序列小于 μ 的序数 $\sigma'_\rho(\rho<\beta')$. 令

$$B'=\{\nu<\lambda: \text{对一切}\ \rho<\beta',\ f'_\rho(\nu)=\sigma'_\rho\}.$$

1.2.1. 现在证明:

$$D\cup\{B\cap B'\}\ \text{生成}\ \lambda\ \text{上的真滤子}.$$

令 $\beta_1=\max(\beta, \beta')$, 则仍有 $\beta_1<\mu$. 并且易见, 可以把两个函数序列 $f_\rho(\rho<\beta)$ 及 $f'_\rho(\rho<\beta')$ 合排为一个序列 $f''_\rho(\rho<\beta_1)$. (注意, 由 F' 定义知, 在诸 f_ρ 与诸 f'_ρ 中没有相同的.) 另外, 把两个

序数序列 $\sigma_\rho(\rho<\beta)$ 及 $\sigma'_\rho(\rho<\beta')$ 也依与上相同的方式合排为一个序列 $\sigma''_\rho(\rho<\beta_1)$. 由 $(F, 0, D)$ 为 κ-和谐知

$$B_1=\{\nu<\lambda: \text{对一切}\ \rho<\beta_1,\ f''_\rho(\nu)=\sigma''_\rho\}$$

与 D 和谐. 但由上述序列 f''_ρ, $\sigma''_\rho(\rho<\beta_1)$ 的排法又易见, 有 $B_1=B\cap B'$. 所以 (2) 成立.

1.2.2. 任取 E 中一集合 Y, 则有 $Y\cap X\in E$ (因 E 对有限交封闭). 因而由 (2) 有 $B\cap B'\cap Y\cap X\neq 0$,再由此及 (1) 可知:

$$B'\cap Y\cap(\lambda\backslash A)\neq 0. \tag{3}$$

由 Y 在 E 中的任意性及 D'' 的定义及 (3) 可知:

$$D''\cup\{B'\}\ \text{生成}\ \lambda\ \text{上的真滤子}. \tag{4}$$

1.2.3. 由 (4) 及 B' 定义中 β', $f'_\rho(\rho<\beta')$, $\sigma'_\rho(\rho<\beta')$ 的任意性即知: $(F', 0, D'')$ 是 κ-和谐的.

2. 重复使用 (i) 即不难证明 (ii),不详述. (证毕)

在下述的引理及其证明中, 将出现较多层次的右下标. 为避免排印困难,我们临时引入对于右下标的另一记法. 例如, 以 $y*(\rho*\xi_1 n_{\xi_1})$ 表示: $\xi_1 n_{\xi_1}$ 是 ρ 的双重右下标, 带有这一右下标的 ρ 又是 y 的右下标. 其余仿此.

引理 13.5 设: $\mu\leqslant\kappa$; $(F, 0, D)$ 是 κ-和谐的; $\mathfrak{A}$ 是 $\mathscr{L}$ 的模型, 其论域的基数 $|A|<\mu$; $\varphi_\xi(xy*\rho_{\xi1}\cdots y*\rho_{\xi n_\xi})$ $(\xi<\kappa$; $n_\xi<\omega$;每 $\rho_{\xi i}<\kappa)$ 是 $\mathscr{L}$ 中一系列公式,并且,公式集 $\{\varphi_\xi:\xi<\kappa\}$ 对合取封闭;$d_\xi:\lambda\to A(\xi<\kappa)$ 是一集函数. 如果对每一 $\xi<\kappa$, 都有

$$S_\xi=\{\nu<\lambda:\mathfrak{A}\models(\exists x)\varphi_\xi(xd*\rho_{\xi1}(\nu)\cdots d*\rho_{\xi n_\xi}(\nu))\}\in D.$$

则存在 $d:\lambda\to A$ 及 $F'\subseteq F$ 及 $D'\supseteq D$, 使: $|F\backslash F'|\leqslant\kappa$; $(F', 0, D')$ 为 κ-和谐;对每一 $\xi<\kappa$,

$$\{\nu<\lambda:\mathfrak{A}\models\varphi_\xi(d(\nu)d*\rho_{\xi1}(\nu)\cdots d*\rho_{\xi n_\xi}(\nu))\}\in D'.$$

(注意: 此处我们暂时允许形式语言中的变量 y 取超限序数 $\rho_{\xi i}$ 为下标,由以下用法可以看出, 这种放宽并无妨. 又: 在 $\varphi_\xi(xd*\rho_{\xi1}(\nu)\cdots d*\rho_{\xi n_\xi}(\nu))$ 中,诸 $d*\rho_{\xi i}(\nu)$ 不是形式符号而是 A 中的元素,但此处写法含意明显,无妨.)

证明 设 $|A| = \alpha$,并设

$\{a_\xi: \xi < \alpha\}$ 是 A 中元素的一种枚举. (1)

对每一 $\xi < \kappa$, 定义函数 $g_\xi: \lambda \to \alpha$ 如下: 对每一 $\nu < \lambda$, 令

$$g_\xi(\nu) = \begin{cases} \text{适合 } \mathfrak{A} \models \varphi_\xi(a_\eta d * \rho_{\xi 1}(\nu) \cdots d * \rho_{\xi n_\xi}(\nu)) \\ \quad \text{的第 1 个 } \eta < \alpha \text{(当存在时)}; \\ 0, \text{当不存在上述 } \eta \text{ 时}. \end{cases} \tag{2}$$

令 $G = \{g_\xi: \xi < \kappa\}$,则有 $\mu + |G| \leqslant \kappa$. 故由引理 13.3 知,存在 $\bar{F} \subseteq F$, 使 $|F \setminus \bar{F}| \leqslant \kappa$,并且 $(\bar{F}, G, D)$ 是 κ-和谐的.

任意取定 $\bar{F}$ 中一函数 f, 据之定义一函数 $d: \lambda \to A$ 如下: 对每一 $\nu < \lambda$,令

$$d(\nu) = \begin{cases} a_{f(\nu)}, \text{若 } f(\nu) < \alpha; \\ a_0, \text{若 } f(\nu) \geqslant \alpha. \end{cases}$$

对每一 $\xi < \kappa$, 令

$$B_\xi = \{\nu < \lambda: \mathfrak{A} \models \varphi_\xi(d(\nu) d * \rho_{\xi 1}(\nu) \cdots d * \rho_{\xi n_\xi}(\nu))\}. \tag{3}$$

再令 D' 为由 $D \cup \{B_\xi: \xi < \kappa\}$ 生成的滤子.

令 $F' = \bar{F} \setminus \{f\}$. 现在证明: d, F', D' 即能适合引理的结论. 由以上易见,只须证明 $(F', 0, D')$ 为 κ-和谐即可.

首先,由题设 $(F, 0, D)$ 的 κ-和谐性及 D' 定义易见,D' 能由一个基数不超过 κ 的子集生成.

其次,任取: 一基数 $\beta < \mu$; F' 中互异函数的序列 $f_\rho (\rho < \beta)$; 小于 μ 的序数的序列 $\sigma_\rho (\rho < \beta)$. 令

$$B = \{\nu < \lambda: \text{对一切 } \rho < \beta, f_\rho(\nu) = \sigma_\rho\}.$$

现在证明: $D' \cup \{B\}$ 生成 λ 上的真滤子.

为此, 先证明 $\{B_\xi: \xi < \kappa\}$ 对有限交封闭. 任取 B_{ξ_1}, $B_{\xi_2} (\xi_1, \xi_2 < \kappa)$,考虑相应的 φ_{ξ_1}, φ_{ξ_2}. 由 $\{\varphi_\xi: \xi < \kappa\}$ 对合取封闭知, 存在 $\xi_3 < \kappa$,能使 $\varphi_{\xi_3} = \varphi_{\xi_1} \wedge \varphi_{\xi_2}$,即

$$\begin{aligned} &\varphi_{\xi_3}(x y * (\rho * \xi_3 1) \cdots y * (\rho * \xi_3 n_{\xi_3})) \\ &= \varphi_{\xi_1}(x y * (\rho * \xi_1 1) \cdots y * (\rho * \xi_1 n_{\xi_1})) \\ &\quad \wedge \varphi_{\xi_2}(x y * (\rho * \xi_2 1) \cdots y * (\rho * \xi_2 n_{\xi_2})), \end{aligned}$$

从而有

$$B_{\xi_3}=\{\nu<\lambda:\mathfrak{A}\models\varphi_{\xi_3}(d(\nu)d*(\rho*\xi_31)$$
$$(\nu)\cdots d*(\rho*\xi_3n_{\xi_3})(\nu))\}=\{\nu<\lambda:\mathfrak{A}\models\varphi_{\xi_1}$$
$$(d(\nu)d*(\rho*\xi_11)(\nu)\cdots)\wedge\varphi_{\xi_2}(d(\nu)$$
$$d*(\rho*\xi_21)(\nu)\cdots)\}=B_{\xi_1}\cap B_{\xi_2}.$$

所以，$\{B_\xi:\xi<\kappa\}$ 对有限交封闭.

假若 $D'\cup\{B\}$ 生成 λ 上的非真滤子 $S(\lambda)$，则由 D' 定义及上段易见，存在一 $X\in D$ 及一 $B_\xi(\xi<\kappa)$ 能使

$$B\cap X\cap B_\xi=0. \tag{4}$$

现在考虑 $\bar{F}$ 中的互异函数序列 $f_\rho(\rho<\beta)$；小于 μ 的序数的序列 $\sigma_\rho(\rho<\beta)$；$\bar{F}$ 中的函数 f（由诸 $f_\rho\in F'$ 知，它们都与 f 不同）及 G 中的函数 g_ξ. 由 $(\bar{F},G,D)$ 为 κ-和谐可知，下列集合

$$\bar{B}_\xi=\{\nu<\lambda:f(\nu)=g_\xi(\nu),\text{并且对一切}\ \rho<\beta\ \text{有}\ f_\rho(\nu)=\sigma_\rho\}$$

与 D 和谐.

但由 g_ξ 及 B_ξ 的定义可知，

$$S_\xi\cap\bar{B}_\xi\subseteq B\cap B_\xi. \tag{5}$$

这是因为：首先，由 B 及 $\bar{B}_\xi$ 的定义显见，有 $\bar{B}_\xi\subseteq B$，从而，有

$$S_\xi\cap\bar{B}_\xi\subseteq B. \tag{6}$$

其次，再证

$$S_\xi\cap\bar{B}_\xi\subseteq B_\xi, \tag{7}$$

如下：设 $\nu\in S_\xi\cap\bar{B}_\xi$，则由 $\nu\in S_\xi$ 知

$$\mathfrak{A}\models(\exists x)\varphi_\xi(xd*\rho_{\xi1}(\nu)\cdots d*\rho_{\xi n_\xi}(\nu)),$$

所以在 A 的枚举 (1) 中，存在 a_η 能使

$$\mathfrak{A}\models\varphi_\xi(a_\eta d*\rho_{\xi1}(\nu)\cdots d*\rho_{\xi n_\xi}(\nu)),$$

故由 $g_\xi(\nu)$ 的定义 (2)，有

$$\mathfrak{A}\models\varphi_\xi(a_{g_\xi(\nu)}d*\rho_{\xi1}(\nu)\cdots d*\rho_{\xi n_\xi}(\nu)). \tag{8}$$

又由 $\nu\in\bar{B}_\xi$ 有 $f(\nu)=g_\xi(\nu)$. 但由 g_ξ 定义知，$g_\xi(\nu)<\alpha$，故由 $d(\nu)$ 的定义，有 $d(\nu)=a_{f(\nu)}=a_{g_\xi(\nu)}$，再由 (8)，有

$$\mathfrak{A}\models\varphi_\xi(d(\nu)d*\rho_{\xi1}(\nu)\cdots d*\rho_{\xi n_\xi}(\nu)),$$

故由 (3) 知，$\nu\in B_\xi$. 所以 (7) 成立. 由 (6) 及 (7) 即得 (5).

又由题设有 $S_\xi\in D$，从而 $S_\xi\cap X\in D$. 再由 $\bar{B}_\xi$ 与 D 和谐可知，

$S_\xi \cap X \cap \bar{B}_\xi \neq 0$. 从而由 (5) 知，$B \cap X \cap B_\xi \neq 0$. 这与 (4) 矛盾.

所以，$D' \cup \{B\}$ 生成 λ 上的真滤子. 从而，$(F', 0, D')$ 是 κ-和谐的. (证毕)

定理 13.6 (Keisler-Shelah) 设 $\mathfrak{A}, \mathfrak{B}$ 是 $\mathscr{L}$ 的模型. 则 $\mathfrak{A} \equiv \mathfrak{B}$ 的充分必要条件是：存在一足码集 λ 及 λ 上一超滤子 D，使 $\mathbf{\Pi}_D \mathfrak{A} \cong \mathbf{\Pi}_D \mathfrak{B}$.

证明 条件的充分性易见 (利用推论 4.4). 以下证条件的必要性.

1. 设 $\mathfrak{A} \equiv \mathfrak{B}$. 取无限基数 λ, μ 使：$\|\mathscr{L}\| \leqslant \lambda$；$|A| < \mu$，$|B| < \mu$；且 μ 为适合 $\lambda^\mu > \lambda$ 的最小基数. (这样的 λ, μ 易见存在. 例如：令 $\nu = \max(\|\mathscr{L}\|, |A|, |B|)$，再令 $\lambda_1 = 2^\nu$，则有 $\lambda_1^\nu = \lambda_1$. 所以，对于 λ_1，其相应的 $\mu_1 > \nu$ 且 $\mu_1 \leqslant \lambda_1$. 从而，$\lambda_1$，$\mu_1$ 即可充当上述的 λ, μ.)

下面，对小于 2^λ 的诸序数 ρ 进行超限归纳，来构作 λ 上一个超滤子 D 以及超幂 $\mathbf{\Pi}_D \mathfrak{A}$ 与 $\mathbf{\Pi}_D \mathfrak{B}$ 间的一个同构对应.

首先，取一集 F_0 由 λ 到 μ 的函数使

$$|F_0| = 2^\lambda,\ D_0 = \{\lambda\} \text{ 并且 } (F_0, 0, D_0) \text{ 是 } \lambda\text{-和谐的.} \tag{1}$$

由引理 13.1 及 13.2 (i) 可知 F_0 存在.

现在，要构作一序列递降的函数集 $F_\rho(\rho < 2^\lambda)$ 及 λ 上一序列递增的滤子 $D_\rho(\rho < 2^\lambda)$，使它们适合 (除了还适合其他条件之外)：

$$(\mathrm{C}_1^\rho)\begin{cases} |F_0 \backslash F_\rho| \leqslant \lambda + |\rho|, \text{从而 } |F_\rho| = 2^\lambda; \\ (F_\rho, 0, D_\rho) \text{ 是 } (\lambda + |\rho|)\text{-和谐的}; \\ \text{对于极限序数 } \rho(< 2^\lambda),\ F_\rho = \bigcap\limits_{\xi<\rho} F_\xi, D_\rho = \bigcap\limits_{\xi<\rho} D_\xi. \end{cases}$$

我们还要构作两个函数序列 $a_\rho: \lambda \to A(\rho < 2^\lambda)$ 及 $b_\rho: \lambda \to B(\rho < 2^\lambda)$，使它们分别穷尽了 A^λ 中及 B^λ 中的函数 (A^λ 为由 λ 到 A 中的函数的全集，B^λ 仿此)，并且对每一 $\rho < 2^\lambda$ 有下列条件 (C_2^ρ) 及 (C_3^ρ) 成立：

(C_2^ρ) 对 $\mathscr{L}$ 中任一公式 $\psi(x_1\cdots x_m)$ 及 A^λ 中任何 $a_{\rho_1},\cdots,a_{\rho_m}$ 之 $\rho_1,\cdots,\rho_m<\rho$ 者：或 $\{\nu<\lambda:\mathfrak{A}\models\psi[a_{\rho_1}(\nu)\cdots a_{\rho_m}(\nu)]\}\in D_\rho$，或 $\{\nu<\lambda:\mathfrak{A}\models\neg\psi[a_{\rho_1}(\nu)\cdots a_{\rho_m}(\nu)]\}\in D_\rho$.

(C_3^ρ) 对 $\mathscr{L}$ 中任一公式 $\psi(x_1\cdots x_m)$ 及 A^λ 中任何 $a_{\rho_1},\cdots,a_{\rho_m}$ 之 $\rho_1,\cdots,\rho_m<\rho$ 者及 B^λ 中相应的 $b_{\rho_1},\cdots,b_{\rho_m}$：$\{\nu<\lambda:\mathfrak{A}\models\psi[a_{\rho_1}(\nu)\cdots a_{\rho_m}(\nu)]\}\in D_\rho$ 当且只当 $\{\nu<\lambda:\mathfrak{B}\models\psi[b_{\rho_1}(\nu)\cdots b_{\rho_m}(\nu)]\}\in D_\rho$.

2. 首先，由 (1) 及题设的 $\mathfrak{A}\equiv\mathfrak{B}$ 易见，(C_1^0)，(C_2^0)，(C_3^0) 成立. 另外，对每一非 0 的极限序数 $\rho<2^\lambda$，如果对一切 $\xi<\rho$ 已有诸 (C_1^ξ)，(C_2^ξ)，(C_3^ξ) 成立，令 $F_\rho=\bigcap\limits_{\xi<\rho}F_\xi$，$D_\rho=\bigcup\limits_{\xi<\rho}D_\xi$，则由引理 13.4 (i) 及 13.2 易见，有 (C_1^ρ)，(C_2^ρ)，(C_3^ρ) 成立.

所以，我们只须对 ρ 为后继序数 $\sigma+1$ 的情况来看如何使 ($C_1^{\sigma+1}$)，($C_2^{\sigma+1}$)，($C_3^{\sigma+1}$) 成立. 我们利用 "过来过去"法：首先把 A^λ 及 B^λ 各任依一法排为序型 2^λ 的良序集. 然后，轮流地或者在 A^λ 中取一 a_σ 而由之去找 B^λ 中一个相应的 b_σ，或者在 B^λ 中取一 b_σ 而由之去找 A^λ 中一个相应的 a_σ. 由于对称性，我们只考虑前一情况：在 A^λ 中取在上述良序下第 1 个尚未放入序列 $a_\xi(\xi<\sigma)$ 中的函数作为 a_σ，现在由之来找 $F_{\sigma+1}$，$D_{\sigma+1}$ 及 b_σ 使 ($C_1^{\sigma+1}$)，($C_2^{\sigma+1}$)，($C_3^{\sigma+1}$) 成立. (注意：这里的 a_ξ，a_σ 等其下标并不反映上述 A^λ 的良序.)

对 $\mathscr{L}$ 中每一公式 $\varphi(xy_1\cdots y_n)$ 及每一组序数 $\rho_1,\cdots,\rho_n<\sigma$，考虑下列集合 X (它与 $\varphi,\rho_1,\cdots,\rho_n$ 有关)：

$$X(\varphi,\rho_1,\cdots,\rho_n)=\{\nu<\lambda:\mathfrak{A}\models\varphi[a_\sigma(\nu)a_{\rho_1}(\nu)\cdots a_{\rho_n}(\nu)]\}.$$

易知，当 φ 及 $\rho_1,\cdots,\rho_n$ 变化时，这样的 X 其总数不超过 $\lambda+|\sigma|$. 而由归纳假设知，$(F_\sigma,0,D_\sigma)$ 是 $(\lambda+|\sigma|)$-和谐的，故由引理 13.4 (ii) 知，可找到 $F'\subseteq F_\sigma$ 及 $D'\supseteq D_\sigma$，使：$|F_\sigma\backslash F'|\leqslant\lambda+|\sigma|$；$(F',0,D')$ 为 $(\lambda+|\sigma|)$-和谐；并且，对每一 $X(\varphi,\rho_1,\cdots,\rho_n)$，

或 $X\in D'$，或 $(\lambda\backslash X)\in D'$. (2)

令 Γ 为一切公式 $\varphi(xy_{\rho_1}\cdots y_{\rho_n})$ ($\rho_1,\cdots,\rho_n<\sigma$) 之适合

$X(\varphi, \rho_1, \cdots, \rho_n) \in D'$ 者所成的集. 易见, Γ 对于合取封闭. 并易见,对任何 φ 及 $\rho_1, \cdots, \rho_n < \sigma$:

$$\text{若 } \varphi(xy_{\rho_1}\cdots y_{\rho_n}) \notin \Gamma, \text{则 } (\neg\varphi(xy_{\rho_1}\cdots y_{\rho_n})) \in \Gamma. \tag{3}$$

对 Γ 中每一 $\varphi(xy_{\rho_1}\cdots y_{\rho_n})$,易见,如下定义的 Y 在 D' 中:

$$Y(\varphi, \rho_1, \cdots, \rho_n) = \{\nu < \lambda : \mathfrak{A} \models (\exists x)\varphi(xa_{\rho_1}(\nu)\cdots a_{\rho_n}(\nu))\} \in D'. \tag{4}$$

注意,这样的 Y 其个数也不超过 $\lambda + |\sigma|$.

另外,对 Γ 中每一 $\varphi(xy_{\rho_1}\cdots y_{\rho_n})$,如下定义的 Z,也在 D' 中:

$$Z(\varphi, \rho_1, \cdots, \rho_n) = \{\nu < \lambda : \mathfrak{B} \models (\exists x) \cdot \varphi(xb_{\rho_1}(\nu)\cdots b_{\rho_n}(\nu))\} \in D'. \tag{5}$$

这是因为: 假若 $Z \notin D'$,则 $Z \notin D_\sigma$, 从而, 由归纳假设的 (C_3^σ), 有 $Y \notin D_\sigma$,再由归纳假设的 (C_2^σ),有 $(\lambda \backslash Y) \in D_\sigma \subseteq D'$,从而再用 (4), 可得 $O \in D'$. 但由 $(F', 0, D')$ 为 $(\lambda + |\sigma|)$-和谐知, D' 为真滤子,故得矛盾. 所以 (5) 成立.

现在引用引理 13.5 (以 Γ 作为该引理中的公式集,以 $\lambda + |\sigma|$ 作为 κ),可得: 一函数 $b_\sigma: \lambda \to B$, 一子集 $F_{\sigma+1} \subseteq F'$ 及 λ 上一滤子 $D_{\sigma+1} \supseteq D'$ 使: $|F' \backslash F_{\sigma+1}| \leqslant \lambda + |\sigma|$; $(F_{\sigma+1}, 0, D_{\sigma+1})$ 为 $(\lambda + |\sigma|)$- 和谐;并且对每一 $\varphi(xy_{\rho_1}\cdots y_{\rho_n}) \in \Gamma$, 都有

$$\{\nu < \lambda : \mathfrak{B} \models \varphi[b_\sigma(\nu)b_{\rho_1}(\nu)\cdots b_{\rho_n}(\nu)]\} \in D_{\sigma+1}. \tag{6}$$

现在证明 a_σ, b_σ, $F_{\sigma+1}$, $D_{\sigma+1}$ 适合 ($C_1^{\sigma+1}$), ($C_2^{\sigma+1}$) 及 ($C_3^{\sigma+1}$).

先证 ($C_1^{\sigma+1}$):由 $|F_\sigma \backslash F'| \leqslant \lambda + |\sigma|$ 及 $|F' \backslash F_{\sigma+1}| \leqslant \lambda + |\sigma|$ 及归纳假设的 $|F_0 \backslash F_\sigma| \leqslant \lambda + |\sigma|$ 易见,有 $|F_0 \backslash F_{\sigma+1}| \leqslant \lambda + |\sigma| = \lambda + |\sigma + 1|$;又以上已知, $(F_{\sigma+1}, 0, D_{\sigma+1})$ 是 $(\lambda + |\sigma + 1|)$- 和谐的.

再证 ($C_2^{\sigma+1}$): 任取 $\mathscr{L}$ 中公式 $\phi(x_1\cdots x_m)$ 及 A^λ 中任何元素 $a_{\rho_1}, \cdots, a_{\rho_m}$ 之每 $\rho_i < \sigma + 1$ 者. 分情况考虑:

2.1. 若每 $\rho_i < \sigma$,则由归纳假设的 (C_2^σ) 知: 或 $S = \{\nu < \lambda : \mathfrak{A} \models \phi[a_{\rho_1}(\nu)\cdots a_{\rho_m}(\nu)]\} \in D_\sigma \subseteq D_{\sigma+1}$,或 $(\lambda \backslash S) = \{\nu < \lambda : \mathfrak{A} \models \neg\phi[a_{\rho_1}(\nu)\cdots a_{\rho_m}(\nu)]\} \in D_\sigma \subseteq D_{\sigma+1}$.

2.2. 若恰有 1 个 $\rho_i = \sigma$ (其他诸 $\rho_j < \sigma$).

2.2.1 当 $i=1$ 时. 视 $\psi(x_1\cdots x_m)$ 为 $\varphi(xy_1\cdots y_n)$ $(n=m-1)$, 并记 $\rho_1, \rho_2, \cdots, \rho_m$ 为 $\sigma, \rho_1', \cdots, \rho_n$. 则以上找 $D_{\sigma+1}$ 的过程中所用的 $X(\varphi, \rho_1', \cdots, \rho_n')$ 就是此处的 S, 故由 (2) 知: 或 $S\in D'\subseteq D_{\sigma+1}$, 或 $(\lambda\backslash S)\in D'\subseteq D_{\sigma+1}$.

2.2.2. 当 $i>1$ 时. 先把 $\psi(x_1\cdots x_i\cdots x_m)$ 看作 $\psi_1(x_ix_1\cdots x_{i-1}x_{i+1}\cdots x_m)$, 再把后者看作 $\varphi(xy_1\cdots y_n)$, 即可仿 2.2.1 讨论.

2.3. 若有多于 1 个 $\rho_i=\sigma$. 例如, 若 $\rho_2=\rho_3=\sigma$, 而其他 $\rho_j<\sigma$, 则可先把 $\psi(x_1xxx_4\cdots x_m)$ 看作 $\psi_1(xx_1x_4\cdots x_m)$, 再把后者看作 $\varphi(xy_1\cdots y_n)(n=m-2)$, 即可仿 2.2. 讨论. 其他情况仿此.

再证 $(C_3^{\sigma+1})$: 任取 $\mathscr{L}$ 中公式 $\psi(x_1\cdots x_m)$ 及 A^λ 中任何元素 $a_{\rho_1}, \cdots, a_{\rho_m}$ 之 $\rho_1, \cdots, \rho_m<\sigma+1$ 者及相应的 $b_{\rho_1}, \cdots, b_{\rho_m}$. 分情况考虑:

2.1'. 若每 $\rho_i<\sigma$, 利用归纳假设即可.

2.2'. 若恰有 1 个 $\rho_i=\sigma$ (其他诸 $\rho_j<\sigma$).

2.2.1'. 当 $i=1$ 时. 视 $\psi(x_1\cdots x_m)$ 为 $\varphi(xy_1\cdots y_n)$, 并记 $\rho_1, \rho_2, \cdots, \rho_m$ 为 $\sigma, \rho_1', \cdots, \rho_n'$.

2.2.1.1'. 若 $\varphi(xy_{\rho_1}\cdots y_{\rho_n})\in\Gamma$. 则由 Γ 定义, 有 $\{\nu<\lambda: \mathfrak{A}\models\varphi[a_\sigma(\nu)a_{\rho_1'}(\nu)\cdots a_{\rho_n'}(\nu)]\}=X(\varphi, \rho_1', \cdots, \rho_n')\in D'\subseteq D_{\sigma+1}$; 另外, 由 (6), 有 $\{\nu<\lambda: \mathfrak{B}\models\varphi[b_\sigma(\nu)b_{\rho_1'}(\nu)\cdots b_{\rho_n'}(\nu)]\}\in D_{\sigma+1}$.

2.2.1.2'. 若 $\varphi(xy_{\rho_1}\cdots y_{\rho_n})\notin\Gamma$. 则由 (3), 有 $(\neg\varphi)\in\Gamma$, 再仿 2.2.1.1' 讨论并注意到 $O\notin D_{\sigma+1}$, 即可得 $\{\nu<\lambda: \mathfrak{A}\models\varphi[a_\sigma(\nu)a_{\rho_1'}(\nu)\cdots a_{\rho_n'}(\nu)]\}\notin D_{\sigma+1}$ 及 $\{\nu<\lambda: \mathfrak{B}\models\varphi[b_\sigma(\nu)b_{\rho_1'}(\nu)\cdots b_{\rho_n'}(\nu)]\}\notin D_{\sigma+1}$.

2.2.2'. 当 $i>1$ 时, 仿上. (参照 $(C_2^{\sigma+1})$ 的证法.)

2.3'. 若有多于 1 个 $\rho_i=\sigma$, 仿上. (参照 $(C_2^{\sigma+1})$ 的证法.)

构作 $F_\rho, D_\rho, a_\rho, b_\rho(\rho<2^\lambda)$ 的归纳步骤至此完成.

3. 令 $D=\bigcup\limits_{\rho<2^\lambda}D_\rho$. 现在证明, D 是 λ 上的超滤子.

3.1. 由诸 $D_\rho(\rho<2^\lambda)$ 为 λ 上递增的真滤子显见, D 为 λ 上

真滤子.

3.2 任取 λ 的子集 S. 任取 A 中二不同元 a, b. (若 $|A|=1$, 定理显然成立. 故可设 $|A|\geqslant 2$.) 令 $\psi(x_1x_2)$ 为公式 $x_1\equiv x_2$.

考虑 A^λ 中下列二函数 a_{ρ_1}, a_{ρ_2}:

$$a_{\rho_1}(\nu)=a,\ 对一切\ \nu<\lambda.\quad a_{\rho_2}(\nu)=\begin{cases}a, 当\ \nu\in S;\\ b, 当\ \nu\notin S.\end{cases}$$

则 $S=\{\nu<\lambda:\mathfrak{A}\models\psi[a_{\rho_1}(\nu),a_{\rho_2}(\nu)]\}$, $(\lambda\backslash S)=\{\nu<\lambda:\mathfrak{A}\models\neg\psi\cdot[a_{\rho_1}(\nu),a_{\rho_2}(\nu)]\}$. 令 $\xi=\max(\rho_1,\rho_2)+1$, 则由 (C_2^ξ) 有: 或 $S\in D_\xi\subseteq D$, 或 $(\lambda\backslash S)\in D_\xi\subseteq D$.

由 3.1. 及 3.2. 即知, D 是 λ 上的超滤子.

4. 现在证明 $\Pi_D\mathfrak{A}\cong\Pi_D\mathfrak{B}$.

考虑下列映射 $\gamma:\Pi_D\mathfrak{A}\ni(a_\rho)_D\to(b_\rho)_D\in\Pi_D\mathfrak{B}$, $(\rho<2^\lambda)$.

4.1. 由 2. 可知

$$a_\rho\to b_\rho(\rho<2^\lambda)\ 是由\ A^\lambda\ 到\ B^\lambda\ 上的映射. \tag{7}$$

令 $\psi_1(x_1x_2)$ 为 $x_1\equiv x_2$. 对任何 ρ_1, $\rho_2<2^\lambda$: (i) 若 $(a_{\rho_1})_D=(a_{\rho_2})_D$, 则由 $\Pi_D\mathfrak{A}$ 定义知, $S_1=\{\nu<\lambda:\mathfrak{A}\models\psi_1[a_{\rho_1}(\nu)a_{\rho_2}(\nu)]\}\in D$, 从而, 存在 $\rho<2^\lambda$, 使 $S_1\in D_\rho$, 再由 (C_3^ρ), 有 $S_2=\{\nu<\lambda:\mathfrak{B}\models\psi_1[b_{\rho_1}(\nu)b_{\rho_2}(\nu)]\}\in D_\rho\subseteq D$, 从而, $(b_{\rho_1})_D=(b_{\rho_2})_D$. (ii) 反之, 若 $(b_{\rho_1})_D=(b_{\rho_2})_D$, 则同理可证 $(a_{\rho_1})_D=(a_{\rho_2})_D$.

由 (i), (ii) 及 (7) 即知, γ 是由 $\Pi_D\mathfrak{A}$ 到 $\Pi_D\mathfrak{B}$ 上的 1-1 映射.

4.2. 对于超幂中的(与 $\mathscr{L}$ 中符号相应的)函数、关系与特指元素, 可以仿 4.1 证明其在 γ 下保持. 例如, 若 $\mathscr{L}$ 中有一 2 元函数(运算)符号 $\circ$, 可令 $\psi_2(x_1x_2x_3)$ 为 $(x_1\circ x_2)\equiv x_3$ (此处把项 $\circ(x_1x_2)$ 改用通常写法 $x_1\circ x_2$), 则有 (对任何 $\rho_1,\rho_2,\rho_3<2^\lambda$):

$$\begin{aligned}&(a_{\rho_1})_D\circ(a_{\rho_2})_D=(a_{\rho_3})_D\Longleftrightarrow\{\nu<\lambda:\mathfrak{A}\models\psi_2[a_{\rho_1}(\nu)a_{\rho_2}\\&\quad(\nu)a_{\rho_3}(\nu)]\}\in D\Longleftrightarrow\cdots\cdots\Longleftrightarrow\{\nu<\lambda:\mathfrak{B}\models\psi_2[b_{\rho_1}\\&\quad(\nu)b_{\rho_2}(\nu)b_{\rho_3}(\nu)]\}\in D\Longleftrightarrow(b_{\rho_1})_D\circ(b_{\rho_2})_D=(b_{\rho_3})_D.\end{aligned}$$

由 4.1 及 4.2 即知, γ 是由 $\Pi_D\mathfrak{A}$ 到 $\Pi_D\mathfrak{B}$ 上的同构对应. (证毕)

推论 13.7 设 K 是 $\mathscr{L}$ 的一族模型. 则:

(i) K 为一初等类的充分必要条件是：K 对于超积及同构封闭，并且 K 的余族 K' 对超幂封闭.

(ii) K 为一基本初等类的充分必要条件是：K 及其余族 K' 各自对超积及同构都封闭.

证明 1. 证 (i). 1.1 若 K 为一初等类，则由定理 4.7 知，K 对超积封闭，并且 K 对初等等价封闭，由后者特知，K 对同构封闭. 由 K 对初等等价封闭可知，K' 也如此，从而，由推论 4.4 知，K' 对超幂封闭.

1.2. 反之，若 K 对超积及同构封闭，并且 K' 对超幂封闭。设 $\mathfrak{A}\in K$ 且 $\mathfrak{A}\equiv\mathfrak{B}$，则由定理 13.6 知，存在 D 使 $\mathbf{\Pi}_D\mathfrak{A}\cong\mathbf{\Pi}_D\mathfrak{B}$，由此易见，$\mathbf{\Pi}_D\mathfrak{B}\in K$，再由 K' 对超幂封闭可知，$\mathfrak{B}\notin K'$，从而 $\mathfrak{B}\in K$. 所以，K 对初等等价封闭. 再由定理 4.7 即知，K 为一初等类.

2. 证 (ii). 2.1. 若 K 为一基本初等类，则由定理 4.7 知，K 及 K' 各自对超积及初等等价都封闭，从而显见，各自对同构也封闭.

2.2. 反之，若 K 及 K' 各自对超积及同构都封闭. 则仿 1.2 可证 K 及 K' 各自也对初等等价封闭，再由定理 4.7 即知，K 为一基本初等类. (证毕)

推论 13.8 (分离定理) 设 K, L 是 $\mathscr{L}$ 的两族模型，各自对超积及同构都封闭，并且 $K\cap L=0$. 则存在 $\mathscr{L}$ 的一个基本初等类 M，能使 $K\subseteq M$ 且 $M\cap L=0$.

证明 令 K^* 为 $\mathscr{L}$ 的一切模型 $\mathfrak{A}$ 之适合"存在模型 $\mathfrak{B}\in K$ 使 $\mathfrak{A}\equiv\mathfrak{B}$"者所成的族. 则显见，$K\subseteq K^*$，并且 K^* 对初等等价封闭.

另外，由超积基本定理易证：若 D 为下标集 I 上的超滤子，并且对一切 $i\in I$ 有 $\mathfrak{A}_i\equiv\mathfrak{B}_i$，则有 $\mathbf{\Pi}_D\mathfrak{A}_i\equiv\mathbf{\Pi}_D\mathfrak{B}_i$. 由此及 K 对超积封闭易见，K^* 也对超积封闭.

由以上及定理 4.7 可知，K^* 为一初等类. 故知存在 $\mathscr{L}$ 中理论 T_1，使 K^* 由 T_1 的全部模型组成.

与上类似地定义 L^*，则仿上知，存在 $\mathscr{L}$ 中理论 T_2，使 L^* 由 T_2 的全部模型组成.

现在证明，$K^*\cap L^*=0$. 假若存在 $\mathfrak{A}\in K^*\cap L^*$，则由 K^* 及

L^* 定义知，存在 $\mathfrak{B}\in K$ 及 $\mathfrak{C}\in L$，使 $\mathfrak{B}\equiv\mathfrak{A}\equiv\mathfrak{C}$，从而，由定理 13.6 知，存在 D 使 $\prod_D\mathfrak{B}\cong\prod_D\mathfrak{C}$. 又由于 K, L 各自对超幂及同构都封闭，故得 $\prod_D\mathfrak{B}\in K\cap L$，这与题设的 $K\cap L=0$ 矛盾.

由 $K^*\cap L^*=0$ 可知，$T_1\cup T_2$ 不和谐. 故由紧致性定理知，存在 T_1 的有限子集 $S=\{\sigma_1,\cdots,\sigma_n\}$，使 $S\cup T_2$ 不和谐. 令 $\sigma=\sigma_1\wedge\cdots\wedge\sigma_s$，则 $\{\sigma\}\cup T_2$ 不和谐.

σ 的全部模型组成一基本初等类 M. 由 $S\subseteq T_1$ 易见 $K^*\subseteq M$. 由 $\{\sigma\}\cup T_2$ 不和谐可知，$M\cap L^*=0$. 再由 $K\subseteq K^*$ 及 $L\subseteq L^*$ 即知，$K\subseteq M$ 且 $M\cap L=0$.（证毕）

推论 13.8 可看作 Craig 内插定理的一个加强形式. 由之可推出后者，证明如下：

推论 13.9 (Craig 内插定理) 设语言 $\mathscr{L}$ 中的语句 φ, ψ 适合 $\varphi\models\psi$，则存在 $\mathscr{L}$ 中语句 θ，能使：

(i) $\varphi\models\theta$，并且 $\theta\models\psi$.

(ii) 在 θ 中出现的每一关系符号（等号除外），函数符号及常量符号都在 φ 中出现，也都在 ψ 中出现.

证明 令 $\mathscr{L}_1$，$\mathscr{L}_2$ 各为由 φ，ψ 中符号组成的语言. 令 $\mathscr{L}_0=\mathscr{L}_1\cap\mathscr{L}_2$，又不妨设 $\mathscr{L}=\mathscr{L}_1\cup\mathscr{L}_2$.

令 K 为由 $\mathscr{L}$ 的一切适合 φ 的模型所组成的基本初等类，L 为由 $\mathscr{L}$ 的一切适合 $\neg\psi$ 的模型所组成的基本初等类，由推论 13.7 知，K, L 各自对超积及同构都封闭. 又由 $\varphi\models\psi$ 可知，$K\cap L=0$.

令 K_0, L_0 各为由 K 中及 L 中模型在 $\mathscr{L}_0$ 中的归约模型所成的模型族. 现在证明：(a) K_0, L_0 都对同构封闭. (b) K_0, L_0 都对超积封闭. (c) $K_0\cap L_0=0$.

证 (a)：设 $\mathfrak{A}_0$, $\mathfrak{B}_0$ 是 $\mathscr{L}_0$ 的模型，$\mathfrak{A}_0\cong\mathfrak{B}_0$ 且 $\mathfrak{A}_0\in K_0$. 则 $\mathfrak{A}_0$ 是某一 $\mathfrak{A}\in K$ 在 $\mathscr{L}_0$ 中的归约. 由 $\mathfrak{A}_0\cong\mathfrak{B}_0$ 易见，能将 $\mathfrak{B}_0$ 膨胀为 $\mathscr{L}$ 的一个模型 $\mathfrak{B}$，使 $\mathfrak{A}\cong\mathfrak{B}$. 由 K 对同构封闭可知，$\mathfrak{B}\in K$，从而 $\mathfrak{B}_0\in K_0$. 所以，K_0 对同构封闭. L_0 仿此.

证 (b)：设 $\{\mathfrak{A}_i^0: i\in I\}\subseteq K_0$，并设每 $\mathfrak{A}_i^0$ 是某一 $\mathfrak{A}_i\in K$ 在 $\mathscr{L}_0$ 中的归约 $(i\in I)$，则易见（对 I 上任何超滤子 D）$\prod_D\mathfrak{A}_i^0$ 是 $\prod_D\mathfrak{A}_i$ 在

$\mathscr{L}_0$ 中的归约．由以上知，$\prod_D \mathfrak{A}_i \in K$，所以 $\prod_D \mathfrak{A}_i^0 \in K_0$． L_0 仿此．

证 (c)：假若存在 $\mathfrak{A}_0 \in K_0 \cap L_0$，则 $\mathfrak{A}_0$ 是由某 $\mathfrak{A}_1 \in K$ 归约而来，又是由某 $\mathfrak{A}_2 \in L$ 归约而来．现在对 $\mathfrak{A}_1, \mathfrak{A}_2$ 各作如下的改变：将 $\mathfrak{A}_1$ 中对于 $\mathscr{L} \backslash \mathscr{L}_1$ 中那些符号的解释依 $\mathfrak{A}_2$ 中的解释来改变，得 $\mathfrak{A}_1'$，易见仍有 $\mathfrak{A}_1' \in K$．将 $\mathfrak{A}_2$ 中对于 $\mathscr{L} \backslash \mathscr{L}_2$ 中那些符号的解释依 $\mathfrak{A}_1$ 中的解释来改变，得 $\mathfrak{A}_2'$，易见仍有 $\mathfrak{A}_2' \in L$．又由 $\mathscr{L} = \mathscr{L}_1 \cup \mathscr{L}_2$ 可知，$\mathfrak{A}_1' = \mathfrak{A}_2'$，所以 $K \cap L \neq 0$，与以上矛盾．

由 (a)，(b)，(c) 及推论 13.8 知，存在 $\mathscr{L}_0$ 的模型的基本初等类 M_0，使 $K_0 \subseteq M_0$ 且 $M_0 \cap L_0 = 0$．

设 θ 是 $\mathscr{L}_0$ 中与 M_0 相应的语句．现在证明：$\varphi \models \theta$ 且 $\theta \models \phi$．

对 $\mathscr{L}$ 的任一模型 $\mathfrak{A}$：若 $\mathfrak{A} \models \varphi$，则 $\mathfrak{A} \in K$．令 $\mathfrak{A}$ 在 $\mathscr{L}_0$ 中的归约为 $\mathfrak{A}_0$，则 $\mathfrak{A}_0 \in K_0$，从而 $\mathfrak{A}_0 \in M_0$，所以 $\mathfrak{A}_0 \models \theta$．由此，也有 $\mathfrak{A} \models \theta$．所以 $\varphi \models \theta$．

对 $\mathscr{L}$ 的任一模型 $\mathfrak{A}$：若 $\mathfrak{A} \models \neg\phi$，则 $\mathfrak{A} \in L$．令 $\mathfrak{A}$ 在 $\mathscr{L}_0$ 中的归约为 $\mathfrak{A}_0$，则 $\mathfrak{A}_0 \in L_0$，从而 $\mathfrak{A}_0 \notin M_0$，所以 $\mathfrak{A}_0 \models \neg\theta$．由此，也有 $\mathfrak{A} \models \neg\theta$．所以 $\neg\phi \models \neg\theta$，从而，有 $\theta \models \phi$．（证毕）

附录 I　一些判定问题

§1　一 些 引 理

在本附录中，为了方便，我们把语言 $\mathscr{L}$ 中的理论 T 限于指 $\mathscr{L}$ 中对逻辑推论封闭的语句集.（即：若 φ 是 $\mathscr{L}$ 中语句，且 $T \models \varphi$，则 $\varphi \in T$.）

设 S 是语言 $\mathscr{L}$ 中一个语句集. 我们把 $\mathscr{L}$ 中包含 S 的最小理论 T（易见其存在且唯一）称为 $\mathscr{L}$ 中由 S 生成的理论. S 称为 T 的一组公理.

设 T 是语言 $\mathscr{L}$ 中的和谐理论. 如果 T 在 $\mathscr{L}$ 中的每一个和谐的扩张理论都是不可判定的，则称 T 是**实质不可判定**的.（对于可判定性，我们直观地理解为"存在能行的判定方法".）

引理 1.1　设 T 和 T' 是同一语言 $\mathscr{L}$ 中的两个理论. 如果 T' 比 T 多有限条公理，且 T' 不可判定，则 T 也不可判定.

证明　由题设易见，存在 $\mathscr{L}$ 中一个语句 φ，使 T' 能由 $T \cup \{\varphi\}$ 生成.

任取 $\mathscr{L}$ 中语句 ϕ.（i）若 $\phi \in T'$，则 $T \cup \{\varphi\} \models \phi$，从而 $T \models \varphi \to \phi$，$(\varphi \to \phi) \in T$.（ii）反之，若 $(\varphi \to \phi) \in T$，则 $T \cup \{\varphi\} \models \phi$，从而 $\phi \in T'$.

假若 T 可判定，则由 ϕ 的任意性及（i），（ii）知，T' 可判定，与题设矛盾.（证毕）

注　在上述题设下，若 T' 可判定，T 未必可判定. 例如：可换群的理论是可判定的.（证明参见文献［20］.）但群的理论不可判定.（以下将证明.）

引理 1.2　设语言 $\mathscr{L}'$ 比 $\mathscr{L}$ 只多一个个体常量 c. T 是 $\mathscr{L}$ 中理论，T' 是由 T 在 $\mathscr{L}'$ 中生成的理论. 则 T 与 T' 同为可判定或

不可判定。

证明 1. 设T可判定，证T'可判定。

任取$\mathscr{L}'$中语句φ'，可记作$\varphi'(c)$。再任取一个不出现于φ'中的个体变量v，作$\mathscr{L}$中语句$\varphi=(\forall v)\varphi'(v)$。

1.1. 若$\varphi\in T$。任取T'的模型$\mathfrak{A}'=(\mathfrak{A},\alpha)$（$\mathfrak{A}$是$\mathscr{L}$的模型，$\alpha$是对$c$的解释），则由$\mathfrak{A}'\models T'$及$T'$定义知，$\mathfrak{A}'\models T$，从而$\mathfrak{A}\models T$，$\mathfrak{A}\models\varphi$。再由$\varphi$的形状知，$\mathfrak{A}\models\varphi'(v)[\alpha]$，由此有$\mathfrak{A}'\models\varphi'(c)$。又因$\mathfrak{A}'$是$T'$的任一模型，故有$T'\models\varphi'$，$\varphi'\in T'$。

1.2. 反之，若$\varphi'\in T'$。任取T的模型$\mathfrak{B}$及其中任一元β，则$\mathfrak{B}'=(\mathfrak{B},\beta)$是$\mathscr{L}'$的模型。又由$\mathfrak{B}\models T$知，$\mathfrak{B}'\models T$，再由$T'$定义即知，$\mathfrak{B}'\models T'$。故有$\mathfrak{B}'\models\varphi'(c)$，从而，有$\mathfrak{B}\models\varphi'(v)[\beta]$。再由$\beta$的任意性，有$\mathfrak{B}\models\varphi$。又因$\mathfrak{B}$是$T$的任一模型，故有$T\models\varphi$，$\varphi\in T$。

由φ'的任意性和1.1，1.2及T可判定即知，T'可判定。

2. 设T'可判定，证T可判定。

任取$\mathscr{L}$中语句ϕ。

2.1. 若$\phi\in T$，则由T'定义知$\phi\in T'$。

2.2. 若$\phi\in T'$。任取T的模型$\mathfrak{C}$及其中任一元γ，则$\mathfrak{C}'=(\mathfrak{C},\gamma)$是$\mathscr{L}'$的模型。又由$\mathfrak{C}\models T$可知，$\mathfrak{C}'\models T$，再由$T'$定义即知，$\mathfrak{C}'\models T'$。故有$\mathfrak{C}'\models\phi$，从而，有$\mathfrak{C}\models\phi$。又因$\mathfrak{C}$是$T$的任一模型，故有$T\models\phi$，$\phi\in T$。

由ϕ的任意性和2.1，2.2及T'可判定即知，T可判定。（证毕）

注 若$\mathscr{L}'$比$\mathscr{L}$只多一些个体常量。当只多有限个常量时，屡用本引理可得类似结论：T与T'同为可判定或不可判定。当$\mathscr{L}'$比$\mathscr{L}$多无限个常量时，也可仿照本引理证法得到类似的结论。（注意：$\mathscr{L}'$的每一语句中只出现有限多个新常量。）

设$\mathscr{L}$为一语言，U为$\mathscr{L}$之外的一个1元关系符号，令$\mathscr{L}_1=$
$=\mathscr{L}\cup\{U\}$。

对于$\mathscr{L}$中任一语句φ，把其中一切量词$(\forall x)(\cdots)$同时都换为$(\forall x)(U(x)\rightarrow\cdots)$，并把一切量词$(\exists x)(\cdots)$同时都换为$(\exists x)$

$(U(x)\wedge\cdots)$，可得 $\mathscr{L}_1$ 中一个语句 $\varphi^{(U)}$，称 $\varphi^{(U)}$ 为把 φ **对 U 相对化**所得的语句.

设 T 为 $\mathscr{L}$ 中的理论. 把 T 中语句都对 U 相对化，得 $\mathscr{L}_1$ 中一个语句集 T_U，以 $T^{(U)}$ 记由 T_U 在 $\mathscr{L}_1$ 中生成的理论，称为把 T **对 U 相对化**所得的理论.

引理 1.3 设 $\mathscr{L}$ 中只含有限多个函数符号及个体常量. 如果 $\mathscr{L}$ 中的理论 T 是可有限公理化的，（即：T 可以由 $\mathscr{L}$ 中一个有限语句集在 $\mathscr{L}$ 中生成.）则 $\mathscr{L}_1$ 中的理论 $T^{(U)}$ 也是可有限公理化的.

证明 设 $\mathscr{L}$ 中的函数符号为 $F_1,\cdots,F_r$（F_i 为 n_i 元的），个体常量为 $c_1,\cdots,c_s$.

对 $\mathscr{L}$ 的任一模型 $\mathfrak{A}$，显见有 $\mathfrak{A}\models(\forall x_1\cdots x_{n_i})(\exists y)(F_i(x_1\cdots x_{n_i})\equiv y)(i=1,\cdots,r)$ 及 $\mathfrak{A}\models(\exists x)(x\equiv c_j)(j=1,\cdots,s)$，把这两组语句各简记为 φ_i，ψ_j，则由上可知，诸 φ_i，$\psi_j\in T$，从而诸 $\varphi_i^{(U)},\psi_j^{(U)}\in T^{(U)}$.

由题设知，存在 $\mathscr{L}$ 中一个语句 σ，能充当 T 的公理. 现在证明，$\Sigma=\{\sigma^{(U)},\varphi_i^{(U)},\psi_j^{(U)}: i=1,\cdots,r;j=1,\cdots,s\}$ 是 $T^{(U)}$ 的一组公理. 首先，显见 $\Sigma\subseteq T^{(U)}$.

任取 $\varphi\in T^{(U)}$，则由 $T^{(U)}$ 定义知，$T_U\models\varphi$，所以，$T_U\cup\{\neg\varphi\}$ 不和谐. 由此及紧致性定理知，存在有限个 $\theta_1^{(U)},\cdots,\theta_l^{(U)}(\theta_1,\cdots,\theta_l\in T)$，使 $\{\theta_1^{(U)},\cdots,\theta_l^{(U)},\neg\varphi\}$ 不和谐，从而，有

$$\theta_1^{(U)}\wedge\cdots\wedge\theta_l^{(U)}\models\varphi. \tag{1}$$

但由 σ 是 T 的公理可知，$\models\sigma\to(\theta_1\wedge\cdots\wedge\theta_l)$，由此可知，$\varphi_1^{(U)}\wedge\cdots\wedge\varphi_r^{(U)}\wedge\psi_1^{(U)}\wedge\cdots\wedge\psi_s^{(U)}\models\sigma^{(U)}\to(\theta_1^{(U)}\wedge\cdots\wedge\theta_l^{(U)})$. 再由 (1) 可知，$\Sigma\models\varphi$.

由以上即知，Σ 是 $T^{(U)}$ 的一组公理.（证毕）

注 当 $\mathscr{L}$ 含有无限多个函数符号或个体常量时，引理 1.3 不成立.

引理 1.4 设 T 是 $\mathscr{L}$ 中的理论，则 T 是和谐的当且只当 $\mathscr{L}_1$ 中的理论 $T^{(U)}$ 是和谐的.

证明 1. 若T不和谐. 任取$\mathscr{L}$中一个语句 φ, 则有 $(\varphi\wedge\neg\varphi)\in T$,由此有 $(\varphi\wedge\neg\varphi)^{(U)}\in T^{(U)}$,即 $(\varphi^{(U)}\wedge\neg\varphi^{(U)})\in T^{(U)}$,所以,$T^{(U)}$不和谐.

2. 若T和谐, 则存在 $\mathscr{L}$ 的模型 $\mathfrak{A}$, 使 $\mathfrak{A}\models T$. 把 $\mathfrak{A}$ 膨胀为 $\mathscr{L}_1$ 的模型 $\mathfrak{A}_1=(\mathfrak{A}, A)$ (A 为 $\mathfrak{A}$ 的论域,用以解释 U), 则由 $\mathfrak{A}\models T$ 易见,有 $\mathfrak{A}_1\models T_U$,从而有 $\mathfrak{A}_1\models T^{(U)}$. 故知 $T^{(U)}$ 和谐. (证毕)

引理 1.5 设 $\mathscr{L}$ 中的理论T是实质不可判定的, 则 $\mathscr{L}_1$ 中的理论 $T^{(U)}$ 也是实质不可判定的.

证明 1. 由T为实质不可判定知, T和谐, 故由引理 1.4 知, $T^{(U)}$和谐.

2. 任取 $T^{(U)}$ 在 $\mathscr{L}_1$ 中一个和谐的扩张理论 T_1. 令 $S_1=\{\theta:\theta$ 为 $\mathscr{L}$ 中命题并且 $\theta^{(U)}\in T_1\}$.

2.1. 先证明 S_1 是 $\mathscr{L}$ 中的理论.

若 $\mathscr{L}$ 中语句φ适合 $S_1\models\varphi$, 则由紧致性定理易知, 存在有限个 $\theta_1,\cdots,\theta_m\in S_1$ 使$\models(\theta_1\wedge\cdots\wedge\theta_m)\to\varphi$,由此可知$((\theta_1\wedge\cdots\wedge\theta_m)\to\varphi)\in T$,从而易知, $((\theta_1^{(U)}\wedge\cdots\wedge\theta_m^{(U)})\to\varphi^{(U)})\in T^{(U)}\subseteq T_1$. 但由 S_1 定义知,$\theta_1^{(U)},\cdots,\theta_m^{(U)}\in T_1$, 再由 T_1 在 $\mathscr{L}_1$ 中对逻辑推论封闭可知, $\varphi^{(U)}\in T_1$,从而 $\varphi\in S_1$. 所以,S_1 在 $\mathscr{L}$ 中对逻辑推论封闭.

2.2. 由 S_1 定义易知,$S_1^{(U)}\subseteq T_1$, 所以 $S_1^{(U)}$ 和谐, 再由引理 1.4 知,S_1 和谐. 又易见 $T\subseteq S_1$, 故由T为实质不可判定可知, S_1不可判定.

2.3. 对 $\mathscr{L}$ 中任何语句 ψ, 若 $\psi^{(U)}\in T_1$, 则 $\psi\in S_1$; 若 $\psi^{(U)}\notin T_1$,则 $\psi\notin S_1$. 由此及 2.2 可知, T_1不可判定.

3. 由 1 及 2 即知,$T^{(U)}$是实质不可判定的. (证毕)

注 本节及以下 § 3, § 8 取材于文献 [21].

§ 2 环及域的理论的不可判定性

在本节中, 令语言 $\mathscr{L}_1=\{+,\cdot,0\}$, $\mathscr{L}_2=\{+,\cdot,0,1\}$,

$\mathscr{L}_3 = \{+, \cdot, U, 0, 1\}$.

以 R 记由通常的环公理在 $\mathscr{L}_1$ 中生成的理论，称为**环的理论**. 以 T_I 记整数环 $\mathscr{I} = (I, +, \cdot, 0, 1)$ 在 $\mathscr{L}_2$ 中的完全理论.（此处，I 代表整数集.）

基本引理 存在 $\mathscr{L}_2$ 中的理论 $S \subseteq T_I$，S 可以有限公理化并且是实质不可判定的.

证明见 §8. 事实上，可以取下列 7 条语句作为 S 的一组公理：$(\forall xy)(x+1 \equiv y+1 \rightarrow x \equiv y)$；$(\forall x)(x+1 \not\equiv 0)$；$(\forall x)(x \not\equiv 0 \rightarrow (\exists y)(x \equiv y+1))$；$(\forall x)(x+0 \equiv x)$；$(\forall xy)(x+(y+1) \equiv (x+y)+1)$；$(\forall x)(x \cdot 0 \equiv 0)$；$(\forall xy)(x \cdot (y+1) \equiv (x \cdot y)+x)$.

定理 2.1 T_I 不可判定.

证明 由基本引理立得.

定理 2.2 环的理论 R 不可判定.

证明 设 Σ 是上述 S 的一组(有限个)公理. 令 T 为由 $R \cup \Sigma$ 在 $\mathscr{L}_2$ 中生成的理论，则 T 和谐(因易见 $T \subseteq T_I$)，并且 $S \subseteq T$. 故由 S 为实质不可判定知，T 不可判定.

以 R_2 记 R 在 $\mathscr{L}_2$ 中生成的理论，则 T 比 R_2 只多有限条公理 Σ，故由上段及引理 1.1 可知，R_2 不可判定. 再由引理 1.2 即知，R 不可判定.（证毕）

定理 2.3 $\mathscr{L}_1$ 中的可换环理论不可判定. $\mathscr{L}_2$ 中(或 $\mathscr{L}_1$ 中)整环的理论不可判定.

证明 仿定理 2.2，用相应的理论代替 R 即可.（证毕）

以 Φ 记由通常的域公理在 $\mathscr{L}_2$ 中生成的理论，称为**域的理论**. 以 T_Q 记有理数域 $\mathscr{Q} = (Q, +, \cdot, 0, 1)$ 在 $\mathscr{L}_2$ 中的完全理论. 以 T 记 $\mathscr{L}_3$ 的模型 $\mathfrak{A} = (Q, +, \cdot, 0, 1, I)$（$I$ 为整数集，用以解释 U）在 $\mathscr{L}_3$ 中的完全理论.

引理 2.4 (i) T 和谐，且 Φ, $T_Q \subseteq T$.

(ii) T 包含下列语句 λ：

$$(\forall x)\underset{0}{(}U(x) \longleftrightarrow (\forall y_1 y_2)\,\underset{1}{(}\underset{2}{(}(\exists uvw)\underset{3}{(}2 + y_2 w^2$$

$$\equiv u^2 + y_1v^2)_3 \wedge (\forall z)_4((\exists uvw)_5(2 + y_1y_2z^2 + y_2w^2$$

$$\equiv u^2 + y_1v^2)_5 \rightarrow (\exists uvw)_6(2 + y_1y_2(z+1)^2$$

$$+ y_2w^2 \equiv u^2 + y_1v^2))_{642}) \rightarrow (\exists uvw)_7(2 + y_1y_2x^2$$

$$+ y_2w^2 \equiv u^2 + y_1v^2)))_{710}.$$

(iii) T 可以由 $T_Q \cup \{\lambda\}$ 在 $\mathscr{L}_3$ 中生成.

证明 (i) 显然.

(ii) 的证明见下面的定理 2.8.

(iii) 若 $\varphi \in T$, 则 $\mathfrak{A} \models \varphi$. 由 φ 用 λ 作有限次代换可得一个不含 U 的语句 φ_1. 显见, $\lambda \models \varphi \longleftrightarrow \varphi_1$. 故由 $\mathfrak{A} \models \varphi$ 及 $\mathfrak{A} \models \lambda$, 有 $\mathfrak{A} \models \varphi_1$, 从而, $\mathscr{Q} \models \varphi_1$, $\varphi_1 \in T_Q$. 由以上可知, $T_Q \cup \{\lambda\} \models \varphi$. (证毕)

定理 2.5 Φ 不可判定.

证明 1. 令 S 为基本引理中的理论, 设 $\Sigma = \{\sigma_1, \cdots, \sigma_r\}$ 是 S 的一组公理. 由引理 1.3 及其证明可知, $S^{(U)}$ 有一组公理 $\Sigma_U = \{\sigma_1^{(U)}, \cdots, \sigma_r^{(U)}\}$. ($S^{(U)} \subseteq T$.)

利用引理 2.4 中的 λ, 可以由 $\sigma_1^{(U)}, \cdots, \sigma_r^{(U)}$ 能行地得出 $\mathscr{L}_2$ 中 r 个语句 $\rho_1, \cdots, \rho_r$, 使适合 $\lambda \models \sigma_i^{(U)} \longleftrightarrow \rho_i$, $(i = 1, \cdots, r)$. 令 $\Sigma_1 = \{\rho_1, \cdots, \rho_r\}$, 则易见 $\Sigma_1 \subseteq T_Q$.

令 T_0 为 $\Phi \cup \Sigma_1$ 在 $\mathscr{L}_2$ 中生成的理论 ($T_0 \subseteq T_Q$). 再令 T' 为 $T_0 \cup \{\lambda\} \cup \Sigma_U$ 在 $\mathscr{L}_3$ 中生成的理论 ($T' \subseteq T$).

易见, T' 和谐且 $S^{(U)} \subseteq T'$. 而由引理 1.5 知, $S^{(U)}$ 是实质不可判定的, 所以, T' 不可判定.

2. 对于 $\mathscr{L}_3$ 中每一语句 φ, 可以用 λ 能行地把它改变为 $\mathscr{L}_2$ 中一个语句 φ^*, 使适合 $\lambda \models \varphi \longleftrightarrow \varphi^*$. 现在证明: $\varphi \in T'$ 当且只当 $\varphi^* \in T_0$.

2.1. 设 $\varphi \in T'$.

任取 T_0 的一个模型 $\mathfrak{A}$. 在 $\mathfrak{A}$ 中利用 λ 补充定义一个 1 元关系 B (B 为 $\mathfrak{A}$ 的论域 A 的子集)作为对 U 的解释, 可以将 $\mathfrak{A}$ 膨胀为 $\mathscr{L}_3$ 的模型 $\mathfrak{A}' = (\mathfrak{A}, B)$, 且由 B 的定义可知, $\mathfrak{A}' \models \lambda$.

又由 $\mathfrak{A}\models T_0$ 知，$\mathfrak{A}'\models T_0$，从而 $\mathfrak{A}'\models\Sigma_1$. 再由 Σ_1 中诸语句 ρ_i 的来历及 $\mathfrak{A}'\models\lambda$ 可知，$\mathfrak{A}'\models\Sigma_U$.

由以上可知，$\mathfrak{A}'\models T'$. 再由 $\varphi\in T'$ 及 φ^* 的来历可知，$\mathfrak{A}'\models\varphi^*$，从而，$\mathfrak{A}\models\varphi^*$.

又因 $\mathfrak{A}$ 是 T_0 的任一模型，故有 $T_0\models\varphi^*$，$\varphi^*\in T_0$.

2.2. 反之，设 $\varphi\notin T'$.

由 $T'\not\models\varphi$ 知，存在 T' 的模型 $\mathfrak{B}'$，使 $\mathfrak{B}'\not\models\varphi$，从而，$\mathfrak{B}'\models\neg\varphi$. $\mathfrak{B}'$ 可归约为 $\mathscr{L}_2$ 的模型 $\mathfrak{B}$，再由 $\mathfrak{B}'\models T'$ 可知，$\mathfrak{B}\models T_0$. 又由 $\mathfrak{B}'\models T'$ 知，$\mathfrak{B}'\models\lambda$. 由此及 $\mathfrak{B}'\models\neg\varphi$ 可知，$\mathfrak{B}'\models\neg\varphi^*$，从而 $\mathfrak{B}\models\neg\varphi^*$. 由此及 $\mathfrak{B}\models T_0$ 可知，$\varphi^*\notin T_0$.

3. 由 T' 不可判定及 2. 易知，T_0 不可判定. 再由 T_0 定义中 Σ_1 的有限性及引理 1.1 即知，Φ 不可判定.（证毕）

定理 2.6 $\mathscr{L}_2$ 中除环的理论 K 不可判定.

证明 因 Φ 只比 K 多一条公理 $(\forall xy)(x\cdot y\equiv y\cdot x)$，故由 Φ 不可判定及引理 1.1 可知，K 不可判定.（证毕）

定理 2.7 有理数域的完全理论 T_Q 不可判定.

证明 在定理 2.5 的证明中以 T_Q 代替 Φ 即可.（此时 T_0 成为 T_Q.）（证毕）

现在附述一个在有理数域中用 1 阶语言刻划有理整数的定理，作为引理 2.4 中 (ii) 的根据.（以下的定理及证明取自文献[22].）为了与通常的数学习惯一致，我们暂将形式语言中的等号 $\equiv$ 改用通常的 $=$，而以 $\equiv$ 作为通常的同余符号.

定理 2.8 一有理数 n 为整数的充分必要条件是它适合有理数域上的下列公式 $\varphi(n)$：

$$(\forall a,b)\underset{1}{(}\underset{2}{(}(\exists xyz)\underset{3}{(}2+bz^2=x^2+ay^2\underset{3}{)}$$

$$\wedge(\forall m)\underset{4}{(}\underset{5}{(}(\exists xyz)\underset{5}{(}2+abm^2+bz^2=x^2$$

$$+ay^2\underset{5}{)}\to(\exists xyz)\underset{6}{(}2+ab(m+1)^2$$

$$+bz^2=x^2+ay^2\underset{6}{)}\underset{4}{)}\underset{2}{)}\to(\exists xyz)\underset{7}{(}2+abn^2$$

$$+ bz^2 = x^2 + ay^2)_7)_1.$$

为证明此定理，先叙述或证明一些引理：

引理 2.9 若 $p \equiv 3 \pmod 4$ 为一正素数. 则在有理数域中，二次型 $x^2 + y^2 - pz^2$ 能取且只能取一切非如下形状的有理数值 m：

(i) $p \cdot k \cdot s^2$；其中整数 k 是模 p 的平方剩余，$p \nmid k$；s 是有理数，$s \neq 0$.

或 (ii) $k \cdot s^2$. 其中整数 $k \equiv p \pmod 8$；s 是有理数，$s \neq 0$.

证明略去.（见文献 [23].）

引理 2.10 若 p, q 为正奇素数，$p \equiv 1 \pmod 4$，q 不是模 p 的平方剩余. 则在有理数域中，二次型 $x^2 + qy^2 - pz^2$ 能取且只能取一切非如下形状的有理数值 m：

(i) $p \cdot k \cdot s^2$；其中，整数 k 不是模 p 的平方剩余；s 是有理数，$s \neq 0$.

或 (ii) $q \cdot k \cdot s^2$. 其中，整数 k 不是模 q 的平方剩余；s 是有理数，$s \neq 0$.

证明略去.（见文献 [23].）

引理 2.11 若 $p \equiv 3 \pmod 4$ 为一正素数，则方程

$$2 + pm^2 + pz^2 = x^2 + y^2. \qquad (1)$$

有有理数解 x, y, z 的充分必要条件是：在有理数 m 的最简分式中，其分母 d 为奇数且与 p 互素.

证明 设 $m = \frac{n}{d}$ $(d \geqslant 1)$ 为取简分数(即：n, d 互素). 令 $m_1 = 2d^2 + pn^2$，则 $2 + pm^2 = \frac{m_1}{d^2}$. 易见，(1) 有有理数解 x, y, z 的充分必要条件是 $m_1 = x_1^2 + y_1^2 - pz_1^2$ 有有理数解 x_1, y_1, z_1.（两者的联系为 $x_1 = dx$, $y_1 = dy$, $z_1 = dz$.）也即：m_1 能表示为 $x_1^2 + y_1^2 - pz_1^2$ 形状.

1. 若 d 为奇数且与 p 互素. 则 $m_1 = 2d^2 + pn^2$ 与 p 互素，由此可知，m_1 不是“$p \cdot k \cdot s^2$ (k 为模 p 的平方剩余，$p \nmid k$；s 为有理数，$s \neq 0$)”形状. 因：假若 m_1 是如上形状，设 $s = \frac{s_1}{s_2}$ (s_1, s_2 互素)，

则 $s_2^2m_1=pks_1^2$. 由此及 m_1 与 p 互素可知, $p|s_2$, 从而 $p^2|s_2^2m_1=pks_1^2$. 但 $p\nmid k$ 且由 $p|s_2$ 知, $p\nmid s_1$, 与以上矛盾.

由 d 为奇及 $p\equiv 3(\mathrm{mod}4)$ 又易见, $m_1\equiv 1$ 或 $2\ (\mathrm{mod}4)$, 由此可知, m_1 也不是"$k\cdot s^2$ (整数 $k\equiv p(\mathrm{mod}8)$; s 为有理数, $s\neq 0$)"形状. 因: 假若 m_1 是如上形状, 设 $s=\frac{s_1}{s_2}$ (s_1, s_2 互素), 则 $s_2^2m_1=ks_1^2$. (i) 若 s_1, s_2 均为奇, 则 $m_1\equiv s_2^2m_1=ks_1^2\equiv k\equiv p\equiv 3\ (\mathrm{mod}\ 4)$, 与以上矛盾. (ii) 若 s_2 奇 s_1 偶, 则 $m_1\equiv s_2^2m_1=ks_1^2\equiv 0(\mathrm{mod}\ 4)$, 与以上矛盾. (iii) 若 s_1 奇 s_2 偶, 则 $k\equiv ks_1^2=s_2^2m_1\equiv 0(\mathrm{mod}\ 4)$, 与 $k\equiv p\equiv 3(\mathrm{mod}4)$ 矛盾.

由以上及引理 2.9 即知, m_1 能表示为 $x_1^2+y_1^2-pz_1^2$ 形状, 也即方程 (1) 有解.

2. 若 d 不与 p 互素. 则 $p|d$, 令 $d=pr$, 则 $m_1=p(2pr^2+n^2)$. 令 $k=2pr^2+n^2$, 则 $k\equiv n^2(\mathrm{mod}p)$ 是平方剩余, 并且 $p\nmid k$ (因由 $p|d$ 及 d, n 互素知, $p\nmid n$). 所以 m 是"$p\cdot k\cdot s^2$"($s=1$) 形状. 故由引理 2.9 知, m_1 不能表示为 $x_1^2+y_1^2-pz_1^2$ 形状, 也即方程 (1) 无解.

3. 若 d 非奇数. 令 $d=2d_1$, 则 $m_1=8d_1^2+pn^2$. 但 n 为奇 (因 d, n 互素), 所以 $n^2\equiv 1(\mathrm{mod}8)$, 从而 $m_1\equiv p(\mathrm{mod}8)$. 所以 m_1 是"$k\cdot s^2$"($k=m_1, s=1$)形状. 故由引理 2.9 知, m_1 不能表示为 $x_1^2+y_1^2-pz_1^2$ 形状, 也即方程 (1) 无解. (证毕)

引理 2.12 若 p, q 为正奇素数, $p\equiv 1(\mathrm{mod}4)$, q 不是模 p 的平方剩余, 则方程

$$2+pqm^2+pz^2=x^2+qy^2 \tag{1}$$

有有理数解 x, y, z 的充分必要条件是: 在有理数 m 的最简分式中, 其分母 d 与 p, q 都互素.

证明 设 $m=\frac{n}{d}$ ($d\geqslant 1$) 为最简分数. 令 $m_1=2d^2+pqn^2$. 仿引理 2.11 的证明可知, (1) 有解的充分必要条件是: m_1 能表示为 $x_1^2+qy_1^2-pz_1^2$ (x_1, y_1, z_1 有理)形状.

1. 若 d 与 p，q 都互素．则 $p\nmid 2d^2$，从而 $p\nmid m_1$．同理 $q\nmid m_1$．仿引理 2.11 的证明可知，m_1 不是引理 2.10 中所说的"$p\cdot k\cdot s^2$"或"$q\cdot k\cdot s^2$"形状．故由该引理知，m_1 能表示为 $x_1^2+qy_1^2-pz_1^2$ 形状．也即方程 (1) 有解．

2. 若 d 不与 p 互素，则 $p|d$．令 $d=pr$，则 $m_1=pk$，其中 $k=2pr^2+qn^2$．易见 qn^2 与 p 互素，所以，$\left(\frac{k}{p}\right)=\left(\frac{qn^2}{p}\right)=\left(\frac{q}{p}\right)=-1$．(其中"$\left(\frac{k}{p}\right)$"等为 Legendre 符号．)故由引理 2.10 知，$m_1=p\cdot k\cdot 1^2$ 不能表示为 $x_1^2+qy_1^2-pz_1^2$ 形状．也即方程 (1) 无解．

3. 若 d 不与 q 互素，则 $q|d$．令 $d=qr$，则 $m_1=qk$，其中 $k=2qr^2+pn^2$，从而 $\left(\frac{k}{q}\right)=\left(\frac{pn^2}{q}\right)=\left(\frac{p}{q}\right)=\left(\frac{q}{p}\right)=-1$．故由引理 2.10 知，$m=q\cdot k\cdot 1^2$ 不能表示为 $x_1^2+qy_1^2-pz_1^2$ 形状．也即方程 (1) 无解．(证毕)

引理 2.13 若正素数 $p\equiv 1(\mathrm{mod}4)$，则存在正奇素数 q，使 $\left(\frac{q}{p}\right)=-1$．

证明 令正整数 r 为 p 的任一非平方剩余，则 $r+p$ 也是，且 r 与 $r+p$ 中有一为奇．此奇数至少有一正素因子 q 也非 p 的平方剩余．显然 q 为奇数．

定理 2.8 的证明 1. 先证明：任何整数 n 都适合 $\varphi(n)$．

令 $\psi(a,b,k)$ 代表 $(\exists xyz)(2+abk^2+bz^2=x^2+ay^2)$，则 $\varphi(n)$ 可写为：

$$(\forall ab)\underset{1}{(}\underset{2}{(}\psi(a,b,0)\wedge(\forall m)(\psi(a,b,m)\\ \to\psi(a,b,m+1))\underset{2}{)}\to\psi(a,b,n)\underset{1}{)}.$$

对任何有理数 a，b：(i) 若 $\underset{2}{(}\cdots\cdots\underset{2}{)}$ 假，则 $\underset{1}{(}\cdots\cdots\underset{1}{)}$ 真．(ii) 若 $\underset{2}{(}\cdots\cdots\underset{2}{)}$ 真，则由 $\underset{2}{(}\cdots\cdots\underset{2}{)}$ 的归纳法形状知当整数 $n\geqslant 0$ 时，$\psi(a,b,n)$ 真，从而 $\underset{1}{(}\cdots\cdots\underset{1}{)}$ 真；又由 $\psi(a,b,k)$ 形状知，$\psi(a,b,k)$ 等价于

$\psi(a, b, -k)$，故由以上知，当整数 $n<0$ 时，也有 $\psi(a, b, n)$ 真，从而(……)也真.

所以，任何整数 n 都适合 $\varphi(n)$.

2. 设有理数 n 适合 $\varphi(n)$，证明 n 为整数.

设正素数 $p\equiv 3 \pmod 4$，则由引理 2.11 知，$\psi(1, p, m)$ 成立的充分必要条件是在 m 的最简分式 $\frac{n}{d}$ 中，d 不被 2 或 p 整除. 由此易见，$\psi(1,p,0)\wedge(\forall m)(\psi(1,p,m)\rightarrow\psi(1, p, m+1))$ 成立，从而，由 $\varphi(n)$ 成立可知，$\psi(1, p, n)$ 成立. 再由引理 2.11 可知，在 n 的最简分式 $\frac{n_1}{d_1}$ 中，d_1 不被 2 或 p 整除.

设正素数 $p\equiv 1 \pmod 4$，依引理 2.13 取一正奇素数 q，使 $\left(\frac{q}{p}\right)=-1$. 则由引理 2.12 知，$\psi(q, p, m)$ 成立的充分必要条件是在 m 的最简分式 $\frac{n}{d}$ 中，d 不被 p 或 q 整除. 由此易知，$\psi(q, p, 0)\wedge(\forall m)(\psi(q, p, m)\rightarrow\psi(q, p, m+1))$ 成立，从而，由 $\varphi(n)$ 成立可知，$\psi(q, p, n)$ 成立. 再由引理 2.12 可知，在 n 的最简分式 $\frac{n_1}{d_1}$ 中，d_1 不被 p 整除.

由以上两段可知，在 n 的最简分式 $\frac{n_1}{d_1}$ 中，d_1 不被任何素数整除，故知 n 为整数. (证毕)

§3 群及半群理论的不可判定性

在本节中，令语言 $\mathscr{L}_0=\{\circ\}$ ($\circ$为一 2 元函数符号)，$\mathscr{L}_1=\{\circ, c\}$ (c 为一常量符号)，$\mathscr{L}_2=\{+, |, 1\}$ ($+$为 2 元函数符号，$|$为 2 元关系符号，1 为常量符号)，$\mathscr{L}_3=\{+, |, U, 1\}$ (U 为 1 元关系符号)，$\mathscr{L}_4=\{\circ, c, +, |, U, 1\}$. 另外，把形式符号$\equiv$也记为通常的$=$.

以 G 记 $\mathscr{L}_0$ 中由通常的群公理生成的理论，称为**群的理论**.

以 G' 记由 G 在 $\mathscr{L}_1$ 中生成的理论.

以 J^+ 记整数系 I 在 $\mathscr{L}_2$ 中(在通常解释下)的完全理论.

以 $J^{+(U)}$ 记由 J^+ 对 U 相对化所得的 $\mathscr{L}_3$ 中的理论.

以 T_1 记 $\mathscr{L}_4$ 的下列模型 $\mathfrak{A}_1$ 在 $\mathscr{L}_4$ 中的完全理论. $\mathfrak{A}_1=(A, \circ_1, c_1, +_1, |_1, 1_1, U_1)$. 其中：$\mathfrak{A}_1$ 的论域 $A=\{\pi: \pi$ 为整数集 I 到其自身上的 1-1 变换$\}$; $\circ_1$ 为变换的通常乘法; c_1 为变换 $c_1(k)=k+1$ (对一切 $k\in I$); $U_1=\{c_1^m: m\in I\}$; $+_1$ 与 $\circ_1$ 相同; 1_1 与 c_1 相同; $|_1$ 的定义为：$f|_1 g$ 当且只当 f 为 c_1^m 形，g 为 c_1^n 形 $(m, n\in I)$ 并且 $m|n$.

以 G'' 记 $\mathscr{L}_1$ 的模型 $\mathfrak{A}=(A, \circ_1, c_1)$ ($\mathfrak{A}_1$ 的化约模型) 在 $\mathscr{L}_1$ 中的完全理论.

引理 3.1 存在 $\mathscr{L}_2$ 中的理论 $S^+\subseteq J^+$, S^+ 可以有限公理化，并且是实质不可判定的.

证明(大意) 由 § 2 的基本引理按照下列思路可以导出.

在整数系 I 中，用 $+, |$ 及 1 可以 1 阶地定义 $\cdot$, 其根据为下列两条性质：

1. 对任何 $x, y\in I$: $x=y^2$ 当且只当 $(\forall z)\underset{1}{(}(x+y)|z\longleftrightarrow\underset{2}{(}y|z\wedge(y+1)|z\underset{2}{)}\underset{1}{)}\wedge(\forall uvz)\underset{3}{(}\underset{4}{(}(u+y=x)\wedge(v+1=y)\underset{4}{)}\rightarrow\underset{5}{(}u|z\longleftrightarrow(y|z\wedge v|z)\underset{5}{)}\underset{3}{)}$.

2. 对任何 $x, y, z\in I$: $x=y\cdot z$ 当且只当 $(\exists uvw)(u=y^2\wedge v=z^2\wedge w=(y+z)^2\wedge(x+x+u+v)=w)$. (证毕)

引理 3.2 存在 $\mathscr{L}_3$ 中的理论 $S^{+(U)}\subseteq J^{+(U)}$, $S^{+(U)}$ 可以有限公理化，并且是实质不可判定的.

证明 由引理 3.1 及引理 1.3, 1.5 即得. (证毕)

引理 3.3 (i) T_1 和谐.

(ii) G'', $J^{+(U)}\subseteq T_1$.

(iii) T_1 包含下列 4 个语句：$(\forall x)(U(x)\longleftrightarrow x\circ c=c\circ x)$; $(\forall xyz)(x+y=z\longleftrightarrow x\circ y=z)$; $(\forall x)(x=1\longleftrightarrow x=c)$; $(\forall xy)$

$((x|y)\longleftrightarrow(x\circ c=c\circ x\wedge y\circ c=c\circ y\wedge(\forall z)(x\circ z=z\circ x\rightarrow y\circ z=z\circ y)))$. (以下以 A 记此 4 语句所成的集合.)

(iv) T_1 中每一语句 φ_1 都可由 G'' 及 A 逻辑地推出.

证明 1. 由 T_1 定义显见, T_1 和谐.

2.1. 由 G'' 及 T_1 定义可知, $G''\subseteq T_1$.

2.2. 考虑由 I 到 U_1 的下列映射 $\rho: m\rightarrow c_1^m (m\in I)$. 易见, ρ 是由 I 到 U_1 上的 1-1 映射, 并且, 有以下诸性质: $\rho(m+n)=c_1^{m+n}=c_1^m\circ_1 c_1^n=c_1^m+_1c_1^n=\rho(m)+_1\rho(n)$; $m|n$ 当且只当 $\rho(m)|_1\rho(n)$; $\rho(1)=1_1$. 所以, 模型 $(I, +, |, 1)$ 与 $(U_1, +_1, |_1, 1_1)$ 同构. 由此及 J^+, T_1 定义即易见, $J^{+(U)}\subseteq T_1$.

3.1. 证 T_1 包含 $(\forall x)(U(x)\longleftrightarrow x\circ c=c\circ x)$. 任取 $\pi\in A$.

3.1.1 若 $\pi\in U_1$, 则 π 为 c_1^m 形状, 所以 $\pi\circ_1 c_1=c_1\circ_1\pi$.

3.1.2. 若 $\pi\circ_1 c_1=c_1\circ_1\pi$. 则对任何 $k\in I$ 都有

$$\begin{aligned}\pi(k+1)&=\pi(c_1(k))=(\pi\circ_1 c_1)(k)\\&=(c_1\circ_1\pi)(k)=c_1(\pi(k))=\pi(k)+1.\end{aligned}\qquad(1)$$

由 (1) 又有

$$\pi(k)=\pi(k+1)-1.\qquad(2)$$

设 $\pi(0)=n$, 则由 (1), 有 $\pi(1)=n+1$, $\pi(2)=n+2$, …….
由(2), 有 $\pi(-1)=\pi(0)-1=n-1$, $\pi(-2)=n-2$, …….
所以, $\pi=c_1^n\in U_1$.

3.2. 由 $\mathfrak{A}$ 的定义显见, T_1 包含 $(\forall xyz)(x+y=z\longleftrightarrow x\circ y=z)$ 及 $(\forall x)(x=1\longleftrightarrow x=c)$.

3.3. 证 T_1 包含 $(\forall xy)((x|y)\longleftrightarrow(x\circ c=c\circ x\wedge y\circ c=c\circ y\wedge(\forall z)(x\circ z=z\circ x\rightarrow y\circ z=z\circ y)))$. 任取 $f, g\in A$.

3.3.1. 若 $f|_1 g$, 证 f, g 适合 $(x\circ c=c\circ x\wedge\cdots\wedge(\forall z)(\cdots))$ (以 f, g 分别解释 x, y).

由 $\mathfrak{A}_1$ 中 $|_1$ 定义知 $f, g\in U_1$, 故由 3.1, 有 $f\circ_1 c_1=c_1\circ_1 f$ 及 $g\circ_1 c_1=c_1\circ_1 g$. 并且 f 为 c_1^m 形状, g 为 c_1^n 形状, $m|n$. 设 $n=ml (l\in I)$.

任取 $h\in A$, 设 $f\circ_1 h=h\circ_1 f$. (甲)若 $l=0$, 则 $n=0$, $g=c_1^0$ 为

I 上的恒等变换，所以，此时 $g\circ_1 h = h = h\circ_1 g$. （乙）若 $l>0$，由 $n = ml$ 知，$g = f^l$，故由 $f\circ_1 h = h\circ_1 f$ 可知，$g\circ_1 h = h\circ_1 g$. （丙）若 $l<0$，设 $r = -l$，则由 $g = c_1^n$ 知，g 在群 $(A, \circ_1)$ 中的逆元 $g' = c_1^{-n} = c_1^{mr}$，从而，由（乙）有 $g'\circ_1 h = h\circ_1 g'$，再由群性质易得，$h\circ_1 g = g\circ_1 h$.

3.3.2. 若 f, g 适合 $(x\circ c = c\circ x \wedge \cdots \wedge (\forall z)(\cdots))$ （以 f, g 分别解释 x, y），证 $f|_1 g$.

由 $f\circ_1 c_1 = c_1\circ_1 f$ 及 3.1，有 $f\in U_1$. 同理，$g\in U_1$. 设 $f = c_1^m$，$g = c_1^n$.

（甲）若 $m\neq 0$. 考虑 I 上如下定义的函数 h:
对每个 $k\in I$：若 $m|k$，令 $h(k) = k+m$；若 $m\nmid k$，令 $h(k) = k$.

易见 $h\in A$. 由 h 定义又易见，对每个 $k\in I$，都有 $h(k+m) = h(k)+m$，再由 c_1 的定义即有，$h(c_1^m(k)) = c_1^m(h(k))$，也即 $h(f(k)) = f(h(k))$. 所以，$h\circ_1 f = f\circ_1 h$. 再由 $(\forall z)(\cdots)$ 可得 $g\circ_1 h = h\circ_1 g$，也即 $c_1^n\circ_1 h = h\circ_1 c_1^n$. 由此有 $h(n) = h(c_1^n(0)) = c_1^n(h(0)) = c_1^n(m) = m+n\neq n$，再由 h 定义可知，必有 $m|n$，从而由 $|_1$ 定义有 $f|_1 g$.

（乙）若 $m=0$. 此时 $f = c_1^0$ 为 I 上恒等变换，所以对每个 $\pi\in A$ 都有 $f\circ_1\pi = \pi\circ_1 f$，再由 $(\forall z)(\cdots)$ 成立即知，有 $g\circ_1\pi = \pi\circ_1 g$.

假若 $n\neq 0$. 任取 I 中一数 $m'\neq 0$ 使 $m'\nmid n$，并仿照（甲）用 m' 代替该处的 m 定义 I 上的函数 h'，则由上段有 $g\circ_1 h' = h'\circ_1 g$. 特有 $n+m' = c_1^n(m') = g(m') = g(h'(0)) = (g\circ_1 h')(0) = (h'\circ_1 g)(0) = h'(g(0)) = h'(n) = n$，此与 $m'\neq 0$ 矛盾.

所以，此时 $n=0$，从而，仍有 $m|n$，再由 $|_1$ 定义有 $f|_1 g$.

4. 若 $\varphi_1\in T_1$. 则 $\mathfrak{A}_1\models\varphi_1$. 由 φ_1 根据 Λ 中诸式作有限次代换，可得一个只含$\circ$, c 的语句 φ，使适合 $\Lambda\models\varphi_1\longleftrightarrow\varphi$. 但由 3. 知，$\mathfrak{A}_1\models\Lambda$，再由 $\mathfrak{A}_1\models\varphi_1$ 即知，$\mathfrak{A}_1\models\varphi$. 从而，有 $\mathfrak{A}\models\varphi$, $\varphi\in G''$. 故易见，$G''\cup\Lambda\models\varphi_1$. （证毕）

定理 3.4 群的理论 G 不可判定.

证明 1. 由引理 3.2 及其证法可知，$S^{+(U)}$ 有一组公理

$\{\sigma_1^{(U)}, \cdots, \sigma_k^{(U)}\}$, $(\sigma_1, \cdots, \sigma_k \in S^+)$. 利用引理 3.3 中的 Λ, 可以由$\{\sigma_1^{(U)}, \cdots, \sigma_k^{(U)}\}$ 能行地得出 $\mathscr{L}_1$ 中 k 个语句 $\rho_1, \cdots, \rho_k$,使适合

$$\Lambda \models \sigma_i^{(U)} \longleftrightarrow \rho_i (i = 1, \cdots, k). \qquad (1)$$

令 $\Sigma = \{\rho_1, \cdots, \rho_k\} (\subseteq G'')$, 并令 T_0 为由 $G' \cup \Sigma$ 在 $\mathscr{L}_1$ 中生成的理论 $(T_0 \subseteq G'')$.

2. 令 T' 为由 $\{\sigma_1^{(U)}, \cdots, \sigma_k^{(U)}\} \cup T_0 \cup \Lambda$ 在 $\mathscr{L}_4$ 中生成的理论,则易见,T' 和谐(因 $T' \subseteq T_1$),并且

$$S^{+(U)} \subseteq T'. \qquad (2)$$

对于 $\mathscr{L}_4$ 中每一语句 φ, 可以用 Λ 能行地改变为 $\mathscr{L}_1$ 中语句 φ^*,使适合

$$\Lambda \models \varphi \longleftrightarrow \varphi^*. \qquad (3)$$

现在证明:

$$\varphi \in T' \text{ 当且只当 } \varphi^* \in T_0, \qquad (4)$$

2.1. 若 $\varphi \in T'$. 任取 T_0 的一个模型 $\mathfrak{B}$. 在 $\mathfrak{B}$ 中利用 Λ 补充定义对于 $+, |, U, 1$ 的解释,可使 $\mathfrak{B}$ 膨胀为 $\mathscr{L}_4$ 的模型 $\mathfrak{B}'$,并且显见,$\mathfrak{B}' \models \Lambda$. 又由 $\mathfrak{B} \models T_0$, 有 $\mathfrak{B}' \models T_0$, 从而 $\mathfrak{B}' \models \Sigma$. 再由 $\mathfrak{B}' \models \Lambda$ 及 (1) 可知,$\mathfrak{B}' \models \sigma_1^{(U)}, \cdots, \sigma_k^{(U)}$. 由以上及 T' 定义可知,$\mathfrak{B}' \models T'$. 再由 $\varphi \in T'$ 及 (3),有 $\mathfrak{B}' \models \varphi^*$,从而 $\mathfrak{B} \models \varphi^*$.

又因 $\mathfrak{B}$ 是 T_0 的任一模型,故有 $T_0 \models \varphi^*$, $\varphi^* \in T_0$.

2.2. 若 $\varphi \notin T'$. 由 $T' \not\models \varphi$ 可知,存在 T' 的模型 $\mathfrak{C}' \not\models \varphi$, 从而 $\mathfrak{C}' \models \neg\varphi$.

$\mathfrak{C}'$ 可归约为 $\mathscr{L}_1$ 的模型 $\mathfrak{C}$. 再由 $\mathfrak{C}' \models T' (\supseteq T_0)$ 可知,$\mathfrak{C} \models T_0$. 又由 $\mathfrak{C}' \models T'$ 知,$\mathfrak{C}' \models \Lambda$,由此及 $\mathfrak{C}' \models \neg\varphi$ 及 (3) 可知,$\mathfrak{C}' \models \neg\varphi^*$,从而 $\mathfrak{C} \models \neg\varphi^*$. 由以上可知,$\varphi^* \notin T_0$.

3. 由 $S^{+(U)}$ 为实质不可判定及 (2) 可知, T' 不可判定. (因: 令 T'' 为 T' 中所含 $\mathscr{L}_3$ 中语句的集合, 则易知, T'' 为一理论且 $S^{+(U)} \subseteq T'' \subseteq T'$. 假若 T' 可判定, 易见, T'' 也可判定, 但 T'' 为 $\mathscr{L}_3$ 中理论, 此与 $\mathscr{L}_3$ 中 $S^{+(U)}$ 为实质不可判定相矛盾.)再由 (4) 可知, T_0 不可判定. 再由 T_0 定义及引理 1.1 可知, G' 不可判定. 再由引理 1.2 即知, G 不可判定. (证毕)

定理 3.5 半群的理论 G^-($\mathscr{L}_0$中)不可判定.

证明 因 G^- 只比 G 少有限条公理，故由 G 不可判定及引理 1.1 即知 G^- 不可判定.

定理 3.6 模型 $\mathfrak{A}=(A, \circ_1, c_1)$ 在 $\mathscr{L}_1$ 中的完全理论 G'' 不可判定.

证明 仿照定理 3.4 的证明,以 G'' 代替其中的 G' 即可. (证毕)

§4 1阶谓词演算判定问题的化约

1 阶谓词演算(以下简称谓词演算)是不可判定的. 即：不存在一个能行的方法，使对于谓词演算中每一合式公式都能用此方法判定其是否恒真公式. 这一事实我们作为已知，读者可参看各种数理逻辑教科书. 这一事实也可利用以上一些不可判定的理论来证明. 例如，可以利用群的理论 G 的不可判定性来证明. 其大意如下:

令语言 $\mathscr{L}_1=\{E, R\}$，其中 E 为一 2 元关系符号，R 为一 3 元关系符号. (关系符号即谓词变量.)易见,在 $\mathscr{L}_1$ 中可以写出一个不含等号的语句 γ_1 来表达下列直观含意: “E 是一等价关系. 并且，当用‘E-等价’代替‘相等’时，R 是一 2 元运算并具有群的定义中所要求的性质”. 以 G_1 记由 γ_1 在 $\mathscr{L}_1$ 中能推出的一切不含等号的语句所成的集合,则由群的理论 G 的不可判定性可知,G_1 也是不可判定的. 现在，由此说明谓词演算的不可判定性: 任取 $\mathscr{L}_1$ 中一个不含等号的语句 φ. (i) 若 $\varphi\in G_1$，则 $\gamma_1\models\varphi$，从而 $\models\gamma_1\to\varphi$. (ii) 反之,若 $\models\gamma_1\to\varphi$，则 $\gamma_1\models\varphi$，$\varphi\in G_1$. 由 (i), (ii) 及 G_1 的不可判定性即知,谓词演算不可判定.

下面介绍这一结果的初步加强.

引理 4.1 由 1 阶谓词演算中每一合式公式 A,可用一个能行的方法得出一个合式公式 B,使 B 中只含 1 个谓词变量(不含命题变量),并且适合: A 恒真当且只当 B 恒真.

证明 为叙述简便，用一个有代表性的特例A来说明B的作法.（一般情况完全类似.）

设A中出现3个命题变量p, q, r；2个谓词变量F^1, G^4，其变元数各为1，4；n个自由个体变量$x_1, \cdots, x_n$. A可以记为$A(p, q, r; F^1, G^4; x_1, \cdots, x_n)$.

1. 任取5个不在A中出现的互异个体变量$u_1, \cdots, u_5$.（此处的5是反映A中命题变量及谓词变量的总个数）. 再取一个5元谓词变量H^5.（此处的5是反映A中谓词变量的最高变元数加1,即$\max(1, 4)+1$.）

用$H^5(u_1, u_1, u_1, u_1, u_1)$，$H^5(u_2, u_2, u_2, u_2, u_2)$，$H^5(u_3, u_3, u_3, u_3, u_3)$及$H^5(u_4, u_4, u_4, u_4, —)$，$H^5(u_5, —, —, —, —)$（"—"代表空位)分别代换$A$中的$p, q, r$及$F^1, G^4$，得到合式公式$B$. 可记为$B(H^5; u_1, \cdots, u_5, x_1, \cdots, x_n)$.

2. 设A恒真,证B恒真.

任取一非空集S. 用S上任一5元谓词Ψ^5及S中任意元素$\alpha_1, \cdots, \alpha_5, \beta_1, \cdots, \beta_n$（不论同异）分别解释$B$中的$H^5$及自由个体变量$u_1, \cdots, u_5, x_1, \cdots, x_n$. 以下以$I_1$记这种解释方式.

同时，用S上由Ψ^5得出的1元谓词$\Psi^5(\alpha_4, \alpha_4, \alpha_4, \alpha_4, —)$及4元谓词$\Psi^5(\alpha_5, —, —, —, —)$分别解释$A$中的$F^1$及$G^4$；用0元谓词（即真假值）$\Psi^5(\alpha_1, \alpha_1, \alpha_1, \alpha_1, \alpha_1)$，$\Psi^5(\alpha_2, \alpha_2, \alpha_2, \alpha_2, \alpha_2)$，$\Psi^5(\alpha_3, \alpha_3, \alpha_3, \alpha_3, \alpha_3)$分别解释$A$中的$p, q, r$；并用$\beta_1, \cdots, \beta_n$分别解释$A$中的自由个体变量$x_1, \cdots, x_n$. 以$I_2$记这种解释方式.

易见,B在解释I_1下的值等于A在解释I_2下的值. 但题设A恒真,所以,B在I_1下的值为真. 再由I_1的任意性即知,B恒真.

3. 设B恒真,证A恒真.

设N_1为正整数集. 用N_1上任一1元谓词Φ^1及任一4元谓词Θ^4分别解释A中的F^1及G^4;用任意真假值v_1, v_2, v_3分别解释A中的p, q, r；并用N_1中任意n个数$\beta_1, \cdots, \beta_n$（不论同异）分别解释A中的自由个体变量. 以I_3记这种解释方式.

同时,根据I_3如下定义N_1上的5元谓词Λ^5:

$$
A^5\begin{cases}A^5(1,1,1,1,1)=v_1,\ A^5(2,2,2,2,2)=v_2,\\ A^5(3,3,3,3,3)=v_3;\ A^5(4,4,4,4,i)=\Phi^1(i),\\ (\text{对一切 } i\in N_1);\ A^5(5,i,j,k,l)=\Theta^4(i,j,k,l),\ (\text{对一切}\\ i,j,k,l\in N_1);\text{其他 } A^5(i,j,k,l,m)\text{的真假值任意规定.}\end{cases}
$$

用 A^5 解释 B 中的 H^5；并用 1, 2, 3, 4, 5 及 $\beta_1,\cdots,\beta_n$ 分别解释 B 中的自由变量 $u_1,\cdots,u_5$ 及 $x_1,\cdots,x_n$. 以 I_4 记这种解释方式.

易见 A 在 I_3 下的值等于 B 在 I_4 下的值. 但题设 B 恒真，所以，A 在 I_3 下的值为真. 再由 N_1 上解释 I_3 的任意性可知，A 在 N_1 上恒真. 再由谓词演算中的 Löwenheim 定理即知，A 恒真. (证毕)

引理 4.2 由 1 阶谓词演算中每一个不含命题变量并且只含 1 个谓词变量的合式公式 B，可用一个能行的方法得出一个合式公式 C，使 C 不含命题变量，只含一个 2 元谓词变量，并且适合：B 恒真当且只当 C 恒真.

证明 用一个有代表性的特例 B 来说明 C 的作法.

设 B 中所含的谓词变量为 4 元的 H^4，所含的自由个体变量为 $x_1,\cdots,x_n$.

1. 任取 $(4+1)+4=9$ 个互异的且不在 B 中出现的个体变量 $u_1,\cdots,u_5,v_1,\cdots,v_4$；并任取一个 2 元谓词变量 F^2 (以下简记作 F)，令 $G(v_1,\cdots,v_4)$ 代表下列公式：(以下简记作 $(\exists u_1\cdots u_5)\varphi(u_1,\cdots,u_5,v_1,\cdots,v_4)$.)

$$
\begin{aligned}
&(\exists u_1\cdots u_5)(F(u_1,u_2)\wedge F(u_2,u_3)\wedge F(u_3,u_4)\\
&\wedge F(u_4,u_5)\wedge F(u_5,u_1)\wedge F(u_1,v_1)\wedge\cdots\wedge F(u_4,v_4)\\
&\wedge\neg F(v_1,u_2)\wedge\neg F(v_2,u_3)\wedge\neg F(v_3,u_4)\wedge\neg F(v_4,u_5)\\
&\wedge\neg F(u_1,u_1)\wedge F(u_5,v_1)).
\end{aligned}
$$

把 B 中每一 $H^4(\xi_1,\cdots,\xi_4)$ 都换为相应的 $G(\xi_1,\cdots,\xi_4)$，得到合式公式 C.

2. 设 B 恒真，证 C 恒真.

任取一个非空集 S. 任取 S 上一个 2 元谓词 Φ 解释 C 中的 F；

任取 S 中 n 个元素 $\alpha_1, \cdots, \alpha_n$（不论同异）分别解释 C 中的自由变量 $x_1, \cdots, x_n$. 记此解释为 I_1.

在此解释下，$G(v_1, \cdots, v_4)$ 成为 S 上一个 4 元谓词. 由 B 恒真及 B 与 C 的关联可知，C 在 I_1 下为真. 再由 I_1 的任意性即知，C 恒真.

3. 设 C 恒真，证 B 恒真.

设 N_1 为正整数集. 用 N_1 上任一 4 元谓词 Θ 来解释 B 中的 H^4；并用 N_1 中任意 n 个数 $\alpha_1, \cdots, \alpha_n$（不论同异）分别解释 B 中的自由变量 $x_1, \cdots, x_n$. 记此解释为 I_2.

同时，利用 Θ 如下定义 N_1 上的 2 元谓词 Ψ：将全部正整数 4 维向量依分量和及分量间字典顺序排成一无限序列：

$$(1,1,1,1),(1,1,1,2),(1,1,2,1),(1,2,1,1),(2,1,1,1),\\(1,1,1,3),(1,1,2,2),(1,1,3,1),(1,2,1,2),\cdots\cdots. \quad (1)$$

在此排法下，第 i 个向量的分量易见都 $\leqslant i$ $(i = 1, 2, 3, \cdots\cdots)$.

(i) 当 $a \in N_1$ 不为 $5k+1$ 形状时，令 $\Psi(a, a) = t$；（t 代表"真"；$k = 1, 2, 3, \cdots\cdots$，下同.）

(ii) $\Psi(5k+1, 5k+2) = \Psi(5k+2, 5k+3) = \Psi(5k+3, 5k+4) = \Psi(5k+4, 5k+5) = \Psi(5k+5, 5k+1) = t$.

(iii) 若 (1) 中第 k 个向量为 $(a_{k1}, a_{k2}, a_{k3}, a_{k4})$，令 $\Psi(5k+1, a_{k1}) = \Psi(5k+2, a_{k2}) = \Psi(5k+3, a_{k3}) = \Psi(5k+4, a_{k4}) = t$，并令 $\Psi(5k+5, a_{k1}) = \Theta(a_{k1}, a_{k2}, a_{k3}, a_{k4})$.（因 $a_{k1} < k+1 < 5k+1 < 5k+5$，易见，此条与以上各条不矛盾.）

(iv) 对其他 $a, b \in N_1$，令 $\Psi(a, b) = f$（f 代表"假"）.

现在证明：当用 Ψ 解释 $G(v_1, \cdots, v_4)$ 中的 F 时，对每一 $k \in N_1$ 都有 $G(a_{k1}, a_{k2}, a_{k3}, a_{k4}) = \Theta(a_{k1}, a_{k2}, a_{k3}, a_{k4})$.（即：$G$ 与 Θ 成为 N_1 上相同的谓词.）

3.1. 若 $\Theta(a_{k1}, a_{k2}, a_{k3}, a_{k4}) = t$.

取 $u_1 = 5k+1, \cdots, u_5 = 5k+5$. 则由 Ψ 定义知：

$\Psi(u_1, u_2) = \Psi(5k+1, 5k+2) = t$；同理，$\Psi(u_2, u_3) = \Psi(u_3, u_4) = \Psi(u_4, u_5) = \Psi(u_5, u_1) = t$；

$\Psi(u_1,a_{k1})=\Psi(5k+1,a_{k1})=t$；同理，$\Psi(u_2,a_{k2})=\Psi(u_3,a_{k3})=\Psi(u_4,a_{k4})=t$；

$\Psi(u_5,a_{k1})=\Psi(5k+5,a_{k1})=\Theta(a_{k1},a_{k2},a_{k3},a_{k4})=t$；

$\Psi(u_1,u_1)=\Psi(5k+1,5k+1)=f$；（由$\Psi$定义可知，注意$a_{k1}<5k+1$.）

$\Psi(a_{k1},u_2)=\Psi(a_{k1},5k+2)=f$；（由$\Psi$定义可知，因易见$(a_{k1},5k+2)$不为$(5k+2,5k+2)$，$(5k+1,5k+2)$形状，也不为$(5i+1,a_{i1})$，$\cdots$，$(5i+4,a_{i4})$以及$(5i+5,a_{i1})$等形状.）

$\Psi(a_{k2},u_3)=\Psi(a_{k3},u_4)=\Psi(a_{k4},u_5)=f$.（理由仿上.）

所以，这样选取的$u_1,\cdots,u_5$能使$\varphi(u_1,\cdots,u_5,a_{k1},\cdots,a_{k4})=t$. 从而可知，$G(a_{k1},\cdots,a_{k4})=t$.

3.2 反之，若$G(a_{k1},\cdots,a_{k4})=t$. 则存在$u_1,\cdots,u_5\in N_1$，使

$$\varphi(u_1,\cdots,u_5,a_{k1},\cdots,a_{k4})=t. \tag{2}$$

由(2)有$\Psi(u_1,u_2)=\cdots=\Psi(u_5,u_1)=t$. 但由$\Psi$定义可知，若$\Psi(\alpha,\beta)=t$，则$\beta\leqslant\alpha+1$. 故有

$$u_1\leqslant u_5+1\leqslant u_4+2\leqslant u_3+3\leqslant u_2+4\leqslant u_1+5. \tag{3}$$

由(2)有$\neg\Psi(u_1,u_1)=t$，$\Psi(u_1,u_1)=f$，故由Ψ定义知，u_1为$5h+1$形状$(h\geqslant1)$.

所以$\Psi(u_1,u_2)=\Psi(5h+1,u_2)=t$，故由$\Psi$定义知，$u_2$为$5h+2$或$a_{h1}$. 但$a_{h1}+4<(h+1)+4\leqslant5h+1=u_1$，而由(3)有$u_1\leqslant u_2+4$，所以，$u_2\neq a_{h1}$，故必$u_2=5h+2$.

所以，$\Psi(u_2,u_3)=\Psi(5h+2,u_3)=t$，故由$\Psi$定义知，$u_3$为$5h+2$或$5h+3$或$a_{h2}$. 但$a_{h2}+4<(h+1)+4\leqslant5h+1=u_1\leqslant u_3+3$，所以，$u_3\neq a_{h2}$，故必

$$u_3=5h+2\text{ 或 }5h+3. \tag{4}$$

由(4)仿上可得

$$u_4=5h+2\text{ 或 }5h+3\text{ 或 }5h+4. \tag{5}$$

由(5)仿上可得

$$u_5=5h+2\text{ 或 }5h+3\text{ 或 }5h+4\text{ 或 }5h+5. \tag{6}$$

但 $\Psi(u_5, u_1) = \Psi(u_5, 5h+1) = t$，由于 $5h+1 > h \geqslant a_{h2}$, a_{h3}, a_{h4}，故由 (6) 及 Ψ 定义可知，必有

$$u_5 = 5h + 5. \tag{7}$$

从而，再由 (6) 的来历可知，在 (5) 中必有 $u_4 = 5h + 4$. 从而，再由 (5) 的来历可知，在 (4) 中必有 $u_3 = 5h + 3$,

由 (2) 有 $\Psi(u_1, a_{k1}) = \Psi(5h+1, a_{k1}) = t$. 再由 Ψ 定义知，$a_{k1} = 5h+2$ 或 a_{h1}. 但若 $a_{k1} = 5h+2$，则由 (2) 有 $t = \neg\Psi(a_{k1}, u_2) = \neg\Psi(5h+2, 5h+2)$，此与 Ψ 定义不合. 故必 $a_{k1} = a_{h1}$.

由 (2) 有 $\Psi(u_2, a_{k2}) = \Psi(5h+2, a_{k2}) = t$. 再由 Ψ 定义知，$a_{k2} = 5h+2$ 或 $5h+3$ 或 a_{h2}. 但若 $a_{k2} = 5h+2$，则由 (2) 有 $t = \neg\Psi(a_{k2}, u_3) = \neg\Psi(5h+2, 5h+3)$，此与 Ψ 定义不合. 若 $a_{k2} = 5h+3$，则由 (2)，有 $t = \neg\Psi(a_{k2}, u_3) = \neg\Psi(5h+3, 5h+3)$，也与 Ψ 定义不合. 故必 $a_{k2} = a_{h2}$.

由(2)，有 $\Psi(u_3, a_{k3}) = \Psi(5h+3, a_{k3}) = t$. 再由 Ψ 定义知，$a_{k3} = 5h+3$ 或 $5h+4$ 或 a_{h3}. 再仿上讨论可知必有 $a_{k3} = a_{h3}$.

由 (2)，有 $\Psi(u_4, a_{k4}) = \Psi(5h+4, a_{k4}) = t$. 再仿上讨论可知，必有 $a_{k4} = a_{h4}$.

由以上知，$(a_{k1}, \cdots, a_{k4}) = (a_{h1}, \cdots, a_{h4})$，故有 $k = h$. 再由 Ψ 的定义及 (7) 及 (2)，即可得

$$\begin{aligned}\Theta(a_{k1}, \cdots, a_{k4}) &= \Psi(5k+5, a_{k1}) = \Psi(5h+5, a_{k1}) \\ &= \Psi(u_5, a_{k1}) = t.\end{aligned}$$

3.3. 由 3.1. 及 3.2. 可知，当用 Ψ 解释 G 中的 F 后，G 成为 N_1 上与 Θ 相同的 4 元谓词. 因而，由 B 与 C 的关联可知，当用 Θ 解释 B 中的 H^4，并用 Ψ 解释 C 中的 F 后，B 与 C 也成为 N_1 上相同的 n 元谓词. 故由 C 为恒真以及 N_1 上 4 元谓词 Θ 的任意性可知，B 在 N_1 上恒真. 再由 Löwenheim 定理即知，B 恒真. (证毕)

定理 4.3 设 F 为一 2 元谓词变量. 以 Π_F 记 1 阶谓词演算中只含谓词变量 F (不含命题变量)的恒真公式的全集，则 Π_F 是不可判定的.

证明 由谓词演算的不可判定性及以上二引理即知.(证毕)

上定理表达了谓词演算判定问题的一种化约, Π_F 称为一个化约类.

谓词演算的判定问题,还可按照合式公式中(化为前束标准形后)前束词的形状作进一步的化约. 关于这方面的介绍,可参看文献[24]及其中所引文献. (另外,这方面最近的一个重要结果见文献[25].)

§5 偏序理论的不可判定性

本节将证明偏序理论的不可判定性. 为此,先给出下列的构作.

设 F 是整数集 I 上任一 2 元关系. 现在,由 F 能行地在 I 上定义另一个 2 元关系 G,使:

甲. G 是一个严格偏序关系. (即,对任何 $x, y, z \in I$: (i) 若 Gxy 真且 Gyz 真,则 Gxz 真;(ii) 若 Gxy 真,则 Gyx 假.)(通过利用等号,习知严格偏序$<$与普通偏序$\leqslant$可以简单地互相定义.)

乙. 由 G 能反过来一阶地刻划 F.

G 的定义如下:

将 I 分为以 6 为模的剩余类 $\{0\}, \{1\}, \cdots, \{5\}$. Guv 对于某些偶数 u 及奇数 v 成立. 分述如下.

O_1. $u \in \{0\}, v \in \{1\}$ 时. 设 $u = 6r, v = 6S + 1$, 则: Guv 当且只当 Fr_s. (即: 当且只当 Frs 真时,令 Guv 真,以下仿此).

O_2. $u \in \{2\}, v \in \{3\}$ 时, Guv 当且只当 $v = u + 1$ 或 $u - 5$.

O_3. $u \in \{2\}, v \in \{1\}$ 时, Guv 当且只当 $v = u - 1$.

O_4. $u \in \{2\}, v \in \{5\}$ 时, Guv 当且只当 $v = u + 3$.

O_5. $u \in \{4\}, v \in \{5\}$ 时, Guv 当且只当 $v = u + 1$.

O_6. $u \in \{4\}, v \in \{3\}$ 时, Guv 当且只当 $v = u - 1$.

O_7. $u \in \{4\}, v \in \{1\}$ 时, Guv 当且只当 $v = u + 9, u + 3, u - 3$ 或 $u - 9$.

O_8. $u \in \{0\}$, $v \in \{5\}$ 时, Guv 当且只当 $v = u + 5$.

O_9. $u \in \{0\}$, $v \in \{3\}$ 时, 设 $u = 6w$, 再分 6 种情况:

$w \in \{1\}$ 时, Guv 当且只当 $v = w + 14$, $w + 8$, $w + 2$, $w - 4$, $w - 10$ 或 $w - 16$ (6 个值).

$w \in \{2\}$ 时, Guv 当且只当 $v = w + 19$, $w + 13$, $w + 7$, $w + 1$, $w - 5$, $\cdots$ 或 $w - 23$ (8 个值).

$w \in \{3\}$ 时, Guv 当且只当 $v = w + 12$, $w + 6$, w, $w - 6$ 或 $w - 12$ (5 个值).

$w \in \{4\}$ 时, Guv 当且只当 $v = w + 23$, $w + 17$, $w + 11$, $w + 5$, $\cdots$ 或 $w - 31$ (10 个值).

$w \in \{5\}$ 时, Guv 当且只当 $v = w + 28$, $w + 22$, $w + 16$, $w + 10$, $\cdots$ 或 $w - 38$ (12 个值).

$w \in \{0\}$ 时, Guv 当且只当 $v = w + 39$, $w + 33$, $w + 27$, $w + 21$, $\cdots$ 或 $w - 39$ (14 个值).

G 的定义至此完成. 下面给出一个示意图. (以 $x \to y$ 表示 Gxy 成立.)

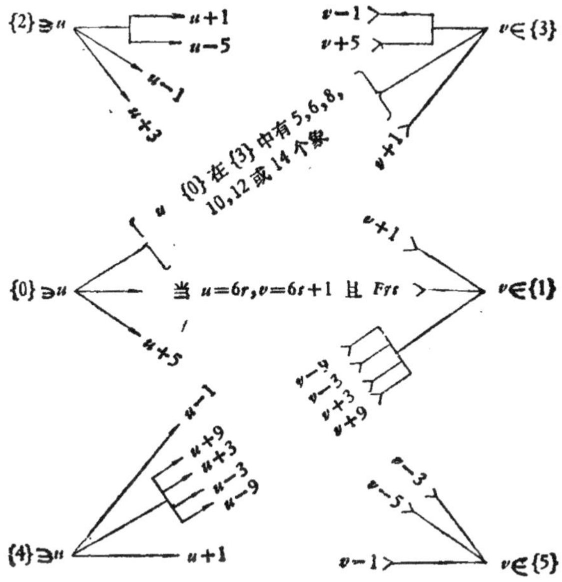

显见，G是一个偏序关系．现在由G出发，逐步用一阶概念(不用等号)将F刻划出来．

引理 5.1 对任何$x,y\in I$，$x=y$等价于$(\forall z)(Gxz\longleftrightarrow Gyz)\wedge(Gzx\longleftrightarrow Gzy))$．

证明 1．若$x=y$，显见$(\forall z)(\cdots)$成立．

2．若$x\neq y$．分情况讨论，

2.1．当$x,y\in\{0\}$时，令$z=x+5(\neq y+5)$，则由O_8知，Gxz真，而Gyz假，所以，$(\forall z)(\cdots)$假．

2.2．当$x\in\{0\}$，$y\in\{1\}$时，令$z=x+5$，则由O_8知，Gxz真，但显然Gyz假，所以$(\forall z)(\cdots)$假．

2.3．当$x\in\{0\}$，$y\in\{2\}$时，由O_9知，至少有5个$z\in\{3\}$，能使Gxz真，但由O_2知，只有2个$z\in\{3\}$，使Gyz真，所以，易见$(\forall z)(\cdots)$假．

2.4．对其他各情况，都可仿上讨论而知，$(\forall z)(\cdots)$假．（证毕）

引理 5.2 对任何$x\in I$：

(i) $x\in\{2\}$等价于“恰有4个y适合Gxy”．

(ii) $x\in\{5\}$等价于“恰有3个y适合Gyx”．

(iii) $x\in\{3\}$等价于“恰有2个y适合($y\in\{2\}$且Gyx)”．

(iv) $x\in\{4\}$等价于“恰有1个y适合($y\in\{3\}$且Gxy)”．

(v) $x\in\{1\}$等价于“$x\notin\{5\}$，并且恰有1个y适合($y\in\{2\}$且Gyx)”

(vi) $x\in\{0\}$等价于“$x\notin\{1\}$且…且$x\notin\{5\}$”．

证明 由G的定义易见．(参看G的示意图．)(证毕)

以下用“$g_r(x_1,\cdots,x_t)=y_1,\cdots,y_s$”简记表示下列含意的任一合式公式：“($y_1,\cdots,y_s$都$\in\{r\}$)并且($y_1,\cdots,y_s$互异)并且$(Gx_1y_1\vee\cdots\vee Gx_ty_1\vee Gy_1x_1\vee\cdots\vee Gy_1x_t)$并且…并且$(Gx_1y_s\vee\cdots\vee Gx_ty_s\vee Gy_sx_1\vee\cdots\vee Gy_sx_t)$并且$(\forall z)(((z\in\{r\})\wedge(Gx_1z\vee\cdots\vee Gx_tz\vee Gzx_1\vee\cdots\vee Gzx_t))\to(z=y_1\vee\cdots\vee z=y_s))$”．

引理 5.3 对任何$x,z\in I$：$(z=6x\wedge x\in\{1\})$等价于$(x\in\{1\})$

$\wedge(\exists y)\underset{1}{(}(g_2(x)=y)\wedge(\exists z_1z_2)\underset{2}{(}(g_3(y)=z_1,\ z_2)\wedge(\exists y_1y_2y_3)\underset{3}{(}(g_2$
$(z_1,z_2)=y_1,y_2,y_3)\wedge(\exists z_3\cdots z_6)\underset{4}{(}(g_3(y_1,y_2,y_3)=z_3,\cdots,z_6)\wedge(\exists y_4$
$\cdots y_8)\underset{5}{(}(g_2(z_3,\cdots,z_6)=y_4,\cdots,\ y_8)\wedge(\exists z_7\cdots z_{12})\underset{6}{(}(g_3(y_4,\cdots,$
$y_8)=(z_7,\cdots,z_{12})\wedge(g_3(z)=z_7,\cdots,z_{12})\underset{6}{)}\underset{5}{)}\underset{4}{)}\underset{3}{)}\underset{2}{)}\underset{1}{)}.$

证明 1. 若 $(x\in\{1\})\wedge(\exists y)\underset{1}{(}\cdots\underset{1}{)}$为真. 则 $x\in\{1\}$,并且存在 $y,\ y_1,\ y_2,\ \cdots,\ y_8,\ z_1,\ z_2,\ \cdots,\ z_{12}\in I$,使 $(g_2(x)=y)$, $(g_3(y)=z_1,\ z_2)$, $\cdots$, $(g_3(z)=z_7,\ \cdots,\ z_{12})$ 都成立.

由$(g_2(x)=y)$及其定义可知: $y\in\{2\}$,并且$(Gxy\vee Gyx)$真,并且 $\{2\}$ 中无其他 z 能使 $(Gxz\vee Gzx)$ 真. 由此及 $x\in\{1\}$ 及 G 的定义知,必是 Gyx 真,从而

$$y=x+1. \tag{1}$$

由 $(g_3(y)=z_1,\ z_2)$ 及其定义仿上讨论可知: $z_1,\ z_2\in\{3\}$, $z_1\neq z_2$,并且,Gyz_1, Gyz_2 都真. 所以,(用集合记号) $\{z_1,\ z_2\}=\{y+1,\ y-5\}$,再由 (1),得

$$\{z_1,\ z_2\}=\{x+2,\ x-4\}. \tag{2}$$

由 $(g_2(z_1,\ z_2)=y_1,\ y_2,\ y_3)$ 仿上讨论, 可得 $\{y_1,\ y_2,\ y_3\}=\{z_1+5,\ z_1-1,\ z_2+5,\ z_2-1\}$,再由 (2),得

$$\{y_1,\ y_2,\ y_3\}=\{x+7,\ x+1,\ x-5\}. \tag{3}$$

由 $(g_3(y_1,\ y_2,\ y_3)=z_3,\ \cdots,\ z_6)$ 仿上讨论,并用 (3),可得

$$\{z_3,\ \cdots,\ z_6\}=\{x+8,\ x+2,\ x-4,\ x-10\}. \tag{4}$$

由 $(g_2(z_3,\ \cdots,\ z_6)=y_4,\ \cdots,\ y_8)$ 仿上讨论, 并用 (4), 可得

$$\{y_4,\cdots,y_8\}=\{x+13,x+7,x+1,x-5,x-11\}. \tag{5}$$

由 $(g_3(y_4,\ \cdots,\ y_8)=z_7,\ \cdots,\ z_{12})$ 仿上讨论,并用 (5), 可得

$$\{z_7,\cdots,z_{12}\}=\{x+14,x+8,x+2,x-4,x-10,x-16\}. \tag{6}$$

由 $(g_3(z)=z_7,\ \cdots,\ z_{12})$ 仿上讨论, 并注意 $x\in\{1\}$ 及 (6), 可知 $z\in\{0\}$,并且 $z=6x$. 所以,$(z=6x\wedge x\in\{1\})$ 为真.

2. 反之,若 $(z=6x\wedge x\in\{1\})$ 为真,参照 1. 中的 (1) 至 (6),

适当取 $y, y_1, \cdots, y_8, z_1, \cdots, z_{12}$,即可知 $(x\in\{1\})\wedge(\exists y)\underset{1}{(}\cdots\underset{1}{)}$ 为真.(证毕)

引理 5.4 对任何 $x, z\in I$: $(z=6x\wedge x\in\{2\})$ 等价于 $(x\in\{2\})\wedge(\exists z_1z_2)\underset{1}{(}(g_3(x)=z_1, z_2)\wedge(\exists y_1y_2y_3)\underset{2}{(}(g_2(z_1, z_2)=y_1, y_2, y_3)\wedge(\exists z_4\cdots z_6)\underset{3}{(}(g_3(y_1, y_2, y_3)=z_3,\cdots,z_6)\wedge(\exists y_4\cdots y_8)\underset{4}{(}(g_2(z_3,\cdots,z_6)=y_4,\cdots,y_8)\wedge(\exists z_7\cdots z_{12})\underset{5}{(}(g_3(y_4,\cdots,y_8)=z_7,\cdots,z_{12})\wedge(\exists y_9\cdots y_{15})\underset{6}{(}g_2(z_7,\cdots,z_{12})=y_9,\cdots,y_{15})\wedge(\exists z_{13}\cdots z_{20})\underset{7}{(}(g_3(y_9,\cdots,y_{15})=z_{13},\cdots,z_{20})\wedge(g_3(z)=z_{13},\cdots,z_{20})\underset{7}{)}\underset{6}{)}\underset{5}{)}\underset{4}{)}\underset{3}{)}\underset{2}{)}\underset{1}{)}$.

证明 仿引理 5.3.

引理 5.5 对任何 $x, z\in I$:(以下诸"---"部分由读者仿上自行补出.)

$(z=6x\wedge x\in\{3\})$ 等价于 $(x\in\{3\})\wedge(\exists y_1y_2)\underset{1}{(}(g_2(x)=y_1, y_2)\wedge(\exists z_1z_2z_3)\underset{2}{(}(g_3(y_1, y_2)=z_1, z_2, z_3)\wedge(\exists y_3\cdots y_6)\underset{3}{(}(g_2(z_1, z_2, z_3)=y_3,\cdots,y_6)\wedge(\exists z_4\cdots z_8)\underset{4}{(}(g_3(y_3,\cdots,y_6)=z_4,\cdots,z_8)\wedge(g_3(z)=z_4,\cdots,z_8)\underset{4}{)}\underset{3}{)}\underset{2}{)}\underset{1}{)}$.

$(z=6x\wedge x\in\{4\})$ 等价于 $(x\in\{4\})\wedge(\exists y)\underset{1}{(}(g_5(x)=y)\wedge(\exists y_1)\underset{2}{(}(g_2(y)=y_1)\wedge(\exists z_1z_2)\underset{3}{(}(g_3(y_1)=z_1, z_2)\wedge(\exists y_2y_3y_4)\underset{4}{(}(g_2(z_1, z_2)=y_2, y_3, y_4)\wedge(\exists z_3\cdots z_6)\underset{5}{(}(g_3(y_2, y_3, y_4)=z_3,\cdots,z_6)\wedge$ ———$\underset{5}{)}\underset{4}{)}\underset{3}{)}\underset{2}{)}\underset{1}{)}$.

$(z=6x\wedge x\in\{5\})$ 等价于 $(x\in\{5\})\wedge(\exists y)\underset{1}{(}(g_2(x)=y)\wedge(\exists z_1z_2)\underset{2}{(}(g_3(y)=z_1, z_2)\wedge$ ———$\underset{2}{)}\underset{1}{)}$.

$(z=6x\wedge x\in\{0\})$ 等价于 $(x\in\{0\})\wedge(\exists y)\underset{1}{(}(g_5(x)=y)\wedge(\exists y_1)\underset{2}{(}(g_2(y)=y_1)\wedge(\exists z_1z_2)\underset{3}{(}(g_3(y_1)=z_1, z_2)\wedge$ ———$\underset{3}{)}\underset{2}{)}\underset{1}{)}$.

证明 仿引理 5.3.

引理 5.6 对任何 $x, z \in I$·

$(z = 6x)$ 等价于 $(z=6x \wedge x \in \{0\}) \vee \cdots \vee (z=6x \wedge x \in \{5\})$.

$(z = 6x + 1)$ 等价于 $(\exists y)\underset{1}{(}((y = 6x) \wedge (\exists z_1)\underset{2}{(}((g_5(y) = z_1) \wedge$ $(\exists z_2)\underset{3}{(}((g_2(z_1) = z_2) \wedge (g_1(z_2) = z\,)\underset{3}{)}\underset{2}{)}\underset{1}{)})$.

证明 易见.

引理 5.7 对任何 $x, y \in I$: Fxy 等价于 $(\exists z_1 z_2)(z_1 = 6x \wedge z_2 = 6y + 1 \wedge Gz_1z_2)$.

证明 易见

由以上引理 5.1 至引理 5.7 可见，可以写出一个只含 1 个 2 元关系符号 R（不含等号）的合式公式 $H(x, y)$，使对于整数集 I 上每一 2 元关系 F 而言，当用与 F 相应的偏序关系 G 解释 $H(x, y)$ 中的 R 时，$H(x, y)$ 与 Fxy 等价.（即：对任何 $a, b \in I$: $H(a, b)$ 真当且只当 Fab 真.）

定理 5.8 设 A 为任意一个只含 1 个 2 元关系符号 S（不含等号）的合式公式，则可由 A 能行地作出另一个只含 1 个 2 元关系符号 R（不含等号）的合式公式 B，使："A 为恒真公式"当且只当"B 对每一集合上每一偏序关系都真"当且只当"B 对整数集 I 上每一偏序关系都真".

证明 在 A 中将每一个 Sxy 形状的子式都换为 $H(x,y)$（代换前可将 H 中的约束变量作一些必要的改变），得一个合式公式 B.

1. 若 A 恒真，则易见 B 恒真. 特别地，B 对每一集合上每一偏序关系都真.

2. 若 B 对每一集合上每一偏序关系都真，显然，B 对 I 上每一偏序关系都真.

3. 若 B 对 I 上每一偏序关系都真. 假若 A 不恒真，则由 Löwenheim 定理知，A 在 I 上不恒真，因而存在 I 上的 2 元关系 F，使当以 F 解释 A 中的符号 S 时 A 为假. 由此，F 依前述方法构作 I 上的偏序关系 G. 当以 G 解释 B 中的 R 后，$H(x, y)$ 与 Fxy

等价，从而易见，此时 B 也为假，与题设矛盾。所以 A 恒真。（证毕）

定理 5.9 由 $\mathscr{L}=\{<\}$ 中的语句 $(\forall xyz)((x<y\wedge y<z)\to x<z)\wedge(\forall xy)(x<y\to\neg(y<x))$ 在 $\mathscr{L}$ 中生成的不含等号的理论 Π 是不可判定的。因之，由上述公理在 $\mathscr{L}$ 中生成的理论 Π_1（含等号，称为**偏序的理论**）也是不可判定的。

证明 由 1 阶谓词演算的不可判定性及其化约理论（§ 4）可知，对于定理 5.8 中所说的那一类语句 A，不存在能行的方法判断每个 A 是否恒真。由此及定理 5.8 即知，Π（因之 Π_1）不可判定。（证毕）

注 本节取材于文献 [26]。

§ 6 一些不可判定的数环

令 $\mathscr{L}=\{+,\cdot,0,1\}$。由定理 2.1 已知，整数环 $\mathscr{I}=(I,+,\cdot,0,1)$ 在 $\mathscr{L}$ 中的完全理论 T_I 是不可判定的。我们简称此事为：整数环（简记为 I）不可判定。

令 $G=\{a+bi:a,b\in I\}$，$J=\{a+b\sqrt{2}:a,b\in I\}$。本节在 I 不可判定的基础上证明：Gauss 整数环 $\mathscr{G}=(G,+,\cdot,0,1)$ 及二次数环 $\mathscr{J}=(J,+,\cdot,0,1)$ 各自在 $\mathscr{L}$ 中的完全理论 T_G 及 T_J 也都是不可判定的。简称为：二次数环 G 和 J 都是不可判定的。

现在先讨论 G。先对 $\mathscr{L}$ 中的某些合式公式临时引进一些简记法。设 x,y 为任意的个体变量，令：

$x|y$ 代表 $(\exists z)(y=xz)$；（其中，$=$ 为 $\equiv$ 的简记，z 为任一不同于 x,y 的个体变量。以下仿此。）

$x\mathrm{Asp}y$ 代表 $(\forall z)(z|x\to(z|1\vee y|z))\wedge(x\neq 0)$；

$x\mathrm{Pow}y$ 代表 $(\exists z)(z\mathrm{Asp}y\wedge(x=z^4\vee x=yz^4\vee x=y^2z^4\vee x=y^3z^4))$；

Int$x$ 代表 $(\forall y)(\exists zu)(y\mathrm{Pow}3\rightarrow(z\mathrm{Pow}11\wedge 3x+1=z+yu))$.

引理 6.1 设 $p\in I$ 为 G 中素数，则在 G 中：$x\mathrm{Asp}p$ 成立当且只当 x 与 p 的一个非负方幂 $p^k\ (k\geqslant 0)$ 相伴.

证明 G 为欧氏环，故知其中素因子分解的唯一性定理成立.

1. 若 x 与 p^k 相伴，则 x 为 ap^k 形状（a 为 G 中单位），故由 p 为 G 中素数及素分解唯一性知，$x\mathrm{Asp}p$ 成立.

2. 反之，若 $x\mathrm{Asp}p$ 成立，则 $x\neq 0$，并且由 $(\forall z)(\cdots)$ 知，x 的每一素因子 z 都适合 $p|z$，从而，z 与 p 相伴. 由此知，x 与 p 的一个方幂 $p^k(k\geqslant 0)$ 相伴.（证毕）

引理 6.2 设 $p\in I$ 为 G 中素数，则在 G 中：$x\mathrm{Pow}p$ 成立当且只当 x 是 p 的一个非负方幂 p^k.

证明 1. 设 $x=p^k$. 若 $k=4h$，令 $z=p^h$，则 $z\mathrm{Asp}p$ 成立，且 $x=z^4$ 成立，从而 $x\mathrm{Pow}p$ 成立. 若 $k=4h+1$，令 $z=p^h$，则 $z\mathrm{Asp}p$ 成立，且 $x=pz^4$ 成立，从而，$x\mathrm{Pow}p$ 成立. 若 $k=4h+2$ 或 $4h+3$，仿上，也都有 $x\mathrm{Pow}p$ 成立.

2. 反之，设 $x\mathrm{Pow}p$ 成立. 则由此式定义知，存在 $z\in G$ 使 $(\cdots)$ 成立. 所以，$z\mathrm{Asp}p$ 成立，从而，由 G 中单位只有 ± 1，$\pm i$ 以及引理 6.1 可知，z 为 $\pm p^h$ 或 $\pm ip^h$ 形状. 再由 $(x=z^4\vee\cdots\vee x=p^3z^4)$ 成立即知，x 为 p^k 形状.（证毕）

引理 6.3 在 G 中：Int$x$ 成立当且只当 $x\in I$.

证明 由数论知，3 与 11 均为 G 中素数. 并且，在整数环 I 中，11 是 mod3^2 的原根. 从而又可知，对每一正整数 k，11 也是 mod3^k 的原根.

1. 设 $x\in I$. 任取 $y\in G$. (i) 若 $y\mathrm{Pow}3$ 假，则对任何 $z,u\in G$ 都有 $(y\mathrm{Pow}3\rightarrow\cdots)$ 成立. (ii) 若 $y\mathrm{Pow}3$ 真，则由引理 6.2 知，y 为 $3^k(k\geqslant 0)$ 形状. 今 $3x+1$ 与 3^k 互素，故由 11 为 3^k 的原根知，存在自然数 l，能使 $11^l\equiv 3x+1\ (\mathrm{mod}3^k)$，从而，存在 $u\in I(\subseteq G)$，使 $3x+1=11^l+3^ku$. 令 $z=11^l\ (\in G)$，即有 $(z\mathrm{Pow}11)\wedge(3x+1=z+yu)$ 成立，所以，$(y\mathrm{Pow}3\rightarrow\cdots)$ 成立. 由 (i)，(ii) 即知，Int$x$ 成立.

2. 反之,设 Int$x$ 成立. 对任何自然数 k,令 $y = 3^k$,则由 Int$x$ 形状知,存在 $z, u \in G$,使 z 为 $11^l(l \geqslant 0)$ 形状, 且 $3x + 1 = z + 3^k u$.

令 x', u' 各为 x, u 的共轭复数 (x', u' 仍在 G 中), 则由上式知,也有 $3x' + 1 = z + 3^k u'$. 从而,有 $3(x - x') = 3^k(u - u')$, 所以, (当 $k > 0$ 时) $3^{k-1} | x - x'$. 此式对任何正整数 k 都成立, 故必 $x - x' = 0$, $x = x'$. 从而 $x \in I$. (证毕)

定理 6.4 G 不可判定.

证明 由 I 不可判定及引理 6.3 易见. (证毕)

现在,讨论 $J = \{a + b\sqrt{2} : a, b \in I\}$. 为此,重新引进 $\mathscr{L}$ 中的简写. 设 x, y 为任意的个体变量,令:

$x|y$, xAsp$y$ 同前.

Luc$x$ 代表 $(\exists yz)(yz = 1 \wedge x = y^2 + z^2)$;

Tot$x$ 代表 $(\exists y_1y_2y_3y_4)(x = y_1^2 + y_2^2 + y_3^2 + y_4^2)$;

xPow$y$ 代表 $(x = 1) \vee (x\text{Asp}y \wedge \text{Tot}(x - 2) \wedge (\forall z)(\text{Luc}z \rightarrow (\text{Tot}(x - z) \vee \text{Tot}(z - x))))$;

Int$x$ 代表 $(\forall y)(\exists zu)(y\text{Pow}5 \rightarrow (z\text{Pow}13 \wedge 5x + 1 = z + yu))$.

引理 6.5 设 $p \in I$ 为 J 中素数, 则在 J 中: xAsp$p$ 成立当且只当 x 与 p 的一个非负方幂 p^k $(k \geqslant 0)$ 相伴.

证明 仿引理 6.1. (注意: J 也是欧氏环.)

令 $\eta = 1 + \sqrt{2}$. 由数论知, J 中单位有且只有 $\pm\eta^n (n = 0, \pm 1, \pm 2, \cdots\cdots)$.

引理 6.6 在 J 中, Luc$x$ 成立当且只当 x 为 $\eta^{2k} + \eta^{-2k}$ 形状.

证明 1. 若 Luc$x$ 成立, 则存在 $y, z \in J$, 使 $yz = 1$ 且 $x = y^2 + z^2$. y, z 为单位且互逆,故知 x 为 $\eta^{2k} + \eta^{-2k}$ 形状.

2. 反之, 若 x 为 $\eta^{2k} + \eta^{-2k}$ 形状. 令 $y = \eta^k$, $z = \eta^{-k}$ 即见 Luc$x$ 成立. (证毕)

注 凡 $\eta^{2k} + \eta^{-2k}$ 形状的数都是正整数. 因: 以 η' 记 η 在 J 中的共轭数 $1-\sqrt{2} = -\eta^{-1}$, 则 $\eta^{2k} + \eta^{-2k} = \eta^{2k} + (\eta')^{2k}$, 右端

对于取共轭数不变，故为有理整数．又由 $\eta>0$，有 $\eta^{2k}+\eta^{-2k}>0$，故为正整数．

引理 6.7 设正整数 p 为 J 中素数，则在 J 中：$x\mathrm{Pow}p$ 成立当且只当 x 是 p 的非负方幂 p^k．

证明 1．若 $x=p^k(k\geqslant 0)$．由引理 6.5，引理 6.6 及上述的注及关于自然数的 4 平方和定理可知，$x\mathrm{Pow}p$ 成立．

2．反之，设 $x\mathrm{Pow}p$ 成立．若 $x=1$，则 $x=p^0$．以下设 $x\neq 1$．则有 $x\mathrm{Pow}p$ 中的 $(x\mathrm{Asp}p\wedge\cdots)$ 成立．由 $x\mathrm{Asp}p$ 成立知，x 为 $\pm p^k\eta^l$ 形状 $(k\geqslant 0;\ l\in I)$．由 $\mathrm{Tot}(x-2)$ 成立知，$x\geqslant 2$，所以 $x=p^k\eta^l$．从而，x 在 J 中的共轭数 $x'=p^k(\eta')^l=p^k(-\eta^{-1})^l=\pm p^k\eta^{-l}$．又由 $\mathrm{Tot}(x-2)$ 成立及 Tot 形状易见，$\mathrm{Tot}(x'-2)$ 也成立，从而 $x'\geqslant 2$．所以，$x'=p^k\eta^{-l}$．

再由 $(\forall z)(\mathrm{Luc}z\rightarrow\cdots)$ 成立及上述的注，并仿上段末句可知，对任何 $r\in I$：

$$x\text{ 与 }x'\text{ 在 }\eta^{2r}+\eta^{-2r}\text{ 的同侧}.\tag{1}$$

又易证 $(2=)\eta^{2\cdot 0}+\eta^{-2\cdot 0}<\eta^2+\eta^{-2}<\eta^4+\eta^{-4}<\cdots\cdots$．再由以上的 $x,x'\geqslant 2$ 及 (1) 可知：x,x' 共同落在某一区间 $[\eta^{2j}+\eta^{-2j},\ \eta^{2(j+1)}+\eta^{-2(j+1)}]$ 中．又由于（易见）$\eta^{2(j+1)}+\eta^{-2(j+1)}<\eta^2(\eta^{2j}+\eta^{-2j})$，故有 $\eta^{2j}+\eta^{-2j}\leqslant x,x'$ 及 $x,x'<\eta^2(\eta^{2j}+\eta^{-2j})$．

由以上有 $\dfrac{x}{x'}<\eta^2$ 及 $\dfrac{x'}{x}<\eta^2$，从而 $\eta^{-2}<\dfrac{x}{x'}<\eta^2$．但 $\dfrac{x}{x'}=\dfrac{p^k\eta^l}{p^k\eta^{-l}}=\eta^{2l}$，故必 $l=0$．所以 $x=p^k$．（证毕）

引理 6.8 在 J 中：$\mathrm{Int}x$ 成立当且只当 $x\in I$．

证明 由数论知，5 与 13 均为 J 中素数．并且在 I 中 13 是 5^2 的原根，从而也是每一 5^k（k 正整）的原根．由此即可仿照引理 6.3 证明本引理．

定理 6.9 J 不可判定．

证明 由 I 不可判定及引理 6.8 易见．（证毕）

可以证明，每一个 2 次代数整数环 R 都是不可判定的．但由于在 R 中一般没有素因子分解的唯一性定理，而需要改用素理想分解的唯一性，所以，在不可判定性的证法上，与上述定理 6.4 及定理 6.9 的证法有较大的不同．读者可参看文献 [27]．

注 本节及 § 7 取材于文献 [27]．

§ 7 域上多项式环的不可判定性

令 $\mathscr{L}=\{+,\cdot,0,1\}$．令 $\mathfrak{N}=(N,+,\cdot,0,1)$ 为自然数系（N 为自然数集）．由于整数环可以用自然数系以习见的方式来定义(即：把整数看作自然数偶的等价类，并利用自然数的 $+,\cdot$ 运算来定义整数的 $+,\cdot$ 运算)，所以，由整数环的不可判定性易知，$\mathfrak{N}$ 在 $\mathscr{L}$ 中的完全理论也是不可判定的．简称为：自然数系 N 不可判定．

在本节中，我们将利用 N 的不可判定性来证明：每一域 F 上 n 个不定元 $\alpha_1,\cdots,\alpha_n$ 的多项式环 $R=F[\alpha_1,\cdots,\alpha_n]$ (n 正整) 在 $\mathscr{L}$ 中的完全理论都是不可判定的．为此，临时引进 $\mathscr{L}$ 中的一些简写．设 x,y 为任意的个体变量，令：

$x|y$ 代表 $(\exists z)(y=xz)$；(其中 $=$ 为 $\equiv$ 的简记，z 为任一不同于 x,y 的个体变量，以下仿此．)

$x\mathrm{Asp}y$ 代表 $(\forall z)(z|x\rightarrow(z|1\vee y|z))\wedge(x\neq 0)$；

$x\mathrm{Pow}y$ 代表 $(x\mathrm{Asp}y)\wedge(y-1|x-1)$；(其中的"$-$"也是 $\mathscr{L}$ 中含意明显的简写．)

$\mathrm{Pri}x$ 代表 $(x\neq 0)\wedge(x\nmid 1)\wedge(\forall yz)(x|yz\rightarrow(x|y\vee x|z))$．

引理 7.1 若 $p\in R$ 使 $\mathrm{Pri}p$ 成立，则 $p^0,p^1,p^2,\cdots\cdots$ 互异．

证明 假若有 $p^k=p^l(k>l)$，则 $p^l(p^{k-l}-1)=0$，从而或 $p=0$ 或 $p|1$，所以，$\mathrm{Pri}p$ 不成立，与题设矛盾．(证毕)

引理 7.2 若 $p,x,y\in R$ 使 $\mathrm{Pri}p\wedge x|py$ 成立，则 $p|x\vee x|y$ 成立．

证明 由 $x|py$ 知，存在 $z\in R$ 使 $py=xz$，所以 $p|xz$，从而由 $\mathrm{Pri}p$ 可知，$p|x$ 或 $p|z$．若 $p|x$，已可．若 $p|z$，则存在 $u\in R$，使 $z=pu$，所以 $py=xpu$，再由 $p\neq 0$，有 $y=xu$，从而 $x|y$．(证毕)

引理 7.3 对任何 $p, x \in R$ 及任何自然数 n，若 $\mathrm{Pri}p \wedge x|p^n$ 成立，则 $p|x \vee x|1$ 成立.

证明 由 $\mathrm{Pri}p \wedge x|p^n$ 及引理 7.2，有 $p|x \vee x|p^{n-1}$，若 $p|x$，已可；否则有 $\mathrm{Pri}p \wedge x|p^{n-1}$，仿上又有 $\mathrm{Pri}p \wedge x|p^{n-2}$，如此继续，即见有 $x|1$.（证毕）

引理 7.4 对任何 $p, x \in R$，若 $\mathrm{Pri}p$ 成立，则：$x\mathrm{Asp}p$ 成立当且只当 x 与 p 的一个非负幂相伴.

证明 由 $\mathrm{Pri}p$ 知，p 不是域 F 中的常数，所以，R 中任何非零元 x 都可表为 $x = p^n u (p \nmid u)$ 形状.

1. 若 $x\mathrm{Asp}p$ 成立. 则 $x \neq 0$, $x = p^n u\ (p \nmid u)$. 故由 $x\mathrm{Asp}p$ 可知 $u|1$，从而 x 与 p^n 相伴.

2. 反之，若 x 与某 p^k 相伴，$x = p^k v (v|1)$. 则 $x \neq 0$. 另外，对任何 $z \in R$，设 $z|x$，则 $p^k v = x = zy (y \in R)$. (i) 若 $k = 0$，则 $zy = v$，$z|1$，从而 $\underset{1}{(}z|x \to (z|1 \vee p|z)\underset{1}{)}$ 成立. (ii) 若 $k > 0$，由 $p|p^k v = zy$ 及 $\mathrm{Pri}p$ 知，$p|z$ 或 $p|y$. 若 $p|z$，则 $\underset{1}{(}\cdots\underset{1}{)}$ 成立；否则 $p|y$，$y = py_1$，由上有 $p^{k-1}v = zy_1$，此时可仿上继续讨论，有限次后即见总有 $\underset{1}{(}\cdots\underset{1}{)}$ 成立. 所以，$x\mathrm{Asp}p$ 成立.（证毕）

引理 7.5 对任何 $p, x \in R$，若 $\mathrm{Pri}p$ 成立，则：$x\mathrm{Pow}p$ 成立当且只当 x 是 p 的一个非负幂.

证明 由 $\mathrm{Pri}p$ 知 $p \notin F$，从而 $p - 1 \notin F$.

1. 若 $x\mathrm{Pow}p$ 成立. 则由此式定义及引理 7.4 知，$x = p^n u (u|1)$. 又有 $p - 1|x - 1$，即 $p - 1|p^n u - 1 = (p^n - 1)u + u - 1$，从而，$p - 1|u - 1$，再由 $p - 1 \notin F$ 及 $u \in F$ 可知，$u = 1$. 所以 $x = p^n$.

2. 反之，若 $x = p^n$. 则由引理 7.4 知，$x\mathrm{Asp}p$ 成立；又显然，有 $p - 1|x - 1$. 所以，$x\mathrm{Pow}p$ 成立.（证毕）

引理 7.6 对任何 $p \in R$，若 $\mathrm{Pri}p$ 成立，则：对任何自然数 k，l，$k|l$ 当且只当 $p^k - 1|p^l - 1$.

证明 1. 若 $k|l$，显见 $p^k - 1|p^l - 1$.

2. 反之，设 $p^k-1|p^l-1$. (i) 若 $k=0$，则 $p^k-1=0$，$p^l-1=0$，$l=0$，所以 $k|l$. (ii) 若 $k>0$，令 $l=kq+r$ ($0\leqslant r<k$)，则 $p^k-1|p^l-1=p^r(p^{kq}-1)+p^r-1$，从而 $p^k-1|p^r-1$；但由 Pri$p$ 知，$p\notin F$，故由 $r<k$ 知，$p^r-1=0$，$r=0$，所以 $k|l$. (证毕)

定理 7.7 任一域 F 上的多项式环 $R=F[\alpha_1,\cdots,\alpha_n]$ 不可判定.

证明 1. R 中存在 p 能使 Pri$p$ 成立. 例如，每个 α_i 都可充当 p.

2. 在自然数系 $\mathfrak{N}$ 中，运算 · 可以用 + 及 | 一阶地定义. 例如：先用 + 及 | 定义相邻二数的乘积 $k\cdot(k+1)$ 如下：

$n=k\cdot(k+1)$ 当且只当 $(\forall m)(n|m\longleftrightarrow(k|m\wedge k+1|m))$.

再用此种乘积定义一般的乘积 $k\cdot l$ 如下：

$n=k\cdot l$ 当且只当 $(k+l)\cdot(k+l+1)=k\cdot(k+1)+l\cdot(l+1)+2n$.

3. 任取 $\mathscr{L}$ 中一个语句 φ，依 2，将 φ 改变为一个用 + 及 | 表示的命题 φ_1，则易见：

$$\mathfrak{N}\models\varphi \text{ 当且只当 } \mathfrak{N}\models\varphi_1. \tag{1}$$

再对 φ_1 作如下改变：同时把一切 0 改为 1，把一切 1 改为 p，把一切 $x+y$ 改为 $x\cdot y$，把一切 $x|y$ 改为 $x-1|y-1$，把一切 $(\forall x)(\cdots)$ 改为 $(\forall x)(x\text{Pow}p\rightarrow\cdots)$，把一切 $(\exists x)(\cdots)$ 改为 $(\exists x)(x\text{Pow}p\wedge\cdots)$. 这样得到一个用 · 及诸“$x-1|y-1$”表示的且含自由变量 p 的公式 $\varphi_2(p)$.

再令 φ_3 为 $(\exists p)(\text{Pri}p\wedge\varphi_2(p))$.

4. 现在证明：$\mathfrak{N}\models\varphi$ 当且只当 $R\models\varphi_3$.

4.1. 令 $\sigma:n\rightarrow\alpha_1^n$, $(n\in N)$. 则易见，σ 是由 N 到 R 内的 1-1 对应，并且 $\mathfrak{N}\models n_1+n_2=n_3$ 当且只当 $R\models\sigma(n_1)\cdot\sigma(n_2)=\sigma(n_3)$. 又由引理 7.6，有 $\mathfrak{N}\models n_1|n_2$ 当且只当 $R\models\sigma(n_1)-1|\sigma(n_2)-1$.

由此及以上 φ_1 与 $\varphi_2(p)$ 的关联可知：若 $\mathfrak{N}\models\varphi_1$，则 $R\models\varphi_2(\alpha_1)$，再由 1. 知 $R\models\varphi_3$. 再由 (1) 即得：若 $\mathfrak{N}\models\varphi$，则 $R\models\varphi_3$.

4.2. 反之，若 $R\models\varphi_1$. 则存在 $\pi\in R$，使 $\mathrm{Pri}\pi\wedge\varphi_2(\pi)$ 成立。令 σ_1: $n\to\pi^n(n\in N)$. 则仿 4.1 可知，$\mathfrak{N}\models\rho_1$. 再由 (1)，即得 $\mathfrak{N}\models\varphi$.

5. 由 4. 及 N 的不可判定性即知，R 不可判定. (证毕)

当域 F 的特征数为 0 时，N 可以看作 F 的子集，此时上述定理可以较简单地证明如下.

令:

Con$x$ 代表 $x=0\vee x|1$;

Nat$x$ 代表 $(\exists uv)(\neg\mathrm{Con}u\wedge v\neq 0\wedge u|v\wedge(\forall y)((\mathrm{Con}y\wedge u+y|v)\to(u+y+1|v\vee y=x)))$.

引理 7.8 在 R 中: Con$x$ 成立当且只当 $x\in F$.

证明 显然.

引理 7.9 在 R 中: Nat$x$ 成立当且只当 $x\in N$.

证明 1. 设 $x\in N$. 在 R 中取 α_1 作为 u，取 $\alpha_1\cdot(\alpha_1+1)\cdot\cdots\cdot(\alpha_1+x)$ 作为 v，则 u,v 适合 Nat$x$ 中的 $(\neg\mathrm{Con}u\wedge\cdots)$. 所以，Nat$x$ 在 R 中成立.

2. 反之，设 Nat$x$ 在 R 中成立. 则存在 $u,v\in R$ 使 $(\neg\mathrm{Con}u\wedge\cdots)$ 成立. 由 $\neg\mathrm{Con}u$ 知 u 非常数，从而 $u,u+1,u+2,\cdots\cdots$ 均非常数并且由 F 特征数为 0 可知，其两两互素. 再由 $v\neq 0$ 可知，在 $u,u+1,u+2,\cdots\cdots$ 中只有有限个能整除 v. 再由 $u|v$ 可知，有一自然数 n，使 $u+n|v$ 而 $u+n+1\nmid v$. 再由 $(\forall y)(\cdots)$ 即知，$n=x$. 所以 $x\in N$. (证毕)

定理 7.7 (当 F 特征数为 0 时) 的另一证明: 任取 $\mathscr{L}$ 中一语句 φ. 把 φ 中量词对 Nat 相对化，得语句 φ^*. 由引理 7.9 易见，$R\models\varphi^*$ 当且只当 $\mathfrak{N}\models\varphi$. 故由 $\mathfrak{N}$ 不可判定即知，R 不可判定. (证毕)

§8 基本引理的证明

设 $\mathscr{L}$ 是任一个至少含有 1 个函数符号及 1 个常量符号的可

数语言．$\delta_0, \delta_1, \delta_2, \cdots\cdots$是 $\mathscr{L}$ 中任意取定的可数无限多个互异的不含变量的项．(由关于 $\mathscr{L}$ 的题设可知，这些 δ_i 存在．)

设T为 $\mathscr{L}$ 中任一理论．

在下文中，v_0, v_1 为两个任意取定的互异变量，有时各记为 u, v.

定义 1 设P为自然数集N的一个子集．当且只当下列条件成立时，称P为**在 T 中可定义**的．条件为：存在 $\mathscr{L}$ 中一个只含 1 个自由变量 v_0 的公式 $\varphi(v_0)$，并且 v_0, v_1 都不在其中约束出现，使对任何 $n\in N$：若 $n\in P$，则 $T\models\varphi(\delta_n)$；若 $n\notin P$，则 $T\models\neg\varphi(\delta_n)$.

定义 2 设 f 是一个由N到N内的 1 元函数．当且只当下列条件成立时，称 f 为**在 T 中可定义**的．条件为：存在 $\mathscr{L}$ 中一个只含 2 个自由变量 v_0, v_1 的公式 $\varphi(v_0v_1)$，并且 v_0, v_1 都不在其中约束出现，使：

(i) 对任何 $n, p\in N$：若 $f(n)=p$，则 $T\models\varphi(\delta_n\delta_p)$.

(ii) 对任何 $n, p\in N$：若 $f(n)\neq p$，则 $T\models\neg\varphi(\delta_n\delta_p)$.

(iii) 对任何 $n\in N$：$T\models(\forall v_0v_1)(\varphi(\delta_nv_0)\wedge\varphi(\delta_nv_1)\rightarrow v_0=v_1)$.

命题 8.1 上一定义中的 (i) 及 (iii) 可换为

(i′) 对任何 $n\in N$：$T\models(\forall v_0)(\varphi(\delta_nv_0)\longleftrightarrow v_0=\delta_{f(n)})$.

证明 1．设 (i) 及 (iii) 成立，证 (i′) 成立．

任取 $n_1\in N$．设 $f(n_1)=p_1$．任取T的模型 $\mathfrak{A}$ 及其中任一元 α.

1.1．若
$$\mathfrak{A}\models\varphi(\delta_{n_1}v_0)[\alpha]. \tag{1}$$
(此式以下也记为 $\mathfrak{A}\models\varphi(\delta_{n_1}\alpha)$，不致混淆，其他仿此．)由 $\mathfrak{A}\models T$ 及 (i) 有
$$\mathfrak{A}\models\varphi(\delta_{n_1}\delta_{p_1}). \tag{2}$$
由 $\mathfrak{A}\models T$ 及 (iii) 易见，有
$$\mathfrak{A}\models(\varphi(\delta_{n_1}\alpha)\wedge\varphi(\delta_{n_1}\delta_{p_1}))\rightarrow\alpha=\delta_{p_1}. \tag{3}$$
由 (1), (2), (3) 易见，有
$$\mathfrak{A}\models\alpha=\delta_{p_1}. \tag{4}$$
1.2．反之，若 (4) 成立．则由 $\mathfrak{A}\models T$ 及 (i)，有(2) 成立，再由

(2) 及 (4),即有 (1) 成立.

1.3. 由 1.1 及 1.2,有

$$\mathfrak{A}\models\varphi(\delta_{n_1}\alpha)\longleftrightarrow\alpha=\delta_{p_1}.$$

再由 α 的任意性,有

$$\mathfrak{A}\models(\forall v_0)(\varphi(\delta_{n_1}v_0)\longleftrightarrow v_0=\delta_{p_1}.$$

再由 $\mathfrak{A}$ 的任意性,有(注意 $f(n_1)=p_1$)

$$T\models(\forall v_0)(\varphi(\delta_{n_1}v_0)\longleftrightarrow v_0=\delta_{f(n_1)}).$$

再由 n_1 的任意性即知,(i′) 成立.

2.1. 设 (i′) 成立,证 (i) 成立.

任取 $n_1, p_1\in N$. 设 $f(n_1)=p_1$,现在证明 $T\models\varphi(\delta_{n_1}\delta_{p_1})$:

任取 T 的模型 $\mathfrak{A}$. 由 (i′) 有

$$\mathfrak{A}\models(\forall v_0)(\varphi(\delta_{n_1}v_0)\longleftrightarrow(v_0=\delta_{p_1})).$$

从而有 $\mathfrak{A}\models\varphi(\delta_{n_1}\delta_{p_1})\longleftrightarrow\delta_{p_1}=\delta_{p_1}$.

故有 $\mathfrak{A}\models\varphi(\delta_{n_1}\delta_{p_1})$. 再由 $\mathfrak{A}$ 的任意性,即有 $T\models\varphi(\delta_{n_1}\delta_{p_1})$.

2.2. 设 (i′) 成立,仿 2.1 可证 (iii) 成立. (证毕)

令 E 为 $\mathscr{L}$ 中的"非空有限长符号序列"的全集. (这里所谓符号,除 $\mathscr{L}$ 中特有的符号外, 也包括等号、逻辑符号、变元及括号.)由 $\mathscr{L}$ 可数知 E 可数. 令 ρ 为一个任意取定的由 E 到自然数集 N 上的 1-1 映射. 对每一 $\varphi\in E$,以 $\rho(\varphi)$ 记 φ 在 ρ 下的象. 对每一 $n\in N$,以 e_n 记 n 在 φ 下的原象 $\rho^{-1}(n)$.

令 d 为如下定义的由 N 到 N 内的函数: $d(n)=\rho(e_n(\delta_n))$. (即: 对每个 $n\in N$,依 ρ^{-1} 得符号序列 e_n,把 e_n 中一切 v_0 (若有的话)都换为 δ_n,得符号序列 $e_n(\delta_n)$,再由之依 ρ 得 $d(n)$.)

令 V 为如下定义的 (N 的)子集: $V=\{n\in N: e_n$ 为一语句且 $T\models e_n\}$.

定理 8.2 若理论 T 和谐,则上述的函数 d 及集合 V 不可能同时在 T 中可定义.

证明 假若 d 和 V 都在 T 中可定义. 则由定义 2 知,存在 $\mathscr{L}$ 中公式 $\varphi(v_0v_1)$ (只含 2 个自由变量 v_0, v_1, 并且v_0, v_1 不在其中自由出现),能使 (i) 至 (iii) 成立,再由命题 8.1 知,(i′) 成立,即:

(a) 对每个 $n\in N$, $T\models(\forall v_0)(\varphi(\delta_n v_0)\longleftrightarrow v_0=\delta_{d(n)})$.

又由定义 1 知，存在 $\mathscr{L}$ 中公式 $\psi(v_0)$ (只含 1 个自由变量 v_0,并且 v_0, v_1 不在其中自由出现)使:

(b) 对每个 $n\in N$,若 $n\in V$,则 $T\models\psi(\delta_n)$.

(c) 对每个 $n\in N$,若 $n\notin V$,则 $T\models\neg\psi(\delta_n)$.

令 $m=\rho((\forall v_1)(\varphi(v_0v_1)\to\neg\psi(v_1)))$, 则 e_m 为 $(\forall v_1)(\varphi(v_0v_1)\to\neg\psi(v_1))$,从而

(d) $e_m(\delta_m)$ 为 $(\forall v_1)(\varphi(\delta_m v_1)\to\neg\psi(v_1))$ (此为一语句).

现在证明:

$$T\models\neg\psi(\delta_{d(m)}). \tag{1}$$

(甲) 若 $$T\models e_m(\delta_m). \tag{2}$$

由 (a), 有 $T\models(\forall v_0)(\varphi(\delta_m v_0)\leftrightarrow v_0=\delta_{d(m)})$, 由此有 $T\models\varphi(\delta_m\delta_{d(m)})\longleftrightarrow(\delta_{d(m)}=\delta_{d(m)})$,从而,有

$$T\models\varphi(\delta_m\delta_{d(m)}). \tag{3}$$

又由 (2) 及 (d) 有 $T\models\varphi(\delta_m\delta_{d(m)})\to\neg\psi(\delta_{d(m)})$, 再由 (3), 有 $T\models\neg\psi(\delta_{d(m)})$.

(乙)若 $T\not\models e_m(\delta_m)$, 则 $\rho(e_m(\delta_m))\notin V$, 即 $d(m)\notin V$. 再由 (c) 有 $T\models\neg\psi(\delta_{d(m)})$.

由(甲)、(乙)即知 (1) 成立,以下再证明与 (1) 矛盾的:

$$T\models\psi(\delta_{d(m)}). \tag{4}$$

由 (a) 有 $$T\models(\forall v_0)(\varphi(\delta_m v_0)\to v_0=\delta_{d(m)}). \tag{5}$$

又显见有 $$\models(\forall v_0)(v_0=\delta_{d(m)}\to(\psi(v_0)\longleftrightarrow\psi(\delta_{d(m)}))). \tag{6}$$

由 (5), (6) 及 (1) 易见, 有 $T\models(\forall v_0)(\varphi(\delta_m v_0)\to\neg\psi(v_0))$, 从而, 有 $T\models(\forall v_1)(\varphi(\delta_m v_1)\to\neg\psi(v_1))$,由此及 (d) 可知, $d(m)\in V$,再由 (b) 即知,(4) 成立.

由 (1), (4) 知, T 不和谐,与题设矛盾. (证毕)

以下对 ρ 加一些限制,设其适合:

(*) $d(n)=\rho(e_n(\delta_n))$ 是递归函数. (易见这样的 ρ 存在)

推论 8.3 若 T 为和谐理论,并且在其中能定义一切 1 元递归(全)函数,则 T 是实质不可判定的.

证明　由(*)知，$d(n)$是递归函数，故由本题设知，d在T中可定义，再由定理8.2知，集合V在T中不可定义.

假若V是递归集，则其特征函数C_v是递归函数，故由题设知，C_v在T中可定义. 现在由此证明，V也在T中可定义，从而，与上段矛盾.

由C_v在T中可定义知，存在$\varphi(v_0v_1)$能使：对任何$n\in N$：若$n\in V$，则$C_v(n)=1$，从而，$T\models\varphi(\delta_n\delta_1)$；若$n\notin V$，则$C_v(n)\neq 1$，从而，$T\models\neg\varphi(\delta_n\delta_1)$.

视$\varphi(v_0\delta_1)$为$\psi(v_0)$，则ψ，V适合定义1中关于φ，P的条件，从而V在T中可定义，与以上矛盾.

所以，V不是递归集. 再由V的定义即知，T不可判定.

设T_1是T的任一扩张理论(仍为$\mathscr{L}$中的)，则由题设易见，在T_1中仍能定义一切1元递归函数，故仿上可知，T_1不可判定.

所以，T是实质不可判定的.（证毕）

以下设$\mathscr{L}=\{+,\cdot,S,0\}$.（$+$，$\cdot$为2元函数符号；$S$为1元函数符号；0为常量符号.）

令δ_0, δ_1, δ_2, ……各代表$\mathscr{L}$中的项：$0, S0, SS0$, …….

令Q为$\mathscr{L}$中由下列诸公理生成的理论.

θ_1：$(\forall xy)(Sx=Sy\to x=y)$.　θ_2：$(\forall y)(0\neq Sy)$.

θ_3：$(\forall x)(x\neq 0\to(\exists y)(x=Sy))$.　θ_4：$(\forall x)(x+0=x)$.

θ_5：$(\forall xy)(x+Sy=S(x+y))$.　θ_6：$(\forall x)(x\cdot 0=0)$.

θ_7：$(\forall xy)(x\cdot Sy=(x\cdot y)+x)$.

令R为由下列诸公理生成的理论.

Ω_1：对每一组自然数n,p，有一条公理$\delta_n+\delta_p=\delta_{n+p}$.

Ω_2：对每一组自然数n,p，有一条公理$\delta_n\cdot\delta_p=\delta_{n\cdot p}$.

Ω_3：对每一组自然数$n\neq p$，有一条公理$\delta_n\neq\delta_p$.

Ω_4：对每一自然数n，有一条公理

$$(\forall x)((\exists y)(y+x=\delta_n)\to(x=\delta_0\vee\cdots\vee x=\delta_n)).$$

Ω_5：对每一自然数n，有一条公理

$$(\forall x)((\exists y)(y+x=\delta_n)\vee(\exists y)(y+\delta_n=x)).$$

定理 8.4 R是Q的子理论.（指：$Q\models R$.）

证明 任取Q的模型$\mathfrak{A}$,证明$\mathfrak{A}\models R$.

1. 对任何自然数n, p, 证 $\mathfrak{A}\models\delta_n+\delta_p=\delta_{n+p}$.

1.1. $p=0$ 时：$(\mathfrak{A}\models)\delta_n+\delta_0=\delta_n+0$（由定义）$=\delta_n$（由$\theta_4$）$=\delta_{n+0}$.（这一记法的含意是：第一个等号是根据$\delta_0$的定义；第二个等号是根据$\mathfrak{A}$所适合的$Q$中公理$\theta_4$；第三个等号显然，无需解释. 以下仿此.）

1.2. 设$p=k$时已真，当$p=k+1$时：$(\mathfrak{A}\models)\delta_n+\delta_{k+1}=\delta_n+S\delta_k$（由定义）$=S(\delta_n+\delta_k)$（由 θ_5）$=S\delta_{n+k}$（由归纳假设）$=\delta_{n+k+1}$（由定义）.

2. 仿 1. 可证$\mathfrak{A}$适合Q_2中诸公理.

3. 对任何自然数n, p之$n\neq p$者，证$\mathfrak{A}\models\delta_n\neq\delta_p$. 不妨设$n<p$.（$n>p$者仿此.）

3.1. $n=0$时：$(\mathfrak{A}\models)\delta_0=0$（由定义）$\neq S\delta_{p-1}$（由 θ_2）$=\delta_p$（由定义）.

3.2. 设$n=k$时已真，当$n=k+1$时：由$k+1(=n)<p$知，$k<p-1$，故由归纳假设，有$(\mathfrak{A}\models)\delta_k\neq\delta_{p-1}$，从而，有$(\mathfrak{A}\models)$ $\delta_{k+1}=S\delta_k\neq S\delta_{p-1}$（由上式及$\theta_1$）$=\delta_p$.

4. 对任何自然数n，证

$$\mathfrak{A}\models(\forall x)\underset{1}{(}(\exists y)(y+x=\delta_n)\to(x=\delta_0\vee\cdots\vee x=\delta_n)\underset{1}{)}.$$

4.1. $n=0$时. 任取$\alpha\in\mathfrak{A}$. 若$\mathfrak{A}\not\models(\exists y)(y+\alpha=\delta_0)$，（此处，采用了明显的习惯记法，以下仿此.）则$\alpha$适合$\underset{1}{(}\cdots\cdots\underset{1}{)}$. 若$\mathfrak{A}\models(\exists y)(y+\alpha=\delta_0)$，则存在$\beta\in\mathfrak{A}$使$\beta+\alpha=\delta_0$；假如$\alpha\neq\delta_0$，则由$\theta_3$知，存在$\gamma\in\mathfrak{A}$使$\alpha=S\gamma$，从而，$(\mathfrak{A}\models)$ $\delta_0=\beta+S\gamma=S(\beta+\gamma)$（由$\theta_5$），这与$\theta_2$不合；故必$\alpha=\delta_0$，所以$\alpha$适合$\underset{1}{(}\cdots\cdots\underset{1}{)}$. 由上可知，有

$$\mathfrak{A}\models(\forall x)((\exists y)(y+x=\delta_0)\to x=\delta_0).$$

4.2. 设$n=k$时已真，当$n=k+1$时. 任取$\alpha\in\mathfrak{A}$.

若$\mathfrak{A}\not\models(\exists y)(y+\alpha=\delta_{k+1})$，则$\alpha$适合$\underset{1}{(}\cdots\cdots\underset{1}{)}$.

若 $\mathfrak{A}\models(\exists y)(y+\alpha=\delta_{k+1})$，则存在 $\beta\in\mathfrak{A}$ 使 $\beta+\alpha=\delta_{k+1}$. 再分二情况：若 $\alpha=\delta_0$，则 α 适合 $\underset{1}{(}\cdots\cdots\underset{1}{)}$. 若 $\alpha\neq\delta_0$，由 θ_3 知，存在 $\gamma\in\mathfrak{A}$ 使 $\alpha=S\gamma$，从而，$S\delta_k=\delta_{k+1}=\beta+\alpha=\beta+S\gamma=S(\beta+\gamma)$（由 θ_5），故由 θ_1 知 $\beta+\gamma=\delta_k$，再由归纳假设可知，$\gamma=\delta_0\vee\cdots\vee\gamma=\delta_k$，从而，由 $\alpha=S\gamma$，有 $\alpha=\delta_1\vee\cdots\vee\alpha=\delta_{k+1}$，所以，$\alpha$ 适合 $\underset{1}{(}\cdots\cdots\underset{1}{)}$.

由上可知有

$$\mathfrak{A}\models(\forall x)((\exists y)(y+x=\delta_{k+1})\rightarrow(x=\delta_0\vee\cdots\vee x=\delta_{k+1})).$$

5. 对任何自然数 n，证

$$\mathfrak{A}\models(\forall x)\underset{2}{(}(\exists y)(y+x=\delta_n)\vee(\exists y)(y+\delta_n=x)\underset{2}{)}.$$

5.1. $n=0$ 时，任取 $\alpha\in\mathfrak{A}$，则 $\alpha+\delta_0=\alpha+0=\alpha$（由 θ_4），所以，$\mathfrak{A}\models(\exists y)(y+\delta_0=\alpha)$. 从而，有

$$\mathfrak{A}\models(\forall x)((\exists y)(y+x=\delta_0)\vee(\exists y)(y+\delta_0=x)).$$

5.2. 设 $n=k$ 时已真，当 $n=k+1$ 时. 任取 $\alpha\in\mathfrak{A}$.

若 $\alpha=0$，则 $\delta_{k+1}+\alpha=\delta_{k+1}$（由 θ_4），所以，$\mathfrak{A}\models(\exists y)(y+\alpha=\delta_{k+1})$，从而 α 适合 $\underset{2}{(}\cdots\cdots\underset{2}{)}$.

若 $\alpha\neq0$，则由 θ_3 知，存在 $\gamma\in\mathfrak{A}$，使 $\alpha=S\gamma$，再分二情况：若存在 $\beta\in\mathfrak{A}$，使 $\beta+\gamma=\delta_k$，则 $\beta+\alpha=\beta+S\gamma=S(\beta+\gamma)$（由 θ_5）$=S\delta_k=\delta_{k+1}$，所以，$\mathfrak{A}\models(\exists y)(y+\alpha=\delta_{k+1})$，从而，$\alpha$ 适合 $\underset{2}{(}\cdots\cdots\underset{2}{)}$. 若不存在 $\beta\in\mathfrak{A}$ 使 $\beta+\gamma=\delta_k$，则由归纳假设知，存在 $\beta\in\mathfrak{A}$，使 $\beta+\delta_k=\gamma$，从而，$\beta+\delta_{k+1}=\beta+S\delta_k=S(\beta+\delta_k)$（由 θ_5）$=S\gamma=\alpha$，所以，$\mathfrak{A}\models(\exists y)(y+\delta_{k+1}=\alpha)$，从而 α 适合 $\underset{2}{(}\cdots\cdots\underset{2}{)}$.

由上可知，有

$$\mathfrak{A}\models(\mathsf{A}x)((\exists y)(y+x=\delta_{k+1})\vee(\exists y)(y+\delta_{k+1}=x)).$$

6. 综合上述，有 $\mathfrak{A}\models R$. 又因 $\mathfrak{A}$ 是 Q 的任一模型，故有 $Q\models R$.（证毕）

引理 8.5 每一个 1 元递归（全）函数都能由 N 上下列二函

数：

$$S_1(x) = x + 1;\ E(x) = x - [\sqrt{x}]^2.$$

(其中$[\sqrt{x}]$代表非负方根$\sqrt{x}$的整数部分.)用下列三法则生成：

$$F(x) = A(x) + B(x);\ F(x) = A(B(x));$$
$$F(x) = \mu y\{A(y) = x\}.$$

(其中 A, B 为已知函数，F 为新定义的函数. 在第三法则中，要求 A 的值域为 N；又 $\mu y\{\cdots\cdots\}$ 指适合$\{\cdots\cdots\}$的最小的 y.)

证明略去.(参见文献[28].)

定理 8.6 每一个 1 元递归(全)函数都能在 R 中定义.(又因易见 R 和谐，故由推论 8.3 可知，R 为实质不可判定.)

证明 1. 证 $S_1(x)$ 在 R 中可定义.

令 $\varphi(v_0v_1)$ 为 $Sv_0 = v_1$. 任取 $\mathfrak{A}\models R$. 对任何 $n, p\in N$：

若 $S_1(n) = p$，则 $n + 1 = p$，故有 $(\mathfrak{A}\models)S\delta_n = \delta_{n+1} = \delta_p$，所以 $\mathfrak{A}\models\varphi(\delta_n, \delta_p)$，再由 $\mathfrak{A}$ 为 R 的任一模型即知，

$$R\models\varphi(\delta_n, \delta_p). \tag{1}$$

若 $S_1(n) \neq p$，则 $n + 1 \neq p$，故有 $(\mathfrak{A}\models)S\delta_n = \delta_{n+1} \neq \delta_p$(由 Ω_3). 所以仿上有

$$R\models\neg\varphi(\delta_n,\delta_p). \tag{2}$$

任取 $\alpha, \beta\in\mathfrak{A}$. 若 $\mathfrak{A}\models\varphi(\delta_n\alpha)\wedge\varphi(\delta_n\beta)$，则 $(\mathfrak{A}\models)S\delta_n = \alpha$ 且 $S\delta_n = \beta$，从而 $\alpha = \beta$. 所以易见，有

$$R\models(\forall v_0v_1)(\varphi(\delta_nv_0)\wedge\varphi(\delta_nv_1)\to v_0 = v_1). \tag{3}$$

由 (1) 至 (3) 即知，$S_1(x)$在 R 中可定义.

2. 证 $E(x)$ 在 R 中可定义.

以 $u\leqslant v$ 简记 $(\exists w)(w + u = v)$. 令 $\varphi(v_0v_1)$ 为

$$(\exists x)(x\leqslant v_0\wedge v_1\leqslant x + x\wedge v_0 = (x\cdot x) + v_1).$$

以下证明，对任何 $n\in N$，都有

$$R\models(\forall v_0)(v_0 = \delta_{E(n)}\to\varphi(\delta_nv_0)). \tag{4}$$

及
$$R\models(\forall v_0)(\varphi(\delta_nv_0)\to v_0 = \delta_{E(n)}). \tag{5}$$

(这两者合起来，相当于命题 8.1 中的 (i′)，由之即得定义 2 中的

(i) 及 (iii),再用 Ω_3 易得 (ii).)

由 $E(x)$ 的定义知,存在 $m \in N$ 使

$$m^2 + E(n) = n < (m+1)^2 = m^2 + 2m + 1. \tag{6}$$

从而,有 $m \leqslant n$ 及 $E(n) \leqslant 2m$.

由 $m \leqslant n$ 知,存在 $p \in N$ 使 $p + m = n$, 故有 $R \models \delta_p + \delta_m = \delta_n$ (由 Ω_1),从而

$$R \models \delta_m \leqslant \delta_n. \tag{7}$$

由 $E(n) \leqslant 2m$ 仿上可得

$$R \models \delta_{E(n)} \leqslant \delta_m + \delta_m. \tag{8}$$

由 (6) 仿上可得(用 Ω_1, Ω_2)

$$R \models \delta_n = (\delta_m \cdot \delta_m) + \delta_{E(n)}. \tag{9}$$

由 (7), (8), (9) 及 φ 的形状可知, $R \models \varphi(\delta_n, \delta_{E(n)})$, 从而易见 (4) 成立.

现在证 (5). 任取 $\mathfrak{A} \models R$ 及任一 $\alpha \in \mathfrak{A}$.

若 $\mathfrak{A} \not\models \varphi(\delta_n \alpha)$, 则

$$\mathfrak{A} \models \varphi(\delta_n \alpha) \to \alpha = \delta_{E(n)}. \tag{10}$$

若 $\mathfrak{A} \models \varphi(\delta_n \alpha)$. 由 φ 的形状知,存在 $\beta \in \mathfrak{A}$, 使

$$\mathfrak{A} \models \beta \leqslant \delta_n \wedge \alpha \leqslant \beta + \beta \wedge \delta_n = (\beta \cdot \beta) + \alpha. \tag{11}$$

由 $\beta \leqslant \delta_n$ 及 Ω_4 有

$$\mathfrak{A} \models \beta = \delta_0 \vee \cdots \vee \beta = \delta_n. \tag{12}$$

由 (11), (12) 及 Ω_1, Ω_2 有

$$\begin{aligned} \mathfrak{A} \models (\alpha \leqslant \delta_{2\cdot 0} \wedge \delta_n = \delta_{0^2} + \alpha) \vee \cdots \vee \\ \cdot (\alpha \leqslant \delta_{2\cdot n} \wedge \delta_n = \delta_{n^2} + \alpha). \end{aligned} \tag{13}$$

再次用 Ω_4,由 (13) 可得

$$\mathfrak{A} \models \bigvee_{\substack{m \leqslant n \\ p \leqslant 2m}} (\alpha = \delta_p \wedge \delta_n = \delta_{m^2+p}). \tag{14}$$

由 $E(n)$ 定义可知, $E(n)$ 是能使 $n = m^2 + p$ 且 $p \leqslant 2m$ 的唯一的 p. 所以在 (14) 中, 当 $p \neq E(n)$ 时 $n \neq m^2 + p$ (因有 $p \leqslant 2m$), 从而(由 Ω_3) $\delta_n \neq \delta_{m^2+p}$. 所以,(14) 中只有 1 个析取项成立:

$$\mathfrak{A} \models \alpha = \delta_{E(n)} \wedge \delta_n = \delta_n. \tag{15}$$

(15) 是在前提 $\mathfrak{A}\models\varphi(\delta_n\alpha)$ 下得出的，故有

$$\mathfrak{A}\models\varphi(\delta_n\alpha)\to\alpha=\delta_{E(n)}. \tag{16}$$

由 (10)，(16) 及 α 的任意性，有

$$\mathfrak{A}\models(\forall v_0)(\varphi(\delta_n v_0)\to v_0=\delta_{E(n)}).$$

再由 $\mathfrak{A}$ 的任意性，即得 (5)。

3. 设函数 $A(x)$，$B(x)$ 在 R 中可定义．证 $F_1(x)=A(x)+B(x)$ 及 $F_2(x)=A(B(x))$ 在 R 中可定义．

设 $\psi_1(v_0v_1)$，$\psi_2(v_0v_1)$ 分别能在 R 中定义 $A(x)$，$B(x)$．令 $\varphi_1(v_0v_1)$ 为

$$(\exists xy)\ (v_1=x+y\wedge\psi_1(v_0x)\wedge\psi_2(v_0y))\ (x,\ y\text{ 适当选取}).$$

令 $\varphi_2(v_0v_1)$ 为

$$(\exists z)(\psi_2(v_0z)\wedge\psi_1(zv_1))\ (z\text{ 适当选取}).$$

则易证 φ_1，φ_2 分别能在 R 中定义 $F_1(x)$，$F_2(x)$．

4. 设 $A(x)$ 在 R 中可定义且其值域为 N，证 $F(x)=\mu y\{A(y)=x\}$ 在 R 中可定义．

设 $\varphi(v_0v_1)$ 在 R 中定义 $A(x)$．令 $\psi(v_0v_1)$ 为

$$\varphi(v_1v_0)\wedge(\forall y)(\varphi(yv_0)\to v_1\leqslant y)\ (y\text{ 适当选取}).$$

现在证明，对任何 $n\in N$ 都有

$$R\models(\forall v_1)(\psi(\delta_nv_1)\to v_1=\delta_{F(n)}). \tag{17}$$

及

$$R\models(\forall v_1)(v_1=\delta_{F(n)}\to\psi(\delta_nv_1)). \tag{18}$$

(这两者合起来，相当于命题 8.1 中的 (i′)，由之即得定义 2 中的 (i) 及 (iii)，再用 Ω_3 易得 (ii)．)

由 $F(x)$ 定义知，当 $m<F(n)$ 时 $A(m)\neq n$，故由 Ω_3 有

$$R\models\delta_{A(m)}\neq\delta_n\ (\text{对一切 } m<F(n)). \tag{19}$$

又因 φ 定义 $A(x)$，所以，对一切 $m\in N$，有

$$R\models(\forall v_1)(\varphi(\delta_mv_1)\longleftrightarrow v_1=\delta_{A(m)}). \tag{20}$$

又由 Ω_4 易见，有

$$R\models(\forall v_1)((\varphi(v_1\delta_n)\wedge v_1\leqslant\delta_{F(n)})\to((\varphi(v_1\delta_n)\wedge v_1=\delta_0)\vee\cdots\vee(\varphi(v_1\delta_n)\wedge v_1=\delta_{F(n)}))). \tag{21}$$

当 $m<F(n)$ 时，由 (19)，(20) 知

$$R \models \neg\varphi(\delta_m\delta_n).$$

由此及 (21) 可得

$$R \models (\forall v_1)((\varphi(v_1\delta_n) \land v_1 \leqslant \delta_{F(n)}) \to v_1 = \delta_{F(n)}). \quad (22)$$

又因 $A(F(n)) = n$,故由 (20) 可得

$$R \models \varphi(\delta_{F(n)}\delta_n). \quad (23)$$

又由 ψ 定义可得

$$\models (\forall v_1)(\psi(\delta_n v_1) \to \varphi(v_1\delta_n) \land (\varphi(\delta_{F(n)}\delta_n) \to v_1 \leqslant \delta_{F(n)})).$$

由此及 (22), (23) 即易得 (17).

再证 (18). 由 Q_5 可得 $R \models (\forall y)(y \leqslant \delta_{F(n)} \lor \delta_{F(n)} \leqslant y)$. 再由 (22) 可得,$R \models (\forall y)(\varphi(y\delta_n) \to \delta_{F(n)} \leqslant y)$. 由此及 (23) 及 ψ 定义即有 $R \models \psi(\delta_n\delta_{F(n)})$. 从而易见 (18) 成立.(证毕)

定理 8.7 Q 是实质不可判定的.(由此即知,§ 2 的基本引理成立.)

证明 易见 Q 和谐. 再由定理 8.4 及定理 8.6 即知,Q 是实质不可判定的.(证毕)

关于判定问题的综述性文献, 可参看文献 [29] 及 [30]. 前者有 1965 年以前成果一览表及文献目录. 后者系继文献 [29] 而写,其中,有 1965—1977 年间成果一览表及文献目录.

附录II 模型论应用举例(1)
——非标准分析简介

在数学分析中,经常谈论到各个具体的实数,实数集 R 上的各种 1 元函数、多元函数, R 的各种子集(看作 R 上的 1 元关系)以及实数间的各种多元关系. 为了利用模型论方法帮助讨论数学分析问题,我们引入下列语言 $\mathscr{L}_1$:

$$\mathscr{L}_1=\{\bar{c}:c\in R\}\cup\{\bar{f}:f\text{ 为 }R\text{ 上 }n\text{ 元函数},n=1,2,3,\cdots\}$$
$$\cup\{\bar{P}:P\text{ 为 }R\text{ 上 }n\text{ 元关系},n=1,2,3\cdots\}.$$

($\bar{c}$, $\bar{f}$, $\bar{P}$ 以下也简记作 c, f, P. 另外,对于惯用的函数、关系等,我们在 $\mathscr{L}_1$ 中也采用习惯的符号.)

实数集 R,以及它的各个元素, R 上的各种函数及关系,按照自然的解释,构成 $\mathscr{L}_1$ 的一个模型 $\mathfrak{R}=(R,c,\cdots,f,\cdots,P,\cdots)$. 以下把 $\mathfrak{R}$ 称为实数系,并简记为 R(这样不致引起混淆).

令 T_1 为实数系 R 的完全理论 $\mathrm{Th}(R)$.

显然 $R\models T_1$. 此外, T_1 还有很多其他不与 R 同构的模型.(可以用紧致性定理,或作 R 的超幂,或用上升的 LST 定理得到.)我们称 R 为 T_1 的标准模型,称其他模型为 T_1 的非标准模型.

任意取定 T_1 的一个非标准模型 R^*. 则由 T_1 的完全性可知

$$R\equiv R^*. \tag{1}$$

以 R' 记 R^* 中用来解释 $\mathscr{L}_1$ 中诸个体常量的元素所成的子集,则利用 (1) 易证 R' 组成 R^* 的子模型,并且 $R'\cong R$. 因此,可以把 R' 等同于 R 而看作

$$R\subsetneqq R^*. \tag{2}$$

以下将根据 (1), (2) 来利用 R^* 帮助讨论 R 中的一些数学分析问题.

命题1 R^* 对于 $+$, $\cdot$ 及 $\leqslant$ 构成有序域. 且以 R 为其子有序域.

证明 由(1),(2)易见.

设 $a\in R^*$. 若存在正数 $r\in R$, 使 $|a|<r$, 则称 a 为**有限**的. 若对每一正数 $r\in R$, 都有 $|a|<r$, 则称 a 为**无限小**的. 若对每一正数 $r\in R$, 都有 $r<|a|$, 则称 a 为**无限大**的. 设 $a,b\in R^*$, 如果 $a-b$ 为无限小的, 则称 a, b 为**无限接近**的, 记作 $a\approx b$.

命题2 设 a 是 R^* 中的有限元素, 则 a 无限接近于唯一的实数 $t\in R$. 称 t 为 a 的标准部分, 记为 $st(a)$.

证明 1. 令 $S=\{s: s\in R$ 且 $s<a\}$. 由 a 有限可知, S 不空, 并且在 R 中有上界, 从而, S 在 R 中有最小上界 t.

任取一正实数 r, 由 t 为 S 的上界知, $t+r\notin S$, 故由 S 定义知, $a\leqslant t+r$, $a-t\leqslant r$. 另外, 由 t 为 S 的最小上界知, $t-r$ 不是 S 的上界, 所以, 存在 $s\in S$, 使 $t-r<s$, 从而, $t-r<a$, $t-a<r$. 由此及 $a-t\leqslant r$, 有 $|a-t|\leqslant r$. 再由正实数 r 的任意性即知, $a-t\approx 0$, 从而 $a\approx t$.

2. 若 $a\approx t_1$ 且 $a\approx t_2$ $(t_1,t_2\in R)$, 则易见 $t_1\approx t_2$, $t_1-t_2\approx 0$. 由此及 $t_1-t_2\in R$ 易知, $t_1=t_2$. (证毕)

命题3 R^* 中存在无限小元及无限大元.

证明 由(2)知, $R^*\backslash R$ 不空. 任取 $a\in R^*\backslash R$. 若 a 为无限大元, 则易见 $a^{-1}\in R^*$ 为无限小元. 若 a 为有限元素, 令 $t=st(a)$, 则 $a-t$ 为无限小元, 且由 $a\notin R$ 知, $a-t\neq 0$, 由此易知, $(a-t)^{-1}\in R^*$ 为无限大元. (证毕)

设 $a\in R^*$, 称 R^* 的子集 $\mu(a)=\{b: b\in R^*$ 且 $a\approx b\}$ 为 a 的**单子**. 称 R^* 的子集 $G(a)=\{b: b\in R^*$ 且 $a-b$ 有限$\}$ 为 a 的**星系**.

命题4 (i) R^* 中一切有限元素组成 R^* 的一个子环, 它就是星系 $G(0)$.

(ii) 任二星系 $G(a)$, $G(b)$ 或相同或不交.

证明 易见.

命题5 (i) R^* 中一切无限小元素组成 R^* 的一个子环，它就是单子 $\mu(0)$.

(ii) 任二单子 $\mu(a)$, $\mu(b)$ 或相同或不交.

证明 易见.

命题6 设 a, b 是 R^* 中的有限元素. 则

(i) $st(a+b)=st(a)+st(b)$.

(ii) $st(a-b)=st(a)-st(b)$.

(iii) $st(a\cdot b)=st(a)\cdot st(b)$.

(iv) 当 $st(b)\neq 0$ 时, $st\left(\frac{a}{b}\right)=\frac{st(a)}{st(b)}$.

(v) 若 $b=\sqrt[n]{a}$, 则 $st(b)=\sqrt[n]{st(a)}$.

(vi) 若 $a\leqslant b$, 则 $st(a)\leqslant st(b)$.

证明 甚易. 现在只证 (vi) 为例: 令 $a=st(a)+\varepsilon$, $b=st\cdot(b)+\delta$, 则 ε, δ 均为无限小元. 由 $a\leqslant b$, 有 $st(a)\leqslant st(b)+(\delta-\varepsilon)$, 由此可知, 对任何正实数 r, 都有 $st(a)<st(b)+r$, 从而, 由 $st(a)$, $st(b)\in R$ 可知, $st(a)\leqslant st(b)$. (证毕)

命题7 由 R^* 的子环 $G(0)$ 到 R 内的映射 $a\rightarrow st(a)$ 是环的同态映射, 其核心为 $\mu(0)$. 并且是映到 R 上的. 从而有:

(i) 剩余类环 $\frac{G(0)}{\mu(0)}$ 与域 R 同构.

(ii) $\mu(0)$ 是 $G(0)$ 的极大理想子环.

证明 易见.

令 Z 为整数集. 它是 R 的子集, 即 R 上的一个1元关系, 所以, 在语言 $\mathscr{L}_1$ 中有相应的1元关系符号 $\bar{Z}$ (以下仍记作 Z). 这个符号在模型 R^* 中的解释记作 Z^*. Z^* 是 R^* 的子集, 并且通过 (1), (2) 可以得到 Z^* 很多与 Z 类似的性质.

命题8 (i) Z^* 是 R^* 的有序子环.

(ii) $Z^*\cap R=Z$.

证明 1. 由 Z 对运算 $+$ 封闭可知

$$R\models(\forall xy)(Z(x)\wedge Z(y)\rightarrow Z(x+y)),$$

再由 (1) 知,R^* 也适合此语句,因而,Z^* 也对运算+封闭. 关于子环的其他条件可仿此证明.

2. 任取 $c \in R$, 则 $\mathscr{L}_1$ 中有相应的常量符号 $\bar{c}$(以下仍记作 c). 若 $c \in Z$,则有 $R \models Z(c)$,从而有 $R^* \models Z(c)$,所以 $c \in Z^*$. 若 $c \notin Z$,则有 $R \models \neg Z(c)$,从而,R^* 也合此,所以 $c \notin Z^*$. (证毕)

命题 9 Z^* 中存在无限大元.

证明 易见 $R \models (\forall x)(\exists y)[Z(y) \wedge x < y]$,所以,$R^*$ 也适合此语句(记作 φ). 任取 R^* 中一个正无限大元 a_1(由命题 3 易知,其存在),则由 $R^* \models \varphi$ 可知,存在 $b_1 \in R^*$,使 $b_1 \in Z^*$ 且 $a_1 < b_1$,所以,b_1 为 Z^* 中的无限大元. (证毕)

令 N 为自然数集. 仿上可知,R^* 有相应的子集,记作 N^*.

命题 10 (i) N^* 对+,·封闭.

(ii) $N^* \cap R = N$.

(iii) N^* 中存在无限大元.

证明 仿上.

以下,我们把 Z^* 中的元素称为 R^* 中的整数,把 N^* 中的元素称为 R^* 中的自然数.

以下举例讨论一些数学分析中的基本概念及命题. 在讨论中,为了方便,对有些符号如 x,n 等,既用作普通的数学变元,也用作 $\mathscr{L}_1$ 中的变量.

命题 11 (i) 在 R 中,1 元函数 f 在 c 处连续的充分必要条件是:在 R^* 中,对任何元素 x,当 $x \approx c$ 时都有 $f^*(x) \approx f^*(c)$. (f^* 是 $\mathscr{L}_1$ 中符号 f 在 R^* 中的解释,以下仿此.)

(ii) 在 R 中,1 元函数 f 在 R 的子集 Y 上连续的充分必要条件是:在 R^* 中,对每一 $c \in Y$ 及任何 $x \in Y^*$,当 $x \approx c$ 时都有 $f^*(x) \approx f^*(c)$.

证明 只证 (i) ((ii) 的证明类似).

1. 设 f 在 c 处连续.

任取正实数 ε,则存在正实数 δ,使

$$R \models (\forall x)(|x-c| < \delta \to |f(x)-f(c)| < \varepsilon)\text{(记为 }\varphi\text{)}.$$

再由 $R \equiv R^*$ 知，φ 在 R^* 中也成立.

设 $x_1 \in R^*$ 适合 $x_1 \approx c$，则 $|x_1 - c| < \delta$，故由 $R^* \models \varphi$ 可得，$|f^*(x_1) - f^*(c)| < \varepsilon$. 但 ε 为任意正实数，故知 $f^*(x_1) \approx f^*(c)$.

2. 设在 R^* 中对任何 $x \approx c$ 都有 $f^*(x) \approx f^*(c)$.

任取正实数 ε. 令 δ_1 为 R^* 中任一正无限小元素. 则由本题设可知，对任何 $x \in R^*$，当 $|x - c| < \delta_1$ 时，有 $|f^*(x) - f^*(c)| < \varepsilon$. 由此，有

$$R^* \models (\exists\delta)(\delta > 0 \wedge (\forall x)(|x - c| < \delta \rightarrow |f(x) - f(c)| < \varepsilon)),$$

再由 $R \equiv R^*$ 可知，此语句在 R 上也成立.

又因 ε 为任意正实数，故知 f 在 c 处连续. (证毕)

命题 12 设 $a, b \in R$，$x \in R^*$ 适合 $a \leqslant x \leqslant b$. H 为 R^* 中任一正整数，$\delta = \dfrac{b-a}{H}$. 则存在 R^* 中自然数 K 适合 $0 \leqslant K < H$ 能使 $a + K\delta \leqslant x \leqslant a + (K+1)\delta$.

证明 易见相应的性质在 R 中成立，即：

$$R \models (\forall xh\delta)((a \leqslant x \leqslant b \wedge N(h) \wedge 0 < h \wedge h\delta = b - a) \rightarrow (\exists k)(N(k) \wedge k < h \wedge a + k\delta \leqslant x \leqslant a + (k+1)\delta)).$$

故由 $R \equiv R^*$ 知，此语句在 R^* 中也成立. (证毕)

定理 13 (中间值定理) 设 R 上的 1 元函数 f 在闭区间 $[a, b]$ $(a < b)$ 上连续，D 是任一个介于 $f(a)$，$f(b)$ 之间的实数，则存在实数 $c \in [a, b]$ 能使 $f(c) = D$.

证明 1. $D = f(a)$ 或 $D = f(b)$ 时，定理显然成立.

2. 当 $f(a) < D < f(b)$ 时. ($f(a) > D > f(b)$ 时仿此.)

考虑 $\mathscr{L}_1$ 中的下列语句 φ：

$$(\forall n\delta)(\underset{1}{(}Z(n) \wedge 0 < n \wedge n\delta = b - a\underset{1}{)} \rightarrow (\exists m)\underset{2}{(}Z(m) \wedge 0 \leqslant m < n \wedge f(a + m\delta) \leqslant D < f(a + (m+1)\delta)\underset{2}{)}).$$

易见 $R \models \varphi$. (因：任取 $n, \delta \in R$，若$\underset{1}{(}\cdots\underset{1}{)}$真，则 n 为正整数，$\delta = \dfrac{b-a}{n}$. 在 $a + \delta, a + 2\delta, \cdots, a + n\delta = b$ 这 n 个数中，有能使

$f(a+i\delta)>D$ 的，例如 $a+n\delta$. 故必有最小的 $i_1(1\leqslant i_1\leqslant n)$ 能使 $a+i_1\delta$ 合此条件. 设 $i_1=m+1$,则 $m\in Z$, $0\leqslant m<n$,并且 $f(a+m\delta)\leqslant D<f(a+(m+1)\delta)$. 所以，此 m 适合 $(\cdots)_2$.)由此及 $R\equiv R^*$,有 $R^*\models\varphi$.

在 Z^* 中任取一正无限大元 n_1，并令 $\delta_1=\dfrac{b-a}{n_1}(>0)$. 则 n_1,δ_1 适合 $(\cdots)_1$,从而,由 $R^*\models\varphi$ 知,存在 $m_1\in R^*$,适合 $(\cdots)_2$.所以，$m_1\in Z^*$, $0\leqslant m_1<n_1$,并且

$$f^*(a+m_1\delta_1)\leqslant D<f^*(a+(m_1+1)\delta_1). \tag{1}$$

由 $0\leqslant m_1<n_1$ 及 $\delta_1>0$ 知, $0\leqslant m_1\delta_1<n_1\delta_1=b-a$, $a\leqslant a+m_1\delta_1<b$,所以, $a+m_1\delta_1$ 为有限元素,其标准部分存在. 令 $st(a+m_1\delta_1)=c$.

现在证明：实数 $c\in[a,b]$ 并且 $f(c)=D$.

对 $a\leqslant a+m_1\delta_1<b$ 中各项取标准部分，可得 $a\leqslant c\leqslant b$. 又：由 n_1 为无限大元可知，δ_1 为无限小元，所以 $c\approx a+m_1\delta_1\approx a+(m_1+1)\delta_1$. 又因 f 为 $[a,b]$ 上连续函数,故由题 11 知, $f(c)=f^*(c)\approx f^*(a+m_1\delta_1)\approx f^*(a+(m_1+1)\delta_1)$（注意，$a\leqslant a+m_1\delta_1<a+(m_1+1)\delta_1\leqslant b$). 再由 (1) 可知, $f(c)\approx D$. 但 $f(c)$, D 均为实数,故必 $f(c)=D$.（证毕）

定理 14（极值定理） 设 R 上的 1 元函数 f 在闭区间 $[a,b]$ $(a<b)$ 上连续,则存在实数 $c,d\in[a,b]$ 使：对一切实数 $x\in[a,b]$ 都有 $f(c)\leqslant f(x)\leqslant f(d)$.

证明 只证 c 的存在性.（d 者仿此.）

设 n 为任一正整数. 把 $[a,b]$ n 等分，令 $\delta=\dfrac{b-a}{n}$，则诸分点为 $a, a+\delta, a+2\delta,\cdots, a+n\delta=b$. 在相应的 $n+1$ 个函数值 $f(a), f(a+\delta), f(a+2\delta),\cdots, f(a+n\delta)$ 中，显然有最小值(可能不只出现 1 次),任意取定一个如此的 $f(a+m\delta)$ $(m\leqslant\leqslant n, m\in N)$.

这样，可以得到一个由正整数集到自然数集内的函数 g：

$$g(n)=m.$$

把 g 任依一法扩张为 R 上的全函数，仍记为 g. 则有

$$R\models(\forall x)(\exists y)((g(x)=y)\wedge((N(x)\wedge 0<x)\rightarrow(N(y)\wedge y\leqslant x))).$$

（右端记为 φ_0.）又由以上讨论可知，有

$$R\models(\forall n\delta m)(\underset{1}{(}N(n)\wedge 0<n\wedge n\delta=b-a\wedge g(n)=m\underset{1}{)}\rightarrow\underset{2}{(}a\leqslant a+m\delta\leqslant b\underset{2}{)}).$$

（右端记为 φ_1.）及

$$R\models(\forall n\delta mk)(\underset{3}{(}N(n)\wedge 0<n\wedge n\delta=b-a\wedge g(n)=m\wedge N(k)\wedge k\leqslant n\underset{3}{)}\rightarrow\underset{4}{(}f(a+m\delta)\leqslant f(a+k\delta)\underset{4}{)}).$$

（右端记为 φ_2.）

所以，由 $R\equiv R^*$，有 $R^*\models\varphi_0,\varphi_1,\varphi_2$.

在 R^* 中，令 n_1 为一无限大正整数，令 $\delta_1=\dfrac{b-a}{n_1}$（$\delta_1$ 为无限小），$m_1=g^*(n_1)$. 则 n_1,δ_1,m_1 适合$\underset{1}{(}\cdots\underset{1}{)}$，故由 $R^*\models\varphi_1$ 知，$a\leqslant a+m_1\delta_1\leqslant b$，所以 $a+m_1\delta_1$ 有限，其标准部分存在. 令 $st(a+m_1\delta_1)=c(\in R)$，则易见 $a\leqslant c\leqslant b$.

今任取实数 $x\in[a,b]$. 由命题 12 可知，存在 $k_1\in N^*$，$k_1<n_1$，能使 $a+k_1\delta_1\leqslant x\leqslant a+(k_1+1)\delta_1$，由此易知，$x=st(a+k_1\delta_1)$.

由上显见，n_1,δ_1,m_1,k_1 适合$\underset{3}{(}\cdots\underset{3}{)}$，故由 $R^*\models\varphi_2$ 知，

$$f^*(a+m_1\delta_1)\leqslant f^*(a+k_1\delta_1). \tag{1}$$

又由 f 在 $[a,b]$ 上连续及 $c\in[a,b]$，有 $f(c)\approx f^*(a+m_1\delta_1)$（由命题 11，注意 $a\leqslant a+m_1\delta_1\leqslant b$），从而 $f(c)=st(f^*(a+m_1\delta_1))$. 同理，有 $f(x)\approx f^*(a+k_1\delta_1)$，$f(x)=st(f^*(a+k_1\delta_1))$. 再由 (1) 即有：$f(c)\leqslant f(x)$.（证毕）

设 $\langle a_0,a_1,a_2,\cdots\rangle$ 是一个实数的无限序列，简记为 $\langle a_n\rangle$，它

是由自然数集 N 到 R 内的函数. 以下在利用语言 $\mathscr{L}_1$ 讨论时，不妨把 $\langle a_n\rangle$ 任依一法扩张为 R 上的全函数，记为 a，(对每个 $n\in N$，$a(n)=a_n$)，并称 a 为 R 上的无限序列，这样并不影响我们的讨论. 有时，无限序列由 a_1 或某 $a_i(i>0)$ 开始，也仿此处理.

定理 15 设 a 是 R 上一个无限序列，则下列三条件等价:

(i) a 收敛. (即: 对每个正实数 ε，存在一自然数 M，使对一切自然数 $m,n\geqslant M$，都有 $|a(m)-a(n)|<\varepsilon$.)

(ii) 存在 $L\in R$，使对 R^* 中一切无限大自然数 H，都有 $a^*(H)\approx L$.

(iii) 对 R^* 中一切无限大自然数 H,K，都有: $a^*(H)\approx a^*(K)$.

证明 1. 由 (i) 证 (ii).

取 1 作为 ε，由 (i) 知，存在自然数 M，使

$$R\models(\forall mn)(N(m)\land N(n)\land m\geqslant M\land n\geqslant M\rightarrow|a(m)-a(n)|<1).$$

记右端为 φ，则由 $R\equiv R^*$，有 $R^*\models\varphi$.

在 R^* 中任取一无限大自然数 H_1，则由 $R^*\models\varphi$ 可知，对每一有限自然数 $m\geqslant M$，都有 $|a^*(m)-a^*(H_1)|<1$. 但由 m 为有限自然数知，$a^*(m)=a(m)\in R$，所以，$a^*(H_1)$ 有限令 $st(a^*(H_1))=L$.

任取实数 $\varepsilon_1>0$，由 (i) 知，存在自然数 M_1，使

$$R\models(\forall mn)(N(m)\land N(n)\land m\geqslant M_1\land n\geqslant M_1\rightarrow|a(m)-a(n)|<\varepsilon_1).$$

从而，此语句在 R^* 中也成立. 由此可知，对于 R^* 中任一无限大自然数 H，都有 $|a^*(H)-a^*(H_1)|<\varepsilon_1$. 再由 ε_1 的任意性可知，$a^*(H)\approx a^*(H_1)$，故由 L 的定义，有 $a^*(H)\approx L$.

2. 由 (ii) 显然可得 (iii).

3. 由 (iii) 证 (i).

假若 (i) 不成立，则存在正实数 ε_2，能使

$$R\models(\forall M)(N(M)\rightarrow(\exists mn)(N(m)\land N(n)\land m$$

$\geqslant M \wedge n \geqslant M \wedge |a(m)-a(n)| \geqslant \varepsilon_2))$.

记此语句为 φ_1，则也有 $R^* \models \varphi_1$.

在 R^* 中任取一无限大自然数 M_2，则由 $R^* \models \varphi_1$ 知，存在无限大自然数 m_2、n_2，使 $|a^*(m_2)-a^*(n_2)| \geqslant \varepsilon_2$. 但 ε_2 为正实数，所以 $a^*(m_2) \not\approx a^*(n_2)$. 此与 (iii) 矛盾. (证毕)

命题 16 设 a 是 R 上一个无限序列，L 为一实数. 如果在 R^* 中存在无限大自然数 H，使 $a^*(H)$ 有限，并且 $st(a^*(H))=L$，则 a 有一个子序列收敛于 L. (子序列的含意如常.)

证明 由题设可知，对于 R 中每一正整数 n，都有 $H \geqslant n$ 及 $|a^*(H)-L| < \frac{1}{n}$. 所以

$$R^* \models (\exists m)(N(m) \wedge m \geqslant n \wedge n \cdot |a(m)-L| < 1).$$

记此式为 φ_n，则也有 $R \models \varphi_n (n=1, 2, 3, \cdots)$.

以下根据 $R \models \varphi_n$ 归纳地定义一个正整数序列 $g_1 < g_2 < g_3 < \cdots$.

由 $R \models \varphi_1$ 可知，存在自然数 m，使 $m \geqslant 1$ 且 $|a(m)-L|<1$，取此种 m 之最小者，记作 g_1，则 $g_1 \geqslant 1$.

对任一正整数 k，设正整数 g_k 已有定义且 $g_k \geqslant k$. 现在定义 g_{k+1}：令 $g_k+1=h$. 由 $R \models \varphi_h$ 可知，存在自然数 m，使 $m \geqslant h$ 且 $h \cdot |a(m)-L|<1$，取此种 m 之最小者，记作 g_{k+1}，则有 $|a(g_{k+1})-L| < \frac{1}{h} \leqslant \frac{1}{k+1}$，并且 $g_{k+1} \geqslant h > g_k \geqslant k$，从而 $g_{k+1} \geqslant k+1$. (归纳定义完成.)

由以上可知，$|a(g_1)-L| < 1$，$|a(g_2)-L| < \frac{1}{2}$，$|a(g_3)-L| < \frac{1}{3}$，$\cdots$. 故可知 $\langle a_n \rangle$ 的子序列 $\langle a_{g_1}, a_{g_2}, a_{g_3}, \cdots \rangle$ 收敛于 L. (证毕)

定理 17 (Bolzano-Weierstrass) R 上每一个有界的无限序列都有收敛的子序列.

证明 由题设可知，存在正实数 B，使对每一自然数 n 都有

$|a(n)| < B$. 所以,$R \models (\forall n)(N(n) \to |a(n)| < B)$. 记右端为 φ,则也有 $R^* \models \varphi$.

在 R^* 中任取一无限大自然数 H, 则由 $R^* \models \varphi$ 可知, $a^*(H)$ 有限. 令 $st(a^*(H)) = L$, 则由命题 16 知, 存在 a 的子序列收敛于 L. (证毕).

设 $\sum_{n=0}^{\infty} a_n$ 是一个实数项无限级数. 对每个自然数 n, 令 $\sigma_a(n) = a_0 + \cdots + a_n$, 则 $\langle \sigma_a(n) \rangle$ 是实数的无限序列. 把它任依一法扩张为 R 上的全函数,记作 σ_a.

命题 18 (i) 实数项级数 $\sum_{n=0}^{\infty} a_n$ 收敛的充分必要条件是: 对 R^* 中一切无限大自然数 H, K,都有 $\sigma_a^*(H) \approx \sigma_a^*(K)$.

(ii) 若实数项级数 $\sum_{n=0}^{\infty} a_n$ 收敛, 则对 R^* 中每一无限大自然数 H,都有 $a^*(H) \approx 0$.

证明 1. 由级数收敛的定义及定理 15 即知,(i) 成立.

2. 易见 $R \models (\forall n)(N(n) \wedge n \geqslant 1 \to \sigma_a(n) - \sigma_a(n-1) = a(n))$,记右端为 φ,则也有 $R^* \models \varphi$.

若 $\sum_{n=0}^{\infty} a_n$ 收敛, 则由 (i) 可知, 对 R^* 中任何无限大自然数 H,都有 $\sigma_a^*(H) \approx \sigma_a^*(H-1)$. 再由 $R^* \models \varphi$ 即易见, $a^*(H) \approx 0$. (证毕)

定理 19 设 $\sum_{n=0}^{\infty} a_n$, $\sum_{n=0}^{\infty} b_n$ 均为正实数项级数, c 为一正实数. 若 $\sum_{n=0}^{\infty} b_n$ 收敛, 并且对于 R^* 中一切无限大自然数 L, 都有 $a^*(L) \leqslant c \cdot b^*(L)$,则 $\sum_{n=0}^{\infty} a_n$收敛.

证明 在 R^* 中任取无限大自然数 H, K (不妨设 $H \leqslant K$). 由 $\sum_{n=0}^{\infty} b_n$ 收敛及命题 18 可知,

$$\sigma_b^*(H) \approx \sigma_b^*(K). \tag{1}$$

又由 $\sum_{n=0}^{\infty} a_n$ 为正项级数及 σ_a, σ_b 定义易见有

$$R \models (\forall mn)(\underset{1}{(}N(m) \wedge N(n) \wedge (m \leqslant n) \wedge (\forall l)\underset{2}{(}N(l) \wedge m \leqslant l \leqslant n \rightarrow a(l) \leqslant c \cdot b(l)\underset{2}{)}\underset{1}{)} \rightarrow \underset{3}{(}0 \leqslant \sigma_a(n) - \sigma_a(m) \leqslant c(\sigma_b(n) - \sigma_b(m))\underset{3}{)}).$$

记此语句为 φ，则也有 $R^* \models \varphi$. 由此及题设的 $a^*(L) \leqslant c \cdot b^*(L)$（对一切无限大自然数 L）可知，$0 \leqslant \sigma_a^*(K) - \sigma_a^*(H) \leqslant c(\sigma_b^*(K) - \sigma_b^*(H))$，再由(1)可知，$\sigma_a^*(H) \approx \sigma_a^*(K)$. 故由命题 18 知，$\sum_{n=0}^{\infty} a_n$ 收敛.（证毕）

定理 20 若实数项幂级数 $\sum_{n=0}^{\infty} a_n x^n$ 当 $x = u(\neq 0)$ 时收敛，则此级数当 $|x| < |u|$ 时绝对收敛(指：$\sum_{n=0}^{\infty} |a_n x^n|$ 收敛).

证明 设 x 取实数值 v 而 $|v| < |u|$. 令 $b = \frac{|v|}{|u|}$，则 $0 \leqslant b < 1$，故习知 $\sum_{n=0}^{\infty} b^n$ 收敛.

把 $a_n u^n$, $a_n v^n$, b^n 各记为 $f(n)$, $g(n)$, $h(n)$，并把 f, g, h 任意扩张为 R 上的全函数，则易见，有

$$R \models (\forall n)(N(n) \rightarrow |g(n)| = |f(n)| \cdot h(n)).$$

记此语句为 φ，则也有 $R^* \models \varphi$.

在 R^* 中任取无限大自然数 H，由 $R^* \models \varphi$ 有

$$|g^*(H)| = |f^*(H)| \cdot h^*(H). \tag{1}$$

又由 $\sum_{n=0}^{\infty} a_n u^n$ 收敛及命题 18 知，$f^*(H) \approx 0$，故由 (1) 可知，$|g^*(H)| \leqslant 1 \cdot h^*(H)$. 由此及 $\sum_{n=0}^{\infty} b^n$ 收敛及定理 19 即知，$\sum_{n=0}^{\infty} |a_n v^n|$ 收敛.（证毕）

附录III 模型论应用举例(2)
——CD 代数的零点定理

本章介绍模型论对代数应用的一个例子，内容是关于交错环(一种非结合环)的，主要是用模型论方法证明关于一类交错环——CD 代数 (Cayley-Dickson 代数)的一个零点定理. 这个定理尚未见到纯代数的证明.

所谓**交错环**,就是在普通的环公理中把乘法结合律减弱为

$$(\forall xy)((xx)y = x(xy) \wedge (xy)y = x(yy))$$

所定义的非结合(指：未必结合的)环.(以下将看到具体的例子.)

设 R 是一个非结合环. 可以仿照结合环的情况定义 R 的理想子环. 如果 R 中存在元素 a, b, 使 $ab \neq 0$, 并且，R 除了自身及 $\{0\}$ 之外没有双侧理想子环,则称 R 为**单纯环**.

以下将介绍一类单纯交错环——域上的 CD 代数. 由代数可知：R 为不适合结合律的单纯交错环的充分必要条件是，R 同构于一个域上的 CD 代数. (这一定理以下并不用到.)所以，CD 代数是一类很典型的交错环.

以下内容取材于文献 [31].

CD 代数依其定义方式可分两种类型. 先介绍第一型的 CD 代数 C_1.

设 F 为任一域. 令 $Q_1 = \{(a_1, a_2, a_3, a_4): a_i \in F\}$ 为 F 上的 4 维向量空间. 任取 F 中一个非零元 β_1,在 Q_1 中定义乘法如下:

$$(a_1,a_2,a_3,a_4)\cdot(b_1,b_2,b_3,b_4) = (a_1b_1 + \beta_1a_4b_3, a_2b_2 + \beta_1a_3b_4, a_2b_3 + a_3b_1, a_1b_4 + a_4b_2).$$

则可证：Q_1 为 F 上的结合代数(纯量乘法如常)，以 $(1,1,0,0)$ 为双侧单位元. Q_1 不可换. Q_1 有零因子. Q_1 的中心为 $F_1 = \{(a,$

$a, 0, 0): a \in F\}$，F_1 与 F 同构，故可等同于 F．Q_1 是单纯的．

在 Q_1 中定义 1 元运算 $*$ 如下：

$$(a_1, a_2, a_3, a_4)^* = (a_2, a_1, -a_3, -a_4).$$

则易见对任何 $x, y \in Q_1$ 及 $\alpha \in F$ 都有：

$$(x + y)^* = x^* + y^*, \ (\alpha x)^* = \alpha x^*,$$
$$(x \cdot y)^* = y^* \cdot x^*, \ (x^*)^* = x.$$

（具有这些性质的运算 $*$，称为 Q_1 的一个对合．）

令 $C_1 = \{(x_1, x_2): x_i \in Q_1\}$．则 C_1 为 F 上的 8 维向量空间．任取 F 中一个非零元 β_2，在 C_1 中定义乘法如下：

$$(x_1, x_2) \cdot (x_3, x_4) = (x_1x_3 + \beta_2 x_4 x_2^*, \ x_1^* x_4 + x_3 x_2)$$

则可证：C_1 为 F 上的（8维）交错代数（纯量乘法如常）．C_1 不适合结合律．C_1 不可换．C_1 有零因子．C_1 的中心可等同于 F．C_1 是单纯的．C_1 适合 $(\forall x)((\forall y)((xy)(xy) = 0) \to x = 0)$．

再介绍第二型的 CD 代数 C_2

设 F 为一域，$Z_2 = F(s)$ 为 F 的任一可分 2 次扩域．不妨设 s 适合 F 上一个形如 $x^2 - x - a = 0$ 的不可约方程 $(a \in F, -4a \neq 1)$，而 $Z_2 = \{f_1 s + f_2 : f_i \in F\}$．

令 $(f_1 s + f_2)^* = f_1(1 - s) + f_2$，$(f_i \in F)$．易见，$*$ 是 Z_2 的一个对合．

令 $Q_2 = \{(x_1, x_2): x_i \in Z_2\}$，则 Q_2 为 F 上的 4 维向量空间．任取 F 中一个非零元 β_1，在 Q_2 中定义乘法如下：

$$(x_1, x_2) \cdot (y_1, y_2) = (x_1 y_1 + \beta_1 y_2 x_2^*, \ x_1^* y_2 + y_1 x_2).$$

则可证：Q_2 为 F 上的结合代数（纯量乘法如常），以 $(1, 0)$ 为双侧单位元．Q_2 不可换．Q_2 的中心为 $F_2 = \{(x, 0): x \in F\}$，$F_2$ 与 F 同构，故可等同于 F．Q_2 是单纯的．

在 Q_2 中定义 1 元运算 $*$ 为：$(x, y)^* = (x^*, -y)$．则易见，$*$ 是 Q_2 的一个对合．

（特别地，当 F 为实数域 R，$Z_2 = R\left(\frac{1}{2} + i\right)$ 为复数域（取 s 为 $\frac{1}{2} + i$）时．易见，在 Z_2 中有 $(a + bi)^* = a - bi$，而 Q_2 中乘

法成为(改写为常见形式):

$$(a_1,a_2,a_3,a_4)\cdot(b_1,b_2,b_3,b_4)=(a_1b_1-a_2b_2+a_3b_3+a_4b_4,a_1b_2+a_2b_1+a_3b_4-a_4b_3,a_1b_3+a_2b_4+a_3b_1-a_4b_2,a_1b_4-a_2b_3+a_3b_2+a_4b_1).$$

此时,Q_2即为通常的四元数除环.)

完全仿照由 Q_1 定义 C_1 的方法,可以由 Q_2 定义 C_2. 可以证明: C_2 为 F 上的(8 维)交错代数. C_2 不适合结合律. C_2 不可换. C_2 的中心可等同于 F. C_2 是单纯的. C_2 适合 $(\forall x)((\forall y)\cdot((xy)(xy)=0)\rightarrow x=0)$.

C_1 与 C_2 统称为 **CD 代数**. 有零因子的 CD 代数以下称为 **SCD 代数.**

以上给出了 CD 代数的构作性定义,并提及了它的代数刻划. 为了便于引用模型论工具,下面给出 CD 代数的一组一阶公理.

令语言 $\mathscr{L}=\{+,\cdot,0,\}$. 令 $\varphi_1,\cdots,\varphi_7$ 为 $\mathscr{L}$ 中如下语句:

φ_1: 环公理(不包括乘法结合律). (可用 ∀∃ 语句写出.)

φ_2: $(\forall xy)(\exists uvw)(((xx)y=x(xy)\wedge(xy)y=x(yy)\wedge(uv)w\neq u(vw))$.

φ_3: $(\forall xyz)(\exists u)(xu\neq ux\vee((xy)z=x(yz)\wedge(yx)z=y(xz)\wedge(yz)x=y(zx)))$.

φ_4: $(\forall xy)(\exists uv)(\psi(x)\wedge\psi(y)\rightarrow\psi(u)\wedge\psi(v)\wedge(x=0\vee(xu=y\wedge vx=y)))$. (其中,$\psi(z)$ 为 $(\forall w)(zw=wz)$,以下同此.)

φ_5: $(\forall x_1\cdots x_9)(\exists y_1\cdots y_9)((\psi(y_1)\wedge\cdots\wedge\psi(y_9))\wedge(y_1\neq 0\vee\cdots\vee y_9\neq 0)\wedge y_1x_1+\cdots+y_9x_9=0)$.

φ_6: $(\forall x)(\exists y)(x=0\vee(xy)(xy)\neq 0)$.

φ_7: $(\exists xy)(x\neq 0\wedge y\neq 0\wedge xy=0)$.

令 φ 为 $\varphi_1\wedge\cdots\wedge\varphi_7$, φ' 为 $\varphi_1\wedge\cdots\wedge\varphi_6$.

定理 1 若 R 为 $\mathscr{L}$ 的模型,则:

(i) $R\models\varphi'$ 当且只当 R 为其中心上的 CD 代数.

(ii) $R\models\varphi$ 当且只当 R 为其中心上的 SCD 代数.

证明 1. 若 R 为域 F 上的 CD 代数,易见,R 适合 $\varphi_1,\varphi_2,\varphi_4$,

φ_5,φ_6. φ_3 也可直接验证. 故有 $R\models\varphi'$.

若 R 为域 F 上的 SCD 代数,易见 $R\models\varphi$.

2. 设 $R\models\varphi'$.

2.1. 由 $R\models\varphi_1$, φ_2 知; R 为不合结合律的交错环.

2.2. 由 $R\models\varphi_3$ 知, R 的每一中心元 x 与 R 中任何元 y, z 都适合:

$$(xy)z = x(yz), (yx)z = y(xz), \ (yz)x = y(zx). \qquad (1)$$

由 (1) 可知, R 的中心元组成一个子环 C, 并且 C 是(可换的)结合环. 再由 $R\models\varphi_4$ 可知, C 为一域.

由 (1) 又可知, R 是 C 上的代数. 再由 $R\models\varphi_5$ 可知, R 在 C 上的维数不超过 8.

2.3. 由文献 [32] 知: 在域上的有限维交错代数 A 中, 其 Jacobson 根 J 为 A 的幂零(双侧)理想. (指: 存在一正整数 n, 使 J 中任何 n 个元按任何结合方式的积都是 0.) 又知: 在 A 的任一非 $\{0\}$ 的幂零理想中,都含有非零元 x,使对任何 $y\in A$,都有 $(xy)\cdot(xy)=0$.

故由 $R\models\varphi_6$ 可知: R 的 Jacobson 根为 $\{0\}$. 即 R 为半单纯的.

2.4. 由 R 在 C 上维数有限可知: R 的理想子环适合降链条件. (因 R 的理想子环为域 C 上的子空间.)

由文献 [33] 知: 每一个适合右理想降链条件的半单纯交错环,都是有限个单纯结合环及 CD 代数的直和.

故由以上知, R 可以如此表示:

$$R = R_1\oplus\cdots\oplus R_k. \qquad (2)$$

由 R 不适合结合律知, 这些直和项不能都是结合环, 故不妨设 R_1 为 CD 代数.

由 R 适合降链条件及 (2) 易知,每个 R_i 的理想子环也都适合降链条件. 故由 CD 代数的性质及单纯 Artin 结合环的性质 (参看文献 [34] p. 171) 可知,每个 R_i 的中心 $C_i\neq\{0\}$. 再由 (2) 易知,每 $C_i\subseteq C$,从而由 (2) 又知, $C_1\oplus\cdots\oplus C_k\subseteq C$. 假若 $k>1$, 易

知 $C_1\oplus\cdots\oplus C_k$ 有零因子，从而，C 不是域，与以上矛盾. 故必 $k=1$.

所以，$R=R_1$ 为（C 上的）CD 代数.

3. 若 $R\models\varphi$. 由 2. 及 $R\models\varphi_7$ 知，R 为其中心 C 上的 SCD 代数.（证毕）

由文献 [32] 知，一个域 F 上的 SCD 代数除同构者外为唯一，以下记作 SCD(F).

引理 2 函子 SCD 与超幂构作可换. 即：若 I 为一下标集，D 为 I 上的超滤子，则对每一域 F 都有 $\mathrm{SCD}(\Pi_D F)\cong\Pi_D(\mathrm{SCD}(F))$.

证明 令 $S=\Pi_D(\mathrm{SCD}(F))$，则由推论 4.4 知，$S\equiv\mathrm{SCD}(F)$. 但由上定理知，$\mathrm{SCD}(F)\models\varphi$，所以，$S\models\varphi$，从而，$S$ 为其中心 C 上的 SCD 代数，即 $S=\mathrm{SCD}(C)$. 以下证明 $C\cong\Pi_D F$，由此即知，引理成立.

任取 S 中一元，不妨记为（设 I 已良序）$(s_1,s_2,\cdots\cdots)_D$. 令 $\sigma=\{i: s_i\in\mathrm{SCD}(F)\text{ 的中心 }F\}$，并令 $\sigma_1=I\backslash\sigma$.

若 $\sigma\in D$，易见 $(s_1,s_2,\cdots\cdots)_D\in C$.

若 $\sigma\notin D$，则 $\sigma_1\in D$. 对每个 $i\in\sigma_1$，$s_i\notin F$，故存在 SCD(F) 中的元 α_i，使 $\alpha_i s_i\neq s_i\alpha_i$；对于 $i\notin\sigma_1$ 者，可在 SCD(F) 中任取一元作为 α_i. 此时易见 $(\alpha_1,\alpha_2,\cdots\cdots)_D\cdot(s_1,s_2,\cdots\cdots)_D\neq(s_1,s_2,\cdots\cdots)_D\cdot(\alpha_1,\alpha_2,\cdots\cdots)_D$，从而 $(s_1,s_2,\cdots\cdots)_D\notin C$.

由以上可知

$$C=\{(s_1,s_2,\cdots\cdots)_D:\sigma=\{i:s_i\in F\}\in D\} \tag{1}$$

任取 C 中的元 $(s_1,s_2,\cdots\cdots)_D$，则 $\sigma=\{i:s_i\in F\}\in D$. 现在对诸 s_i 作如下的改变：当 $i\in\sigma$ 时，令 $s_i'=s_i$；当 $i\notin\sigma$ 时，令 $s_i'=0$. 则由 $\sigma\in D$ 易见，$(s_1',s_2',\cdots\cdots)_D=(s_1,s_2,\cdots\cdots)_D$. 这样改写后的特点是：每一 $s_i'\in F(i\in I)$. 由此及 (1) 即易见，下列映射

$$C\ni(s_1',s_2',\cdots\cdots)_D\to\langle s_1',s_2',\cdots\cdots\rangle_D\in\Pi_D F$$

是由 C 到 $\Pi_D F$ 上的同构映射. 所以，$C\cong\Pi_D F$. 从而，$(S=)$SCD

$\cdot(C)\cong \mathrm{SCD}(\Pi_D F)$.（证毕）

定理3 设T为$\mathscr{L}=\{+,\cdot,0\}$中一个关于域的理论(指：$T$的模型都是域)．则：$T$是完全理论当且只当$\{\varphi\}\cup T^{\phi}$是完全理论．($\varphi$, ϕ同上．T^{ϕ}是把T中每一语句中的量词都对ϕ相对化后所得的理论．)

证明 1．设$\{\varphi\}\cup T^{\phi}$完全．任取T的模型F_1, F_2，则F_1, F_2都是域．故可作$R_1=\mathrm{SCD}(F_1)$及$R_2=\mathrm{SCD}(F_2)$．R_1适合φ，其中心为F_1．由$F_1\models T$及T^{ϕ}的含意可知，$R_1\models T^{\phi}$．从而，$R_1\models\{\varphi\}\cup T^{\phi}$．同理，$R_2\models\{\varphi\}\cup T^{\phi}$．故由$\{\varphi\}\cup T^{\phi}$的完全性知，$R_1\equiv R_2$．由此易证$F_1\equiv F_2$．(因：对$\mathscr{L}$中任何语句$\lambda$，若$F_1\models\lambda$，则$R_1\models\lambda^{\phi}$，从而$R_2\models\lambda^{\phi}$，从而$F_2\models\lambda$．)所以$T$完全．

2．反之，设T完全．任取$\{\varphi\}\cup T^{\phi}$的模型R_1, R_2．由$R_1\models\{\varphi\}\cup T^{\phi}$知，$R_1$的中心$F_1$是域，并且$F_1\models T$．同理，$R_2$的中心$F_2$是域，并且$F_2\models T$．由$T$的完全性知，$F_1\equiv F_2$．再由Keisler-Shelah同构定理知，存在下标集I及I上超滤子D，能使$\Pi_D F_1\cong\Pi_D F_2$．从而有$\mathrm{SCD}(\Pi_D F_1)\cong\mathrm{SCD}(\Pi_D F_2)$．再由引理2，有$\Pi_D(\mathrm{SCD}(F_1))\cong\Pi_D(\mathrm{SCD}(F_2))$．由此知，$\mathrm{SCD}(F_1)\equiv\mathrm{SCD}(F_2)$．但由$R_1\models\{\varphi\}$知，$R_1=\mathrm{SCD}(F_1)$，同理，$R_2=\mathrm{SCD}(F_2)$．
所以$R_1\equiv R_2$．故知$\{\varphi\}\cup T^{\phi}$完全．（证毕）

以下用ACF_n表示($\mathscr{L}$中)特征数n的代数闭域理论(n为0或素数)．由第三章例7知，ACF_n是完全的．

定理4 特征数n的代数闭域上的SCD代数理论$\{\varphi\}\cup(ACF_n)^{\phi}$是$\omega_1$-范畴的．

证明 设R,S都是$\{\varphi\}\cup(ACF_n)^{\phi}$的基数为$\omega_1$的模型．$R$的中心$C_R$是特征数$n$的代数闭域，并且基数为$\omega_1$(由$|R|=\omega_1$及$R$在$C_R$上维数有限可知)．同理，$S$的中心$C_S$也如此．所以$C_R\cong C_S$．从而有$R=\mathrm{SCD}(C_R)\cong\mathrm{SCD}(C_S)=S$．（证毕）

以下将证明$\{\varphi\}\cup(ACF_n)^{\phi}$是模型完全的．其途径是：先给此理论找出一组等价的$\forall\exists$-公理(即$\Pi_2^0$-公理)，然后，再引用定理4及定理7.3及3.10即可．

设 R 为域 F 上的 SCD 代数. $a, b, c, d, a', b', c', d'$ 为 R 中 8 个互异的元,若有下列乘法表成立,则称 $\{a,b,c,d,a',b',c',d'\}$ 为 R 的一个 SCD′-组.

表 T

	a	b	c	d	a'	b'	c'	d'
a	a	b	0	0	0	0	c'	d'
b	0	0	a	b	0	0	$-a'$	$-b'$
c	c	d	0	0	$-c'$	$-d'$	0	0
d	0	0	c	d	a'	b'	0	0
a'	a'	0	c'	0	0	b	0	d
b'	b'	0	d'	0	$-b$	0	$-d$	0
c'	0	a'	0	c'	0	$-a$	0	$-c$
d'	0	b'	0	d'	a	0	c	0

例如,在 C_1 中如下取 $a, b, \cdots, c', d'$, 即合表 T: $a=((1000),(0000))$, $b=((0001),(0000))$, $c=((00\beta_1^{-1}0),(0000))$, $d=((0100),(0000))$, $a'=((0000),(1000))$, $b'=((0000),(000\beta_2^{-1}))$, $c'=((0000),(0010))$, $d'=((0000),(0\beta_2^{-1}00))$.

引理 5 若 $\{a, b, c, d, a', b', c', d'\}$ 为 $R=\mathrm{SCD}(F)$ 的一个 SCD′-组,则这 8 个元在 R 的中心 F 上线性无关.

证明 1. 首先,由 $a, b, \cdots, c', d'$ 互异及表 T 易知,这 8 个元均不为 0. 例如,假若 $a=0$,则 $c=ca=0=a$,矛盾. 所以 $a\neq 0$. 其他仿此.

2. 设 $f_1a+f_2b+\cdots+f_7c'+f_8d'=0$($f_1, f_2, \cdots, f_7, f_8\in F$). 则有:(注意诸中心元 f_i 能与其他元交换、结合.)

2.1. $0=a\cdot 0=a(f_1a+\cdots+f_8d')=\cdots=f_1(aa)+\cdots+f_8(ad')=f_1a+f_2b+f_7c'+f_8d'$. 从而,有 $0=c\cdot 0=c(f_1a+f_2b+f_7c'+f_8d')=f_1(ca)+\cdots+f_8(cd')=f_1c+f_2d$. 从而,有 $0=a'\cdot 0=a'(f_1c+f_2d)=f_1(a'c)+f_2(a'd)=f_1c'$. 假若 $f_1\neq 0$,则有 $0=f_1^{-1}\cdot 0=f_1^{-1}(f_1c')=1\cdot c'=c'$,与 1. 矛盾. 所以 $f_1=0$.

2.2. 仿上可证 $f_2=0, \cdots, f_8=0$. (证毕)

引理 6 若 $\{a, b, c, d, a', b', c', d'\}$ 为 $R=\mathrm{SCD}(F)$ 的一

个 SCD′-组，则：R 中元素 x 为中心元的充分必要条件是，x 与 $a, b, c, d, a', b', c', d'$ 都可换。

证明 因 R 在 F 上为 8 维，故由引理 5 知，R 中每个元都能表示为 $f_1a + \cdots + f_8d'$ 形状(诸 $f_i \in F$)。由此即易见，引理成立。(证毕)

以下给出 SCD 代数的一组 ∀∃-公理。

令 $\rho(yu_1\cdots u_4u_1'\cdots u_4')$ 为 $\mathscr{L}$ 中一个表达下列含意的无量词公式："$(u_1, \cdots, u_4, u_1', \cdots, u_4'$ 互异且适合表 $T) \wedge (yu_1 = u_1y \wedge \cdots \wedge yu_4' = u_4'y)$"。

令 $\varphi_8, \varphi_9, \varphi_4', \varphi_5', \theta$ 为 $\mathscr{L}$ 中如下的语句。

φ_8：$(\exists u_1\cdots u_4u_1'\cdots u_4')(u_1, \cdots, u_4, u_1', \cdots, u_4'$ 互异且适合表 $T)$。

φ_9：$(\forall xy)(\exists u_1\cdots u_4u_1'\cdots u_4')(\rho(xu_1\cdots u_4u_1'\cdots u_4') \rightarrow xy = yx)$。

φ_4'：$(\forall x_1x_2)(\exists y_1y_2u_1\cdots u_4')(\rho(x_1u_1\cdots u_4') \wedge \rho(x_2u_1\cdots u_4') \rightarrow \rho(y_1u_1\cdots u_4') \wedge \rho(y_2u_1\cdots u_4') \wedge (x_1 = 0 \vee (x_1y_1 = x_2 \wedge y_2x_1 = x_2)))$。(易见，$\varphi_4'$ 与 φ_4 在 SCD 代数中等价。)

φ_5'：$(\forall x_1\cdots x_9)(\exists y_1\cdots y_9u_1\cdots u_4')(\rho(y_1u_1\cdots u_4') \wedge \cdots \wedge \rho(y_9u_1\cdots u_4') \wedge (y_1 \neq 0 \vee \cdots \vee y_9 \neq 0) \wedge y_1x_1 + \cdots + y_9x_9 = 0)$。(易见，$\varphi_5'$ 与 φ_5 在 SCD 代数中等价。)

θ：$\varphi_1 \wedge \varphi_2 \wedge \varphi_3 \wedge \varphi_4' \wedge \varphi_5' \wedge \varphi_6 \wedge \varphi_7 \wedge \varphi_8 \wedge \varphi_9$。(可化为 ∀∃-语句。)

定理 7 若 R 为 $\mathscr{L}$ 的模型，则：$R \models \theta$ 当且只当 R 为其中心上的 SCD 代数。

证明 易见。

令 T_n 为 $\mathscr{L}$ 中的如下 ∀∃-理论(n 为 0 或素数)。

T_n：

- θ.
- $(\forall y_1\cdots y_m)(\exists xu_1\cdots u_4')(\rho(y_1u_1\cdots u_4') \wedge \cdots \wedge \rho(y_mu_1\cdots u_4') \rightarrow \rho(xu_1\cdots u_4') \wedge x^m + y_1x^{m-1} + \cdots + y_m = 0)(m = 1, 2, 3, \cdots)$.
- K_n：利用 ρ 表达"中心的特征数为 n"的一个或一组 ∀∃-语句。

定理 8 若R为$\mathscr{L}$的模型，则：$R \models T_n$当且只当R为特征数n的某一代数闭域上的 SCD 代数.

证明 易见.

定理 9 特征数n的代数闭域上的 SCD 代数理论$\{\varphi\} \cup (ACF_n)^{\psi}$(或$T_n$)是模型完全的.

证明 由T_n为$\forall\exists$-理论及定理 7.3 知，此理论对模型链的并保持. 再由定理 4 及定理 3.10 即知,此理论是模型完全的.

定理 10 (CD 代数的零点定理) 设R为域F上的一个 CD 代数. P是一组(有限个)系数在R中的(非结合的)多项式方程及不等式,其中变数为$x_1, \cdots, x_d$,出现的R中系数为$k_1, \cdots, k_m$. 则：P在一个包括R的 CD 代数中有解的充分必要条件是，P在F的代数闭包$\tilde{F}$上的 SCD 代数中有解.

为证明此定理，先介绍域F上两个代数的张量积的定义及一些性质.

设B，C是域F上的两个有限维(未必结合的)代数. $b_1, \cdots, b_u$是B的一组F-基. $c_1, \cdots, c_v$是C的一组F-基. 其乘法表各为:

$$b_i b_j = \sum_n \beta_{ij}^n b_n (i, j, n = 1, \cdots, u; \text{诸 } \beta_{ij}^n \in F).$$

$$c_h c_k = \sum_m \gamma_{hk}^m c_m (h, k, m = 1, \cdots, v; \text{诸 } \gamma_{hk}^m \in F).$$

(注意，诸β_{ij}^n，γ_{hk}^m中的n，m是上标，不是方幂.)现在取uv个新符号$d_{11}, d_{12}, \cdots, d_{1v}, \cdots, d_{u1}, d_{u2}, \cdots, d_{uv}$. 把它们看作$F$上$uv$维向量空间$A$的一组基,并定义乘法为:

$$d_{ih} d_{jk} = \sum_{n,m} \beta_{ij}^n \gamma_{hk}^m d_{nm} (i, j, n = 1, \cdots, u; h, k, m = 1, \cdots, v).$$

则A成为F上的uv维代数,称为B，C的(外)**张量积**. 它具有以下诸性质. (证略)

(对于无限维代数，也可仿上定义其张量积，以下诸性质仍成立.)

(i) 当B，C中有一个是交错代数,另一个是交换的结合代数时，A是交错代数.

(ii) 当 B, C 中有一个有单位元 1 时，另一个可等同于 A 的一个子代数.

(iii) 当 C 为域时，A 也可看作是 C 上的代数，并且，A 在 C 上的维数等于 B 在 F 上的维数.

(iv) 若 B 的中心为 F，而 C 为 F 的扩域，则 A 的中心为 C.

(关于结合代数的张量积，可参看文献 [35] 第一章 § 5.)

零点定理的证明 1. 证条件的必要性.

设域 G 上的 CD 代数 $S \supseteq R$，并且 P 在 S 中有解.

令 $\tilde{G}$ 为 G 的代数闭包. 作 S 与 $\tilde{G}$ 的张量积，记为 S'. 则 S' 为其中心 $\tilde{G}$ 上的代数，维数为 8，并且，S' 是不合结合律的交错代数. 故由文献 [33] 知，S' 为一 CD 代数. 再由 $\tilde{G}$ 为代数闭域可知，S' 为 SCD 代数. 并且易见 $S \subseteq S'$.

令 R' 为 F 的代数闭包 $\tilde{F}$ 上的 SCD 代数. (仿上可知，R' 也可看作 R 与 $\tilde{F}$ 的张量积，从而，有 $R \subseteq R'$.)

由 $R \subseteq S$ 可知 (S 的中心 G) $\cap R \subseteq$ (R 的中心 F). 令 $R_1 = G \cap R$，则由 G 为域及 R 为(非结合)环可知，R_1 为结合的整环，故其商域存在且唯一，记为 Q_1. 由 $R_1 \subseteq G$, F 可知，$Q_1 \subseteq G, F$. 由此可知，G 与 F 特征数相同，记为 n. 所以，$\tilde{G}$ 与 $\tilde{F}$ 都是特征数 n 的代数闭域.

由 ACF_n 的完全性知，$\tilde{F} \equiv \tilde{G}$. 再由定理 13.6 及推论 4.6 知，存在 $\mathscr{L}$ 的模型 H，使 $\tilde{F} \precsim H$，且 $\tilde{G} \precsim H$ ($\precsim$ 表示初等嵌入). 所以 H 也是特征数 n 的代数闭域，且含有子域 F_1, G_1 使 $F_1 \cong \tilde{F}, G_1 \cong \tilde{G}$.

令 T' 为 H 上的 SCD 代数.

由于每一域上 SCD 代数的唯一性，不妨设 R', S', T' 都是 C_1 型的，并且乘法公式中 $\beta_1 = \beta_2 = 1$. 由此可知

$$R' \ni ((a_1 \cdots a_4), (b_1 \cdots b_4)) \to ((f(a_1) \cdots f(a_4)), (f(b_1) \cdots f(b_4))) \in T'.$$

(其中，f 为由 $\tilde{F}$ 到 F_1 上的一个同构对应) 是由 R' 到 T' 内的同构映射，再由定理 9 可知，$R' \precsim T'$.

同理可知，存在由 S' 到 T' 内的同构映射．由此及 $S \subseteq S'$ 可知，P 在 T' 中有解．

把“P 有解”表达为 $(\exists x_1 \cdots x_d)\lambda(x_1 \cdots x_d k_1 \cdots k_m)$，令 $\varphi(y_1 \cdots y_m)$ 为 $(\exists x_1 \cdots x_d)\lambda(x_1 \cdots x_d y_1 \cdots y_m)$．则 φ 为 $\mathscr{L}$ 中公式，且由上段有 $T' \models \varphi[k_1 \cdots k_m]$．（此处，设已将 T' 中一个与 R 同构的子环等同于 R．）再由 $R' \precsim T'$ 即知，$R' \models \varphi[k_1 \cdots k_m]$，所以，$P$ 在 R' 中有解．

2．条件的充分性易见．（注意，仿 1．知 $R \subseteq R'$．）（证毕）

参 考 文 献

[1] C. C. Chang and H. J. Keisler, Model Theory, North-Holland Publ. Co., 1973 (第二版1976).

[2] A. Sudbery, The number of distinct roots of a polynomial and its derivatives, *Bull. London Math. Soc.*, **5**(1973), 13—17.

[3] M. Marden, *Math. Reviews*, **47**(1974), ＃8827.

[4] K. McKenna, New facts about Hilbert's seventeenth problem, Model Theory and Algebra, Lecture Notes in Math., vol **498**(1975), 220—230.

[5] A. Macintyre, on algebraically closed groups, *Annals Math.*, **96**(1972), 53—97.

[6] B. H. Neumann, The isomorphism problem for algebraically closed groups, Word Problems, North-Holland Publ. Co., 1973, 553—562.

[7] H. Simmons, The word problem for absolute presentations, *Jour. London Math. Soc.*, **6**(1973), 275—280.

[8] R. C. Lyndon, Properties preserved under homomorphism, *Pacific Jour. Math.*, **9**(1959), 143—154.

[9] R. C. Lyndon, Properties preserved in subdirect products, *Pacific Jour. Math.*, **9**(1959), 155—164.

[10] N. Jacobson, Structure of Rings, Amer. Math. Soc., Providence, R. I., 1956.

[11] J. G. Rosenstein, $\aleph_0$-Categoricity of groups, *Jour. Algebra*, **25**(1973), 435—467.

[12] N. H. McCoy, Rings and Ideals, La Salle, Ill., 1948.

[13] M. G. Peretyiatkin, On complete theories with a finite number of denumerable models, *Algebra i Logika*, **12**(1973), 550—576.

[14] R. E. Woodrow, Theories with a finite number of countable models, *Jour. Symbolic Logic*, **43**(1978), 442—455.

[15] M. Morley, The number of countable models, *Jour. Symbolic Logic*, **35**(1970), 14—18.

[16] Libo Lo (罗里波), On the number of countable homogeneous models, *Jour. Symbolic Logic*, **48**(1983), 539—541.

[17] M. Morley, Categoricity in power, *Trans. Amer. Math. Soc.*, **114**(1965), 514—538.

[18] M. Morley, Homogeneous sets, Handbook of Mathematical Logic, North-Holland Publ. Co., 1977, 181—196.

[19] A. Macintyre and S. Shelah, Uncountable universal locally finite groups, *Jour. Algebra*, **43**(1976), 168—175.

[20] W. Szmielew, Elementary properties of Abelian groups. *Fund. Math.*, **41**(1955), 203—271.

[21] A. Tarski, A. Mostowski and R. M. Robinson, Undecidable Theories, North-Holland Publ. Co., 1953.

[22] J. Robinson, Definability and decision problems in arithmetic, *Jour. Symbolic Logic*, **14**(1949), 98—114.
[23] H. Hasse, Über die Darstellbarkeit von Zahlen durch quadratische Formen im Körper der rationalen Zahlen, *Jour. reine u. angewandte Math.*, **152**(1923), 129—148.
[24] 王浩，数理逻辑通俗讲话，科学出版社，北京，1981
[25] W. D. Goldfarb, The unsolvability of the Gödel class with identity, *Jour. Symbolic Logic*, **49**(1984), 1237—1252.
[26] H. Rogers, Certain logical reduction and decision problems, *Annals Math.*, **64** (1956), 264—284.
[27] R. M. Robinson, Undecidable rings, *Trans. Amer. Math. Soc.*, **70**(1951), 137—159.
[28] J. Robinson, General recursive functions, *Proc. Amer. Math. Soc.*, **1**(1950), 703—718.
[29] Ю. Л. Ершов, И. А. Лавров, А. Д. Гайманов и М. А. Гайцлин, Элементарные теории, *Услехп Мат. Наук*, Том XX, вып. **4**(124), 1965, 37—108.
[30] H. P. Sankappanavar, Decision problems: history and methods, Mathematical Logic: Proceedings of the First Brazilian Conference, Marcel Dekker Inc., New York and Basel, 1978, 241—291.
[31] B. I. Rose, Model theory of alternative rings, Ph. D. Thesis, Univ. of Chicago, 1976.
[32] R. D. Schafer, An Introduction to Nonassociative Algebras, Academic Press, New York, 1966.
[33] M. Slater, Alternative rings with d. c. c. (I), *Jour. Algebra*, **11**(1969), 102—110.
[34] N. Jacobson, Basic Algebra II, W. H. Freeman and Co., San Francisco, 1980.
[35] 刘绍学，环与代数，科学出版社，北京，1983

《现代数学基础丛书》已出版书目

1 数理逻辑基础(上册) 1981.1 胡世华 陆钟万 著
2 数理逻辑基础(下册) 1982.8 胡世华 陆钟万 著
3 紧黎曼曲面引论 1981.3 伍鸿熙 吕以辇 陈志华 著
4 组合论(上册) 1981.10 柯 召 魏万迪 著
5 组合论(下册) 1987.12 魏万迪 著
6 数理统计引论 1981.11 陈希孺 著
7 多元统计分析引论 1982.6 张尧庭 方开泰 著
8 有限群构造(上册) 1982.11 张远达 著
9 有限群构造(下册) 1982.12 张远达 著
10 测度论基础 1983.9 朱成熹 著
11 分析概率论 1984.4 胡迪鹤 著
12 微分方程定性理论 1985.5 张芷芬 丁同仁 黄文灶 董镇喜 著
13 傅里叶积分算子理论及其应用 1985.9 仇庆久 陈恕行 是嘉鸿 刘景麟 蒋鲁敏 编
14 辛几何引论 1986.3 J.柯歇尔 邹异明 著
15 概率论基础和随机过程 1986.6 王寿仁 编著
16 算子代数 1986.6 李炳仁 著
17 线性偏微分算子引论(上册) 1986.8 齐民友 编著
18 线性偏微分算子引论(下册) 1992.1 齐民友 徐超江 编著
19 实用微分几何引论 1986.11 苏步青 华宣积 忻元龙 著
20 微分动力系统原理 1987.2 张筑生 著
21 线性代数群表示导论(上册) 1987.2 曹锡华 王建磐 著
22 模型论基础 1987.8 王世强 著
23 递归论 1987.11 莫绍揆 著
24 拟共形映射及其在黎曼曲面论中的应用 1988.1 李 忠 著
25 代数体函数与常微分方程 1988.2 何育赞 萧修治 著
26 同调代数 1988.2 周伯壎 著
27 近代调和分析方法及其应用 1988.6 韩永生 著
28 带有时滞的动力系统的稳定性 1989.10 秦元勋 刘永清 王 联 郑祖庥 著
29 代数拓扑与示性类 1989.11 [丹麦] I.马德森 著
30 非线性发展方程 1989.12 李大潜 陈韵梅 著

31 仿微分算子引论 1990.2 陈恕行 仇庆久 李成章 编
32 公理集合论导引 1991.1 张锦文 著
33 解析数论基础 1991.2 潘承洞 潘承彪 著
34 二阶椭圆型方程与椭圆型方程组 1991.4 陈亚浙 吴兰成 著
35 黎曼曲面 1991.4 吕以辇 张学莲 著
36 复变函数逼近论 1992.3 沈燮昌 著
37 Banach 代数 1992.11 李炳仁 著
38 随机点过程及其应用 1992.12 邓永录 梁之舜 著
39 丢番图逼近引论 1993.4 朱尧辰 王连祥 著
40 线性整数规划的数学基础 1995.2 马仲蕃 著
41 单复变函数论中的几个论题 1995.8 庄圻泰 杨重骏 何育赞 闻国椿 著
42 复解析动力系统 1995.10 吕以辇 著
43 组合矩阵论(第二版) 2005.1 柳柏濂 著
44 Banach 空间中的非线性逼近理论 1997.5 徐士英 李 冲 杨文善 著
45 实分析导论 1998.2 丁传松 李秉彝 布 伦 著
46 对称性分岔理论基础 1998.3 唐 云 著
47 Gel'fond-Baker 方法在丢番图方程中的应用 1998.10 乐茂华 著
48 随机模型的密度演化方法 1999.6 史定华 著
49 非线性偏微分复方程 1999.6 闻国椿 著
50 复合算子理论 1999.8 徐宪民 著
51 离散鞅及其应用 1999.9 史及民 编著
52 惯性流形与近似惯性流形 2000.1 戴正德 郭柏灵 著
53 数学规划导论 2000.6 徐增堃 著
54 拓扑空间中的反例 2000.6 汪 林 杨富春 编著
55 序半群引论 2001.1 谢祥云 著
56 动力系统的定性与分支理论 2001.2 罗定军 张 祥 董梅芳 著
57 随机分析学基础(第二版) 2001.3 黄志远 著
58 非线性动力系统分析引论 2001.9 盛昭瀚 马军海 著
59 高斯过程的样本轨道性质 2001.11 林正炎 陆传荣 张立新 著
60 光滑映射的奇点理论 2002.1 李养成 著
61 动力系统的周期解与分支理论 2002.4 韩茂安 著
62 神经动力学模型方法和应用 2002.4 阮 炯 顾凡及 蔡志杰 编著
63 同调论——代数拓扑之一 2002.7 沈信耀 著
64 金兹堡-朗道方程 2002.8 郭柏灵 黄海洋 蒋慕容 著

65 排队论基础 2002.10 孙荣恒 李建平 著
66 算子代数上线性映射引论 2002.12 侯晋川 崔建莲 著
67 微分方法中的变分方法 2003.2 陆文端 著
68 周期小波及其应用 2003.3 彭思龙 李登峰 谌秋辉 著
69 集值分析 2003.8 李 雷 吴从炘 著
70 强偏差定理与分析方法 2003.8 刘 文 著
71 椭圆与抛物型方程引论 2003.9 伍卓群 尹景学 王春朋 著
72 有限典型群子空间轨道生成的格(第二版) 2003.10 万哲先 霍元极 著
73 调和分析及其在偏微分方程中的应用(第二版) 2004.3 苗长兴 著
74 稳定性和单纯性理论 2004.6 史念东 著
75 发展方程数值计算方法 2004.6 黄明游 编著
76 传染病动力学的数学建模与研究 2004.8 马知恩 周义仓 王稳地 靳 祯 著
77 模李超代数 2004.9 张永正 刘文德 著
78 巴拿赫空间中算子广义逆理论及其应用 2005.1 王玉文 著
79 巴拿赫空间结构和算子理想 2005.3 钟怀杰 著
80 脉冲微分系统引论 2005.3 傅希林 闫宝强 刘衍胜 著
81 代数学中的 Frobenius 结构 2005.7 汪明义 著
82 生存数据统计分析 2005.12 王启华 著
83 数理逻辑引论与归结原理(第二版) 2006.3 王国俊 著
84 数据包络分析 2006.3 魏权龄 著
85 代数群引论 2006.9 黎景辉 陈志杰 赵春来 著
86 矩阵结合方案 2006.9 王仰贤 霍元极 麻常利 著
87 椭圆曲线公钥密码导引 2006.10 祝跃飞 张亚娟 著
88 椭圆与超椭圆曲线公钥密码的理论与实现 2006.12 王学理 裴定一 著
89 散乱数据拟合的模型、方法和理论 2007.1 吴宗敏 著
90 非线性演化方程的稳定性与分歧 2007.4 马 天 汪宁宏 著
91 正规族理论及其应用 2007.4 顾永兴 庞学诚 方明亮 著
92 组合网络理论 2007.5 徐俊明 著
93 矩阵的半张量积:理论与应用 2007.5 程代展 齐洪胜 著
94 鞅与 Banach 空间几何学 2007.5 刘培德 著
95 非线性常微分方程边值问题 2007.6 葛渭高 著
96 戴维-斯特瓦尔松方程 2007.5 戴正德 蒋慕蓉 李栋龙 著
97 广义哈密顿系统理论及其应用 2007.7 李继彬 赵晓华 刘正荣 著
98 Adams 谱序列和球面稳定同伦群 2007.7 林金坤 著

99 矩阵理论及其应用 2007.8 陈公宁 编著
100 集值随机过程引论 2007.8 张文修 李寿梅 汪振鹏 高 勇 著
101 偏微分方程的调和分析方法 2008.1 苗长兴 张 波 著
102 拓扑动力系统概论 2008.1 叶向东 黄 文 邵 松 著
103 线性微分方程的非线性扰动(第二版) 2008.3 徐登洲 马如云 著
104 数组合地图论(第二版) 2008.3 刘彦佩 著
105 半群的 S-系理论(第二版) 2008.3 刘仲奎 乔虎生 著
106 巴拿赫空间引论(第二版) 2008.4 定光桂 著
107 拓扑空间论(第二版) 2008.4 高国士 著
108 非经典数理逻辑与近似推理(第二版) 2008.5 王国俊 著
109 非参数蒙特卡罗检验及其应用 2008.8 朱力行 许王莉 著
110 Camassa-Holm 方程 2008.8 郭柏灵 田立新 杨灵娥 殷朝阳 著
111 环与代数(第二版) 2009.1 刘绍学 郭晋云 朱 彬 韩 阳 著
112 泛函微分方程的相空间理论及应用 2009.4 王 克 范 猛 著
113 概率论基础(第二版) 2009.8 严士健 王隽骧 刘秀芳 著
114 自相似集的结构 2010.1 周作领 瞿成勤 朱智伟 著
115 现代统计研究基础 2010.3 王启华 史宁中 耿 直 主编
116 图的可嵌入性理论(第二版) 2010.3 刘彦佩 著
117 非线性波动方程的现代方法(第二版) 2010.4 苗长兴 著
118 算子代数与非交换 L_p 空间引论 2010.5 许全华 吐尔德别克 陈泽乾 著
119 非线性椭圆型方程 2010.7 王明新 著
120 流形拓扑学 2010.8 马 天 著
121 局部域上的调和分析与分形分析及其应用 2011.4 苏维宜 著
122 Zakharov 方程及其孤立波解 2011.6 郭柏灵 甘在会 张景军 著
123 反应扩散方程引论(第二版) 2011.9 叶其孝 李正元 王明新 吴雅萍 著
124 代数模型论引论 2011.10 史念东 著
125 拓扑动力系统——从拓扑方法到遍历理论方法 2011.12 周作领 尹建东 许绍元 著
126 Littlewood-Paley 理论及其在流体动力学方程中的应用 2012.3 苗长兴 吴家宏 章志飞 著
127 有约束条件的统计推断及其应用 2012.3 王金德 著
128 混沌、Mel′nikov 方法及新发展 2012.6 李继彬 陈凤娟 著
129 现代统计模型 2012.6 薛留根 著
130 金融数学引论 2012.7 严加安 著
131 零过多数据的统计分析及其应用 2013.1 解锋昌 韦博成 林金官 著

132 分形分析引论 2013.6 胡家信 著

133 索伯列夫空间导论 2013.8 陈国旺 编著

134 广义估计方程估计方程 2013.8 周 勇 著

135 统计质量控制图理论与方法 2013.8 王兆军 邹长亮 李忠华 著

136 有限群初步 2014.1 徐明曜 著

137 拓扑群引论(第二版) 2014.3 黎景辉 冯绪宁 著

138 现代非参数统计 2015.1 薛留根 著